JN447962

인류지식의

대혁명

최 태 군

the
THEORY
of
EVERYTHING

청목출판사

들어가며

우리가 우리에게 주어진 한 번뿐인 인생을 잘 살기 위해 진리를 터득해야 한다면, 그것은 우리 주위를 둘러싸고 있는 사람들을 포함한 만물이 운동 변화하는 원리를 아는 것일 것이다. 이 경우 인간을 포함한 우주 만물의 운동·변화 원리를 탐구하는 학문이 물리학이다. 그런데 현대물리학은 우주 만물의 95% 이상에 대해서 아직 알지 못한다. 모든 학문의 터전이자 근본인 물리학이 왜 이렇게 되었을까? 만물의 근원인 수(數) 속에 자연의 이치가 반영되어 있어 자연이 수학적 구조로 되어 있다는 신념체계 아래 불변의 이상적 수학 세계를 구현해온 서구 과학적 패러다임에서는, 자연현상을 관찰하여 불변의 것으로 포착한 후 그 관측량 사이의 관계를 대칭 형태의 방정식으로 기술하는 현상 물리학을 추구해왔다. 그 결과 현상 물리학은 전체 우주의 4% 남짓에 해당하는 시간을 가져서 전자기력이 발생하고 관측 가능한 보통 물질 중 인간을 제외한 일반물질만을 다루어왔다.

서구 근대 과학적 패러다임에 따른 현상 물리학은 갈릴레오 갈릴레이(Galileo Galilei)에서 발원하여 르네 데카르트(René Descartes)에 의해 시작되었고, 아이작 뉴턴(I. Newton)이 유클리드(Euclid) 〈기하학 원론〉의 형식으로 기술한 〈자연철학의 수학적 원리〉를 통해 그 전형을 보여 주었다. 그런데 뉴턴이 이 책 서문에서 밝히고 있듯이, 현상 물리학은 대칭 형태의 방정식이라는 수학적 물리법칙을 얻는 대신 물리적 설명을 포기해야만 했다. 현상 물리학의 수학적 물리법칙인 방정식 그 자체는 자연법칙인 물리에 대해서 아무것도 말하지 않는다. 그 방정식은 해석이 필요하고, 따라서 뉴턴 이후 여러 해석학이 등장했다. 하지만 해석학으로 우주 만물의 운동 변화에 대한 물리적인 설명을 할 수는 없다. 예컨대 우리는 중력에 관한 수학적 물리법칙으로서 뉴턴의 만유인력 방정식과 아인슈타인(A. Einstein)의 중력장 방정식을 가졌다. 하지만 그것들로는 중력이 어떻게 발생하고 그 물리적 원인이 무엇이며 중력이 구체적으로 어떻게 작용하는지 물리적으로 설명할 수 없다. 여기서 '물리적으로 설명'한다는 것은 세상 사람 누구나 이해하고 수긍할 수 있게 논리적 모순 없는 명제로서 우주 만물의 운동 변화를 이야기하는 것을 말한다. 모름지기 논리적 모순 없는 명제만이 어떤 학문의 이론으로서 앎의 주장이 될 수 있다.

그런데 쿠르트 괴델(K. Gödel)이 증명해 보인 바와 같이, 논리적 무모순성은 사유를 본질로 하는 인간 정신이 만들어낸 지식의 제1 원리로서 수학적 공리나 물리적 가설로부터 출발하는 서구 과학적 지식체계의 능력 밖에 존재한다. 이 말은 곧 서구 과학적 패러다임에서는 비록 수학적 정합성은 확보할 수 있을지라도, 그 지식 체계상 논리적 무모순성은 획득할 수 없다는 것을 의미한다. 예컨대 양자역학의 기본 방정식인 슈뢰딩거 방정식을 풀어서 나온 파동함수의 의미에 대해서는 그 해석이 다양하고, 비록 코펜하겐 해석을 표준으로 하여 수학적 정합성을 확보할 수 있다 하더라도, 그것을 세상 사람들이 이해할 수 있게 물리적으로 설명하려고 하면 말이 되지 않는다. 양자역학이 성립된 지 100년이 다 되었음에도 양자역학을 이해하는 물리학자가 아직 지구상에 단 한 명도 없는 이유가 바로 여기에 있다. 수식에 대한 해석이나 이론이 논리적으로 말이 되지 않으면 사람들은 그것을 이해할 수 없다. 그래서 20세기 후반을 대표하는 성실한 물리학자 리처드 파인먼(R. Feynman)은 "당신이 양자역학을 이해했다고 생각한다면 당신은 양자역학을 이해하지 못한 것이다"라고 했다.

여기서 우리는 이런 질문을 할 수 있을 것이다. 그렇다면 과연 인간을 포함한 우주 만물의 운동·변화의 원리를 세상 사람 누구나 이해하고 수긍할 수 있게 물리적으로 설명을 할 수 있는 진정한 물리학이 가능한가? 가능하다. 다만, 그러기 위해서는 먼저 해야 할 일이 있다. 지난 2,500년간 지속되어 온 서구식 지적 패러다임에서 벗어나야 한다. 이원론적 세계관에서 발원하는 불변의 세계인 플라톤의 이상적 수학 세계를 추구하는 서구 과학적 패러다임에서 벗어나서, 살아 움직여 운동 변화하고 있는 세계를 설명할 수 있는 물리학이면 가능하다. 그리고 그것이 바로 이 책을 통해 세상에 공표하고 있는 실재하는 우주로서 '있는 그대로의 세계'인 자연 그 자체나 물 그 자체의 운동·변화하는 원리에 따라 세상의 모든 것을 논리 일관하게 물리적으로 설명하는 실체 물리학이다.

2021년 이후 우리 인류에게 새로운 물리학이 될 실체 물리학은, 지금까지의 모든 수학적 물리법칙과 자연현상에 대한 관측 및 실험 결과들을 물리적으로 완벽하게 설명할 수 있음은 물론, 기존의 현상 물리학의 지식체계에서는 결코 알 수 없고 해결할 수 없었던 수많은 수수께끼와 난제들을 모조리 해결하고 '단 하나의 원리'에 따라 논리 일관하게 물리적으로 설명할 수 있다. 따라서 이 책을 통해 공표하는 실체 물리학에 따른 모든 것의 이론(Theory of Everything)은 다음과 같은 두 가지 점에서 인류 문명사적 의의가 있다. 그 첫째는 인류역사상 최초로 인간을 포함한 우주 만물의 운동·변화하는 원리를 세상 사람 누구나 이해할 수 있게 '물리적으로 설명'했다는 것이고,

그 둘째는 지구상에 인류가 존재하게 된 이래 가지게 되었던 우주 만물의 운동 변화에 대한 궁금증을 하나도 남김없이 '단 하나의 원리'인 물 그 자체의 운동 변화하는 원리에 따라 논리 일관하게 설명했다는 것이다. 물론 여기서 논리 일관하게 물리적으로 설명한다는 것은 곧 세상 사람 누구나 이해할 수 있는 모순 없는 명제들로 이야기한다는 것이다. 따라서 모든 것의 이론은 총 60개의 명제로 이루어졌다. 이 책은 그것들을 세 개의 절에 걸쳐 소개하고 있다.

한편 실체 물리학에 따른 모든 것의 이론은 기존의 현상 물리학이 말하는 네 가지 기본적인 힘, 즉 중력, 전자기력, 강한 핵력, 약한 핵력을 단 하나의 자연의 힘으로 통일하여 물리적으로 설명하고 있을 뿐 아니라, 2020년 노벨물리학상 수상자로서 성실한 물리학자이자 수학자인 로저 펜로즈(R. Penrose)가 그의 책 〈실체에 이르는 길〉에서 말하는 우주의 세 가지 세계, 즉 "플라톤의 이상적 수학 세계, 물리적 세계, 그리고 정신적 세계"와 "이들 사이에 존재하는 심원한 미스터리들"을 해명하고, 이들 세 가지 세계를 하나의 원리로 통합하여 논리 일관하게 물리적으로 설명하는 것을 포함한다.

돌이켜보면, 19세기 말 이래 21세기 오늘에 이르기까지 우리 대한 사람들은 거센 파도처럼 밀려든 서구 문명에 정면으로 휩쓸려 서구학문을 좇기에 여념이 없었다. 그리고 그렇게 한 세기가 훌쩍 지난 21세기 오늘에 이르러서야 비로소 우리를 되돌아볼 수 있는 조금의 여유를 가질 수 있게 되었다. 그런데 모든 학문의 터전이라고 할 수 있는 물리학의 현실은 어떠한가? 우주는 시간과 공간이 결합한 시공간이고 시공간은 곧 물질이다. 그러나 서구 과학적 패러다임에 따른 현상 물리학은 시간과 질량을 변수로 하는 방정식 형태의 수학적 물리법칙을 만들었지만 정작 그 시간이 무엇이고 질량이 무엇인지 알지 못한다. 이것은 분명 현대물리학의 핵심에 존재하는 허점이다.

사람을 포함하여 우주 만물의 운동 변화하는 자연법칙을 단 하나의 원리에 따라 논리 일관하게 물리적으로 설명하는 실체 물리학의 모든 것의 이론에서 논의의 핵심은 크게 두 가지다. 그것은 바로 우주를 이루고 있는 '시공간'과 그 또 다른 측면인 '물질'이다. 미시세계를 기술하는 양자역학과 거시세계를 기술하는 일반상대성이론을 두 축으로 하는 현대물리학에 따르면, 시간과 공간과 물질은 빅뱅에서 발생하고 블랙홀이 붕괴하는 과정에서 소멸한다. 하지만 —있는 그대로의 세계인 자연 그 자체나 물 그 자체가 아닌— 자연현상을 관측하여 그 관측량 사이의 관계를 수학적으로 기술하는 형식 물리학이자 현상 물리학을 추구하는 서구 과학적 패러다임에서는 그 지식 체계상 동적 시스템의 시작점 이론을 가질 수 없고, 따라서 시간과 공간과 물질이 생성되고 소멸하는 빅뱅이나 블랙홀을 결코 물리적으로 설명할 수 없다.

이러한 서구 과학적 패러다임에 따른 현상 물리학의 문제점들은 수백 편의 논문으로 보정될 수 있는 성질의 것이 아니다. 지금까지의 과학적 패러다임을 전복해야만 해결할 수 있고, 그래야 비로소 자연법칙으로서의 물리에 관한 진정한 앎을 터득할 수 있는 길이 열린다. 이 책을 쓰는 이유가 여기에 있다.

이제 우리 인류는 이 땅 대한민국에서 탄생한 새로운 물리학으로서 동적 시스템의 시작점 이론을 가진 실체 물리학에 따라 우주를 이루고 있는 유형의 물리적 실체로서의 시공간과 물질들이 어떻게 생겨나고 어떻게 운동 변화하며 어떻게 소멸하는지를 단 하나의 원리에 따라 논리 일관하게 물리적으로 설명할 수 있게 되었다. 이제 우리 인류는 미시세계나 거시세계를 불문하고 코스모스의 시작인 빅뱅과 그 이전은 물론, 코스모스 종말과 그 이후의 차갑고 캄캄한 우주에 이르기까지, 전체 우주를 관통하는 단 하나의 원리와 단 하나의 자연의 힘에 따라 우주를 이루고 있는 사람을 포함한 만물의 운동·변화를 누구나 이 책을 통해 온전하게 터득할 수 있게 되었다. 이것은 곧 새로운 인류 지식 문명의 시작이요, 일정한 수명을 가진 보통 물질로서 우리 인간이 한 번뿐인 인생을 자연법칙인 진리에 따라 살면서 나와 세상을 함께 이롭게 하는 아름다운 삶을 영위할 수 있게 되었음을 의미한다.

끝으로, 그동안 여러모로 힘이 되어준 사랑하고 존경하는 강부환 변호사, 곽효영 변호사에게 이 자리를 빌려 고마움과 감사함을 전한다.

2021년 7월 18일
저자 씀

차 례

‖ 01. 우주의 정의와 현상 물리학의 정초

우주를 이루는 모든 것들의 운동 · 변화를 단 하나의 원리에 따라 물리적으로 완벽하게 설명할 수 있는 '모든 것의 이론'이 존재한다면 우리는 그것을 알 수 있을까? 그렇다고 말한다면 우리는 가장 먼저 다음과 같은 질문을 해야 할 것이다. 우주란 무엇인가? 이에 대해서는 이미 동서양의 선인들이 그 답을 제시해 주었다. 일찍이 동아시아 사람들은 우주(宇宙)를 상하 사방의 3차원 공간과 과거는 가고 지금이 도래하는 1차원 시간의 흐름[1], 즉 공간과 시간의 흐름으로 정의했다. 한편 유럽의 여러 나라 사람들은 우주를 유니버스(universe), 즉 하나의 커다란 물질 또는 세상에 있는 모든 물질을 하나로 통칭하는 만물(萬物)이라 했다. 이와 같은 동서양 선인들의 우주에 관한 인식과 정의에 따르면 우주는 시공간(space-time)이면서 세상의 모든 물질(matter)이다. 즉, 우주란 시공간이자 물질이고 물질은 곧 시공간이다.

그런데 고대 그리스어 코스모스(κόσμος) 역시 우주를 의미하는 말로 사용되고 있다. 코스모스(cosmos)는 질서를 갖는 체계 또는 정돈되고 조화로운 체계로서의 우주를 뜻한다. 우주를 코스모스로 처음 지칭한 사람은 피타고라스(Pythagoras)다. 만물의 근원을 수(數, numbers)로 보았던, 우리에게 '피타고라스 정리'로 잘 알려진 바로 그 사람이다. 그는 직각삼각형을 완벽하게 그리며 그의 이름을 딴 법칙에 딱 맞게 적용되는 비율을 아주 좋아했다. 그는 특히 각 변의 길이가 3:4:5인 삼각형의 경우 3

1) 上下四方曰宇, 往古來今曰宙.

부터 5까지 순서대로 이어지는 자연수로 너무나 완벽한 직각삼각형까지 그릴 수 있는 것을 보고 무언가 특별한 우주의 조화가 숨어 있다고 생각했다. 신비주의자였던 피타고라스는 오늘날의 언어로 말하면 수학자면서 철학자였고 천문학의 대가였다. 그는 에게해 안에 있던 크로토네(Crotone)에서 피타고라스 학파를 창설하였고, 철학은 물론 수학, 천문학(점성술), 음악 등 다양한 연구를 하면서 혼(魂)의 정화와 구제를 목적으로 하는 종교단체를 이끌었다고 알려져 있다.

피타고라스는 우주를 코스모스라 부르면서 인간들이 사는 이 세계와 더욱 완벽한 저 이상향의 세계가 있음을 믿었다. 피타고라스 학파는 만물의 근원인 수(數)를 세상을 구성하는 아름다운 진리의 요소라고 보았다. 인류는 수천 년 전부터 셈을 해왔지만, 숫자가 물리적 대상의 기저를 이루고 있다고 믿으며 이를 설명할 수 있다는 관념을 처음 만들어낸 것은 피타고라스였다. 피타고라스 학파는 수를 매개로 하여 세계의 진실을 이야기했다. 그들은 두 가지 학설을 내놓았는데, 그 첫째는 자연이 수학적 원리로 구성되어 있다는 것이고, 그 둘째는 수량 관계가 자연의 질서를 통일적으로 드러내 보인다는 것이다. 현대과학은 비록 피타고라스 학파와 비교해 정교하게 다듬어진 형태이기는 하지만, 기본적으로는 피타고라스 학파의 위 두 가지 학설을 따르고 있다.

피타고라스 학파의 뒤를 이어 출현한 철학자들 역시 현실세계의 본질과 그 안에 내재한 수학적 짜임새에 깊은 관심을 가졌는데, 특히 피타고라스 학파의 수(數) 개념은 서양 학문에 가장 영향력 있는 철학자이자 사상가인 플라톤(Platon)의 이데아(idea) 개념으로 이어졌다.[2] 피타고라스는 간단한 수의 관계나

2) 여기서 수(數)나 이데아의 개념은 시공을 초월한 비물질적이고 절대적인 영원의 실

조화가 음악에서의 화음과 같이 천체들에서도 나타난다는 신비하고 수학적인 아이디어인 구면체의 조화를 처음으로 주장했고[3] 이러한 아이디어는 플라톤의 5개의 입방체의 개념으로 이어졌다. 4, 6, 8, 12, 20개의 면을 갖는 5개의 입방체만이 완벽한 기하학적 모양을 구성할 수 있다는 것이다.

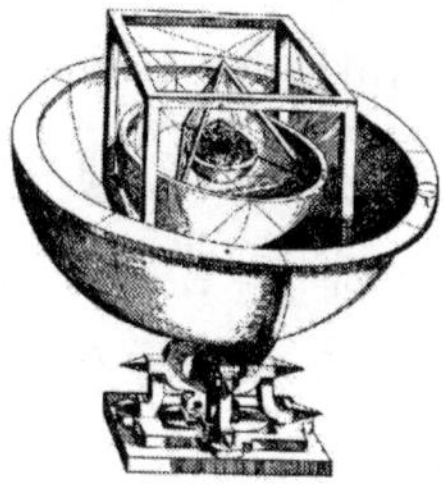

[정다면체 우주 조형물][4]

그리고 2,000년 후, 요한네스 케플러(J. Kepler)는 피타고라스와 플라톤의 아이디어를 태양계의 행성 궤도 운동에 적용했다. 케플러는 이 입방체들이 당시에 알려진 6개의 행성 사이의 상대적인 공간 사이에 자리 잡고 있다고 생각했다. 케플러는 태양계 행성들의 궤도가 태양을 중심으로 겹쳐 있는 여러 개의 정다면체와 내접하고 외접하는 원들로 표현된다고 생각했는데, 위 그림은 그가 직접 고안한 정다면체 우주론을 표현하는 조형물이다. 가장 바깥에 있는 큰 구가 토성의 궤도를 나타내고 그

재를 의미한다.

3) 피타고라스의 수학과 음악 사이의 공명은 알베르트 아인슈타인(A. Einstein)에 의해 다시 등장했다. 아인슈타인은 "모차르트의 음악은 너무나 순수하고 아름다워 나에게는 우주의 내면적인 아름다움이 반영된 것으로 보인다."라고 말했다.—Walter Isaacson, 〈아인슈타인: 그의 인생과 우주, Einstein: His Life and Universe〉 New York; Simon and Schuster. 2007.

4) 이미지 출처: Johannes Kepler: Mysterium Cosmographicum, Tübingen 1596, Tabula III: Orbium planetarum dimensiones, et distantias per quinque regularia corpora geometrica exhibens.

안에 정육면체가 내접한다. 그리고 그 정육면체에 내접하는 한 단계 작은 구가 목성의 궤도를 의미한다. 다시 그 작은 구 안에 정사면체가 내접하고, 그 정사면체 안에 내접하는 더 작은 구가 화성의 궤도를 의미하는 식이다. 이처럼 기하학적인 조화에 따라 행성들의 궤도가 결정된다고 생각했다. 그는 행성들의 거리에 3차원 모양들을 맞추고 행성들의 궤도 속도에서 조화를 찾으면서 물리 이론의 기반이 없는 수를 이용한 점술을 사용하고 있었다. 사실 두 경향성은 모든 행성을 고려하면 맞지 않는다. 하지만 서구 과학적 패러다임에서 기하학과 조화에 기반하여 경향성을 찾는 방법은 충분한 동기를 가진다.

앞서 언급한 바와 같이, 고대 그리스 자연철학에서 자연이 수학적으로 짜여 있다는 피타고라스의 학설을 심화시키고 이를 널리 전파하는 데 가장 큰 영향력을 발휘한 집단은 플라톤학파였다. 플라톤이 설립한 아카데미는 당시 최고의 사상가들이 집결하던 곳으로, 이후 900년 동안이나 존속했다. 플라톤은 미(美)란 시간과 공간을 초월하는 절대적인 진리이며, 그것은 현실 속에 존재하는 것이 아니라 오직 불변의 세계인 '이데아(idea)'라고 하는 초월적인 세계에서만 존재한다고 주장했다. 플라톤에게 원이나 삼각형은 수학적으로는 존재할 수 있지만, 현실에서는 존재할 수 없는 이상적인 형태였다. 이러한 플라톤의 이데아 사상체계는 흔히 '본질주의(essentialism)'라 불린다.[5)]

불변의 세계인 플라톤의 이데아 세계는 곧 이상적인 수학세계였다. 플라톤은 "기하학은 영원히 존재하는 것들에 대한

5) 2014년 1월, 엣지재단(Edge.foundation. Inc)은 "어떤 과학적 아이디어를 버려야 할 것인가?"라는 질문을 던지고 세계적으로 저명한 과학자들의 답변을 들었다. 여기서 리처드 도킨스는 "플라톤적 사상체계인 본질주의(Essentialism)를 버려야 한다"라고 답했다: What scientific idea is ready for retirement? Guardian, 12 January 2014.

지식"이며, "수는 가장 높은 수준의 지식으로서 지식 그 자체"라고 주장했다. 고대 그리스를 향한 르네상스로부터 촉발된 서구 근대과학은 바로 이러한 플라톤의 이상적 수학 세계를 구현하려는 목적에서 출발했다. 케플러와 데카르트가 그랬고, 뉴턴이 그랬다. 그래서 우리에게 '프린키피아'로 잘 알려진 뉴턴의 운동법칙과 만유인력 법칙을 담은 책 이름도 '자연철학의 수학적 원리'였다.

또한 20세기에 이르러 본격적으로 다루어지게 된 과학적 우주론, 즉 지금의 우주가 어떻게 생겨나서 어떤 변화를 거쳐 오늘날과 같은 모습이 되었고 앞으로 어떻게 변화해나갈 것인지를 설명하는 우주론 역시 코스몰로지(cosmology)다. 어원에서 알 수 있듯이, 현대 우주론이 생각하는 우주는 피타고라스에서 비롯된 플라톤의 이상적 수학 세계로서의 우주인 코스모스, 즉 질서를 갖는 체계로서의 우주인 것이다. 그리스인들의 관점에서 정돈되고 조화로운 체계로서의 우주(cosmos)와 정반대의 의미를 지니는 혼돈(chaos)이라는 개념은 어둠과 심연의 우주로서 무질서하고 원시적인 상태를 말한다. 그렇다면 그 어두운 심연의 우주는 무엇일까?

블랙홀 특이점을 수학적으로 규명하는 등의 업적으로 2020년 노벨물리학상 수상자로서 위대한 수학자이자 물리학자 로저 펜로즈(R. Penrose)는 그의 저서 〈실체에 이르는 길, The Road to Reality〉(2004)에서 우주가 세 가지 세계, 즉 플라톤의 이상적 수학 세계와 물리적 세계 및 정신적 세계로 이루어졌다고 하면서, 이들 사이에는 심원한 세 개의 미스터리가 존재한다고 했다.[6] 여기서 말하는 '플라톤의 이상적 수학 세계'가 바로 만물

---

6) Roser Penrose, 『the road of reality: 실체에 이르는 길』 제1권, 우리말 번역본, p. 59.

의 근원인 수(數) 속에 자연의 이치가 반영되어 있어 자연이 수학적 구조로 되어 있다고 믿었던 피타고라스로부터 발원하는 질서를 갖는 체계로서의 우주인 코스모스다.

앞으로 자세히 논하겠지만, 펜로즈가 말하는 우주의 세 가지 세계 중, 지금까지 서양 철학이나 과학이 추구해 온 것은 —있는 그대로의 세계인 자연 그 자체나 물 그 자체가 운동 · 변화하는 '물리적 세계'가 아니라— 불변의 세계인 '플라톤의 이상적 수학 세계'였다. 지난 2,500년 동안 이어져 온 서구식 지적 패러다임은 불변의 세계인 플라톤의 이데아 또는 이상적 수학 세계를 탐구하고 구현하는 것이었다. 그것만이 불변하고 영원하며 확실한 지식이라고 생각했다.

사정이 이러하므로 20세기 위대한 수학자이자 철학자 중 한 사람인 알프레드 노스 화이트헤드(A. N. Whitehead)는 "서양 철학은 플라톤의 주석에 불과하다"라고 했다. 물론 여기서 말하는 '철학'이라는 말은 모든 학문을 뜻한다. 19세기 말 20세기 초까지만 하더라도 철학과 수학과 과학과 신학 등이 지금처럼 명확히 분리되지 않았다. 잘 알려져 있다시피, 기독교 교리도 서양 과학과 똑같이 불변의 세계인 플라톤의 이데아 사상에 기초하여 만들어졌다. 그래서 프리드리히 니체(F. Nietzsche)는 그의 저서 〈선악의 저편〉 서문에서 "기독교는 대중을 위한 플라톤 사상에 불과하다"라고 썼다.

Ⅱ 02. 서구 과학적 패러다임에 따른 지식의 한계

오늘날 천체 물리학과 우주론에 따르면, 우주는 23%의 암흑 물질(dark matter)과 73%의 암흑에너지(dark energy)라는 미지의 물체들로 구성되어 있고, 우리가 현재 알고 있는 것은 고작 우주 구성물체의 4%에 해당하는 관측 가능한 보통 물질(normal matter)이다. 그러니까 우주를 구성하고 있는 96%의 물리적 실체에 대해서는 아직 아무도 알지 못한다. 이 경우 현상 물리학의 대상으로서 관측 가능한 우주는 팽창하고 있다. 먼 곳에 있는 천체일수록 더 빠른 속도로 우리에게서 멀어지고 있다. 우주의 팽창은 1927년 조르주 르메트르(G. Lamaître)에 의해 처음 이론적으로 주장되었고, 그 후 에드윈 허블(E. Hubble)이 천문관측을 통해 확인하였다.

이렇게 팽창하고 있는 지금의 우주는 시간을 거꾸로 돌리면, 부피가 없는 한 점인 특이점(singularity)에서 대폭발(Big Bang)과 함께 생겨났다는 추론을 얻을 수 있다. 빅뱅우주론이다.[7] 빅뱅우주론에 따르면 빅뱅과 함께 물질과 시간과 공간이 출현했다. 현대우주론의 시나리오에 따르면, 빅뱅 후 가장 초기의 우주는 빛과 물질이 완전히 분리되기 전의 빛 우세 시기를 보냈고, 이후 우주가 아주 넓게 팽창하고 빛과 물질이 분리되면서 주로 암흑물질로 대변되는 물질 우세 시기를 거쳐, 지금은 암흑에너지가 우주의 진화를 지배적으로 이끌어가는 암흑에너지 우세

7) 빅뱅우주론은 우주 팽창에 대한 허블의 관측 결과를 받아들인 조오지 가모프(G. Gamov)가 초고밀도 초고온 상태에 물질이 함 점에 모여 있다가 갑자기 폭발해 오늘의 우주를 만들었다는 가정을 통해 우주에 수소나 헬륨 등 가벼운 물질(원소)이 많은 이유를 설명함으로써 체계화했다.

시기에 진입한 것으로 추정하고 있다.

문제는 이처럼 현대우주론은 빅뱅 이후 시간에 따라 우주가 어떤 요소에 의해 영향을 받으며 진화해왔는지를 나름대로 추정해 볼 수 있지만, 정작 빅뱅이 왜 일어나고 빅뱅 이전에는 무엇이 있었는지 등에 관해서는 그 어떤 이야기도 할 수 없다는 점이다. 우주의 공간이 모두 빅뱅과 함께 만들어지며 시작되었다면 우주 그 자체가 모든 공간을 의미하기 때문에 '우주의 바깥 공간'이라는 것은 정의 자체가 되지 않는다. 시간 역시 빅뱅과 함께 흘러가기 시작하는 것이기 때문에 '빅뱅 이전의 과거'라는 것은 정의할 수 없다. 따라서 빅뱅이 일어난 이후 시간의 역사는 논할 수 있지만, 빅뱅 이전의 시간은 이야기할 수 없다. 결국 지금까지의 서구 과학적 패러다임에서는 물리적으로 또는 논리 필연적으로 코스모스의 시작과 종말은 알 수 없는 미궁 속으로 빠져들 수밖에 없다.

그러나 다른 한편으로, 서구 과학적 패러다임에 따른 현상물리학의 관점에서는 오히려 물리학적으로 고민할 필요조차 없다고 생각할 수 있다. 사실 오늘날 많은 천문학자와 우주론자들은 빅뱅 이전의 우주라는 것은 정의 자체가 불가능하므로 그와 관련해서 마땅히 말할 답도 갖고 있지 않고, 또 굳이 과학이 답을 해줄 필요도 없는, 즉 과학의 영역이 아니라고 말한다. 지금까지의 서구 과학적 패러다임에 따른 세계관으로 우주를 바라보는 한 맞는 말이다. 앞 절에서 말했듯이, 만물의 근원이 수(數)이고 자연이 수학적 구조로 되어 있다고 믿으며 불변의 세계인 플라톤의 이상적 수학 세계를 추구하는 서구 과학적 패러다임에 따른 현상 물리학적 세계관에서 말하는 우주는, 질서를 갖는 체계로서의 우주인 코스모스, 즉 우주 구성물체의 4%에 불과한 시간을 가져서 관측 가능한 일반물질들이 운동·

변화하는 시스템을 말하기 때문이다.

오늘날 우리는 관측 가능한 지금의 우주가 빅뱅에서 생겼다는 사실은 많은 천문관측 결과를 통해서 분명히 알고 있지만, 지금까지의 서구 과학적 패러다임에 따른 사유와 인식체계에서는 빅뱅이 왜 어떻게 생겼으며, 또 그것이 우연인지 필연인지는 알고 싶어도 결코 알 수 없게 되어 있다. 그것은 서구 과학적 패러다임에서 과학의 대상이 아니기 때문이다. 마찬가지로 서구 과학적 지식체계에서는 팽창하고 있는 우주의 종말이 어떻게 될지도 결코 알 수 없게 되어 있다.

그런데 오늘날 물리학자들은 우주가 계속 팽창하여 먼 미래에 언젠가는 물질도 시간도 공간도 모두 사라지고 아무것도 없는 무(無)가 된다거나 아무것도 없는 무(無)에서 우주가 탄생했다는 등의 이야기를 한다. 그러나 이러한 이야기들은 무엇보다도 하나의 고립계로서 '우주 그 자체'에 적용되는 자연법칙으로서 열역학 제1 법칙에 정면으로 반한다. 존재했던 물질과 시간과 공간이 모두 사라지고 '아무것도 없으면' 질량-에너지 보존 법칙에 반하고, 또 아무것도 없는데 거기서 우주가 탄생한다는 이야기는 그 자체로 말이 되지 않는다. 무(無)에서 유(有)가 탄생한다는 말은 그 자체가 자연법칙에 반하여 논리모순이기 때문이다.

이와 관련하여 오늘날 현상 물리학들은 급팽창 우주론에 따라 아무것도 없는 진공의 양자 요동으로부터 밀도 요동이 생겼다고 말한다. 그러나 여기서 말하는 '급팽창'이나 '아무것도 없는 진공의 양자 요동'은 그 자체로 이미 말이 되지 않는다. 왜냐하면 우주가 공간적으로 급팽창했다고 주장하려면 논리 필연적으로 그 팽창할 우주의 바깥 공간이 먼저 있어야 하고, 또 진공의 양자 요동은 이미 아무것도 없는 것이 아니기 때문이다. 결국 펜로즈가 지적하고 있듯이, 현대물리학의 수학적 물리법칙이 구현한 불변의 세계인 '플라톤의 이상적 수학 세계'와 있는 그대로의 세계로서 물 그 자체의 내재적 속성에 따라 운동·변화하고 있는 현실세계인 '물리적 세계' 사이에는 필연적으로 심원한 미스터리가 존재할 수밖에 없다.

2000년 넘게 누구에게나 자명한 진리라고 믿었던 유클리드 기하학은 19세기에 이르러 평행선 공리에 반하는 비유클리드 기하학이 들어서면서 금이 가고 말았다. 이에 따라 20세기 초 수학자들은 '진리'에 근거를 두는 대신 '논리적 무모순성(논리적 합치)'을 확보함으로써 플라톤의 이상적 수학 세계의 구현을 위한 지식체계를 유지하려고 했다. 공리와 정리가 완벽하게 서로 의존하도록 함으로써 공리계의 모든 명제가 모순이 없고 증명가능한 수학적 지식체계라는 전체 구조물은 견고함을 얻게 될 것이라 기대한 것이다. 그래서 다비드 힐베르트(D. Hilbert)는 점이나 직선 등의 기하학적인 정의를 '물리적 세계'인 컵이나 책상 등을 사용해도 이들 사이에 훌륭한 기하학, 즉 모순이 없는 수학 체계가 성립될 수 있다고 주장했다.

하지만 1931년 쿠르트 괴델(K. Gödel)은 그것이 불가능함을 증명했다. 괴델은 불완전성정리(incompleteness theorem)를 통해 아무리 엄밀한 논리적 수학 체계라도 그 안에는 그 체계 내의 공리에 기초하여 증명할 수 없거나 반증할 수 없는 명제가 있으므로 산술의 기본 공리들은 모순일 수밖에 없다는 것을 증명해 보였다. 산술의 무모순성이나 논리적 합치는 그 수학적 지식체계가 가장 중시하는 공리체계의 능력 밖에 존재한다는 것이다. 이 말은 곧 누구에게나 자명해서 증명이 필요 없다는 수학적 공리나 물리적 원리(가설)로부터 출발하여 얻은 수학적 물리법칙으로부터 해석해낼 수 있는 지식의 원천은 언제나 신비로움으로 남을 수밖에 없다는 것을 의미한다.

생각해 보라. 지금까지의 모든 현상 물리학의 물리법칙은 불변의 세계인 플라톤의 이상적 수학 세계를 구현한 것인 까닭에 좌우 대칭 형태의 수학적 방정식으로 표현된다. 이러한 현상 물리학의 수학적 물리법칙은 세 가지 공리인 세 개의 운동법칙을 기술한 뉴턴의 〈자연철학의 수학적 원리〉(1687)로부터 시작되었다. 그런데 대칭 형태의 방정식으로 표현되는 수학적 물리법칙이 성립하기 위해서는, 반드시 불변, 즉 고립계에서 측정 가능한 양이 시간에 따라 변하지 않는다고 하는 열역학 제1 법칙인 질량-에너지 보존법칙과 '시간 대칭'이라는 가역성이 전제되어야만 한다.

그러나 자연법칙인 열역학 법칙은, 그러한 수학적 물리법칙은 언제나 동시에 열역학 제2 법칙인 엔트로피 증가법칙, 즉 고립계에서 열역학적 과정은 엔트로피가 항상 증가하는 방향으로만 일어나야 한다는 '시간 비대칭적'인 비가역성을 요구한다. 따라서 결국 대칭 형태의 방정식으로 표현되는 수학적 물리법칙은 근본적으로 모순일 수밖에 없다. 나의 실체 물리학적 관점에서 보면, 사실 괴델의 불완전성정리는 바로 이것을 지적하고 증명한 것이라고 말할 수 있다.

이러한 모순은 루드비히 볼츠만(L. Boltzmann)이 시도했던 것처럼, 엔트로피 개념을 통계적이고 확률적인 방법을 사용하여 새롭게 정의함으로써 시간 대칭적인 방정식 형태의 수학적 물리법칙을 만들어냈다고 하여 치유될 수 있는 성질의 것이 아니다. 왜냐하면 자연법칙인 열역학 법칙은 우리가 자연현상이나 실험을 통해 나타난 현상을 관측하여 그 관측량 사이의 관계를 기술한 방정식에 대한 해석을 통해 만들어낸 수학적 물리법칙보다 상위에 있는 법칙이기 때문이다. 여기서 혹자는 "왜 그런가?"라고 질문을 할지도 모르겠다. 그 이유를 설명하자면 이렇다.

서구 과학적 패러다임에서 대칭 형태의 방정식으로 표현되는 수학적 물리법칙은 오로지 '불변의 세계'인 플라톤의 이상적 수학 세계만을 표현할 수 있다. 다시 말해 현상 물리학의 모든 수학적 물리법칙은 불변(不變, invariance)의 이상적 수학 세계를 구현하는 대칭(對稱, symmetry)과 보존(保存, conservation) 아래에서만 성립될 수 있는 것이다.[8] 지금까지 현상 물리학의 모든 수학적 물리법칙은 불변, 즉 '고립계에서 측정 가능한 양이 시간에 따라 변하지 않는다'라고 하는 전제 아래에서만 비로소 성립될 수 있다. 자연현상을 관측해서 불변의 것으로 포착해야 불변의 세계인 플라톤의 이상적 수학 세계를 구현할 수 있기 때문이다. 앞서 언급한 뉴턴의 운동방정식이나 아인슈타인의 일반상대성이론에 따른 중력장 방정식뿐만 아니라 맥스웰 방정식, 그리고 양자역학의 슈뢰딩거 방정식 등 현상 물리학에 존재하는 모든 수학적 물리법칙이 시간에 대해 대칭인 이유가 바로 여기에 있다.

하지만 실재하는 우주, 즉 있는 그대로의 세계인 물 그 자체나 자연 그 자체에 관한 자연법칙으로서 시간은 오직 한 방향으로만 흐른다. 시간의 흐름은 과거에서 지금으로 지금에서 미래로 흐르며 비가역적이고 비대칭적이다. 이것의 물리적 표현이 열역학 제2 법칙인 엔트로피 증가법칙이다. 물론 여기서 말하는 엔트로피 증가법칙은 루돌프 클라우지우스(R. Clausius)가 정의한 우주의 총 엔트로피는 감소하지 않으며 고립계에서 일

8) 불변과 대칭, 보존은 무엇이 일정하게 유지된다는 뜻에서 변화가 없는 상황을 뜻한다는 공통점을 가지고 있다. 다만, 불변이 어떤 변화에도 하나 이상의 자연법칙이 변하지 않는 경우를 말한다면, 대칭은 어떤 변화에도 불구하고 물리적 상황이 변하지 않는 경우를 뜻한다. 그리고 보존은 변화의 과정에서도 특정한 물리량이 똑같이 유지되는 경우를 말한다. 이 경우 시간이 대칭이고 불변이면 에너지가 보존된다.

어나는 열역학적 과정은 언제나 반드시 엔트로피(S)가 증가하는 방향으로만 일어난다는 비가역적($S \geq 0$)인 '자연법칙'을 말하는 것이지, 볼츠만이 플라톤의 이상적 수학 세계를 구현하기 위해 엔트로피를 통계적인 방법으로 새롭게 해석한 다음, 주어진 거시적 상태에 대응하는 미시적 상태의 수(W)에 자연로그(라틴어로 logarithm naturali, 줄여서 ln)를 취하여 가역적인 방정식 형태($S = k \ln W$)를 만들어낸 '수학적 물리법칙'을 말하는 것이 아니다.

볼츠만이 만들어낸 새로운 엔트로피 개념은 원리적으로 세상이 무질서해지는 방법이 질서가 잡히는 방법보다 훨씬 많다는 발상에서 출발한다. 만약 지금이 질서가 잡힌 상태라면 조금 뒤에는 무질서 정도가 더 높아야 한다는 것이다. 이렇게 개념의 조작과 통계적인 방식을 수학적으로 이용하면 시간 대칭적인 방정식 형태의 수학적 물리법칙을 만들어낼 수는 있다. 왜냐하면 이럴 수도 있고 저럴 수도 있다는 생각, 즉 조금 전에 무질서 정도가 더 높았을 수도 있다고 생각하면 되기 때문이다. 그러나 여기서 "조금 전에 무질서 정도가 더 높을 수도 있다"라는 발상이야말로 수비학자이자 점성술의 대가였던 피타고라스를 비롯한 고대 그리스인들이나 했던 이럴 수도 있고 저럴 수도 있는 점술이나 복술 유사한 확률적인 생각이다.

조금 전에 무질서 정도가 더 높을 수는 없다. 자연이나 자연법칙으로서 물리에는 그 어떤 예외나 경우의 수 같은 것은 존재하지 않는다. 깨진 컵이 저절로 깨지기 전의 정상적인 컵이 될 수 있는가? 이럴 수도 있고 저럴 수도 있는 경우의 수는 확률로서 이상적인 수학 세계에서는 가능하지만, 그것을 물리학에 사용할 수는 없는 것이다. 다시 말해 이럴 수도 있고 저럴 수도 있는 것은 인간의 머릿속에서 할 수 있는 무형의 추상적인 '생각'으로서 얼마든지 가능하지만, 유형의 물리적 실체로서의 자연은 결코 이럴 수도 있고 저럴 수도 있는 성질의 것이 아니다. 볼츠만도 이를 알았으므로, 결국 불변의 세계인 플라톤의 이상적 수학 세계가 아닌 '물리적 세계', 즉 있는 그대로의 세계로서의 자연 그 자체에서 엔트로피가 계속 증가하도록 만드는 유일한 방법은 과거에 엔트로피가 낮았다고 하는 '물리적 가정'뿐이라고 했다.

이처럼 서구 과학적 패러다임에서 물리법칙으로서 수학 방정식은 그 과학적 지식의 원천으로서 사유를 본질로 하는 인간 정신이 만들어낸 지식의 제1 원리로서의 수학적 공리나 물리적 원리(가설, 예컨대 일반상대성이론에서 등가원리나 양자역학에서 불확정성 원리)로 환원된다. 이것은 곧 서구식 과학적 패러다임에서 도출되는 지식의 근본적인 한계를 의미한다. 나중에 자세히 논하겠지만, 엔트로피의 물리적 실체나 그 속성은 서구 과학적 패러다임에 따른 현상 물리학적 지식체계에서는 결코 알 수가 없게 되어 있다. 엔트로피는 볼츠만이 새롭게 조작해 낸 통계적이고 확률적인 개념의 것이 결코 아니다.

결국 지금까지의 서구 과학적 패러다임에 따라 만물의 근원인 수(數) 속에 자연의 이치가 반영되어 있으며 자연이 수학적 구조로 되어 있다는 신념체계 아래, 머릿속에서 상상해낸 지식의 제1 원리로서 누구에게나 자명할 것 같은 수학적 공리나 물리적 가설로부터 추론해낸 물리 이론이나 그 수학적 물리법칙 그 자체는 논리 필연적으로 언제나 모순을 내포할 수밖에 없다. 서구 과학적 패러다임에 따른 현상 물리학의 물리 이론에는 의례적으로 역설(逆說, paradox)이 등장하게 되는 이유가 바로 여기에 있다. 이는 곧 그 물리 이론이 논리적 무모순성을 획득하지는 못했다는 것을 의미한다. 여기서 역설이란 비록 그 이론이 수학적 정합성을 확보했다 하더라도 자연법칙에 반하여 물리적으로 말이 되지 않는다는 것이다. 물론 물리적으로 말이 되지 않으면 자연법칙에 반하는 이유는 그 말을 한 인간 자체가 자연법칙을 따르는 존재, 즉 있는 그대로의 세계인 자연 그 자체 또는 물 그 자체의 하나로서 일정한 수명을 가진 보통 물질이기 때문이다.

‖ 03. 새로운 물리학으로서 실체 물리학

앞 절에서 살펴본 바와 같이, 21세기 오늘을 사는 우리가 반드시 깨달아야 할 것은, 불변의 세계인 플라톤의 이상적 수학 세계를 추구하는 서구 과학적 패러다임에 따른 현상 물리학에서 정립한 방정식 형태의 수학적 물리법칙으로는 결코 자연을 물리적으로 설명할 수 없다는 사실이다. 한편 인간이 만든 물리법칙은 자연법칙인 열역학 법칙, 즉 질량-에너지 보존법칙과 엔트로피 증가법칙에 반하지 않는 한도 내에서만 비로소 그 의미를 지닌다. 이 말은 곧 인간이 만든 물리법칙은 —지금까지의 현상 물리학이 수학적 물리법칙으로 기술한 '자연현상'이 아니라— 있는 그대로의 세계인 '자연 그 자체 또는 물 그 자체'를 설명하기 위한 것이어야 한다는 것을 뜻한다. 그래서 아서 에딩턴(A. Eddington)은 그의 저서 〈물리적 세계의 본성(The Nature of the Physical World)〉(1928)에서 물리적 세계와 플라톤의 이상적 수학 세계의 관계에 대하여 열역학 제2 법칙만이 시간의 화살(arrow of time)을 가지고 있다고 하면서 다음과 같이 말했다.

> "열역학 제2 법칙은 모든 물리학 법칙에 우선한다. 그러므로 만일 당신의 이론이 이 법칙을 따르지 않는다면 그냥 조용히 포기하는 것이 상책이다. 그런 이론을 아무리 고집해봤자 개선될 희망이 없기 때문이다."

그런데 서구 근대 대표적 지성 중 한 명인 임마누엘 칸트(I. Kant)는 그의 유명한 저서 〈순수이성비판〉(1781)에서 우주에 실재하는 유형의 물리적 실체로서 있는 그대로의 세계를 물(物) 그 자체(Ding an sich)의 영역이라고 정의하면서 "있는 그대로의 세계"는 우리에 드러나지 않는 세계이므로 우리는 알 수 없고, 우리가 알 수 있고 경험할 수 있는 세계는 우리에게 드러난 세계이며 이성이 제공한 틀에 의해 "구성된 현상 세계"라고 했다. 그리고 그는 이성에 근거한 형식으로서 보편타당한 과학 법칙은 이성적 사유의 틀을 통해서 경험 세계에 적용된다고 보고, "이성이 형식과 틀을 부여하지 않으면 세계는 존재하지 않는다"라고 주장했다. 물론 이것은 불변의 세계인 플라톤의 이상적 수학 세계를 지향하는 서구식 지적 패러다임의 전통을 그대로 보여 주는 것이다.

그러나 이러한 서구 과학적 지식체계에서 얻을 수 있는 지식은 수학적으로 존재(불변의 이데아, 본질, 수학적 실재)할 수 있지만, 현실적으로 존재(변화하는 현실, 실체, 물리적 실재)할 수 없는 이상적인 형태일 수밖에 없다. 그래서 이 시대의 위대한 수학자이자 물리학자인 로저 펜로즈는 플라톤의 이상적 수학 세계와 물리적 세계 사이에는 심원한 미스터리가 존재한다고 말하는 것이다. 문제는 이러한 사유와 인식체계가 오늘날 과학자들에게 그대로 계승되고 있다는 점이다. 특히 20세기 물리학에서는 자연과학의 수학적 경향이 극단으로 치달아서 "보이는 세상은 실재가 아니다"와 같은 주장을 서슴없이 말하게 되는 지경에 이르렀다. 여기서 주의할 것은, 이러한 주장에서 말하는 '실재'는 사실상 현실의 물리적 실재가 아닌 불변의 세계인 플라톤의 이상적 수학 세계에 존재하는 실재, 즉 본질적 · 수학적 실재를 말한다는 점이다. 그 결과, 있는 그대로의 세계로서 우리에게 보이는 변화하는 현실적 실재는 환상에 지나지 않는 것이 되어버렸다.

그러나 생각해 보라. 우리가 알고 싶은 세계는 변화하고 있는 '자연 그대로의 세계'이지, 누군가의 이성이 제공한 형식과 틀로 '구성된 현상 세계'가 아니지 않는가? 차차 자세히 논하겠지만, 이러한 서구식 지적 패러다임을 전복하지 않고, 기존의 서구 과학적 지식체계에 얽매어 앎을 추구하는 한, 우주의 96%를 구성하고 있는 물체들의 운동·변화는 영원히 신비로운 영역으로 남을 수밖에 없다. 게다가 우리가 설령 관측할 수 없는 암흑물질과 암흑에너지의 실체와 그 운동·변화하는 원리를 알 수 있게 되었다 하더라도, 그러한 앎과 지식은 방정식 형태의 수학적 물리법칙으로 표현할 수 있는 성질의 것이 아니다. 왜냐하면 불변의 세계인 플라톤의 이상적 수학 세계를 구현하는 대칭 형태의 방정식으로 기술되는 수학적 물리법칙으로는 '물 그 자체'가 아닌 우리에게 드러난 그 현상, 즉 우주 구성물체의 4% 남짓에 불과한 시간을 가져서 전자기력을 발생하는 관측 가능한 보통 물질의 운동 변화만을 기술할 수 있기 때문이다. 현상 물리학의 모든 수학적 물리법칙이 시간이 탄생한 빅뱅 이후의 '관측 가능한 우주(코스모스)'만을 기술할 수 있고, 빅뱅 이전의 우주의 시작점에서는 무용지물이 되는 이유도 바로 여기에 있다.

이는 곧 지금까지의 서구 과학적 패러다임을 고집하는 한, 우리가 천문학적 관측 결과로부터 알게 된 빅뱅의 물리적 원인이 무엇이고, 그것이 어떻게 해서 발생하는 것인지에 대한 '물리적 설명'을 영원히 얻을 수 없다는 것을 뜻한다. 앞으로 자세히 논하겠지만, 현상 물리학의 지식체계에 따른 천체 물리학과 우주론이 할 수 있는 것은 코스모스의 시작인 빅뱅의 시작점에 대해서 미세조정이나 인류 원리 등을 이야기하면서 창조주(God)나 다중우주(multiverse) 중 어느 하나를 선택하는 수밖에 달리 방법이 없다. 그렇다면 결국 유신론적 결론을 피하고자 확률론적인 다중우주론을 택하려 할 것이다.

우주는 시공간이자 물질이므로 물리학의 핵심은 시공간과 물질이다. 그런데 여기서 미리 말하지만, 상대성이론이 말하는 시공간(space-time)은 있는 그대로의 세계인 물 그 자체가 아니라 순전히 수학적인 것으로서, 그것은 로렌츠 기호가 있는 미분 가능한 다양체이고 거리 측정값과 곡률 등을 가진다. 마찬가지로 게이지 대칭성을 전제로 하는 양자장론에서 말하는 입자(particle) 역시 게이지 군(groups)의 특정 기약 표현하에서 변형되는 힐베르트 공간의 벡터이다. 이것이 바로 "시공간이란 무엇이고 입자란 무엇인가?"라는 질문에 대해 현대물리학이 할 수 있는 최선의 대답이다. 이처럼 현상 물리학자들은 특정한 수학적 구조가 관찰을 설명할 수 있으면 그것이 곧 물리법칙이라고 믿는다. 따라서 현대물리학이 시공간이나 힉스입자가 실재한다고 말하는 경우 그것은 특정한 수학적 구조가 관찰을 설명할 수 있다는 뜻이다. 그런데 현상 물리학은 관찰할 수 있는 것이라도 수학적으로 기술할 수 없으면 과학이 아니라고 말하지만, 반대로 관찰할 수 없더라도 플라톤의 이상적 수학 세계에 있으면 실재하는 것이라고 믿는다. 다중우주론이 그 예다. 즉, 관측할 수 없는 우주가 수학적 구조 속에 있으므로 그것은 실재한다고 생각한다.

여기서 우리가 분명히 알아야 할 것은 물리학에서 수학은 어디까지나 물질의 수량을 기술하는 하나의 도구일 뿐이라는 점이다. 수학과 물리학은 근원적으로 아무런 관련이 없다. 경제학에서 수요나 공급 등의 수량을 표현하기 위해 수학을 도구로 사용하듯이, 물리학에서도 물질의 수량을 표현하기 위해 수학을 도구로 사용할 수 있는 것일 뿐이다. 불변의 세계인 플라톤의 이상적 수학 세계를 구현하려는 오랜 서구식 사유와 인식은, 동양에서 고대 경전의 하나인 역경(易經)의 상수학이나 수(數) 속에 우주 변화원리가 있다(數理)고 믿었던 고대 우리나라 사람들의 천부경(天符經) 사상과 유사한 것으로서, 만물의 근원인 수(數, number) 속에 자연의 이치가 반영되어 있으며(數理) 자연이 수학적 구조로 이루어져 있다고 생각했던 일부 고대 그리스사람들의 사상에서 발원한 것일 뿐이다.

게다가 이제 우리가 21세기 이 개명한 시대에 당하여 우주의 95% 이상을 차지하고 있는 암흑물질과 암흑에너지를 포함하는 전체로서의 우주 만물의 운동·변화를 '물리적으로 설명'하고자 하는 마당에, 그 새로운 물리법칙은 반드시 지금까지의 현상 물리학처럼 불변의 세계를 기술하는 수학 방정식 형태로 표현되어야 한다고 주장한다면, 그것은 어불성설이고 주객전도의 오류다.

물리학의 도구로서 수학을 사용하는 경우라도 방정식 형태로 표현되는 수학적 물리법칙은 불변의 대칭 상태를 가정할 수 있을 때만 비로소 사용할 수 있는 것이다. 그러나 물리학의 대상인 자연, 즉 있는 그대로의 세계인 물 그 자체는 살아 움직여 운동 변화하고 있으므로 근본적으로 비대칭적이다. 따라서 새로운 물리학에 따른 모든 것의 이론이 기존에 정립된 보통 물질에 관한 현상 물리학의 수학적 물리법칙을 모두 포함하여 전체 우주 만물의 운동·변화를 단 하나의 원리로써 '물리적으로 설명'할 수 있다 하더라도, 그것이 단 하나의 수학 방정식 형태여야 하는 것은 아니다. 사정이 이러하므로, 스티븐 호킹(S. W. Hawking)은 그의 유명한 저서 〈시간의 역사〉(1988)에서 다음과 같이 기술하고 있다.

"지금까지 사람들은 근본적인 이론을 찾으려고 애써 왔지만, 아직 아무도 성공을 거두지 못했다. 그러나 나는 괴델이 증명했듯이 공리(axiom)들의 단일 집합으로 산술을 정식화할 수 있는 것 이상으로는 근본적인 이론의 단일한 공식이 없을지도 모른다고 생각한다."[9)]

새로운 물리학에 따른 모든 것의 이론(Theory of Everything)은 기존의 현상 물리학이 수학적 물리법칙으로 다루었던 우주 구성물의 4%에 불과한 일반물질뿐 아니라, 지금까지의 서구 과학적 패러다임에서는 그 정체를 알 수 없게 되어 있는 나머지 96%에 해당하는 암흑물질과 암흑에너지를 포함하는 전체로서의 우주 만물의 운동·변화를 통일적으로 설명하되 —머릿속에서 자명하다고 '생각'해낸 수학적 공리나 물리적 가정으로부터 도출하는 무형(無形)의 것이 아니라— 사람이면 누구나 이해하고 수긍할 수 있게 구체적인 유형(有形)의 물리적 실체로서 있는 그대로의 세계인 자연 그 자체 또는 '물 그 자체'의 내재적 속성에 의해 운동·변화하는 원리를 물리적으로 설명할 수 있어야 한다.

여기서 미리 밝혀두건대, 지금부터 이야기할 새로운 물리학으로서 나의 실체 물리학은 '근본적으로' 19세기 중반 조선의 위대한 물리학자 혜강 최한기가 창시한 〈실체 물리학(氣學)〉(1857)을 계승한 것이다.[10)] 최한기는 '물질(氣, matter) 그 자체가 가진

---

9) Stephen William Hawking, A BRIEF HISTORY OF TIME, Bantam books, p. 182.

10) 최한기가 창시한 실체 물리학(氣學)은 기존의 현상 물리학처럼 자연현상이 아니라 자연 그 자체, 즉 물 그 자체의 운동 변화를 설명하는 물리학으로서, 대상에 대한 외부적 국소적인 '감각적 경험'에만 그치지 않고, 유형의 물리적 실체인 내부형질의 경험, 즉 내부적 비국소적인 '실체적 경험'까지 요구한다는 점에서 철저하게 경험적이고 실증적이다. 최한기는 기학을 '성실의 학문'이라고 했다. 여기서 '성실(誠實)'이란 글자 그대로 말(言)이 실체(實)를 이룬다(成)는 것이다. 따라서 유형의 물리적 실체가 아닌 무형의 것을 말하면 그것은 '말할 수 없는 것'을 말하는 것이므로, 그 말 자체로 자연법칙에 반하여 이미 헛소리다. 물론 여기서 '말'이란 일상 언어가 아닌 앎을 주장하는 논리적 명제로서의 '인식언어'를 뜻한다.

내재적 속성'을 인류역사상 최초로 발견했다. 그리고 그것을 네 글자로 활·동·운·화(活·動·運·化), 즉 살아 움직여 돌(리)며 변화하는 것이라고 정의했다. 이에 따라 그가 창시한 새로운 물리학으로서의 실체 물리학은 있는 그대로의 세계인 자연 그 자체 또는 물 그 자체(氣)가 가진 그 내재적 속성에 의해 운동 변화하는 원리에 따라 우주 만물의 운동 변화를 설명하는 물리학으로서, 자연, 즉 있는 그대로의 세계인 물 그 자체를 수량화하여 수학적으로 기술한다.

여기서 물리학과 수학의 관계와 관련하여 특히 우리가 주목해야 할 것은, 서구 과학적 패러다임에 따른 현상 물리학에서의 수학은 '자연현상'을 관측하여 그 관측량 사이의 관계를 대칭 형태의 수학적 방정식으로 기술하고 그것을 해석하여 이론을 정립하려 한다는 점에서, 실체 물리학에서 말하는 수학과 나르다는 점이다. 실체 물리학에서 수학은 어디까지나 물질의 수량을 기술하는 도구에 불과하다.

그런데 최한기는, 앞서 에딩턴이 말한 '물리적 세계의 본성'과 같은 취지에서, 열역학 법칙과 같이 우주에 스스로 존재하거나 저절로 이루어지는 유형(有形)의 물리적 실체 그 자체의 운동·변화하는 자연(自然)의 법칙을 유행지리(流行之理)라고 하고, 사람이 무형(無形)의 의사나 의식 활동에 따라 추리하고 판단할 때 마땅히 그러하다는 당연(當然)의 법칙을 추측지리(推測之理)라고 하면서, 당연의 법칙은 자연의 법칙에 부합하는 한도에서만 유효하다고 했다. 그는 우리가 추구하는 물리학이 있는 그대로의 세계로서 살아 움직여 운동 변화하고 있는 "물 그 자체(氣)에 연유하지 않으면 탐구하는 것이 모두 허망하고 괴이하며 허탄한 이론이 된다."[11]라고 말하면서, 다음과 같이 이야기

11) 최한기, 『기측체의(氣測體義)』(1836) 「序」, "不緣於是氣, 則所究皆虛妄怪誕之理."

하고 있다.

> ⅰ) "리(理)가 형체가 있는 것(有形)이냐 없는 것(無形)이냐에 따라 학문은 거짓이 되기도 하고 참이 되기도 하며, 사업에 이롭기도 하고 그렇지 않기도 한다. 자연과 사람이 운동·변화하는 리(天人運化之理)는 '유형의 리'이고, 마음 가운데 생각하는 의사의 리(中心意思之理)는 곧 '무형의 리'이다. (……) 만약 이것을 모르고 단지 옛날에 듣고 본 것만을 좇아서 만사·만물을 모두 마음에서 구하게 된다면 이는 이미 운동·변화의 준적(準的)에 연유하지 않고 오직 의사(意思)로서 헛된 그림자만 구하는 것이니, 이것이 곧 무형의 리이다. 운동·변화하는 유형의 리를 얻어서 운동·변화하는 유형의 사물에 조처하더라도, 항상 운동·변화에 어긋남이 있을지 염려되거늘, 하물며 옛날에 들었던 것이 천 년이 되도록 변치 않고, 지난 일이 백 세가 되도록 바뀌지 않을 것이라 여기며 탐구해서 얻은 무형의 리는 어떠하겠는가?"[12]
>
> ⅱ) "유행지리(流行之理)는 마치 태양이 빛을 발하여 만물을 두루 비추는 것과 같다. 추측지리(推測之理)는 그릇에 담긴 물이 빛을 발하는 것이 단지 그릇에만 머물러있는 것과 같다. 만약 리(理)에 이러한 구별이 있는 줄을 분간하지 못한다면, 태양 빛과 그릇 빛을 갈팡질팡 분간하지 못하여 태양 빛을 그릇 빛으로 여기거나 그릇 빛을 태양 빛으로 여기게 된다. 어찌 그릇 빛은 태양 빛이 아니고 태양 빛은 그릇 빛이 아님을 알겠는가? 또, 어찌 그릇 빛은 태양 빛을 반사한 것이고, 태양 빛이 그릇 빛을 생기게 하는 것임을 알겠는가? 이것은 실로 리(理)를 탐구하는 관건이다."[13]

위 인용문 ⅰ)은 살아 움직여 운동 변화하고 있는 물 그 자체로서의 있는 그대로의 세계인 현실의 세계가 아닌, 불변의 세계인 플라톤의 이상적 수학 세계를 추구하는 당시의 서양 과

---

12) 최한기, 『기학(氣學)』(1857) 2-73, "理之有形無形爲學問之虛實, 事業之利鈍. 天人運化之理卽有形理也. 中心意思之理卽無形理也.……若不識此, 只從舊聞見, 萬事萬物, 皆求於心. 既不因運化之準的, 惟求於意思虛影, 是乃無形之理也. 得於運化誘形之理 而措於運化有形之物, 常恐其間運化之有違, 況無形之理, 究其所得, 舊聞之斟酌千載不變, 往事之倣似百世不遷.

13) 최한기, 『추측록(推測錄)』(1836) 권 6, 推物測事, 「窮理不如推測」, "流行之理, 如太陽放暉, 萬物遍照, 推測之理, 如盤水飜光, 惟在於盤. 若無分於理有此別, 則揚輝盤光, 眩煌無分, 遂似揚輝爲盤光, 或似盤光爲陽暉. 安知盤光非揚輝,揚輝非盤光也, 又烏知盤光飜陽輝, 陽輝生盤光也. 是實究理之關鍵也."

학, 특히 뉴턴 역학과 뉴턴 역학 체계에 따른 19세기 초중반의 전자기학을 비판하는 내용이다. 한편 최한기는 일찍이 산술 및 기하학과 천문학 등의 내용을 담은 수학책 〈의상리수(儀象理數)〉(1835)와 〈습산진벌(習算津筏)〉(1850) 등을 지어 수학의 실용성을 강조했다. 여기서 '진벌'이란 직역하면 '바다에 떠 있는 배'를 말하는데, 우주공간에 떠 있는 천체들을 의미한다. 그런데 여기서 우리가 명심해야 할 것은 실체 물리학의 창시자 최한기가 중요시했던 수학은 기수(氣數)이지 수리(數理)가 아니라는 점이다.

서양 수리학의 강력한 전통은 만물의 근원은 수이고 수(數) 속에 자연의 이치가 반영되어 있으며(數理) 자연은 수학적 구조로 되어 있다는 사상에 근거하고 있다. 서구 근대과학은 피타고라스 학파의 유산인 "세계는 수학적으로 나타나는 질서에 의해서 움직이고 있다"라는 관념과 그에 따른 수리, 즉 수학적인 형식적 합리성을 추구하는 목적의식을 계승했다. 그래서 서구 자연과학의 방법은 자연현상을 자료화하고 수학적 통계적으로 처리해서 그 법칙성을 파악하는 데 그치고, 그 배후에 있는 본질이나 자연현상의 물리적 원인에 대해서는 감히 묻지 않는다는 수학적 자연과학의 확립으로 이어졌다. 이렇게, 데카르트가 개척하고 뉴턴이 확립하여 오늘에 이르고 있는 수학적 자연과학의 방법은 —있는 그대로의 세계인 물 그 자체나 자연 그 자체를 탐구하는 것이 아니라— 자연현상을 감각적 요소로 색출하여 '수학적으로 이념화된 자연'으로 대치한 것이었다.

이러한 서구 과학적 패러다임을 목격한 최한기는 새로운 학문인 실체 물리학(기학)을 창시하게 되는데, 그가 창시한 새로운 물리학에서의 수학은 —자연의 이치가 수(數) 속에 반영되어 있다고 보아 수학적 구조로부터 물리를 탐구하는 '수리(數理) 물리학(형식 물리학)'이 아니라, 이와는 정반대로— 물 그 자체(氣)의 운동·변화하는 원리를 파악하여 물리를 알고 난 뒤에 그 물 자체의 수를 재량하고 계산하는 '기수(氣數) 물리학(실체 물리학)'이었다. 이와 관련한 최한기의 말을 직접 들어보자.

기(氣) — 리(理) — 상(象) — 수(數)

i) "기(氣)에는 반드시 리(理)가 있고, 리에는 반드시 상(象)이 있으며, 상에는 반드시 수(數)가 있다."[14]

ii) "數(산수)는 象(기하)을 '가·감·승·제(+-×÷, 연산)하는 데서 생기고, 象은 理(논리 또는 이론)의 곡절을 '형용'하는 데서 생기며, 理는 氣(물질 그 자체)의 앞뒤를 '추측'하는 데서 생긴다."[15]

iii) "'기(氣)'는 살아 움직여 운동 변화하는 물질인데, 그 속에 '임시 머물러있는 것'이 수(數)이다."[16]

iv) "만약 기와 수가 서로 떨어져서 합해 있지 않다면 기는 기대로 운행하여 만 가지로 변화하고, 수는 수대로 인간의 뜻에 따라 근거 없이 이용될 것이니, 어찌 '기수(氣數)'라 말할 수 있겠는가?"[17]

v) "수학은 사람의 마음속에서 헤아리는 것임을 알 수 있다. 그러므로 기(물 그 자체)를 따라서 수를 고치면 수학은 살아있는 방법이 되고, 기를 버리고 수만 믿으면 수학은 죽은 방법이 되고 만다."[18]

위 인용문에서 특히 우리가 주목해야 할 점은, 인용문 iii)에서 말하고 있는 바와 같이 —만물의 근원인 '수(數)' 속에 자연

14) 최한기, 『신기통(神氣通)』(1836) 권 1, 體通, 「數學生於氣」, "氣必有理, 理必有象, 象必有數."

15) 최한기, 『습산진벌(習算津筏)』(1850) 「序」, "數, 生於象之加減乘除, 象, 生於理之形容曲節, 理, 生於氣之前後推測."

16) 최한기, 『성기운화(星氣運化)』(1867) 권 1, 「天人氣數」, "氣者活動運化之物, 其中自有所寓之數."

17) 최한기, 『운화측험(運化測驗)』(1860) 권 1, 「氣之數」, "若氣與數相離不合, 氣自氣而運行萬化, 數自數而隨意排撰, 烏可謂氣數也."

18) 최한기, 『성기운화(星氣運化)』(1867) 序, 「凡例」, "可知數學, 是人之心計, 遵氣而改數, 卽數學之活法, 捨氣而信數, 乃數學之死法."

의 이치(理)가 들어 있는 것이 아니고, 그와는 정반대로— 있는 그대로의 세계인 자연 그 자체 또는 '물 그 자체(氣)' 속에 임시 머물러있는 것이 수(數)라는 것이다. 서구 과학적 패러다임에서처럼 주객을 전도시켜 자연의 이치가 수(數) 속에 반영되어 있어서 자연이 수학적 구조로 되어 있다고 보면, 미적분이나 확률과 같은 수학적 체계나 점, 선, 원, 면 등과 같은 기하학적 구조를 가지고 물리를 탐구하게 된다.

현대물리학은 미시세계를 기술하는 양자역학과 거시세계를 기술하는 일반상대성이론을 두 축으로 하고 있는데, 전자기력과 약한 상호작용 그리고 강한 상호작용은 모두 양자 이론과 결합하고, 중력은 따로 일반상대성이론이 기술하고 있다. 물론 중력만 따로 겉도는 데에는 그럴 만한 이유가 있다. 나머지 모든 힘에는 양자 세계의 '확률론적 규칙들'을 따르는 입자들이 관여하여 이 힘들을 하나의 수학 체계로 통일할 수 있지만, 아인슈타인이 기술한 일반상대성이론의 핵심 매개변수는 시공간의 곡률이라고 하는 '기하학적 구조'를 가지기 때문이다. 이처럼 양자역학이 기술하는 세 가지 힘과 중력은 똑같은 수학적 어휘를 공유하지 않으므로, 오늘날 현상 물리학자들은 양자역학과 중력을 통합할 수 있는 수학적인 양자 중력이론을 모색하고 있다.

불변의 세계인 플라톤의 이상적 수학 세계를 추구하는 서구 과학적 패러다임에 따른 현상 물리학은 만물의 근원인 수(數) 속에 자연의 이치가 들어있어서 자연이 수학적 구조로 되어 있다는 신념체계 아래, 수(연산) → 상(모양) → 리(논리 · 이론)의 과정을 통해 물리 이론을 도출하려고 한다. 물리 이론의 도출과정이 실체 물리학과는 정반대의 방향이다. 그 결과 어떻게 되었는가? 서구 과학적 패러다임에 따른 현상 물리학의 지식체계에는 '있는 그대로의 세계'로서의 물 그 자체(氣)가 없다. 우리가 알고 싶은 있는 그대로의 세계인 '자연 그 자체나 물 그 자체'는 서구 과학의 대상이 아니다. 지금까지의 서구 과학적 패러다임에 따른 현상 물리학이 물 그 자체(氣)에 대한 물리적 설명을 할 수가 없는 이유가 바로 여기에 있다.

사정이 이러하므로, 당시 동서 학문에 통달했던 최한기는, 이러한 서구 과학적 패러다임을 위 인용문 iv)와 v)에서 말하고 있는 것처럼 비판하면서, 모든 것의 이론, 즉 당시까지 존재했던 모든 학문을 포괄하여 논리 일관하게 설명할 수 있는 새로운 패러다임에 기초한 새로운 학문으로서 실체 물리학(기학)을 창시하게 된 것이다. 잠시 최한기의 말을 직접 들어보자.

> "지난 수천 년 동안 학문과 가르침을 처음 만든 사람, 그것을 추종하거나 응한 사람, 별도로 문호를 연 사람, 논쟁에서 이기고자 천하게 기세를 부린 사람 등 스스로 승인한 가르침과 학문을 펴서 학설로 전하고 있으나, 그것들을 포괄하는 이론을 찾는 것이 이미 궁색해져 버렸다."[19)]

여기서 잠깐, 이 책의 독자 여러분의 이해를 돕기 위해 혜강 최한기에 대해서 간단하게라도 소개해야 할 것 같다. 최한기의 저작들은 19세기 중반 동·서양 학술교류의 중심지이자 당시 최고의 국제도시였던 중국 북경의 정양문(正陽門) 안 인화당(人和堂)에서 호화활자판으로 출판되어 서양 선교사들의 번역을 거쳐 유럽에 소개되었는데, 이것들은 서구 현대학문의 성립에 지대한 영향을 미쳤다. 19세기 말 이후 서양 학문을 일방적으로 수입만 했던 것과는 달리, 이때만 해도 동·서 학술교류는 서로 대등하게 이루어졌다. 이에 따라 최한기의 철저한

---

19) 최한기, 『운화측험(運化測驗)』(1860) 권 2, 「知覺運化」, "已往數千載, 創始者, 騶應者, 別個門戶者, 勝心堅熾者, 自許敎學之傳說, 搜括已窮."

경험주의 사상과 실증·실용 사상이 유럽에 전파되었고[20], 이러한 최한기의 사상을 계승한 서양 학자들이 대거 등장하게 되었다.

내가 아는 한, 최한기 사상의 계승자 중 중요한 학자 몇몇을 열거해 보자면, 철학자로는 비트겐슈타인을 비롯하여 쇼펜하우어, 니체, 베르그송, 화이트헤드, 윌리엄 제임스, 메를로 퐁티를 들 수 있고, 과학자로는 에른스트 마흐와 에르빈 슈뢰딩거를 들 수 있는데, 아인슈타인과 파울리는 마흐로부터 간접적으로 영향을 받았다. 그리고 수학자로는 여러 학문에도 능통했던 앙리 푸앵카레를 비롯하여 플라톤주의 수학을 반대한 브라우어[21]를 들 수 있고, 최한기 사상을 문학적으로 가장 잘 승화시킨 사람으로 러시아의 대문호 톨스토이를 들 수 있다. 물론 최한기 역시 서양의 최신 과학 저술을 당시 조선의 조정(朝廷)보다 더 먼저, 그리고 더 많이 수입해서 읽었고, 1천 권의 저술을 남겼다.[22]

아무튼, 여기서 또 하나 우리가 주지해야 할 것은 모든 학문에서 어떤 이론이 성립하기 위해 반드시 요구되는 최소한의

---

20) 예컨대 최한기의 『운화측험(運化測驗)』에 나오는 내용에 따르면, 자기가 서양 과학책이나 실용적인 책들을 수입했던 것처럼 서양 사람들도 실증적이고 실용적인 내용의 자기 책에 관심을 가지고 수입해갔다고 말하고 있다. 참고로 최한기(1803~1877)는 태어나서 서거할 때까지 오직 학문에만 몰두했다. 다행히 엄청 부자여서 지금의 한국은행 자리에 대궐 같은 건물이 4채(이 중 하나인 肯業齋는 과학기술과 관련된 건물로 실험실 또는 작업실이었다)나 있었고 최신 책들의 수출입을 전담하여 도와주는 사람들도 있었다. 영의정 홍석주의 벼슬 권유를 정중히 물리쳤고, 노년인 1871년에는 신미양요를 당하여, 홍선대원군과 강화도 무사 정기원의 요청에 따라 군사전략을 제시한 것이 적중하여 1872년 오위장(五衛將)에 임명되었으나 이때도 벼슬을 받지 않았다.

21) 브라우어(Luitzen Egbertus Jan Brouwer)는 논리학과 수학 분야에서 혁명적인 업적을 남겼는데, 그는 특히 수학이란 순수하게 '인간 정신의 사고능력의 산물'일 뿐이라고 하면서, "플라톤주의자들의 주장처럼 이른바 '수학적 실재'와 같은 것이 이데아의 세계에 존재하는 것이 아니다"라고 주장했다.

22) 이는 우리나라 역사상 가장 많은 저술을 한 사람에 해당한다고 하는데, 육당 최남선은 〈조선상식문답 속편〉에서 혜강 최한기가 남긴 저술이 진역(震域:동방의 나라) 역사상 최고의 기록이라고 했다.

요건은 '논리'라는 점이다. 논리(論理)가 있어야 '말이 성립'하여 논리적으로 모순이 없는 이론(理論)이 될 수 있다. 모름지기 어떤 학문에서의 이론은 세상 사람 누구나 이해할 수 있는 논리적인 언어로 설명할 수 있어야 세상 사람들을 위한 보편지식이 될 수 있다. 따라서 어떤 학문의 이론이 지구상의 모든 사람이 이해하고 수긍할 수 있도록 논리적 명제로서 설명할 수 없는 것이라면 그것은 이미 헛소리다. 그것이 물리학이라면 물질의 운동 변화를 논리적인 명제로써 '물리적으로 설명'할 수 있어야만 물리 이론이 될 수 있고, 그 이론의 명제를 말해야 '말할 수 있는 것'으로서 누구나 이해하고 수긍할 수 있는 보편지식이 될 수 있는 것이다.

그런데 지금까지의 현상 물리학, 특히 20세기 양자역학은 사람들이 이해하고 수긍할 수 있게 설명할 수 있기는커녕 그 양자역학을 만들고 또 오늘날 그것을 믿고 있는 그 어떤 물리학자도 그것을 이해하는 사람이 아직 지구상에 단 한 명도 없다. 왜 그럴까? 양자역학은 수학적으로 표현된 슈뢰딩거 방정식에 대한 물리학자들의 다양한 '해석'에 머무르고 있을 뿐, 그것이 아직 언어적 논리를 획득하여 물리적 이론에 도달하지는 못했기 때문이다.

생각해 보라. 이론적 예측값이 관측값과 99.99994% 확률로 정확한 것이 양자역학이라고 하더라도, 그것은 어디까지나 수학일 뿐이고, 그에 대한 해석은 매우 다양하며, 그에 대한 또 다른 해석들이 오늘도 생겨나고 있다. 그러한 해석 중에 오늘날 물리학 교과서에서 통용되고 있는 확률해석 역시 어디까지나 해석이지 물질의 운동 · 변화하는 원리를 물리적으로 설명하는 물리학의 이론이 아니다. 이럴 수도 있고 저럴 수도 있는 경우의 수를 따지고 확률분포를 계산하는 것은 '수학'이고, 그

의미를 분석하고 풀이하는 것은 '해석'이지, 사물의 운동·변화하는 원리를 해명하기 위해 논리정연하게 일반화한 명제의 체계를 갖춘 '이론'이 될 수 없다.

일찍이 실체 물리학의 창시자 혜강 최한기는 〈실체 물리학(기학)〉 서문에서 "이럴 수도 있고 저럴 수도 있다는 것은 췌마학[23]이라고 했으며, 그런 학문은 있어도 그만 없어도 그만"이라고 하면서, 말할 수 없는 것은 말하지 말아야 한다고 했다. 왜냐하면 '말할 수 있는 것'은 그 말에 논리적 모순이 없어야만 하는데, 이럴 수도 있고 저럴 수도 있는 것은 이미 그 자체로 모순이어서 '말할 수 없는 것'에 해당하기 때문이다. 그래서 최한기는 "말을 하지 않으면 그만이지만, 말을 하면 천하 사람들이 취해서 쓰고 감복(感服)하게 되는 그런 말을 하는 학문이 바로 실체 물리학(기학)"이라고 했다.[24]

사정이 이러하므로, 양지물리학의 꽃이라고 할 수 있는 입자물리학의 표준모형을 만드는 데 크게 이바지하여 노벨물리학상을 받았던 두 사람, 즉 스티븐 와인버그(S. Weinberg)는 "현재의 양자역학은 다윈 이전의 생물학과 같다"라고 하면서 현재의 양자역학은 제대로 된 물리학이 아니라고 말하고 있고, 머리 겔만(M. Gellmann)은 "양자역학은 우리 가운데 누구도 제대로 '이해'하지 못하지만, 우리가 '사용'할 줄은 아는 무척 신비롭고 당혹스러운 학문이다"[25]고 했다.

그렇다면 도대체 왜 이렇게 20세기 과학의 총아인 양자역학은 신비롭고 당혹스러운 학문이 되었을까? 우리는 이제 그 원

---

23) 여기서 '췌마학(揣摩학)'이란 단지 머릿속에서 헤아리고 계산하며 상상하여 해석하거나 억측하는 학문이라는 뜻이다.

24) 최한기『기학(氣學)』 序, "可東可西, 有無不關者, 揣摩學也. (……) 不言, 則已, 言之, 則 天下人取用, 不發, 則已, 發之, 則 宇內人感服者, 其維氣學乎.

25) Murry Gell-Mann, "Questions for the Future" in J. H. Mulvey(ed), The Nature of Matter(Oxford: Oxford University Press, 1981), p.169

인을 말할 수 있을 것이다. 세세한 이야기는 나중에 자세히 논하겠지만, 지금까지 이야기한 바와 같이, 그 근본 원인은 양자역학이 수리(數理) 물리학적 사고방식, 즉 만물의 근원인 수(數) 속에 자연의 이치가 반영되어 있으므로(數理) 수학적 구조로부터 물리를 얻을 수 있다는 신념체계 아래 자연현상을 관측하여 불변의 것으로 포착한 그 관측량 사이의 관계를 수학적으로 표현하면 그것이 물리학이라고 생각하는 서구 과학적 패러다임에서 만들어진 것이기 때문이다.

그런데 여기서 우리가 분명히 알아야 할 것은 이것이 비단 양자역학에서만 그런 것이 아니라는 점이다. 우리에게 친숙한 고전 물리학인 뉴턴 역학 역시 사실은 해석학이지 진정한 물리학이 아니다. 뉴턴이 그의 책 제목을 '자연철학의 수학적 원리'라고 했을 때, 그 수학적 원리란 곧 미적분을 말한다. 하지만 이러한 미적분학(微積分學, calculus,) 역시 무한(無限, infinity)을 어떻게 해석할 것인지에 관한 해석학(解析學, analysis)[26]으로 귀결된다. 서구 과학적 지식체계에서 무한소(無限小, infinitesimal)는 모든 유한한 양보다도 적은 양이면서 0이 아닌 양이다. 그런데 아르키메데스 원리가 말하고 있듯이, 실수체계에는 무한히 작은 수가 없다. 따라서 무한히 작은 양도 없다. 그래서 제논(Zeno)이나 칸토어(Cantor)의 무한 역설이 등장하게 된 것이다.

어쨌든, 미적분이라는 수학적 구조에서 무한에 대한 모호한 개념은 해석이 요구된다. 그 시도로서 도함수를 무한소의 비의 극한으로 정의하고, 적분은 무한소를 폭으로 하는 직 4각형을 합해 계산했다. 따라서 미적분학은 원래 '무한소 산법'이라 불렀다. 결국 미적분학의 근본 개념은 고대 그리스인들이 기하학

26) 함수의 특성을 계산하는 해석학에는 무한급수, 변분법, 미분방정식, 푸리에 해석학, 복소수 해석학, 벡터 및 텐서 해석학, 함수해석학 등과 미분기하학, 집합론, 위상수학 등이 있다.

에서 사용했던 극한(極限)이다. 아르키메데스는 원에 내접하는 등변다각형에서 변의 수를 증가시켜 넓이를 계산할 수 있는 다각형의 넓이를 극한으로 원의 넓이에 접근시켰다.

그렇다면 현대물리학은 수(數)나 모양(象), 즉 연산이나 기하에 관한 해석을 통해 무한소 또는 미소(微小)를 물리적으로 설명할 수 있게 되었는가? 답부터 말하자면 무한대는 물론 무한소 역시 'NO'이다. 뒤에서 자세히 논하겠지만, 20세기 들어 에너지의 최소 단위 작용양자인 플랑크 상수(h)를 발견함으로써 무한소 문제는 설명할 수 있게 되었다고 사람들은 말하지만, 결코 해결되었다고 볼 수 없다. 그것이 해결되었다면 암흑물질을 모를 리 없다.

괴델이 증명해 보였듯이, 서구 과학적 패러다임, 즉 수학적 공리나 물리적 원리(가설)로부터 출발하는 서구 과학적 지식체계에서 얻은 지식은 그 지식체계 안에서는 결코 논리적 합치나 논리적 무모순성을 획득할 수가 없게 되어 있다. 서구 과학적 패러다임에는 우주에 실재하는 유형의 물리적 실체로서 살아 움직여 운동 변화하고 있는 물 그 자체인 '현실적 실재'는 없고, 불변의 세계인 플라톤의 이상적 수학 세계에서 구현되는 '수학적 실재'만 존재한다. 사유를 본질로 한다는 인간의 머릿속에서 생각해낸 수학적 공리나 물리적 원리(가설)로부터 출발하여 구현해낸 수학적 실재에 관한 해석이나 이야기로는 결코 세상 사람들이 이해하고 수긍할 수 있는 논리적인 명제의 언어(인식언어)를 획득할 수 없어서 진정한 물리 이론이 될 수 없다.

사정이 이러하므로, 20세기 후반을 대표하는 성실한 물리학자 리처드 파인먼(R. Feynman)은 물리학의 통일이론을 모색하는 사람들에게 다음과 같이 이야기했다.

"사람들은 원리들이 갖는 비일관성을 이용하여 아마 일관성 있는 오직 하나의 세계를 만들 수 있을 것이고, 모든 원리를 결합하여 매우 정확하게 계산해보면 우리는 그로부터 어떤 원리를 추론해 낼 수 있을 뿐만 아니라 사물들이 여전히 일관성 있게 남기 위해서는 오직 그러한 원리만이 가능할 것이라는 주장을 펴왔다. 그러나 나는 거기에 주객이 전도되어 있다고 생각한다. 내가 믿기로는, 어떤 사물들이 먼저 존재해야 한다."[27]

위 인용문의 마지막 두 문장에 주목하라. 파인먼은 물리적 원리[28]보다는 사물들이 먼저 존재해야 한다고 말한다. 이것은 실체 물리학적 사유와 인식에 해당한다. 내가 그를 '성실한 물리학자'라고 칭하는 이유가 바로 여기에 있다. 위 인용문에서 보는 바와 같이 파인먼은 물리학의 통일이론은 —서구 과학적 패러다임에서처럼 인간 정신이 만들어내는 지식의 제1 원리로서의 물리적 원리(등가원리나 불확정성 원리 등)의 일관성에서 나오는 것이 아니고— 사물이 먼저 있고, 그 물 자체의 내재적 속성에 따라 운동 변화하는 원리(기륜 원리)로부터 나온다고 생각하는 점에서 실체 물리학에 부합한다.

모름지기 물리학이란 있는 그대로의 세계인 자연 그 자체 또는 '물 그 자체'의 내재적 속성에서 출발해서 우주 만물의 운동 변화를 설명하는 학문이어야 한다. 그래야 그 물리학에서 얻은 앎을 말하면 있는 그대로의 세계인 자연 그 자체 또는 물 그 자체(보통 물질인 인간 그 자체)에 부합하여 논리적으로 모순 없는 명제가 될 수 있다. 그래서 실체 물리학의 창시자 혜강 최한기는 물질 그 자체의 내재적 속성을 발견한 것으로부터 출

27) Richard. Feynman, 〈물리법칙의 특성, The Charater of Physical Law〉, 우리말 번역본, p. 216.

28) 여기서 말하는 물리적 원리는 수학적 공리와 같은 것으로서 서구 과학적 패러다임에서 사유를 본질로 하는 인간 정신이 사고실험 등을 통해서 만들어내는 이론의 제1 원리로서의 물리적 가설을 말한다. 예컨대 일반상대성이론에서의 등가원리나 양자역학에서 불확정성 원리 등이 그것이다.

발했고, 우주에 실재하는 유형의 물리적 실체를 '기(氣, Gi)'라고 부르면서, "무릇 기의 속성은 본래 살아 움직여 돌(리)며 변화하는 물체이다"[29]라고 말했다.

여기서 우리가 주의해야 할 사실은 최한기가 인류역사상 최초로 발견한 것은 유형의 물리적 실체인 '물질 그 자체의 내재적 속성'이고, 물 그 자체의 내재적 속성이 활동운화(活動運化), 즉 살아 움직여 돌(리)며 변화하고 있다는 것이다. 다시 말하건대, 최한기가 발견한 것은 그 이름을 무엇이라 불러도 상관없지만, 물 그 자체가 살아 움직여 돌(리)며 변화하는 내재적 속성을 가지고 있다는 것이다. 그래서 최한기는 "설령 기의 이름이 없더라도 이것은 스스로 활·동·운·화하는 물질이다"[30]라고 했다.

최한기는 우주를 구성하는 '물 그 자체의 내재적 속성'을 인류역사상 최초로 발견한 것을 두고, 스스로 믿기지 않는 듯 "이렇게 분명하게 드러난 '기'가 그 전에 알려질 수 없었다는 것은 참으로 이상한 일이다"라며 감탄하고 있다. 그는 또 말하기를 "지금까지 기의 속성이 본래 활·동·운·화, 즉 살아 움직여 돌(리)며 변화하는 물질이라는 것을 보았던 자가 모르겠거니와 혹 있었던가?"라고 스스로 반문하면서, 있는 그대로의 세계인 물 그 자체(氣)의 내재적 속성을 인류역사상 최초로 발견한 것에 대한 벅찬 희열과 자부심을 표현하고 있다. 그리고 그는 그가 발견한 유형의 물리적 실체의 내재적 속성에 의해 운동·변화하는 원리에 따라 우주에 존재하는 모든 것을 '물리적으로 설명'할 수 있는 새로운 학문인 실체 물리학(氣學)을 창시하여 세상에 선포하였는데, 살아(活) 움직여(動) 돌(리)며(運) 변

29) 최한기, 『기학(氣學)』(1857) 1-56, "夫氣之性本是活動運化之物."
30) 최한기, 『기학(氣學)』 2-84, "縱無氣之名, 自是活動運化之物也."

화(化)하는 것, 즉 "활동운화는 실체 물리학(기학)의 근본 요지"[31]라고 말한다. 그러면 여기서 잠시 최한기의 말을 직접 들어보자.

> 사람이 글자를 만들어 사용한 지 4~5천 년이 지난 후에야 비로소 '기학'이라는 이름이 세상에 드러나게 되었다. 이처럼 분명하게 드러나 있는 '기'가 그전에 알려질 수 없었다는 것은 참으로 이상한 일이다. 오랜 세월 수많은 학자의 쓸모 있고 쓸모없는 것, 쓰임에 해롭고 해롭지 않은 것 등 제반 학문이 2~3천 년 사이에 일어났다가 소멸했다. 이 가운데 온갖 주장과 학설로써 거론해 보지 않은 사물이 없었고, 논해보지 않는 사건도 없었다. 어떤 것은 기에서 발단이 되었고, 어떤 것은 기를 억측하였고, 어떤 것은 기를 잘못 인식했고, 어떤 것은 기와 배치되었고, 어떤 것은 기구로써 기를 시험하였고, 어떤 것은 내력을 계산함으로써 기를 재단하고 헤아렸다. 큰 줄기에서 그것들을 살피건대, 모두 '기'를 권유하고 미루어 나가고 거두어 합하는데 이바지하지 않은 것이 없다. 기학이 어찌 나 혼자만의 견해이고 나 혼자서 터득한 것이겠는가? 동서고금의 모든 사람이 함께 증험하여 마침내 성취한 것이다. 글자가 생긴 이래로 하나의 커다란 물질(주: 우주 그 자체)이 살아 움직여 돌(리)며 변화하는 것은 대체로 고금에 차이가 없으나, 사람이 그것을 보는 데에는 빠르고 늦은 차이가 있었다. 그러므로 시간으로써 그것을 논한다면 비록 늦게 성취했다는 한탄이 있겠지만, 증험으로써 그것을 본다면 오히려 아직 드러내지 못한 것이 남아있다. 지금까지 그 기의 '살아 움직여 돌(리)며 변화하는 속성'을 보았던 자가 아직 모르겠거니와 혹 있었던가? 그러나 지금 이후로 기학이 세상에 널리 알려진다면, 그 수명이 수천만 년에 그치지 않고 지속될 것이다.[32]

31) 최한기, 『기학(氣學)』 2-19, "活動運化, 氣學之宗旨."

32) 최한기, 『기학(氣學)』 2-89, "造書契後四五千年, 氣學之名始著. 以若顯著之氣, 無聞於其前, 亦是異事也. 九流百家, 有用無用, 害於用無害於用, 諸般學問起滅於二三千載之間, 而箇中橫竪句語無物不擧, 無事不論. 或發端乎氣, 或差誤於氣, 或背馳於氣, 或以器械驗試, 或以歷算裁度. 統而觀之, 未嘗不爲氣學之勸懲而抽出, 收合而大成. 是豈我獨見而獨得. 乃宇宙人共驗而成就也. 自書契以來, 大氣活動運化蓋無古今之異, 而人見自有早晚之不同. 以時計之, 縱有晚就之歎, 以驗觀之, 尙餘未盡之善. 以前, 則見其活動運化之性者, 未知或有歟. 以後, 則氣學流傳無有限於屢千萬載."

그렇다. 최한기 말대로 실체 물리학은 동서고금의 모든 사람이 함께 증험하여 마침내 성취한 것이다. 21세기 이후의 새로운 물리학으로서의 실체 물리학의 가장 중요한 특징은, 물 그 자체(氣)의 내재적 속성에 따라 운동·변화하는 원리를 정성(定性)적으로 탐구하여 물리를 터득한 다음, 그 물질 속에 들어있는 수를 계산하고 형용하여 정량(定量)적으로 재량하기 위한 도구로서 수학과 기하학을 사용한다. 이것이 바로 새로운 물리학인 기수(氣數) 물리학으로서 실체 물리학이다. 이처럼 실체 물리학은 정성적 연구를 근본으로 하므로 동적 시스템의 시작점 이론을 가지며, 그 동적 시스템의 끝 역시 그 시작점 이론에서와 똑같은 물리적 원리로서 설명할 수 있다.[33]

33) 나중에 자세히 논하겠지만, 이처럼 살아 움직여 운동 변화하는 동적 시스템의 처음과 끝은 서로 잇닿아 있는데, 이러한 자연법칙을 일컬어 혜강 최한기는 '원위연속(源委聯屬)의 원리'라고 했다.

‖ 04. 급팽창이론 등 우주 초기 조건의 문제

현대 우주론의 표준모형은 우주의 시초에 대해서는 아무 말도 하지 않는다. 코스모스의 기원에 관한 모든 질문을 시간과 공간과 물질의 발생 장소인 최초로 특이점 속으로 밀어 넣는다. 이는 현대 우주론이 거기에서 한계에 봉착했다는 증거다. 빅뱅우주론은 많은 의문과 문제를 낳는다. 오늘날 현상 물리학은 다음과 같이 말한다. 우주는 태초부터 거의 완벽에 가깝게 우주의 모든 영역이 열적인 평형 상태에 놓여 있어야 할 정도로 우주가 아주 균질하게 식어 있다(지평선 문제—왜 우주의 모든 곳은 온도가 같은가?). 또 우주는 정확한 밀도로 시작했어야 한다(편평도 문제—왜 우주는 평평한가?). 이는 우주가 마치 태초부터 특정하고 절묘한 상황에서 부자연스럽게 모든 조건이 미세조정(fine-tuning)된 상태에서 시작된 것처럼 보이게 한다. 나아가 현상 물리학에 따르면 하나의 힘으로 혼란스럽게 뒤엉켜 있던 기본적 힘들이 서로 분리되어 나오는 과정에서 아주 많은 양의 자기홀극(magnetic monopole)이라는 가상의 입자가 튀어나왔어야 한다. 하지만 실제 우주에서는 단 하나의 자기홀극도 검출된 적이 없다(자기홀극 문제).

1981년 앨런 구스(A. H. Guth)는 이들 문제를 해결하는 한 가지 묘안을 떠올렸다. 태초에 어떤 임계점을 돌파한 우주의 부피가 너무 급격하게 팽창(inflation)하면서 우주 속 자기홀극의 밀도가 순식간에 낮아져 희석되는 바람에 자기홀극 밀도가 관측 가능량 미만으로 희석돼서 우리가 자기홀극을 찾기가 더 어려워졌을 수 있다는 아이디어다. 인플레이션 우주론이다. 그러러나 여기서 우리는 다음과 같은 질문을 할 수 있을 것이다. 그렇다면 급팽창은 왜 생기고, 또 언제 멈추어서 지금과 같은 우주가 되었는가?

오늘날 다양한 형태의 급팽창이론들이 존재하지만, 그 어떤 것도 이에 대해 명확한 답을 제시하지 못하고 있다. 무엇보다도 급팽창이 왜 생기는지 설명할 수 없다. 그런데 사실, 급팽창을 일으키는 인플레이션 장(場, field)을 가정하면 그 팽창은 관측 가능한 우주가 사라질 때까지 계속돼야 한다. 다시 말해 급팽창이론가들이 주장하는 대로라면 물리적으로 코스모스의 종말에 이를 때까지 그 급팽창은 결코 멈출 수 없다. 그렇다면 결국 급팽창이론은 우주의 초기 조건이 아니라 우주의 종말 조건이 돼버린다. 게다가 급팽창이론은 다중우주론과 인류 원리로 귀결될 수밖에 없다.

사정이 이리하므로, 오늘날 천체 물리학과 우주론에는 우주의 초기 조건에 관한 수많은 가설이 난무하고 있다. 인플레이션 이론과 그 다중우주론 이외에 또 다른 형태의 다양한 다중우주론들, 그리고 경계가 없는 우주, 대칭적으로 다시 붕괴하는 우주, 되 튀는 우주, 평행 우주, 브레인 우주, 등각 순환 우주 등 여기서 다 헤아릴 수 없을 만큼 수많은 가설이 주장되었고, 또 이 순간에도 지구상의 누군가가 그럴듯한 우주의 초기 조건에 관한 아이디어를 상상해내고 있을 것이다.

그런데 우주의 초기 조건의 문제는 그 이름 자체에 이미 해결할 수 없는 문제임을 드러내고 있다. 초기 조건이라는 가설이 왜 필요한가? 이것은 패러다임의 문제다. 현상 물리학에서는 우주라는 하나의 커다란 동적 시스템의 시작점뿐만 아니라 국소적인 물질들의 운동 변화하는 개별 물질의 동적 시스템의 시작점에서도 물리적 가설이 요구된다. 서구 과학적 패러다임에 따라 불변의 세계인 플라톤의 이상적 수학 세계를 구현하기 위해서는, 사유를 본질로 하는 인간 정신이 만들어낸 지식의 제1의 원리로서 누구에게나 자명하고 증명 불가능한 수학적 공리(公理, axiom)나 물리적 원리(假說, hypothesis)에서부터 출발해야 하기 때문이다.

그러나 증명 불가능하지만 누구에게나 자명하다는 그 어떤 공리나 가설을 만들어냈다고 하더라도 그것이 참인가 거짓인가는 애당초 답할 수 없을 것일뿐더러, 그 공리나 가설을 이용하여 어떤 물리 이론을 제시하더라도 그 물리 이론은 근원적으로 참·거짓을 증명할 수 없다. 앞서 얘기했던 괴델의 불완전성정리는 이를 말하는 것이다. 즉, 어떤 지적인 형식체계 F에 부여된 규칙이 수학적으로 옳은 결과만을 주는 것으로 인정된다면(수학적 정합성), F만으로 증명될 수 없는 분명한 명제 G(F)도 수학적으로 참임을 인정해야 한다. 이는 곧 불변의 세계인 플라톤의 이상적 수학 세계를 추구하는 서구 과학적 패러다임에서 수학적 정합성을 얻는다면 논리적 무모순성은 획득할 수 없다는 의미다. 펜로즈가 잘 지적하고 있듯이, 플라톤의 이상적 수학 세계와 물리적 세계 사이에는 심원한 미스터리가 존재할 수밖에 없다. 잘 알려져 있다시피, 아인슈타인은 괴델의 불완전성정리를 "수학 명제들이 현실을 표현하는 한에서는 그 확실성을 담보 받지 못하고, 수학 명제들이 확실성을 담보 받는 한에서는 그 명제들은 현실을 기술하지 않는다"라고 간명하게 표현했다.

한편 있는 그대로의 세계인 물 그 자체의 내재적 속성에 의해 운동·변화하는 원리에 따라 우주의 모든 것을 설명하는 최한기 사상의 계승자들인 에른스트 마흐(E. Mach)나 앙리 푸앵카레(H. Poincaré)는 '과학에서의 가설'을 부정했다. 마흐는 "가설은 우리의 감각기관을 통해 자연으로부터 얻은 실증적 감각 자료에 대한 경제적 기술일 뿐이므로, 탐구자는 가설로서 객관적 내용을 담아내서도 가설에 의지해서도 안 된다"라고 했고, 푸앵카레는 "가설은 자연을 객관적으로 설명하거나 기술하는 것이 아닌 단지 탐구자의 규약 혹은 협의에 불과한 것으로서 설명하고자 하는 자연에 대해서는 사실상 무의미한 것"이라고 했다.

서구 과학적 패러다임에서의 가설이 더욱 문제인 것은, 예컨대 아인슈타인의 특수상대성이론과 일반상대성이론은 각각 광속이 불변한다는 가설(광속불변의 원리)과 가속에 의한 관성력과 중력이 같다는 가설(등가원리)을 토대로 만들어졌는데, 그 가설 또는 원리들은 참·거짓의 증명이 필요 없는 것으로 통용된다는 점이다. 따라서 그 물리적 원리들 자체에 대해 의구심을 가지더라도 그에 대해서는 아무도 이의를 제기하려 하지 않는다. 그래서 어떻게 되었는가? 서구 과학적 방법에 기초한 현상 물리학적 지식은 결국 믿음의 문제로 귀결된다. 서구 과학적 패러다임에 기반한 현상 물리학을 믿음의 학문이라 말하는 이유가 바로 여기에 있다.

이 경우 그 믿음은 이론의 제1 원리인 가설 또는 아이디어를 제안한 사람의 세력(다수의 동의를 얻어 취득한 지식 권력)에서 나온다. 나중에 자세히 논하겠지만, 예컨대 현대물리학을 믿는 사람들에게 시간은 환상이다. 아인슈타인은 그의 오랜 친구 미켈레 베소(M. Besso)의 죽음에 대해 부인에게 보낸 편지에서 "이제 그는 저보다 조금 앞서 이 기이한 세상을 떠났습니다. 그것은 어떤 의미도 없습니다. 물리학을 믿는 우리 같은 사람들에게 과거와 현재와 미래라는 구별은 끈질기게 지속되는 환상에 지나지 않습니다"라고 썼다.

사정이 이러하므로 성실한 물리학자 리처드 파인먼(R. P.

Feynman)은, 1973년 정상우주론의 대가인 프레드 호일(F. Hoyle)과의 대화 중 다음과 같은 질문을 던졌다. “지금 우리가 물리학의 영역으로 생각하지 않는 것 중, 결국 물리학에 속하게 될 것들은 어떤 것이 있을까요?” 그리고 위 질문에 대해 그 자신은 ‘초기 조건’을 언급하면서, 다음과 같은 매우 의미심장한 말을 했다. “지금의 물리학은 초기 조건이 주어질 때 물리학의 법칙에 따라 이들이 어떻게 될지를 이야기합니다. 그러나 그 초기 조건이 어떻게 주어지는 것인지에는 신경 쓰지 않습니다.”[34]

그렇다. 파인먼의 말은 내 귀에는 다음과 같이 들린다. 지금까지처럼 동적 시스템의 초기 조건을 가정한 가설로부터 출발하여 물리법칙을 수립하는 현상 물리학은 언젠가는 새로운 물리학으로 바뀔 것이다. 그리고 그 새로운 물리학으로서 실체 물리학은 우주 그 자체 또는 물 그 자체가 살아 움직여 운동 변화하는 동적 시스템의 시작점 이론을 가지기 때문에 있는 그대로의 세계인 ‘물 그 자체’의 내재적 속성에 의해 운동 변화하는 원리에 따라 초기 조건을 ‘물리적으로 설명’할 것이다.

---

34) Feynman on Initial Conditions, Evolving Laws, and What We Consider Physics. 「Discover」, October 18, 2012.

‖ 05. 환상이 되어 버린 시간과 현대물리학

현대물리학의 모든 물리법칙은 시간(time)이라는 변수를 포함해서 만들어졌다. 하지만 정작 그것을 만들고 사용하는 물리학자들은 시간이 무엇인지 알지 못한다. 시간의 흐름에 대해 물리학적으로 밝혀진 것은 아직 아무것도 없다. 근본적인 법칙을 파고들수록 시간이라는 변수는 점점 사라지고 희미해져 버린다. 물론 물리학자들만 시간을 모르는 것이 아니다. 지난 2500년 동안 지속되어 온 서구식 지적 패러다임에 따라 불변의 세계인 플라톤의 이상세계를 추구하는 지식체계에서 세계를 바라보는 한, 그 누구도 시간이 무엇인지 알 수가 없게 되어 있다. 따라서 서양 철학자나 신학자들도 시간이 무엇인지 모른다.

사실, 서구식 지적 패러다임에서 물질이나 시간은 그 지식체계상 코스모스 밖에 존재하는 누군가에 의해서 창조되는 것으로 가정하는 수밖에 없다. 사정이 이러하므로, 일찍이 아우구스티누스는 그의 명저 〈참회록〉(397?)에서 서구식 지적 패러다임에서 시간을 정의할 때 맞닥뜨리는 고충을 다음과 같이 진솔하게 표현했다.

> "도대체 시간이란 무엇인가? 아무도 내게 묻지 않는다면 답을 알지만, 막상 누군가 내게 묻는다면 답을 할 수 없다."

그렇다. 서구 과학적 패러다임에 따른 현상 물리학에서는 시간이나 시간의 흐름이 무엇인지 알지 못하고, 또 알고 싶어도 그 지식 체계상 알 수도 없다. 그러나 현상 물리학은 시간을 변수로 사용하여 물리법칙을 만들고 사용한다. 사정이 이러하므로, 자연과학의 수학적 경향이 극에 달한 현대물리학에 이르러서는 논리 필연적으로 시간은 환상이라는 결론에 도달하게 됐다. 오늘날 물리학에서 시간보다 더 신비롭고 애매한 것이 없다. 시간은 앞으로 나아가서 끊임없이 변화하고 있는 현재인 것인가? 과거는 여전히 존재하는가? 과거는 어디에 있는가? 미래는 이미 정해진 것인가?

그런데 더욱 문제인 것은 이렇게 시간은 분명 현상 물리학의 핵심에 존재하는 중대한 허점임에도 불구하고, 정작 현대물리학자들은 이 문제를 도외시한다는 점이다. 왜 그럴까? 사람들은 그 이유를 아이작 뉴턴(I. Newton)과 알베르트 아인슈타인(A. Einstein)에게 부여했던 거대하고 지배적인 영향 때문이라고들 말한다. 그렇다. 지금까지의 서구식 과학적 패러다임에서 도출된 지식은 결국 세력을 얻은 지식 권력에 대한 믿음의 문제로 귀결되는데, 정규 교육과정을 거친 물리학자라면 이미 기존의 물리학적 지식에 대한 믿음이 깊을 것이다. 뉴턴과 아인슈타인은 각자 생각한 주어진 시간과 공간을 가지고 자연현상을 기술했고, 오늘날 물리학자들은 그것들을 통해 공간과 시간과 운동에 대해 생각하는 방식을 배우고 익혔기 때문이다.

그런데 여기서 우리가 주지해야 할 것은, 뉴턴이나 아인슈타인이 기술한 물리 법칙들의 세계는 자연의 드러난 현상을 이성이 제공한 틀에 의해 '구성된 현상 세계'로서, 수학 또는 기하학이 그 형식과 틀을 부여하지 않으면 존재하지 않는 세계라는 점이다. 현상 물리학이 만들어낸 수학적 물리법칙에는 자연현상을 관측한 관측량 사이의 수량적 관계만 들어 있을 뿐, 자연 그 자체나 물 그 자체에 관한 물리적 설명이 전혀 없다. 현상 물리학에서 물체의 운동에 관한 기본 방정식 $F=ma$을 보라. 이 경우 정작 물리학자들은 그 힘(F)이 무엇이고, 질량(m)이 무엇인지는 알지 못한다. 방정식 $F=ma$는 '힘의 크기'가 질량에 가속도를 곱한 것과 수량적으로 같다는 것이지, 힘 그 자체나 힘의 본질이 질량에 가속도를 곱한 것이라는 의미가 아니다. 사정이 이러하므로, 리처드 파인먼을 비롯한 물리학자들은 힘(force)의 본질이나 힘 그 자체는 물리적으로 이해하기 불가능할지도 모른다고 말한다. 그러나 사실은 이해하기 불가능할지도 모르는 것이 아니라 서구 과학적 패러다임에서는 힘의 본질이나 힘 그 자체를 아는 것이 애당초 불가능하다.

물질을 다루는 물리학에서 가장 중요한 '물질의 양'인 질량(mass)도 마찬가지다. 현상 물리학이 안다는 것은 물질의 질량이 수학적으로 물질의 부피에 밀도를 곱한 양이라는 것[35)]을 안다는 것일 뿐, 정작 질량이 물리적으로 무엇인지는 알지 못한다. 서구 과학적 패러다임에서는 있는 그대로의 세계인 자연 그 자체나 물 그 자체는 과학의 대상이 아니기 때문에, 물질 그 자체가 가진 질량이나 시간 그리고 힘이 무엇인지 알 수 없게 되어 있다. 뒤에서 자세히 논하겠지만, 입자 물리학은 질량의 기원을 찾는다며 이른바 힉스(Higgs) 메커니즘이라는 장난감 같은 이론을 개발해내서 전체 이야기의 꿰맞추기에는 성공했을지 몰라도(수학적 정합성), 그 경우에도 질량이 무엇인지는 아직 알지 못한다.[36)]

한편 서구 과학적 패러다임은 불변의 세계인 플라톤의 이상적 수학 세계를 추구하는 것이기 때문에 시간의 물리적 속성과는 무관하게 그것이 보존되어 대칭을 이루는 방정식 형태로 표

35) 밀도(密度, Density, ρ)는 단위 부피(V)당 질량(m)을 나타내는 값이다. 부피가 일정할 때, 한 물체의 밀도가 클수록 그 물체의 질량은 크다. 한 물체의 평균 밀도는 그 전체 질량을 그 전체 부피로 나눈 것과 같다. 보통 밀도는 압력이나 온도가 바뀜에 따라 바뀐다. 압력이 증가하면 무조건 물질의 밀도가 증가한다.

36) 나중에 자세히 논하겠지만, 실체 물리학적으로 시간은 질량이 형성하는 것이므로 질량을 알아야 시간을 알 수 있다.

현될 수 있어야만 수학적 물리법칙이 성립될 수 있다. 2004년 노벨물리학상 수상자인 프랭크 윌첵(Frank A. Wilczek)은 〈뷰티플 퀘스천〉에서 "대칭으로부터 자연의 구조를 추적한다는 플라톤의 아이디어는 지난 2000년 동안 과학, 특히 물리학을 견인해왔다."라고 말한다.[37)]

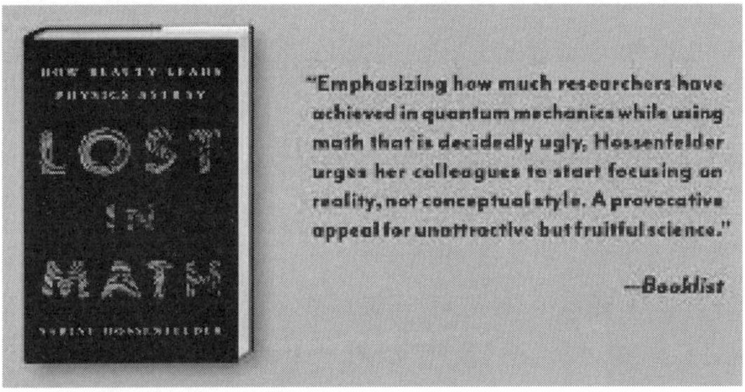

[Sabine Hossenfelder, 〈Lost in Math〉(2020)]

그러나 현상 물리학자들이 말하는 대칭의 아름다움(美)이란 그야말로 삼류에 속한다. 1970년대 중반 이후 거의 반세기 동안 물리학의 기초에 관한 이론물리학은 멈춰 있다. 왜 그럴까? 다행스럽게도 그 원인과 관련하여 최근 이론물리학자 사비네 호센펠더(S. Hossenfelder)는 〈수학적 아름다움은 어떻게 물리학이 길을 잃게 하는가?〉라는 화제의 단행본[38)]을 출간하여 물리학계에 반성을 촉구하고 있다.[39)] 그렇다. 관측 가능한 보통 물

37) Frank A. Wilczek. 〈뷰티블 퀘스천(A BEAUTIFUL QUESTION)〉, 우리말 번역본. p.81.

38) Sabine Hossenfelder, 〈 Lost in Math : How beauty leads physics astray〉(2020)

39) 이러한 비판은 지난 10여 년간에 피터 우잇의 〈Not Even Wrong〉이나 리 스몰린의 〈The Trouble with Physics〉, 짐 배것의 〈Farewell to Reality〉 등의 책에서도 행해졌다. 이러한 시대적 배경은 2021년 이후 인류의 새로운 물리학이 될 나의 실체 물리학을 응원하는 것이라 말할 수 있을 것이다. 한편 2014년 3월 이론물

질로서 인간이 사람을 포함한 우주 만물의 운동 변화를 탐구함에는 아름다움(美)보다 더 중요하고 가치 있는 진(眞)이 있고 선(善)이 있다. 여기서 '진'이란 실체 진실로서 자연법칙인 진리, 즉 물리를 말하며, '선'은 세상을 이롭게 하는 행위를 말한다. 여기서 혹자는 도대체 왜 진과 선이 미보다 더 중요하고 가치 있는 것이냐고 질문할지 모르겠다.

그 물리적 이유는 이렇다. 일정한 수명을 가진 관측 가능한 보통 물질로서 우리 인간이 세계를 알아야 하는 이유는 한 번뿐인 인생을 잘 살기 위해서다. 물리학은 인간이 세계에 대한 앎을 추구하는 모든 학문의 근본이요 터전이다. 이 경우 자연법칙, 즉 있는 그대로의 세계로서 물 그 자체의 운동 변화하는 원리인 실체 물리이자 진리의 눈으로 세계를 보면 선한 행위와 아름다움을 통찰할 수 있지만, 거꾸로 대칭의 아름다움을 추구하는 수학적 관점에서 세계를 보게 되면 진리나 선한 행위는 아득해져 버린다. 그러므로 자연법칙인 진리를 아는 사람은 살아가는 동안 진리에 맞게 살면서(在世理化) 세상을 이롭게 하는(弘益人間) 아름다운 삶을 영위할 수 있지만, 대칭의 아름다움을 아는 사람이라고 하여 자연법칙인 진리에 맞게 살거나 세상을 이롭게 하는 삶을 영위할 수 있는 것은 아니다.

불변의 세계인 플라톤의 이상적 수학 세계를 추구하는 서구 과학적 패러다임에 따른 현상 물리학의 모든 수학적 물리법칙에서 시간은 대칭적이고 가역적일 수밖에 없다. 그러나 현실의 세계인 있는 그대로의 세계는 그와 정반대로 시간은 언제나 비

리학자 폴 슈타인하트는 "인플레이션 우주 모형은 어떤 관찰 결과도 모두 합리화시킬 수 있으므로 더는 과학적인 모델이라 할 수 없다"라는 주장의 글을 네이처 지에 실었다. 이에 대해 리차드 데이위드와 션 캐럴이 폴의 주장을 반박했는데, 이론물리의 경우 다른 과학 분야만큼 실험적 증거를 요구해서는 안 된다는 내용의 철학적 주장을 펼쳤다.

대칭적이고 비가역적이다. 불변의 이데아가 아닌 실재하는 우주에서 시간은 미래를 향하여 나아갈 뿐 결코 과거를 향해 거꾸로 가지 않는다. 시간은 우리를 태어나서 죽을 때까지 미래를 향해 가차 없이 몰고 가는 강력한 힘이다. 우리는 시간이 변화와 성장과 부패와 죽음에 관련이 있다는 것에 모두 동의한다. 그러나 그래서 시간은 무엇이란 말인가?

물론 나의 실체 물리학은 시간의 실체에 대해 물리적으로 명확한 답을 제시할 수 있다. 하지만 시간이 무엇인지를 알면 우주·만물의 운동·변화하는 원리를 반 이상을 알게 된다. 왜냐하면 우주는 시간과 공간이 결합한 시공간을 가진 물질로 이루어졌기 때문이다. 논의 전개상 아직 시간의 실체에 대해 말할 수 있을 정도에 이르지 못했다는 얘기다. 그런데 사실, 시간에 대해 물리적으로 정확한 해답이 궁금하겠지만, 그보다 먼저 도대체 왜 시간이 환상이 될 수밖에 없었는지를 더 궁금해할 수 있어야 한다. 일에는 순서가 있는 법이니 말이다. 오늘날 시간이 환상이 되어 버린 물리적 원인은 현대물리학의 성립과정에서 찾을 수 있지만, 시간의 실체를 찾아가는 우리의 여정은 현상 물리학이 탄생하고 성립한 뉴턴 역학에서부터 출발해야 한다.

‖ 06. 현상 물리학의 아버지 갈릴레오 갈릴레이

지금까지 알려진 모든 물리학의 이야기들은 사실상 현상 물리학의 아버지 갈릴레오 갈릴레이(Galileo Galilei)의 주석에 불과하다고 말할 수 있다. 화이트헤드가 "서양 철학은 플라톤의 주석에 불과하다"라고 말했을 때, 자연철학에서 불변의 세계인 플라톤의 이상적 수학 세계를 구현하려 했던 것이 서구 과학이었고, 이러한 형태의 과학을 최초로 시도한 사람이 갈릴레오였다. 갈릴레오는 수학 교수였고 궁정 수학자였지만, 그의 주된 업적은 여러 과학적 방법들을 혁신적으로 바꾼 일이었다.

플라톤이 확립한 이데아의 세계는 변화하는 현실 세계 너머에 존재하는 불변의 이상세계다. 본질주의를 추구했던 플라톤주의자들은 불변의 이데아가 세계의 본질이며 객관적 실재 세계라고 보았다. 그들에게 변화하는 현실 세계는 이데아 세계의 불완전한 모사(模寫)일 뿐이다. 변화를 불완전성의 근거로 보는 플라톤 사상은 서양적 정신구조의 원형이다. 그리고 서구 중세 말에 이르러 고대 그리스를 향한 르네상스를 거치면서 수학(Mathematics)이 신(God)을 대신하여 불변의 세계인 이데아의 자리를 차지하게 되었고, 서구 과학을 탄생시켰다. 서구 과학적 패러다임의 지향이 플라톤의 이상적 수학 세계의 구현인 이유가 바로 여기에 있다. 자연은 이데아와 같이 변하지 않는 수학적 법칙을 따른다고 생각한 것이다. 그 결과 수학은 불변의 이상세계를 구현하는 수단이 되었다.

이것은 곧 물리학의 도구로서 수학이 사용될 때 물리계가 어떤 변환에 대하여 대칭성을 가지고 있어야 한다는 것을 뜻한다. 불변의 세계를 구현하기 위한 대칭과 보존은 현상 물리학의 저변에 깔린 가장 근본적인 원리다. 서구 과학적 패러다임에 익숙한 물리학자들이 자연의 깊은 단계에는 대칭성이 숨어 있다고 이야기하고 있는 이유가 바로 여기에 있다. 에너지나 운동량 등 어떤 물리량은 보존되어야 하고 그 양의 거동을 서술하는 수학적 물리법칙은 하나 또는 둘 이상의 대칭변환에 대하여 불변이어야 한다. 불변의 세계만이 플라톤의 이상적 수학 세계를 구현할 수 있고 대칭성을 가진 방정식 형태의 수학적 물리법칙을 만들 수 있는 것이다.

하지만 문제는, 있는 그대로의 세계인 자연 그 자체로서 현실의 세계는 플라톤의 이데아 세계인 불변의 세계가 아니라는 점이다. 우리가 살아가면서 언제나 경험하고 직관할 수 있는 현실의 세계는 분명 끊임없이 변화하고 있는 세계다. 일정한 수명을 가진 보통 물질의 하나로서 어제의 나는 오늘의 나가 아니고 조금 전의 나는 지금의 나가 아니다. 그래서 아리스토텔레스는 플라톤과는 다르게 변화하는 현실 세계를 중시했었다. 그는 현실주의자였다. 그래서 아리스토텔레스는 수학적 기술보다는 물리적 설명이 자연철학의 진정한 목표라고 생각했다. 예를 들어 공중에서 물체를 놓으면 땅으로 낙하하며 그 속도는 점점 더 커진다. 이 경우 아리스토텔레스가 생각하는 물리학이 해야 할 일은 그 자연현상인 낙하의 원인을 물리적으로 설명하는 것이다.

물론 서구 근대 이후의 과학적 패러다임에 따른 현상 물리학은 플라톤의 이상적 수학 세계를 추구하므로 이러한 아리스토텔레스의 입장에 반대한다. 데카르트 이후의 과학자들은 자연의 드러난 현상을 수학적으로 기술할 수 있으면 그것으로 물리학은 충분하다고 생각했다. 그리고 이러한 사유와 인식은 19

세기 말 20세기를 거치면서 점점 더 공고해져서 오늘에 이르고 있다. 그 결과, 오늘날 현상 물리학의 궁극적 지식 상태에 도달한 물리학자들은 시간은 환상이고, 존재하는 것 자체가 환상이며, 보이는 세상은 실재하는 것이 아니라고 세상 사람들을 향해 당당하게 외치는 지경에 이르고 말았다.

이처럼 서구 과학적 패러다임에 따른 사유와 인식체계에서 맞닥뜨리는 이상과 현실의 괴리는 필연적이다. 19세기 말 이후 포스트모더니즘은 이러한 서양적 사유와 인식체계를 극복하고자 다양한 노력과 수많은 시도를 해왔지만, 모두 실패했다. 그런데 그들이 실패할 수밖에 없었던 이유의 근원을 찾아가 보면, 그들 자신이 이미 서구식 지적 패러다임에 매몰되어 그곳에 웅크리고 앉아 있는 모습을 목격할 수 있다. 그들이 진정으로 현실과 유리된, 사유를 본질로 하는 인간 정신이 만들어내는 지식체계로서의 모더니즘을 극복하고자 한다면, 지난 2500년 동안 지속되어 온 서양인들의 정신구조의 원형과 그 지적 패러다임을 전복하는 정면 도전의 길을 택해야만 한다.

아무튼, 본론으로 돌아가서 내가 여기서 이야기하고 싶은 것은 현상 물리학은 갈릴레오의 주석에 불과하므로 현상 물리학의 아버지 갈릴레오의 자연철학을 온전히 이해한다면, 뉴턴 역학은 물론 아인슈타인의 일반상대성이론이나 양자역학의 기본 방정식인 슈뢰딩거 방정식 등 지금까지 모든 물리법칙을 사실상 통째로 이해할 수 있다는 점이다. 그런데 여기서 우리가 주지해야 할 것은 갈릴레오가 비록 현상 물리학의 창시자라 하더라도, 그는 수학적 기술 못지않게 변화하는 현실 세계를 중시했다는 점이다. 실체 물리학에 입문하고자 한다면 갈릴레오를 주목해야 하는 이유가 바로 여기에 있다.

갈릴레오는 무엇보다도 관찰에 따른 실험이 중요하다고 보았다. 그는 망원경을 활용한 관측 천문학의 시대를 열었다. 오직 맨눈에 의존해서 하늘을 보았던 인류는 훨씬 멀고 어두운 천체들의 모습을 찾아내기 시작했다. 갈릴레오는 처음으로 지구가 아닌 목성 곁을 돌고 있는 작은 위성들(이오, 칼리스토, 가니메데, 유로파)을 발견했다. 그래서 이 목성의 가장 큰 네 개의 위성들은 갈릴레오 위성이라고 불린다. 갈릴레오는 스스로 수많은 실험을 직접 수행하면서 '자연이 이야기하는 소리'에 귀 기울였다.

지식의 제1 원리인 물리적 원리는 —사유를 본질로 하는 인간 정신이 아니라— 실험에서 얻어내야 한다는 그의 주장은 당시에는 혁명이었다. 우리가 실험물리학의 창시자 갈릴레오로부터 오히려 그 뒤에 지금까지 이어진 현상 물리학적 지식 그 이상을 얻을 수 있는 이유가 바로 여기에 있다. 물론 그가 실시한 실험 중의 일부는 이른바 사고실험이었다. 그는 사고실험을 통해 만약 실험한다면 어떤 일이 일어날 수밖에 없는지를 머릿속으로 추정해보았다. 다만, 그는 언제나 실제 실험을 통해 얻은 경험을 바탕으로 그 연장선상에서 부득이 사고실험을 했다.

그런데 갈릴레오는 실험에서 잘못된 원리를 도출할 수도 있고, 따라서 잘못된 결론이 도출될 수 있다는 점을 깨닫게 되었다. 그래서 그는 회의(懷疑)했다. 그리고 스스로 다음과 같은 질문을 했다. 만약 과학의 기본원리가 실험에서 나와야 한다면 왜 수학의 공리는 그렇지 않은가?

그러나 갈릴레오 이후의 거의 모든 자연철학자나 과학자는 고대 그리스의 플라톤주의자들이 그랬던 것처럼 갈릴레오의 위와 같은 회의(懷疑)나 의문에 구애받지 않았다. 그렇게 세월이 흐르면서 과학에서의 수학은 점점 더 특권적 지위를 누리게 되었다. 이러한 자연과학의 수학적 경향과 관련하여 칸트는 이렇게 말했다. “어떤 이론이든 간에 그 이론이 얼마나 과학적인가 하는 문제는 전적으로 그 안에 담긴 수학의 양에 따라 결정된다.”

나는, 현대물리학에 관한 본격적인 고찰에 앞서, 갈릴레오가 자연현상만이 아니라 있는 그대로의 세계로서의 자연 그 자체에 관해 관심의 끈을 놓지 않았던, 아래와 같은 두 가지 내용을 탐구 문제로 제시하면서 이야기를 시작하려고 한다. 아래의 두 가지 사례 속에는 현대물리학이 아직 제대로 파악하지 못하고 있는 실로 엄청난 물리적 사실들이 숨겨져 있다. 그것들을 여러분이 완전히 파악할 수 있다면, 지금까지의 현상 물리학에서 나온 모든 수학적 물리법칙의 뿌리와 근원을 제대로 알게 될 것이다.

[탐구문제 1] 갈릴레오의 상대성 원리와 배 사고실험

시속 50km의 일정한 속도로 항해하고 있는 배 한 척이 어느 날 외딴 섬 근처를 지나가고 있었고 갑판 위에 있는 A를 B가 섬에서 지켜보고 있다고 하자. 공기 저항은 무시한다고 할 때, 우리는 다음과 같은 결과를 얻을 수 있다.

A가 배의 진행 방향으로 시속 100km로 공을 던졌을 때, 섬에 서서 이를 지켜보고 있던 B는 그 공의 속력이 배의 속력과 날아가는 공의 속력을 합한 시속 150km로 관찰된다. 한편 A가 공을 위로 던지면 ―섬에 정지해 있는 B가 공을 위로 던지면 바로 아래로 떨어지는 것처럼― 바로 아래로 떨어지는 것으로 관찰된다. 등속도로 움직이는 배에서의 운동과 정지한 계에서의 운동이 똑같이 관찰되는 것이다. 이처럼 정지 또는 등속으로 운동하는 계(관성계)에서 그 운동 속도가 서로 다른 관

성 기준계[40]에서 상대적으로 관측되며, 물리현상을 관측하는 모든 관성계에서 운동은 같은 물리법칙이 적용된다는 것이 바로 갈릴레오의 상대성 원리다.

그런데 현상 물리학은 갈릴레오의 상대성 원리와 배 사고실험은 정지 상태와 등속운동 상태를 구분할 수 없다는 것이므로 절대적인 등속운동은 존재하지 않고, 따라서 절대공간은 없다는 결론을 도출하고 있다. 그러나 갈릴레오의 배 사고실험은 관성좌표계의 정의를 이해하는데 좋은 예시이지만, 그것으로 절대공간의 존재 여부를 판단해서는 안 된다.

이에 대해 자세한 이야기는 여러분의 탐구를 위하여 남겨두고, 여기서는 갈릴레오의 책 〈새로운 두 과학(Discorsi e Dimostrazioni Matematiche Intorno a Due Nuove Scienze)〉(1638)에 나오는 상대성 원리에 관한 배 사고실험 내용을 소개하겠다.

> "바깥과 완벽히 차단된 정지해 있는 배 안에 나비는 어떤 방향으로든 일정한 속도로 날아다니고, 어항에 있는 금붕어는 자유롭게 헤엄친다. 물통에서는 물이 한 방울씩 떨어진다. 당신이 배 안에서 위로 점프한다면 다시 원래 자리로 내려온다. 이제 배가 일정한 속도로 움직이고 있다. 배 안에서의 모습은 전과 차이가 있을까? 나비도, 금붕어도, 물방울도 모두 전과 같다. 당신이 점프해도 마찬가지이다. 위로 점프한다면 다시 제자리로 떨어질 것이다. 별도 물체도 아무것도 없는 깜깜한 공간에서 나 홀로 있다면 내가 정지해 있는지, 일정한 속도로 움직이고 있는지 모를 것이다. 하지만 나를 향해 다른 사람이 다가오고 있다면 나는 정지해 있었다는 것을 알게 될 것이다. 그러나 그 다른 사람은 자신이 움직이는 것이 아니라 상대방이 다가오고 있다고 생각한다. 등속으로 움직이고 있을 때 나를 규정하는 것은 상대의 움직임이다."

---

40) 여기서 관성계란 등속으로 움직이거나 정지해 있는 계를 말하고, 계라고 하는 것은 힘이 작용하거나 운동이 일어나는 일정한 공간을 말하며, 기준계라고 하는 것은 관찰자(또는 관측 기준)를 누구로 할 것이냐를 정하는 기준이 되는 계를 의미한다.

[탐구문제 2] 갈릴레오의 경사면 실험과 사고실험

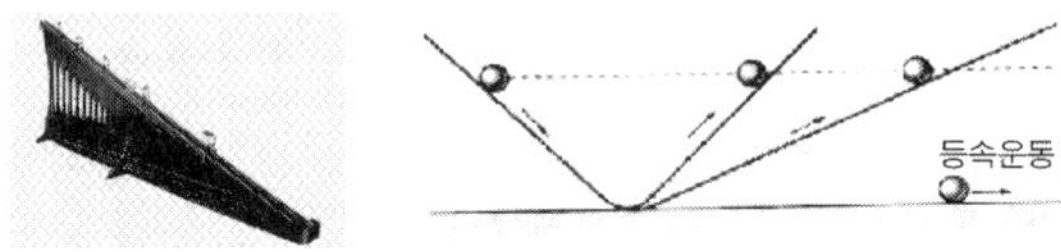

[경사면 실험과 자유낙하, 사고실험과 관성]

인류역사상 최초의 실험이 갈릴레오에 의해서 이루어졌다. 갈릴레오는 운동을 연구할 때 물체를 자유 낙하시키는 대신 인공적으로 만든 경사로를 사용했다. 비탈길을 얌전하게 내려오는 공과 허공에서 자유 낙하하는 공 사이에 밀접한 관계가 있음을 간파했기 때문이다. 실험 결과 경사로를 구르는 공은 같은 시간(자신의 맥박으로 측정)에 진행 거리가 기하급수적으로 증가했다. 공이 진행한 거리 S는 항상 이 거리를 진행하는 데 걸린 시간 t의 제곱에 비례했다. 자유 낙하하는 물체는 내려오면서 속도가 증가하는 가속운동을 한 것이다. 갈릴레오는 이 가속도의 첫 번째 어림 측정을 마치고 그것이 일정하다는 사실을 알아냈다(등가속도로 낙하하는 낙하 법칙 발견).

한편 갈릴레오는 중력장에서 경사면 실험을 통해 얻은 경험을 바탕으로 다음과 같은 사고실험을 했다. 앞의 오른쪽 그림과 같이 공기 저항과 마찰을 무시할 수 있는 빗면을 굴러 내려가는 쇠 구슬이 반대쪽 빗면을 굴러서 올라갈 때는 빗면의 기울기와 무관하게 항상 처음의 높이만큼 올라가야 한다(중력장에서 역학적 에너지 보존법칙 발견). 그렇다면 만약 반대편 빗면을 수평으로 한다면, 구슬이 아무리 굴러도 처음의 높이에 이르지 못할 것이므로 구슬은 계속 굴러갈 것이다. 이러한 생각으로 갈릴레오는 공중에서 지표면에 수평으로 운동하는 물체는 일정한 속도로 운동을 계속할 것이라는 결론을 도출했다. 관성운동을 발견한 것이다. 이에 대해 갈릴레오는 〈새로운 두 과학〉에서 다음과 같이 기술하고 있다.

> "우리는 물체가 어떤 속력으로 움직이든 간에 가속이나 뒤처짐의 원인(마찰이나 공기 저항)이 제거되고 수평으로 움직인다면 그 물체는 그 속도를 고수할 것이다. (……) 마찰 없는 수평면 위로 발사된 입자를 상상해보라. 그러면 우리는 앞에서 충분히 설명되었던 것을 통해서 만약 이 평면이 무한하다면(제한이 없다면) 이 물체가 같은 수평면 위에서 균일한 속도의 운동을 계속할 것임을 알 수 있다."[41]

41) 갈릴레오 갈릴레이, 〈새로운 두 과학〉(Discorsi e Dimostrazioni Matematiche Intorno a Due Nuove Scienze)(1638) :Frederick Suppe (1977). 〈The Structure of Scientific Theories〉. University of Illinois Press. p. 319.

‖ 07. 관성운동의 발견과 서구 과학적 패러다임 성립

갈릴레오는 실험이 지구상에서 수행되는 한, 마찰이나 공기 저항 등 외부요인을 말끔히 걷어낼 수 없으므로 물체에 작용하는 힘을 연구하기에는 경사로가 부적절하다는 사실을 깨달았다. 그래서 경사면 실험을 통해 얻은 경험으로 토대로 사고실험을 할 수밖에 없었다. 결국 갈릴레오는 마찰이나 공기 저항이 제거된 상태에서 물체가 지면에 수평 방향으로 움직인다면 현재의 운동 상태를 계속할 것이라는 사실을 사고실험이라는 순수한 직관에 의존해서 발견했다. 그리고 현상 물리학, 즉 현대 과학은 바로 이러한 자연학의 기본 법칙인 관성의 원리와 함께 시작되었다.

한편 이상주의자인 플라톤과는 다르게 현실주의자였던 아리스토텔레스는 이 경우 물체가 계속해서 일정한 속도로 움직이는 이유를 물리적으로 설명하는 것이 물리학이라고 생각했다. 다시 말해 물체가 일정한 속도로 계속 움직일 것이라고 한다면 그 원인을 물리적으로 설명하는 것이 물리학이라는 것이다. 그런데 플라톤의 이상적 수학 세계를 추구하는 현상 물리학자들은 이러한 아리스토텔레스의 생각은 틀렸고 갈릴레오의 생각만 맞는 것처럼 오도(誤導)하고 있다. 왜 그럴까? 그 근본적인 이유는 서구 근대 과학적 패러다임에 따른 현상 물리학은 플라톤의 이원론적 세계관에서 발원하는 불변의 세계인 플라톤의 이상적 수학 세계를 추구하기 때문이다.

사정이 이러하므로, 갈릴레오 이후 현상 물리학자들은 갈릴레오가 발견한 물체의 운동(관성운동)을 보고도 그들이 추구하는 불변의 세계인 플라톤의 이상적 수학 세계에만 관심이 있을 뿐, 공기 저항이나 마찰이 없는 공중에서 지표면에 수평 방향으로 움직이면 등속운동을 계속하는 것이 도대체 왜 자연스러운 것인지에 대해서는 알지 못하고, 또 관심도 없다. 뉴턴의 〈자연철학의 수학적 원리〉는 이러한 사유와 인식 아래 기술된 최초의 책이다.

생각해 보라. 아리스토텔레스는 물리학의 핵심 문제인 '물체가 왜 움직이는가?'에 대하여 물체의 속성 때문이라고 보았고, 갈릴레오 역시 물체가 공중에서 지표면에 수평 방향으로 등속운동을 계속하는 이유를 그 물체의 속성, 즉 관성(慣性, inertial)이라고 했다. 이는 곧 물 그 자체가 가진 본질적 속성에 따른 상호작용으로 운동하는 힘을 가졌다는 것이다. 그렇다면 도대체 왜 수평면 위에서 물체를 특정 방향으로 밀면 잠시 움직이다가 결국 멈춰 서는데, 마찰이나 공기 저항이 제거된 공중에서 수평 방향으로의 운동은 멈추지 않고 그 등속운동을 계속하는 것인가? 바로 이런 질문에 대해 '물리적인 설명'을 할 수 있어야 진정한 물리학이라는 것이 아리스토텔레스와 갈릴레오의 생각이다. 그러나 서구 과학적 패러다임에 따른 현상 물리학에서는 그 지식 체계상 이것을 물리적으로 설명할 수 없게 되어 있다.

그렇다면 이제 어떻게 해야 할까? 간단하다. 불변의 세계인 플라톤의 이상적 수학 세계를 추구하는 서구 과학적 패러다임에 따른 현상 물리학의 지식체계에 맞게 사유를 본질로 하는 이성을 발휘하여 머릿속에서 새롭게 개념을 조작해 내어 해석하는 것이다. 그리고 그 새로운 개념 정의와 해석은 다음과 같다.

힘은 단지 운동의 양상만을 변화시킬 뿐이다. 힘이 작용하지 않더라도 운동하는 것은 가능하다.

이것이 바로 토머스 쿤(T. S. Kuhn)이 말하는 패러다임의 전환으로서 서구 근대 과학혁명이다. 그런데 여기서 그 과학혁명이라고 하는 것의 실상은 오롯이 르네상스(Renaissance), 즉 불변의 세계인 플라톤의 이상적 수학 세계에로의 회귀에 불과하다. 이에 대해 칼 포퍼(K. Popper)는 그의 책 〈추측과 논박: 과학적 지식의 성장〉(1963)에서 과학적 지식은 비판적 지성에 의한 추측과 논박의 과정을 통해서 점진적으로 진보한다고 주장했다. 그러나 토머스 쿤은 〈과학혁명의 구조〉(1962)에서 과학적 지식은 결코 누적적 점진적으로 진보하지 않으며 혁명적인 단절을 겪는다고 주장했고, 이러한 혁명적 단절과 변화를 패러다임(paradigm)이란 개념으로 다음과 같이 이야기했다.

"패러다임은 방법들의 원천이요, 문제 영역이며, 어느 주어진 시대의 어느 성숙한 과학자 사회에 의해 수용된 문제 풀이의 표본이다. 따라서 새로운 패러다임의 승인은 필연적으로 상응하는 과학을 다시 정의하도록 만드는 경우가 많다. (……) 과학혁명으로부터 출현하는 정상과학의 전통은 그 전의 것과 양립할 수 없고 전혀 걸맞지 않은 것이다."

누구의 말이 맞을까? 서구식 지적 패러다임에서 세계를 보는 한 토머스 쿤의 주장이 타당하다. 과학적 패러다임의 전환으로서 과학혁명은, 그것이 지난 2,500년 동안 지속되어 온 불변의 세계인 이데아를 추구하는 서구식 지적 패러다임의 굴레에서 벗어나지 않는 한, 그에 따른 과학적 패러다임의 변화가 과학적 지식의 진보나 성장을 보장한다고 말할 수 없고, 오히려 과학적 지식의 퇴보를 조장할 수도 있다. 게다가 포퍼는 어떤 가설이 경험적으로 반증할 수 있으면(反證可能性, Falsifiability)

과학적이라고 말하지만, 가설이 반증 가능하다는 이유만으로 과학적이라고 말할 수 없다. 비과학적인 반증 가능한 가설이 얼마든지 있을 수 있다.

아무튼, 앞서 제시한 질문에 대해 —서구 과학적 패러다임에 따른 현상 물리학과는 달리— 2021년 이후의 새로운 물리학이 될 실체 물리학은 '물리적인 설명'을 할 수 있는데, 거두절미하고 그 답만 미리 말하자면 이렇다. 수평인 바닥(지표면) 위에 있는 물체 A를 특정 방향으로 밀면 잠시 움직이다가 멈춰 서는 것은 그 물체와 바닥이라는 두 관측 가능한 보통 물질 사이의 상호작용에 따른 것이고, 공중에서 지표면인 구면에 수평인 일정한 방향으로 계속되는 등속운동은 그 A라는 일반물질과 지구 중력장을 형성하고 있는 따듯한 암흑물질들[42] 사이의 상호작용에 의한 것이다. 하지만 두 일반물질 사이의 상호작용이든 일반물질과 암흑물질 사이의 상호작용이든 모두 우주에 실재하는 자연의 힘, 즉 물 그 자체가 가진 힘들의 상호작용에 의한 것이고, 모두 자연스러운 운동이다.[43]

하지만, 여기서 내가 말하고자 하는 바는, 위 질문에 대한 답이 아니라, 관측 가능한 보통 물질만을 수학적으로 다룰 수 있는 서구 과학적 패러다임에서는 —중력장의 실체 물리적 구조나 우주의 근본 물질인 암흑물질 등을 알지 못하고 또 그 지식 체계상 결코 알 수도 없게 되어 있으므로, 사실상 갈릴레

42) 중력장을 형성하고 있는 따듯한 암흑물질들은 아리스토텔레스가 등속원운동을 계속하게 하는 물질로 고안한 제5원소 에테르에 해당한다. 지상계의 4 원소 중 흙과 물은 지구로 향하고 불과 공기는 하늘로 향하지만, 천상계의 제5원소는 지구에서 가까워지고 멀어지는 직선운동이 아닌, 지구를 중심으로 도는 등속원운동을 한다는 것이 그의 주장이었다.

43) 물론 지금 내가 한 말에 대해서 여러분은 어리둥절할 것이다. 그 이유는 아직 암흑물질의 실체가 무엇이고 중력장의 실체 물리적 구조가 어떠한지 등 도대체 아무런 설명이 없었기 때문이다. 따라서 이 부분은 나중에 다시 돌아와서 이해하도록 하고, 여기서는 그냥 그런가보다 정도로 생각하면 충분하다.

오가 말하는 등속운동에 대한 물리적인 이해나 설명이 애당초 불가능하고, 그 결과— 갈릴레오의 주장에 대해 제멋대로 해석한 후, 그것으로 세상 사람들을 오도하고 있다는 점이다.

물론 지금까지의 서구 과학적 패러다임에 입각한 세계관에 따라 세상을 바라보는 한, 갈릴레오가 발견한 관성운동인 등속운동에 대해서 말할 수 있는 것은 오늘날 현상 물리학에서 말하고 있는 바와 같이 "직관과는 잘 일치하지 않지만 자연스러운 것"이라고 하는 그 말 자체로 모순적인 이야기 외에 달리 그 어떤 물리적 설명도 할 수가 없게 돼 있다. 서구 과학적 패러다임이 추구하는 불변의 세계는 플라톤의 이상적 수학 세계이고, 있는 그대로의 세계나 자연 그 자체 또는 물 그 자체가 아니어서, 갈릴레오가 발견한 있는 그대로의 세계인 물 그 자체의 관성운동은 현상 물리학이 탐구하는 과학의 대상이 아니기 때문이다.

사정이 이러하므로, 현상 물리학은 갈릴레오가 발견한 사실을 오해하는 데서 끝나지 않는다. 서구 과학적 패러다임에 따른 사유와 인식에 어울리게 자연적 사실을 왜곡해버렸다. 뉴턴의 〈프린키피아(Principia): 자연철학의 수학적 원리〉에 기술되어 있는 운동 제1 법칙으로서 관성의 법칙은 데카르트(René Descartes)가 만든 관성의 개념을 뉴턴이 수용한 것이다. 그런데 데카르트와 뉴턴은 갈릴레오가 발견한 물체의 등속운동을 고대 그리스의 유클리드 기하학과 플라톤의 이상적 수학 세계에 어울리게 등속직선운동이라고 해석했다.

그러나 생각해 보라. 갈릴레오의 경사면 실험은 지구 중력장이 형성된 지상에서 실행되었고, 그 실험에서 영감을 받아 공기 저항 등이 없는 공중에서의 수평 방향을 염두에 두고 사고실험을 한 것이다. 따라서 있는 그대로의 세계로서 구형(球形)

인 지구라는 물 그 자체의 구면인 지표면에 수평인 일정한 방향으로 균일하게 움직이는 등속운동은 원운동이지 직선운동이 아니다. 갈릴레오는 자신이 발견한 관성운동을 등속의 원운동으로 보았다(코페르니쿠스 천문학에서 제기된 문제들을 해결하기 위해 '원형의 관성' 개념을 도입했다). 하지만 데카르트와 뉴턴은 —있는 그대로의 세계로서 물 그 자체가 운동하는 '물리적 세계'가 아닌 — 플라톤의 이상적 수학 세계를 구현하기 위해서 유클리드 기하학적 사유와 인식에 따라 그 등속운동을 직선운동으로 보고(이러한 수학적 생각은 데카르트가 처음 한 것이다), 그것을 다시 계속해서 방향을 바꾸는 원운동으로 만들기 위해서 존재하지도 않는 이상적인 힘인 구심력과 원심력을 창조해냈다(이런 힘들은 데카르트의 생각을 수용하여 뉴턴이 창조해낸 것이다).

뉴턴은 갈릴레오가 실험을 통해 확립한 원리에 대해서 잘 알고 있었다고 하지만, 사실은 플라톤의 이상적 수학 세계를 구현하기 위해 그것을 오인하고 왜곡했다. 결국 뉴턴은 지상의 힘(사과의 자유낙하 운동)과 천상의 힘(달의 궤도 운동)을 통일한다는 명목으로 그 등속운동 하는 물체를 직선운동으로 해석한 후 다시 그 물체가 원운동 하도록 만들기 위해서, 근대 이후 전지전능한 신의 자리를 꿰차게 된 수학적 상상력을 발휘하여 구심력(중력)과 원심력이라는 존재하지도 않는 가상의 힘을 새롭게 창조해냈고(물론 아인슈타인은 이런 힘은 존재하지 않는 허구라며, 중력을 기하학적 곡률로 설명했다), 서구 과학적 패러다임에 따른 사유와 인식체계에 갇혀있는 현상 물리학자들은 지금도 이러한 데카르트와 뉴턴의 생각을 철석같이 믿고 있다.

지구가 공 모양의 구형이라는 사실은 하물며 고대 그리스인들도 알고 있었다. 하지만 서구 과학적 패러다임에서는 '있는 그대로의 세계'인 지구라는 '물 그 자체'는 과학의 대상이 아니므로 물 그 자체는 무시된다. 뉴턴에게 지구는 단지 부피가 없는 질점으로서 질량(mass)이라는 관측값으로서의 물리량일 뿐이다. 이렇게 서구 과학적 패러다임이 성립되었다. 그 결과 황당하게도 오늘날에 와서 전 세계적으로 지구가 평평하다고 주장하는 사람들이 다수 생겨났다. 도대체 왜 이런 흉측한 일이 발생하게 된 것일까? 그 이유가 바로 여기에 있다. 갈릴레오가 발견한 관성운동, 즉 공중에서 구면인 지표면에 수평인 일정한 방향으로의 등속의 원운동을 데카르트와 뉴턴처럼 등속 직선운동이라고 해석한다면(만유인력 법칙에 출현하는 뉴턴의 구심력이나 원심력은 이러한 해석 아래 창조해낸 힘이다), 그것은 곧 논리적·수학적으로 지구가 평평하다는 결론에 이를 수밖에 없다.

사정이 이러하므로, 오늘날 지구 평평론자들은 사이비 과학자들이 아니라 오히려 데카르트와 뉴턴으로부터 이어지는 오늘날의 현상 물리학을 맹신하는 광신도들이다. 그래서 제프리 러셀(J. B. Russell)은 지구가 평평하다는 거짓말은 최근의 발명품이라고 지적하고 있다.[44] 결국 현상 물리학은 믿음의 학문이지만 지식 노예처럼 적당히 모르는 척하면서 믿어야 하는 어려움이 있다. 왜냐하면 믿지 않고 다른 말을 하면 사이비로 몰리고, 그대로 믿고 신봉하면 광신도로 몰릴 수 있기 때문이다.

44) Inventing the Flat Earth (1991; ISBN 978-0-275-95904-3) is a book by historian Jeffrey Burton Russell debunking the notion that medieval Christians believed the earth was flat. Notes See also Myth of the Flat Earth.

‖ 08. 전자기장과 중력장의 혼동과 특수상대성이론

뉴턴이 그렸던 우주의 모습은 커다랗고 텅 빈 그릇과 같은 '절대공간' 안에서 부피가 없는 질점들로 표현되는 물체들이 시간의 흐름에 따라 운동하고 있는 세계다. 뉴턴은 고대 그리스 수학자 유클리드의 평행선 공리를 비롯한 자명한 전제들로부터 도출한 기하학적 속성들을 절대공간에 암묵적으로 부여했다. 또한 뉴턴은 보편적이며 모든 과정에 적합하고 측정할 수 있는 '절대시간'이 존재한다고 전제했다. 그는 이 전제들이 너무나 자명해서 언급할 필요조차 없다고 여겼다. 뉴턴의 절대공간과 그에 대한 고정된 측정 규칙은 그 안에서 미리 확고히 주어진 시간 척도에 따라 물체들이 움직이는 불변의 무대였다. 그래서 두 사건이 있으면 항상 그것들 사이의 상대적인 위치와 시간 간격을 제시할 수 있다고 간단히 전제했다.

이러한 전제에서 뉴턴은 갈릴레오의 상대성 원리를 수용하고 갈릴레오의 관성운동에 대한 자신의 해석을 기초로 하여 운동(시간의 흐름에 따른 물체의 위치 변화)을 설명했다. 즉, 모든 물체가 관성으로 인해 등속 직선운동을 하려 하지만 어떤 외부 힘이 작용하면 그 운동에서 벗어나게 된다는 해석으로 실제 운동을 설명했다. 운동의 바탕에 깔린 원리를 탐구하는 것이 역학(dynamics)인데, 뉴턴 역학에서 세 가지 운동법칙은 i) 외부 힘이 작용하지 않는 한 정지 또는 등속 직선 운동하는 물체는 그 운동 상태를 계속 유지하려 하고(관성운동의 법칙), ii) 물체의 가속도(a)는 물체에 가해지는 힘(F)을 그 물체의 질량(m)으로 나눈 값과 같으며($F=ma$, 가속운동의 법칙), iii) 절대 공간상의 특정한 위치에서 한 물체가 다른 물체에 가하는 힘은 그 위치에서 둘 사이를 연결하는 직선 방향으로 작용하고 두 물체가 동시에 힘을 행사하게 되어 두 힘은 크기가 같고 방향은 정반대이다(작용·반작용의 법칙). 그리고 이런 힘들 가운데 하나가 중력이라고 보았다.

그러니까 뉴턴의 운동법칙의 핵심은 힘(force)이다. 그리고 뉴턴이 말하는 힘에 관한 두 가지 법칙이 작용·반작용 법칙과 중력 법칙이다. 하지만 정작 힘이 무엇인지는 모른다.[45] 뉴턴은 중력을 두 물체 사이에 쌍방향으로 작용하며 두 물체의 질량 m_1, m_2의 곱에 비례하고 두 물체 사이 거리(r) 제곱에 반비례하는 인력으로 기술했다($F = Gm_1m_2/r^2$). 당시 알려져 있던 이른바 역제곱 법칙, 즉 어떤 물체가 다른 물체를 끌어당기는 힘의 세기가 두 물체 사이 거리의 제곱에 반비례한다는 것[46]을 받아들인 것이다. 그리고 뉴턴은 케플러가 발견한 태양 주위를 도는 행성의 공전 반경과 주기(궤도를 한 바퀴 도는 데 걸리는 시간) 사이의 법칙인 공전주기의 제곱(T^2)은 공전궤도 긴 반지름의 세제곱(a^3)에 비례한다는 법칙으로부터 귀납을 통해 지구 주위를 도는 달도 이 법칙이 성립한다고 가정했다.

---

45) 그래서 리처드 파인먼은 "뉴턴의 운동 법칙은 힘에 대하여 매우 정확한 정의를 내리고 있어서 수학자들에게는 유용할지도 모르지만, 물리학자에게는 아무짝에도 쓸모가 없다. 정의로부터는 어떠한 예측도 할 수 없기 때문이다."라고 하면서, "뉴턴 법칙의 진정한 의미는, 힘이 $F = ma$로 표현될 뿐만 아니라 어떤 독립적인 성질을 갖고 있다는 것이다. 그러나 뉴턴을 비롯한 그 누구도 이 독립적인 성질에 대하여 전혀 언급하지 않았기 때문에 $F = ma$는 완전한 법칙이라고 할 수 없다. 이 법칙이 말하는 것은, 질량에 가속도를 곱한 양을 힘이라고 정의하면 그 힘은 어떤 단순하고 일관성 있는 성질을 갖는다는 사실뿐이다. 그것도 명쾌하게 말하는 것이 아니라 넌지시 암시해주는 정도에 불과하다."라고 말한다(물리학 강의, 권Ⅰ, 12-2).

46) 두 물체 사이의 중력이 두 물체 사이 거리의 제곱에 반비례한다는 주장은 뉴턴 이전의 17세기에 이미 프랑스 천문학자이자 수학자인 이스마엘 뷜리아뒤스에 의해서 주장되었고, 1697년에는 영국의 로버트 훅도 중력에 관한 역제곱 법칙을 뉴턴에게 보낸 편지에 언급했다. 그래서 〈프린키피아〉에 정확하게 똑같은 내용이 실리자, 훅은 크게 분노했다.

한편, 19세기에 이르러 마이클 패러데이(M. Faraday)의 전기나 자기의 주위에 형성되는 장(場, 마당 field)의 발견과 제임스 맥스웰(J. C. Maxwell)이 정리한 전자기학에 따라 전기장이나 자기장 같은 장이 실재하는 물리적 대상으로 편입되었다. 여기서 맥스웰은 기존에 존재했던 전기와 자기 현상에 관한 수학적 물리 법칙들, 즉 전기와 자기에 관한 가우스 법칙을 비롯한 앙페르 법칙, 패러데이 법칙들을 통합적으로 정리하면서 그가 유도한 방정식에 따라 빛이 전자기파의 일종이라고 예측했다. 이 예측은 1888년 하인리히 헤르츠에 의해 실험으로 증명되었다.

문제는 맥스웰이 유도한 방정식은 파동 방정식의 형태를 가졌는데, 이 경우 진공에서 전자기파(빛)의 속도가 일정한 상수 $c= 1/\sqrt{\mu_0\epsilon_0}$ (ϵ_0: 진공의 유전율, μ_0: 진공의 투자율)로 등장했다는 점이다. 당시 이것이 문제 되었던 이유는, 갈릴레오의 상대성 원리에 따라 전기장 및 자기장의 법칙들이 물리현상을 관측하는 모든 관성계(등속도로 움직이는 계)에서 같다고 한다면 서로 다른 관성 기준계에 따라 속도가 달리 관측되어야 하는데, 맥스웰 방정식에 따르면 전자기파를 내는 빛은 '진공에서 일정한 속도'로 전파되고 광원의 운동과 무관하며 오로지 빛 방출사건에만 좌우되기 때문이었다.

이 딜레마(?) 상황을 어떻게 해결해야 할까? 당시 많은 과학자가 이 문제의 해결을 위해 매달렸지만 이렇다 할 성과를 보여 주지 못했다. 그러던 1905년, 아인슈타인이 이 딜레마 상황을 해결한다면서 시간과 공간의 개념을 완전히 바꾸어 놓는 특수상대성이론을 제시했는데, 이 이론은 다음 두 가지 가설에서 출발한다.

1. 상대성 원리의 일반화—갈릴레오의 상대성 원리를 등속도로 운동

하는 전자기학이 적용되는 영역이나 진공 등 우주 전 영역에 적용되는 것으로 확장한 것이다.

2. 광속불변의 원리—진공 속에서 빛의 속도는 모든 관성 기준계에서 광원의 속도나 관측자의 속도와 관계없이 항상 일정(약 30만km/s)하게 관측된다는 것이다.

여기서 우선 내가 말하고 싶은 것은, 위 딜레마(?) 상황은 사실 상대론적 양자역학과 일반상대성이론으로 대변되는 현대 물리학의 근본 토대에 해당하는 내용을 내포하고 있는 까닭에 너무나도 중차대한 문제라는 점이다. 사실, 특수상대성이론 관련 문제는 자연 그대로의 타고난 사유 능력을 잃지 않은 실력 있는 물리학자들에게는 너무나도 난해해서 애써 도외시하거나 회피하고 있다. 아무튼, 아인슈타인은 진공 속에서 광속이 일정한 것이 전자기 현상에서 필연적인 결과임을 근거로, 갈릴레오의 상대성 원리를 확장 적용하면서 광속의 관측이 모든 기준계에서 불변하는 것으로 절대화함으로써 시간과 공간의 상대화를 도출해냈다.

아인슈타인은 위 딜레마를 이해하기 위해 많은 사고실험을 했는데, 그가 특히 확신에 찬 결론을 얻을 수 있었던 질문은 이렇다. 철로 둑을 기준으로 볼 때 동시에 일어나는 두 사건(기차의 앞뒤에 두 개의 번개 A와 B가 동시에 치는 것)은 철로 위를 달리는 기차를 기준으로 볼 때도 동시에 일어나는가? 그리고 그는 다음과 같은 매우 중요한 결과를 얻는다.

"둑을 기준으로 보면 동시에 일어나는 두 개의 사건이 기차를 기준으로 보면 동시에 일어나지 않으며, 거꾸로 기차를 기준으로 보면 동시에 일어나는 두 개의 사건이 둑을 기준으로 보면 동시에 일어나지 않는다. 모든 기준계는 각각 그 자신의 특수한 시간을 지니고 있다. 시간에 관한 진술이 기준으로 삼은 기준계가 무엇인지 언급되지 않는 한, 어떤 사건의 시간에 관한 진술은 아무런 의미도 갖지 못한다."[47]

그렇다. 고전 물리학에는 '시간의 동시성'이라는 절대 관념이 존재했다. 뉴턴의 절대시간에서 시간은 관측 가능한 보통 물질인 인간을 포함한 모든 개별적이고 국소적인 물질들에 공통된 것으로서 균일하게 흐르는 것이었다. 그러나 이제 인간을 포함하여 모든 국소적인 개별 물질들은 각각 그 자신의 특수한 시간을 가지며, 각각의 시간을 가져서 관측 가능한 보통 물질들은 그 장소나 운동 상태에 따라 그가 가진 시간과 공간이 상대적으로 다르게 변화한다는 사실을 알게 되었다. 아인슈타인이 이러한 동시성의 상대성과 국소적이고 개별적인 상대적 시공간을 발견한 것[48]은 '그 이유 여하를 불문하고' 물리학사에 길이 남을 위대한 성과였다.

하지만, 우리가 아인슈타인을 찬양해야 한다면 그 이유는 여기까지다. 왜냐하면 무엇보다도 모든 관성 기준계들이 그 자신의 특수한 시간을 가져서 그 운동 상태나 장소에 따라 그가 가진 시간이 상대적으로 다르게 변화하고 그 공간(길이)도 다르게 변화하는 물리적 원인은 광속이나 아인슈타인이 전제했던 가설인 광속불변의 원리나 상대성 원리의 확장과는 아무런 관련이 없기 때문이다.

나중에 자세히 논하겠지만, 여기서 미리 그 결론만을 말해두자면, 사고실험 운운하면서 머릿속에서 상상해낸 '광속불변의 가설'을 위해서 뉴턴의 절대적인 공간과 시간을 우주에서 제거하고 아인슈타인의 상대적인 공간과 시간으로 대체해야 한다거

47) 아인슈타인 〈상대성: 특수이론과 일반이론, Relativity: The Special and General Theory〉 (1916 초판, 1920 개정판, 1952 추가), 우리말 번역본, P. 42.

48) 그러나 사실, 동시성의 상대성과 상대적 시공간을 최초로 발견한 사람은 1900년 앙리 푸앵카레다. — Poincaré, Henri (1900), "La théorie de Lorentz et le principe de réaction" , Archives Néerlandaises des Sciences Exactes et Naturelles, 5: 252 - 278.

나 갈릴레오의 상대성 원리를 수정 확대해야 하는 것이 아닐 뿐 아니라, 그 대체 또는 수정 확장해야 할 뉴턴의 절대 시공간 및 갈릴레오의 상대성 원리는 맥스웰 방정식이 말하는 진공 속에서 광속이 일정하다는 사실과 그 어떤 하등의 모순이나 딜레마가 존재하지 않는다. 말이 나온 김에 덧붙이자면, 광속이 시간을 가져서 관측할 수 있는 보통 물질만을 다루는 현상 물리학적 세계관에 따른 코스모스에서 가장 빠른 것은 사실이지만, 이 역시 특수상대성이론과는 아무런 관련이 없다.

만약에 이러한 나의 주장이 옳고, 또 나의 주장이 자연법칙에 부합하는 것이어서 타고난 정상적인 사유 능력을 잃지 않은 사람이라면 세상 사람 누구나 수긍할 수밖에 없는 것이라면, 이 문제만으로도 분명 20세기 물리학의 근본 토대를 뿌리째 뒤흔드는 일대 사건에 해당할 것이다. 게다가 이른바 '기적의 해'라고 불리고 있는 1905년에 제안했던 아인슈타인의 논문들에서 보이는 오류들은 여기서 그치지 않는다. 그것들은 매우 심각한 문제점들을 가지고 있다. 물론 이에 대해 자세한 것은 앞으로 여러 절에 걸쳐서 차차 이야기할 것이다. 이와 관련하여 여기서 미리 한 가지 말해 두자면, 아인슈타인의 특수상대성이론에 관한 문제점들은 그의 일반상대성이론보다는 오히려 양자역학에 지대한 영향을 미치고 있다는 점이다. 흔히 20세기 물리학을 미시세계를 잘 기술하는 상대론적 양자역학과 거시세계를 잘 설명하는 일반상대성이론을 두 축으로 한다고 말하는 이유도 바로 여기에 있다.

‖ 09. 잃어버린 절대 시공간과 흐르지 않는 시간

누군가 아인슈타인의 상대성이론을 이해했다면 다음과 같은 질문을 할 수 있을 것이고, 또 할 수 있어야만 한다. 만약 우주에 국소적(局所的, local)이고 관측 가능한 일반물질들만 있고, 이러한 각각의 자신의 시간을 가진 개별적이고 국소적인 물질들이 활동하기 위한 배경 공간으로서 뉴턴의 비국소적(non-local)인 3차원 절대공간이 없다면, 1차원 시간과 3차원 공간이 결합하여 형성된 4차원의 상대적 시공간을 가진 국소적인 물질들(예컨대 사람, 책, 지구, 태양, 은하 등)은 존재할 수 있을까?

이러한 나의 문제 제기에 어느 정도 수긍이 가는 사람들은 —설령 우주가 불연속적인 3+(4+4)의 11차원 시공간 구조를 이루고 있다는 실체 물리학의 내용을 아직 모르더라도— 앞으로의 이야기에 흥미진진한 기대를 하게 될 것이라고 나는 생각한다. 생각해 보라. 상대성이론에서 말하고 있는 것처럼 물리현상을 관찰할 수 있는 기준계인 여러분 각자는 일정한 수명을 가진 관측 가능한 보통 물질로서 자신의 시간(1차원)과 형체(形體, 전후 · 좌우 · 상하 3차원 공간)를 가져서 4차원 시공간을 이루고 있다. 다시 말해 일정한 수명(시간)을 가진 여러분의 몸은 부피가 있는 3차원 공간을 이루고 있으므로 다른 모든 관측 가능한 보통 물질들처럼 4차원 시공간을 이루고 있다. 이것이 실체물리학에서 말하는 '있는 그대로의 세계'인 물 그 자체의 모습이다.

그런데 여러분 주위에는 공간이 펼쳐져 있으므로, 현대물리학의 주장에도 불구하고 타고난 정상적인 사유 능력을 잃지 않은 사람이라면 우주가 적어도 4차원 시공간은 아니라는 사실을 금방 알 수 있을 것이다. 여러분 주위에 펼쳐진 공간은 우주가 아닌가? 그 공간 없이도 여러분은 존재할 수 있는가? 문제는 관측 기준계인 여러분이나 밤하늘에 빛나는 별을 비롯한 관측 가능한 모든 보통 물질들 그 자체는 있는 그대로의 세계로서 '물 그 자체'이므로, 불변의 세계인 플라톤의 이상적 수학 세계를 추구하는 서구 과학적 패러다임에서는 과학의 대상이 아니고, 따라서 무시된다는 점이다.

시간의 측면에서도 마찬가지다. 나중에 자세히 논하겠지만, 우주 그 자체도 하나의 커다란 물질이다. 그런 까닭에 하나의 커다란 물질로서 고립계인 '우주 그 자체'에는 자연법칙으로서 열역학 제1 법칙인 질량-에너지 보존법칙이 적용된다. 이 경우 하나의 커다란 물질로서 우주 그 자체가 가진 비국소적인 3차원 절대공간과 결합해 있는 절대시간은, 그 3차원 절대공간 안에서 운동·변화하고 있는 상대적인 시공간을 가진 국소적인 물질들이 가진 각각의 시간을 총체적으로 파악한 시간을 말한다.

따라서 실체 물리학의 창시자 혜강 최한기는 우주를 구성하고 있는 유형의 물리적 실체로서의 '물 그 자체(氣)'는 국소적이고 상대적인 시공간을 가진 형질기(形質氣)와 비국소적이며 절대적인 시공간을 가진 운화기(運化氣)가 있다고 하면서, 형질기는 사람이 쉽게 볼 수 있고 운화기는 사람이 보기 어렵지만, 사실 운화기는 형질이 가장 큰 것이라고 말하고 있다. 여기서 운화기란 절대적인 4차원 시공간을 이루고 있는 하나의 커다란 물질로서 우주 그 자체를 말한다. 잠깐 최한기의 말을 직접 들어보자.

"기에는 형질의 기와 운화의 기가 있다. 지구, 달, 태양, 별과 모든 형체를 가진 물질들은 형질의 기인데, (……) 형질의 기는 운화의 기로 말미암아서 모여 이루어진 것이니 큰 것은 장구하고 작은 것은 곧 흩어지는 것이 운화의 기가 스스로 그러하지 아니함이 없다. 형질의 기는 사람이 쉽게 보는 바이나 운화의 기는 사람이 보기 어려운 바이다. (……) 그러나 사실, 운화기는 형질이 가장 큰 것이다."[49]

물론 이러한 통찰은 실재하는 우주인 자연 그 자체 또는 물 그 자체를 '있는 그대로 인식'하기만 하면 가능하다. 그러나 아인슈타인의 상대성이론이 등장하면서 우주 그 자체가 가진 절대적 시공간은 우주에서 제거되어 버렸고, 그것을 대체한 국소적이고 개별적이며 상대적인 시공간만 남게 되었다.

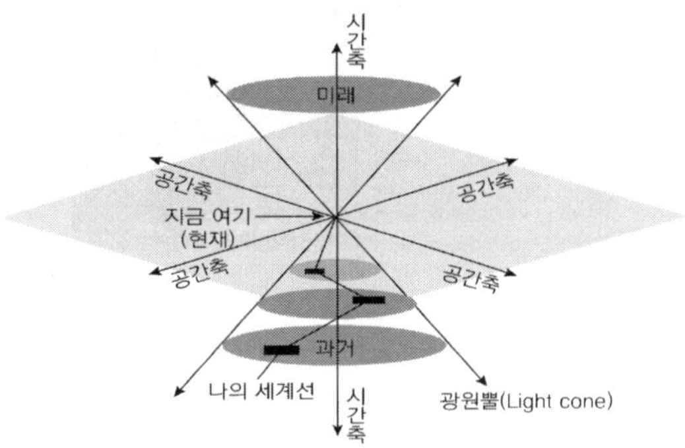

[민코프스키의 4차원 공간과 빛 원뿔[50] 및 세계선]

그런데 상대적인 시공간을 가진 국소적인 '물질 그 자체'는

49) 최한기, 『기학(氣學)』(1857), 1-6. "氣有形質之氣, 有運化之氣. 地月日星萬物軀殼, 形質之氣. (……) 形質之氣, 由運化之氣而成聚, 大者長久, 小者卽散, 無非運化之氣自然也. 形質之氣, 人所易見, 運化之氣, 人所難見. (……) 然其實運化之氣, 形質最大."

50) 현상 물리학의 관점에서는 빛보다 빠른 것은 없으므로, 그림에서 위쪽에 있는 미래 빛 원뿔, 즉 빛 원뿔의 꼭짓점(현재의 위치)으로부터 출발한 광선들로 이루어진 원뿔은 그 점으로부터 인과적인 영향을 받을 수 있는 경계이다. 다른 한편 과거 빛 원뿔은 현재의 위치에 도달하는 모든 광선으로 이루어지며 그 점에 영향을 끼칠 수 있는 구역의 경계에 해당한다.

서구 과학의 대상이 아니므로 무시되고, 그 물 그 자체의 시간과 공간은 불변의 세계인 플라톤의 이상적 수학 세계를 구현하기 위해 활용될 수 있는 대칭적인 것이 되어 버렸다. 헤르만 민코프스키(H. Minkowski)는 불변의 이상적 수학 세계를 구현하기 위해 그 상대적인 시간과 공간이 서로 대칭을 이루는 수학적 형식을 완성했다. 그는 공간 좌표 성분 x, y, z외에 ct(빛이 t시간에 직진한 거리 ct)도 독립된 좌표 성분으로 가지는 4차원의 공간[51](이 공간은 가상의 것임)을 생각하여, 물리현상은 그중에 한 점(세계점)으로 표시하고, 운동은 선(세계선)으로 표시했다.

[4차원 블록 우주/출처: 내셔널지오그래픽]

이에 따라 오늘날 현상 물리학자들은 모든 시간의 요소인 과거, 현재, 미래가 마치 풍경(landscape)처럼 하나의 시간 덩어리(timescape)로 펼쳐져 있다고 생각하게 되었다. 이런 개념의 시간을 블록 시간(block time)이라 한다. 그리고 이것이 바로 아인슈타인이 만든 상대성이론에 따른 우주의 모습인 4차원의 블록 우주(block universe)다. 따라서 시공간은 어떤 방향으로든 마음대로 썰어낼 수 있는 식빵 덩어리나 마찬가지로 시간 또는 공간 어느 쪽으로도 잘라낼 수 있다. 이것은 모든 사건이 공간

51) 우주에는 4차원 시공간은 실재하지만 4차원 이상의 공간은 실재하지 않고 실재할 수도 없다. 물론 수학적으로야 100차원의 공간도 가능하다.

뿐만 아니라 시간에도 고유한 좌표를 가지고 있다는 것을 의미한다.

지금 여러분이 어디에 있든지 간에 서울·부산 같은 3차원의 위치와 2021년 7월 12일 오후 2시 같은 시간에 맞는 위치에 해당한다. 하지만 여러분 앞에 있는 10m의 공간이 여러분보다 10m 뒤에 있는 공간만큼 현실적이므로 미래 10분 그리고 과거 10분도 현실이다. 과거와 미래는 현재만큼 존재한다. 그래서 맥스 테그마크(Max Tegmark)는 우주를 사건이 일어나는 3차원 공간 또는 아무 일도 일어나지 않는 4차원 블록 우주로 볼 수 있다면서, 만약 그것이 후자라면 변화는 정말 환상이라고 그는 말한다. 왜냐하면 아무것도 변하지 않기 때문이다. 시간은 흐르지 않는다.

상대성이론에 따른 4차원 시공간 우주에서는 물리현상을 관측하는 국소적인 기준계 모두가 DVD처럼 과거, 현재, 미래다. DVD에 녹화된 영화에서 드라마가 펼쳐질 수도 있지만, DVD에 관한 것은 어떤 식으로든 변하지 않고 있다. 우리는 주어진 순간에 이미 과거가 일어났고 미래가 아직 존재하지 않으며 상황이 변하고 있다는 환상을 가질 수 있다.

사정이 이러하므로, 오늘날 물리학자들은 물리학 법칙을 믿는다면 과거, 현재, 미래가 똑같이 현실로 존재한다고 말한다. 예컨대 브라이언 그린(B. Greene)은 그의 책 〈우주의 구조〉(2004)에서 말하기를 "우리가 어딘가에 공간이 있다고 생각하는 것처럼 시간 역시 어딘가에 존재한다고 생각해야 한다. 과거에 일어났거나 앞으로 일어날 일이 모두 현재 존재하고 있다"라고 했다.[52] 아인슈타인 자신도 시간이 무엇인지에 대해서 죽을 때까지 고민했다. 아인슈타인의 '시간'에 대한 사유와 인

52) 브라이언 그린(Brian Greene), 〈우주의 구조〉 우리말 번역본, p. 217.

식은 앞서 언급했던 것처럼 그의 오랜 친구 베소의 죽음에 대해 부인에게 보낸 다음과 같은 편지 내용에 잘 나타나 있다.

"이제 그는 저보다 조금 앞서 이 기이한 세상을 떠났습니다. 그것은 어떤 의미도 없습니다. 물리학을 믿는 우리 같은 사람들에게 과거와 현재와 미래라는 구별은 끈질기게 지속되는 환상에 지나지 않습니다."

아인슈타인에게 보편적인 '지금'이란 존재하지 않는다. 두 사건이 동시인지 여부는 관찰자에게 달려 있다. 한 관찰자가 과거에 있다고 판단한 사건이 다른 관찰자에게는 여전히 미래에 있을지 모른다. 그러므로 과거와 현재는 마찬가지로 확정적이고, 둘 다 '현실'이다. 상대성이론을 만든 그에게 우주는 현재를 대신하여 광대하게 얼어붙은 시간 풍경으로서 4차원의 블록 우주로 남겨졌다. 아인슈타인은 위 편지를 보낸 날로부터 한 달여 후 세상을 떠났다.

한편 논리실증주의의 대가 루돌프 카르납(R. Carnap)은 아인슈타인과 나눴던 대화를 다음과 같이 회상하고 있다.

"아인슈타인은 '지금'이라는 시제를 놓고 심각한 고민에 빠져 있었다. 그는 '지금' 경험하고 있는 것이 과거나 미래와 근본적으로 다르다는 심증은 있지만, 물리학으로는 그 차이를 집어낼 수가 없다고 했다. 현대물리학이 그 정도의 수준밖에 되지 않는다는 것을 받아들여야 하는 현실 자체가 그에게는 고통이었다."[53]

아인슈타인의 상대론적 우주는 국소적이고 개별적인 물질들이 가진 시간과 공간인 상대적인 시공간만 존재하는 국소적인 우주(cosmos)다. 아인슈타인의 우주에는 국소적인 물질들이 가진 상대적인 시간으로서 각각의 과거와 미래 및 현재라는 '지

53) Rudolf Carnap, "Autobiography", in The Philosophy of Rudolf Carnap, P. A. Schilpp, ed. (Chicago: Library of Living Philosophers, 1963), p. 37.

금'만 있고, 하나의 커다란 물질로서의 '우주 그 자체'가 가진 절대적인 시공간이 없다. 따라서 우주 그 자체(universe)가 그 내재적 속성에 의해 운동 변화함에 따라 흐르는 절대시간으로서 보편적인 '지금'은 존재하지 않는다. 상대성이론에 따른 '시간'에 대해서 골몰했던 영국의 물리학자 줄리안 바버(J. Barbour)는 그의 책 〈시간의 끝(The End of Time)〉(1999)에서 다음과 같이 말하고 있다.

"모든 것들이 서로 상대적으로 정해진 위치에 놓여 있다는 인상을 강하게 받는 우리는 직접적으로든 간접적으로든 볼 수 없는 모든 것들을 추상화해서 수많은 것들이 동시에 공존한다는 생각을 고수하려고 하지만, 그냥 '지금'들만 존재할 뿐 그 이상도 그 이하도 아니다. (……) 우주에 나열해 있는 모든 것들이 각각의 '지금'일 뿐이고, 시간은 하나의 '지금'에서 다른 '지금'으로 흘러가는 것이 아니다. 그 '지금'들은 영원히 존재하지만 모든 곳이 각각의 '현재'에 대응하는 상상 속의 국가인 '플라토니아(Platonia)'라는 추상적 공간의 물리학에 따라 정해진 배열을 따른다."

상대성이론에 따르면 각각의 '지금'들만 있다. 시간은 흐르지 않는다. 이에 따라 오늘날 현상 물리학자 중에는 방정식 안에 시간 변수가 없는 '시간 없는 물리학'을 하자는 주장이 제기되고 있다.

‖ 10. 불연속적인 3+(4+4)의 11차원 시공간 우주

오늘날 과학에 관심이 있는 사람이라면 아마도 시간은 흐르지 않는다거나 시간은 환상이라고 하는 이야기를 한 번쯤 들었을 것이다. 지금까지의 현상 물리학은 도대체 왜 시간이 무엇인지 알지 못할까? 이에 대해 여러분이 충분히 이해하고 수긍할 수 있도록 하는 완전한 대답을 하려면 논의 전개상 아직 할 이야기가 많이 남아있다. 하지만 이쯤 해서 시간과 공간이 무엇인지 그 대강이라도 그릴 수 있게 어떤 식으로든 이야기를 해야 할 것 같다.

앞에서 살펴본 바와 같이, 우주는 그 자체가 시공간이자 물질이고 물질은 곧 시공간이다. 그러므로 물질 그 자체의 내재적 속성에 따른 운동·변화하는 원리를 설명하지 않고 시간이나 공간만을 따로 떼어 이야기하는 것은 사실상 말이 되지 않는다. 그러함에도 불구하고 서구 과학적 지식체계에 따른 현대 물리학은 시간이 무엇인지 모른다는 사실이 일반인들에게도 이미 잘 알려져 있으므로, 도대체 왜 그렇게 된 것인지 그 저간의 사정을 대강 이야기해보려고 한다.

이야기는 서구 과학적 패러다임이 성립한 현대물리학의 출발점에서부터 시작해야 한다. 현상 물리학의 아버지는 갈릴레오이지만, 그것을 대칭을 이루는 방정식 형태의 수학적 물리법칙으로 정립한 사람은 뉴턴이다. 그의 저서 〈자연철학의 수학적 원리〉라는 제목에서도 볼 수 있듯이, 그는 플라톤의 이상적 수학 세계를 구현하고자 했다. 뉴턴은 물체의 운동을 3차원 절대공간 안에서 부피가 없는 0차원의 질점들이 힘(force)을 통해 상호작용하는 것으로 보고, 그것을 만유인력(萬有引力, universal gravitation)이라는 이름의 힘에 관한 방정식으로 기술했다. 여기서 말하는 부피가 없는 0차원의 질점이라는 것은 현실 세계에는 존재하지 않고 오로지 머릿속에서 생각할 수 있는 이상적이고 수학적인 무형(無形)의 것임을 기억해 두라.

한편, 19세기에 이르러 실험물리학의 대가이자 물리적 세계를 추구했던 마이클 패러데이(M. Faraday)에 의해서 자석이나 전류 주변에는 힘이 지나가는 선들(力線, lines of force)로 이루어진 영역인 자기장이나 전기장과 같은 장(場, field)이 실재한다는 사실이 발견되면서, 장이 물리적 대상으로 새롭게 편입되었다. 패러데이는 이러한 역선들의 다발로 이루어진 힘을 받는 공간인 장(場, field)을 통해 뉴턴이 설명할 수 없었던 멀리 떨어진 두 물체 사이의 유령 같은 원거리 작용을 설명할 수 있었다.

[전류(직선 도선)에 의한 자기장]

여기서 여러분이 분명히 기억해 두어야 할 것은, 21세기 이후의 새로운 물리학이 될 수밖에 없는 실체 물리학의 관점에서 보자면, 물 그 자체에 관해 관심을 기울였던 패러데이야말로 갈릴레오에 비견되는 성실한 물리학자였다는 점이다. 패러데이 당시에도 플라톤의 이상적 수학 세계를 추구하는 뉴턴의 전통에 따라 전하나 자극 사이에서 힘이 직선으로 원격 작용한다는 생각이 지배적인 위치를 차지하고 있었다. 따라서 쿨롱(C. Coulomb)이나 앙페르(A. M. Ampère)의 아름다운 수학적 이론이 틀릴지도 모른다고 생각하는 사람은 아무도 없었다.

이러한 상황에서, 패러데이는 실험을 통해 얻은 생각과 결과물들을, 뉴턴의 개념을 사용하는 수학자나 물리학자들에게 설명하기가 사실상 어려웠다. 왜냐하면 패러데이에게 물리학은 갈릴레오와 마찬가지로 물 그 자체를 실험적으로 탐구하여 자연을 물리적으로 설명하려는 것이었지만, 뉴턴의 이론을 좇는 거의 모든 다른 자연철학자의 관심은 불변의 세계인 플라톤의 이상적 수학 세계를 구현하기 위해 자연현상을 어떻게 하면 대칭성을 가진 방정식 형태로 표현하느냐에 있었기 때문이다.

그런데 사실, 뉴턴 이후의 거의 모든 자연철학자가 뉴턴의 전통을 계승했지만, 정작 뉴턴 자신은 어쩔 수 없이 물리적인 설명을 포기해야만 했고, 단지 중력이 어떻게 작용하는지 수량적으로만 기술할 수밖에 없었다는 점을 우리는 알아야 한다. 그는 〈자연철학의 수학적 원리〉 서두에서 "(이 책에서는) 이러한 힘들의 수학적 개념만을 다룰 뿐 그 물리학적 원인과 의의는 다루지 않는다"라고 명확하게 기술하고 있다. 그리고 그 끝부분에서 다음과 같이 그러한 생각을 다시 한번 상기하고 있다.

> "그러나 우리의 목적은 여러 현상으로부터 이러한 힘의 크기와 성질을 찾아내고 이렇게 찾아낸 것을 단순히 몇 가지 사례에 원리로서 적용해 보는 것이다. 그리고 이로부터 좀 더 복잡한 경우에서도 수학적 방식으로 그 효과를 분석하려고 한다. (……) 우리는 이 힘의 본질이나 속성을 어떤 가설로도 이해할 수 없다고 보기 때문에 '전적으로 수학적 방식(뉴턴의 원전에 이탤릭체로 강조되어 있다)'으로 이 책을 전개할 따름이다."[54]

---

54) Morris Kline, 『수학의 확실성, Mathematics : The Loss of Certainty』 우리말 번역본, p. 103.

그리고 뉴턴은 리처드 벤틀리(R. Bentley)에게 보낸 1692년 2월 25일 자 편지에서도 다음과 같이 썼다.

> "중력은 물체에 내재적이고 본질적이라서 한 물체가 아무런 매개체 없이 진공을 뚫고 다른 물체에 작용한다는 생각은 너무도 어불성설이라 여겨지기 때문에 철학적 사고능력을 가진 사람이라면 절대 받아들이지 않을 것이라 믿습니다. 인력은 어떤 법칙에 따라 끊임없이 작용하는 매개자로 인해 일어날 수밖에 없습니다. 하지만 이 매개자가 물질인지 아니면 비물질인지는 독자가 생각해야 할 문제로 남겨두었습니다."[55]

뉴턴은 이 책에서 플라톤의 이상적 수학 세계를 구현하는 데는 성공했지만, 물리적 설명이 없다는 점에서 당시 과학자들은 불만을 터뜨렸다. 뉴턴 역시 앞으로 물리학적 설명이 연구되기를 희망했을 것이다. 적어도 정상적인 사유 능력을 지닌 사람이라면 유령처럼 원격작용하는 자신이 만들어낸 방정식을 그 누구도 받아들이지 않을 것이라고 말했으니 말이다.[56] 그러나 뉴턴 당시 과학자들의 기대와는 달리, 지금까지 그 누구도 중력의 원인이 무엇이고 그것이 어떻게 작용하며 그 실체가 무엇인지 알지 못한다. 중력은 아직도 인간의 머릿속에서 만들어낸 과학적 허구에 머물러있는 것이다.

게다가 뉴턴 이후 시간이 흐를수록 점점 더 수학적 방식이 과학의 본질로 자리 잡아 왔다. 과학자들은 뉴턴의 수학적 방식을 좇았다. 18세기 당시 주요한 과학자들은 수학자들이었다. 특히 조제프 루이 라그랑주(J. L. Lagrange)는 오늘날까지도 교과

---

55) 앞의 각주와 같은 책 같은 페이지.

56) 그러나 사실, 중력의 존재를 확인했으나 중력의 원인을 밝히지 못한 뉴턴은 〈프린키피아〉 2판 일반주해에서 "사물의 현현(顯現)으로서 신을 논하는 것도 자연철학에 속한다"라며 최종 원인으로서의 '신(God)'을 상정했다. 결국 뉴턴은 '자연철학의 수학적 원리'는 '자연철학의 신학적 원리'에 의해 보완되어야 완전해진다고 믿었다.

서로 사용되고 있는 그의 책 〈해석 역학(mechanigue Analytigue)〉(1788)을 통해, 움직이는 물체와 정지된 물체 사이의 힘을 전체적으로 분석하는 일반적인 수학적 방법을 제시했다. 이는 뉴턴의 수학적 방식을 충실하게 따른 대표적인 사례인데, 이 책에는 물리적 과정에 대해서는 전혀 언급이 없다. 유체역학, 탄성 물리학, 전기학, 자기학과 같은 새로운 물리학을 연구할 때도 역학과 천문학에서 사용되었던 뉴턴의 수학적 접근방식이 채택되었다. 이제 물리학은 수학 안에서 공고히 자리 잡게 되었다.

19세기에 패러데이가 전자기 실험을 통해 발견한 곡선 형태의 역선들로 이루어진 장(field)을 통해 뉴턴의 유령 같은 원격작용을 대체할 실체 물리를 탐구하고 있었을 때도, 다른 현상 물리학자들은 매번 더욱 독창적인 수학적 모델들을 만들어내고 있었다. 그리고 이러한 수학적 자연과학의 경향은 20세기를 거쳐 오늘에 이르면서 점점 더 심화하여 과거 어느 때보다도 훨씬 더 공고해져 버렸다. 실체 물리학의 관점에서 볼 때, 참으로 안타까운 사실은, 위와 같은 물리학의 수학적 경향의 흐름 속에서 패러데이가 실험을 통해 발견한 장(場, field)을 이루고 있는 '역선들(力線, lines of force)'의 개념은 희미해져 버렸고, 허울뿐인 형식적이고 수학적인 장(場, field)만 남아서 이리저리 사용되고 있다는 점이다.

사정이 이러하므로, 작금의 현상 물리학에서는 전자기력 장이나 중력장과 같은 역선들로 이루어진 장(field)을 마치 물결이 기슭을 때리는 것처럼, 그리고 공간으로 무한히 퍼져나가 영향을 미치는 파동인 것처럼 사유하고 인식하고 있다. 예컨대 현상 물리학에서 빛은 전자기장의 전자기파이고, 전자기장이 양자화되면 광자이며, 광자가 공간상으로 펼쳐지면 전자기장이 된다. 나중에 자세히 논하겠지만, 이러한 사유와 인식에는 너무나도 중대하고 심각한 오류가 도사리고 있다. 서구 과학적 패러다임에 기초하고 있는 현대물리학은 있는 그대로의 세계인 자연 그 자체나 물 그 자체를 무시하므로 전자기장이 무엇이고 중력장은 무엇이며 그 '장(場, field)'이 어떻게 형성되고 그 물리적 실체가 무엇인지 알지 못한다.

솔직하게 말하자면, 오늘날 현상 물리학은 장(field)은커녕 빛이 무엇이고 전자기파가 무엇이며 광자가 무엇인지 사실상 알지 못한다. 오직 수학만이 그 존재성을 보증해주고 있으며, 실용성을 가진 수학의 도움으로 공학자들은 각종 전자기기를 만들어내고 있을 뿐이다. 앞의 ‖03. 절에서 머리 겔만이 "그 누구도 양자역학을 '이해'하지 못하지만, 그것을 '사용'할 줄은 아는 신비로운 학문"이라고 말할 수밖에 없었던 근본적인 이유가 바로 여기에 있다. 20세기 물리학이 말하는 장들은 단지 빛이나 소리, 물체의 운동, 그리고 각종 전자기기와 같은 '관찰 가능한 현상과 일정 부분 관련'되어 있을 뿐이다. 현대 과학은 가상의 장들에 관한 법칙을 수학적으로 구성해 내고 이 법칙들로부터 결과를 도출해내서 적절히 해석했을 때 감각 인식으로 확인 가능한 결론을 얻어낸다.

사정이 이러하므로, 괴델이 불완전성정리를 발표했던 1931년 아인슈타인은 현대 과학이 지니는 허구적 성격을 다음과 같이 이야기했다.

> "뉴턴의 체계에 따르면 물리적 실제 세계는 공간, 시간, 질점, 그리고 힘(질점의 상호작용)으로 규정된다. (……) 맥스웰 이후로 물리학자들은 물리적 실제 세계를 기계론적으로 설명하기는 불가능하지만, 편미분 방정식을 따르는 '연속 장'으로 표현된다고 생각했다. 실제 세계에 대한 개념의 이러한 변화는 뉴턴 이래 어떤 변화보다도 물리학에

가장 심오하고도 가장 풍성한 결과를 가져왔다. 과학이론이 허구적 성격을 지닌다는 견해는 18세기와 19세기에는 지배적인 생각이 아니었다. 하지만 기본 개념과 법칙과 이 개념들과 법칙들에서 얻어낸 결론 사이의 괴리가 더욱 커지면서 논리 구조가 더욱 간결해졌고 그에 따라 그 견해는 차차 설득력을 얻어가게 되었다."[57]

생각해 보라. 양자역학의 양자장론뿐 아니라 중력에 관한 아인슈타인의 일반상대성이론도 패러데이가 발견한 장(field)에 관한 방정식으로 기술된다. 지구와 같은 질량이 있는 물질 주위에는 중력장이 형성되어 있고, 이 중력장이 바로 일반상대성이론에서 말하는 휘어진 4차원 시공간이다. 그런데 이 휘어진 4차원 시공간은 뉴턴 역학에서 말하는 부피가 없는 0차원의 질점에 해당하는 '질량이 있는 물질'이 있음으로 인하여 그 물질 주변에 생긴 것이다. 물론 불변의 세계인 플라톤의 이상적 수학 세계를 구현하고자 했던 뉴턴은 물질(matter)을 부피가 없는 질점으로서 질량(mass)이라는 수학적 물리량으로만 생각했지만 말이다.

그러나 뉴턴의 부피가 없는 0차원의 질점은 이상적인 수학적 표현일뿐이고, 그 질점으로 표현되고 있는 질량이 있는 물질(예컨대 지구)은 사실 자신의 상대적인 시간을 가지면서 4차원 시공간을 이루고 있는 보통 물질이다. 나는 앞의 ‖08. 절에서 우리가 아인슈타인에게 찬사를 보내야 하는 것은, 바로 각자 자신의 시간과 공간을 가져서 관측 가능한 국소적인 보통 물질들이 가진 상대적인 4차원 시공간을 발견한 데 있다고 했다. 그렇다면 우주의 시공간 구조는 어떠하겠는가?

여기서 결론만을 미리 말해 두자면, 있는 그대로의 세계인 물 그 자체의 운동과 변화를 '물리적으로 설명'하는 실체 물리

57) Morris Kline, 『수학의 확실성, Mathematics : The Loss of Certainty』 우리말 번역본, pp. 583~584.

학에 따르면, 우주는 아인슈타인이 상대성이론을 만들 때 제거한 '암흑에너지'로 이루어진 비국소적인 3차원 절대공간 안에, 각자 자신의 시간을 가지고 3차원 공간의 형체를 가져서 상대적인 4차원 시공간을 형성하고 있는 국소적인 '보통 물질들'이 있고, 고립계로서 열역학 법칙이 적용되는 보통 물질(예컨대 태양)이 가진 시간의 변천에 따라 시간(時間, time)이 시점(時點, timing)으로 붕괴하여 나온 관측 불가능한 따듯한 '암흑물질들'이 형성한 기륜 공간인 동적인 4차원 시공간으로서의 중력장이 그 보통 물질을 에워싸고 있다. 따라서 새로운 물리학인 실체물리학은 우주가 불연속적인 3+(4+4)의 11차원 시공간 구조를 이루고 있다고 말한다. 우주(시공간, 물질)를 이루고 있는 물체가 암흑에너지(73%)와 암흑물질(23%), 일반물질(4%)인 이유도 바로 여기에 있다. 물론 여기서는 이런 나의 주장이 그럴듯하다고 생각한다면 그것으로 충분하다.

그렇다면 도대체 왜 현상 물리학은 우주를 4차원 시공간 구조로 인식하고 있을까? 그 이유는 이렇다. 불변의 세계인 플라톤의 이상적 수학 세계를 추구하는 서구 과학적 패러다임에 매몰돼 있는 현상 물리학자들의 사유와 인식체계에서는, 상대성이론에 의해 대체된 뉴턴의 3차원 절대공간은 우주에서 제거되었고, 태양이나 지구, 사람 등과 같은 4차원 시공간을 이루고 있는 국소적인 보통 물질들은 있는 그대로의 세계로서 '물 그 자체'이자 변화하는 '현실적 실재'로서 서구 과학이 추구하는 불변의 세계인 플라톤의 이상적 수학 세계에 존재하는 '수학적 실재'가 아니므로 애당초 무시되기 때문이다.

그러나 생각해 보라. 아인슈타인의 상대성이론에서 말하는 상대적인 시공간, 예를 들어 자연현상을 관찰하는 기준계인 여러분 각자는 국소적인 보통 물질로서 일정한 수명을 가졌고[58],

이 경우 3차원 공간의 형체를 가진 여러분 몸 자체는 관측 가능한 보통 물질로서 4차원 시공간을 형성하고 있다. 그래야 상대성이론의 결과로서 말하는 상대적으로 운동하는 서로 다른 기준계들이 가진 그 시간이 팽창하거나 그 공간이 수축할 수 있게 되는 것이다.[59)]

그런데 여기서 우리가 주지해야 할 서구 과학적 패러다임이 가지는 본질적 문제는, 아인슈타인처럼 상대성이론을 주장하면서 분명 자기 입으로 "모든 기준계는 각각 그 자신의 특수한 시간을 가진다"라고 말했고, 따라서 모든 기준계가 자신의 시간과 공간이 결합한 4차원 시공간을 이루고 있음에도 불구하고, 그것은 있는 그대로의 세계인 운동 변화하는 '물질 그 자체'인 까닭에 불변의 세계인 플라톤의 이상적 수학 세계를 추구하는 서구 과학의 대상이 아니어서, 현상 물리학적 지식 체계상 그것은 무시될 수밖에 없다는 점이다.

서구 과학적 패러다임에 따라 있는 그대로의 세계인 자연 그 자체나 물 그 자체가 아닌 자연현상을 관측하여 그 관측량 사이의 관계를 수학적으로 기술하는 현상 물리학에서는, 보통 물질 그 자체가 가진 시공간인 시간과 공간 대신, 측량 도구인 시간을 재는 시계(clock)와 공간(길이)을 재는 자(ruler), 그리고 불변의 것으로 관측해낸 관측량을 계산하는 도구인 수학(mathematics)이 중요해지게 된다. 실제로, 현상 물리학의 지식

58) 보통 물질이 수명이 있다는 것은 곧 보통 물질이 시간을 가졌다는 뜻이다. 예컨대 바위는 수천, 수만 또는 수 천만년 정도의 시간을 가졌고, 인간은 90년 정도의 평균 수명 시간을 가졌으며, 뮤온은 약 200만 분의 1초(2.2 μs) 평균 수명을 가졌다. 그리고 그 보통 물질이 가진 시간을 다 소모하여 그 수명을 다하면 그 보통 물질은 우주의 근본 물질인 암흑물질로 붕괴하여 흩어져 눈에 보이지 않게 된다.

59) 예컨대 2017년 노벨물리학상 수상자인 킵 손(Kip Thorne)이 자문한 상대성이론을 반영한 영화 '인터스텔라'에서 조제프 쿠퍼가 블랙홀 근처의 행성에서 한 시간을 보내는 동안 지구에 있는 사람들에게는 7년이라는 시간이 지나서 그만큼 늙었다는 따위의 말을 하는 이유도 바로 여기에 있다.

체계에 따른 아인슈타인의 상대성이론에는, 자연 그 자체로서 유형의 물리적 실체를 이루는 시간과 공간은 없고, 시계, 잣대, 관측량을 계산하는 수학, 그리고 이론의 제1 원리(물리적 가설)를 만들어내는 머릿속 사고실험만 있다.

오늘날 현상 물리학자들이 불연속적인 우주의 시공간을 한데 뭉뚱그려서 우주가 4차원 시공간이라고 믿고 있는 또 하나의 이유는, 앞서도 언급했듯이, 전자기장이나 중력장 그 자체의 물리적 실체가 무엇이고, 그것이 형성되는 물리적 원인이 무엇이며, 또 그것이 어떻게 작용하고, 그 범위가 어디까지인지 등을 '물리적'으로 전혀 알지 못하고, 또 알고 싶어도 그 지식 체계상 알 수 없다는 데 있다. 이러한 까닭에 서구 과학적 패러다임에서는 플라톤의 이상적 수학 세계에 따라 오로지 머릿속에서 할 수 있는 수학적 상상으로 그 장들이 무한히 펴져나가 영향을 미치는 연속 장(場, field)으로 사유하고 인식하고 있다.

사정이 이러하므로, 성실한 물리학자인 에르빈 슈뢰딩거(E. Schrödinger)는 "오늘날 수학자들에게 익숙한 연속범위의 개념은 우리가 인식하는 실체를 뭉뚱그려 생각하는 터무니없는 추론이다"라고 갈파했고, 파인먼도 "나는 공간이 연속적이라는 이론은 그르다고 믿는다"라고 단언했다. 현대물리학에서 시공간을 가장 잘 안다고 알려진 아인슈타인조차 말년에는 "미래의 물리학은 불연속에 기초를 둔 이론 쪽으로 진화할 것"이라면서, "실체를 '연속 장'으로 표현하기가 왜 불가능한지 입증할 훌륭한 증거가 있다. 바로 양자 현상이다"[60]라고 유언처럼 얘기했다.

정리하면, 아인슈타인의 상대론적 우주에는 —하나의 커다란 물질인 '우주 그 자체'가 가진 비국소적인 절대공간과 그 안에

---

60) Albert Einstein, 1955, p. 166.

서 운동·변화하고 있는 국소적인 개별 물질들이 가진 상대적인 시간을 총체적으로 파악한 절대시간이 없고— 국소적인 물질들이 가진 상대적인 시간과 공간만 우주에 남았으나, 현상물리학이 추구하는 불변의 세계인 플라톤의 이상적 수학 세계를 구현하기 위하여 시간과 공간을 서로 대칭적인 것으로 보고 그 상대적인 3차원 공간을 한 차원 늘림으로써 그 1차원 시간을 4차원 블록(block)의 일부로 만들어버렸다. 따라서 하나의 커다란 물질로서 우주 그 자체의 관점에서 볼 때, 모든 개별 물질들이 가진 상대적인 시간을 총체적으로 파악한 절대시간이 없으므로 시간은 더는 흐르지 않게 되었고, 국소적인 물질들의 상대적 시간은 한 차원 늘려진 공간으로 변환되었기 때문에 변하지 않는 블록 시간 외에 우리가 생각하는 변화하는 시간은 이제 더는 우주에 존재하지 않게 된 것이다. 결국 현대물리학에서 시간은 환상이다. 앞서 소개한 시간은 흐르지 않는다거나 또는 존재하는 것 자체가 환상이라는 주장들이 황당한 것 같지만, 사실 아인슈타인의 상대성이론을 제대로 이해한 사람이라면, 그런 주장을 할 수밖에 없다. 이것이 오늘 우리가 직면한 현대물리학의 적나라한 실상이다.

‖ 11. 모든 것의 이론 I : 물 그 자체의 운동 · 변화 원리

드디어 실체 물리학에 따른 모든 것의 이론을 소개할 수 있게 되었다. 이제 이 절에서 모든 것의 이론의 기본적인 내용을 소개하고 나면, 다음 절에서부터는 현대물리학의 난제들에 관한 구체적인 논의를 본격적으로 전개해 나갈 수 있을 것이다. 앞서 살펴본 것처럼 우주(宇宙, universe)는 시공간이자 물질인바, 여기서는 우주를 구성하고 있는 물질을 위주로 하여 '물 그 자체'가 그 내재적 속성에 따라 운동 · 변화하는 원리와 함께 그 물질이 형성하고 있는 시공간을 설명할 것이다. 모든 것의 이론은 앞으로 세 개의 절에 걸쳐서 소개하게 될 것인데, 그것을 제시하기에 앞서 언어 문법적으로 일러둘 것이 하나 있다.

이 책에서 사용하는 용어 중 물질(物質)과 물체(物體)는 서로 같은 의미로 사용할 수 있다. 다만 엄밀하게는 형체(形體, 3차원 공간)를 가진 물리적 실체는 모두 물체(thing)이지만, 물질(matter)은 질량(mass)을 가진 물체를 말한다. 이 경우 우주에 실재하는 것은 물질이지 물체가 아니다. 이러한 물질과 물체의 관계는 어떤 국소적인 '물질'이 이동할 때 그 배경 공간이 되는 물질이나 물체를 일컫는 매질(媒質) 또는 매체(媒體, medium) 사이에서도 그대로 적용된다. 따라서 예컨대 현재 우주의 구성물체가 일반물질이 4%, 암흑물질이 23%, 암흑에너지가 73%라고 말한다면, 이 경우 우주 구성물체인 암흑에너지는 하나의 커다란 물질인 우주 그 자체(universe)의 구성요소로서 형체이고, 그 물질(우주 그 자체)의 구성요소로서의 질량은 그 형체(3차원 절대공간) 안에 있는 모든 국소적인 물질들(일반물질과 암흑물질)이 가진 질량을 총체적으로 파악한 것을 말한다.

지금부터 소개하는 모든 것의 이론Ⅰ의 명제들은 새로운 물리학인 실체 물리학에 따른 모든 것의 이론(Theory of Everything)의 가장 기본이 되는 내용으로서 있는 그대로의 세계인 '물 그 자체'에 관한 것이다.

1-1. 일반물질과 암흑물질을 불문하고 모든 물질(matter)은 필수적 두 구성요소인 질량(mass)과 에너지(energy)가 양적 등가로 이루어졌다. 이를 일컬어 질량-에너지 등가원리라 한다.

1-2. 이 경우 질량은 1차원 시간(timc)을 형성하고 입자성(property of particle)을 가지며, 에너지는 3차원 공간(space)을 형성하고 파동성(property of wave)을 가진다.

1-3. 우주의 근본 물질인 암흑물질은 내부에 0차원의 부피가 없는 질점 하나만 가져서 질량 1개를 가지며 그와 등가인 외부에너지 1개를 가지는데, 질량수가 1개인 암흑물질은 0차원의 질점인 시점(時點, 때, timing)만 가지고 있으므로 시점과 시점 사이가 형성하는 1차원의 시간(時間, time)을 가지지 않는다.

1-4. 여기서 0차원이나 1차원, 그리고 2차원은 각각 수학적으로 점, 선, 면으로 생각할 수 있는데, 이 경우 형체가 없는 무형(無形)의 점, 선, 면은 형체가 있는 유형(有形, 3차원

공간)의 물리적 실체의 일부로서 존재할 수 있는 것일 뿐, 그 자체로 우주에 실재할 수 있는 것은 아니다.

* 형체가 없는 점, 선, 면은 무형의 것이므로 언제나 유형의 물리적 실체의 일부로서 머릿속에서 수학적으로 '생각'할 수 있는 것일 뿐, 그 자체가 '독립하여 실재'할 수 있는 것이 아님에 주의하라. 유클리드의 〈기하학 원론〉의 첫 문장은 "점은 부분이 없는 것"이라고 정의하고 있다. 따라서 무형의 부분이 없는 점을 모으면 선이 되고, 선이 모이면 면이 되고, 면이 모이면 부피가 되는 것이 아니다. 우주에 실재하는 것은 유형의 물리적 실체이고, 형체가 없는 무형의 점, 선, 면은 단지 유형의 물리적 실체의 일부로서 머릿속에서 생각할 수 있는 이상적 수학 세계일 뿐이다.

1-5. 우주의 기본 단위 물질인 암흑물질들이 결합하여 생성된 보통 물질은 내부에 2개 이상의 질점(질량)을 가지므로 시간을 가지며 그 내부질량수와 같은 수의 외부에너지를 가진다.

1-6. 실체 물리학(기수 물리학)에서 물질 그 자체(氣) 속에 수(數)가 임시 머물러있다고 할 때, 그 수는 그 '물질의 양'인 질량수를 말하며, 이는 동시에 그 물질이 가진 '질량수-1' 개의 시간 수를 의미한다.

* 여기서 수(數)가 불변으로 고정되지 않고 물질(氣)의 내부에 임시 머물러있다고 말하는 이유는, 시간을 가진 모든 보통 물질은 자연법칙인 시간의 변천에 의한 열역학 제2 법칙에 따라 다시 시점(때)만 가진 암흑물질로 되돌아가기 때문이다. 따라서 기수 물리학인 실체 물리학에서 수는 수리 물리학인 현상 물리학에서처럼 불변의 세계를 표현하는 것이 아니다.

1-7. 우주에 실재하는 것은 물질이고 모든 물질은 필수적 구성

요소인 질량과 에너지가 양적 등가로 이루어져 있으므로, 1차원 시간의 속성을 가진 질량과 3차원 공간의 속성을 가진 에너지 각각은 독립하여 실재할 수 없다.

* 모든 보통 물질은 질량 1개와 양적 등가인 외부에너지 1개로 이루어진 우주의 근본 물질인 암흑물질들이 결합해서 생성된 것이므로, 시간(질량)과 공간(에너지)은 각각 독립하여 존재할 수 없고, 언제나 두 요소가 결합한 시간-공간, 질량-에너지 형태로만 우주에 실재할 수 있다.

1-8. 1차원 시간의 속성을 가진 질량(입자성)은 언제나 에너지(파동성)가 형성하고 있는 3차원 공간 속에 존재하여 4차원 시공간(space-time)의 형체(그 모습은 3차원 공간)를 가진 물질로서 우주에 실재할 수 있다. 이를 일컬어 질량-에너지 등가원리, 4차원 시공간 원리, 물질의 이중성 원리라 한다.

* 이 세 가지 원리는 모두 실체 물리학의 유일한 원리인 기륜 원리를 서로 다른 측면에서 각각 다르게 표현하고 있는 것일 뿐이다.

1-9. 그러므로 우주의 기본 단위 물질인 암흑물질부터 우주에서 가장 큰 물질인 우주 그 자체에 이르기까지 모든 물질은 그 크기를 불문하고 양적 등가인 질량과 에너지로 이루어졌으며 4차원 시공간을 이루고 있고 입자성과 파동성을 동시에 가진다.

2-1. 한편, 상대적인 4차원 시공간을 가진 국소적(局所的, local)인 물질들은 우주 그 자체의 구성요소인 에너지(암흑에너지)가 형성하고 있는 비국소적(non-local)인 3차원 절대공간

안에서 운동 · 변화하고 있다.

2-2. 따라서 우주 그 자체는 비국소적인 3차원 절대공간 안에 절대시간을 형성하는 상대적인 4차원 시공간을 가진 국소적인 물질들이 살아 움직여 돌(리)며 변화하고 있는 하나의 커다란 물질이다.

2-3. 이 경우 하나의 커다란 물질로서 우주 그 자체가 가지는 절대시간은 비국소적인 3차원 절대공간 안에서 운동 · 변화하고 있는 모든 국소적인 개개의 물질들이 가진 상대적인 시간을 총체적으로 파악한 것이다.

2-4. 이때 하나의 커다란 물질로서 우주 그 자체는 절대적인 4차원 시공간을 이루고 있는 고립계(孤立系,, isolated)로서 열역학 제1 법칙인 질량-에너지 보존법칙이 적용된다.

3-1. 다른 한편, 모든 물질은 에너지로 이루어진 3차원 공간 속에 1차원 시간을 형성하는 질량이 있어 4차원 시공간을 이루고 있는바, 이 경우 물질 그 자체(氣)는 내재적 속성에 따라 항상 살아 움직여 돌(리)며 변화하고 있다.

3-2. 모든 물질이 항상 살아 움직여 돌(리)며 변화하고 있는 이유는 그 물질의 내부질량수만큼의 외부에너지가 그 물질 주위를 겹겹이 둘러싸고 층을 이루어 돌(리)면서 기륜 공간(場, field)을 형성하고 있기 때문인바, 이처럼 물질 그 자체가 그 내재적 속성에 따라 운동 · 변화하고 있는 원리를 일컬어 '기륜 원리(氣輪原理, The principle of Giriun)'라 한

다.

* 이처럼 기륜 원리는 물질 그 자체가 그 주위에 장(場, 마당, field)을 형성하는 원리다.

3-3. 이 경우 물질의 외부에너지가 그 물질 주위를 겹겹이 둘러싸고 층을 이루어 돌고 있는 그 각각의 층들을 일컬어 '기륜선(lines of Giriun)'이라 하고, 물질의 외부에너지가 돌고 있는 힘을 일컬어 '기륜력(Giriun force)'이라 한다.

* 여기서 물질 주위에 겹겹이 층을 이룬 불연속적인 기륜선들은 역선들(lines of force)이며, 이는 장(field)에서 운동하는 물체의 측지선(geodesic) 또는 궤도(orbits)가 된다.

3-4. 따라서 물질의 이중성이란 물질 그 자체의 내재적 속성에 의해 운동 변화하는 원리인 기륜 원리에 따라 내부질량(입자성)을 가진 물질의 외부에너지가 그 물질 주위를 겹겹이 둘러싸고 층을 이루어 회전하고 있는 것(파동성)을 뜻한다.

3-5. 이 경우 물질의 파동성은 물질이 가진 '내재적 속성'으로서 그 물질이 주위에 파동을 일으키는 속성을 가졌다는 것이지 그 물질이 '파동'이라는 의미가 아니며, 어떤 물질이 자신이 가진 파동성을 발휘하여 파동을 일으키려면 그 물질은 국소적(局所的, local)인 물질로서 입자성(질량)을 가져야 한다.

3-6. 한편 물질 내부에 있는 질점들(전하들)은 그 물질의 외부에너지가 회전하여 형성하고 있는 기륜 공간의 회전하는 기륜력에 의한 회전 방향과 반대 방향으로 회전하게 된다.

3-7. 이 경우 2개 이상의 질점(전하)[61]을 가져서 시간을 지닌 보통 물질들은 그 내부의 전하들이 기륜의 회전 방향과 반대 방향으로 회전하여 전류가 생기고 자기장이 형성되어 전자기력이 발생하므로 관측 가능하며 자기축과 회전축이 생겨서 축 대칭 회전운동을 한다.[62]

3-8. 모든 보통 물질은 축 대칭 회전운동을 하므로 반시계 방향 또는 시계방향으로 회전하며, 이 경우 회전하는 기륜력의 방향은 서로 수직을 이루고 있는 전기장과 자기장에 모두 수직인 방향이다.

* 따라서 원자 안에서 원자핵을 중심으로 궤도 운동하는 전자 그 자체는 반시계 방향 또는 시계방향으로 자전하며, 태양계의 행성들의 경우 예컨대 지구는 반시계 방향으로 자전하고 금성은 시계방향으로 자전한다. 이처럼 시간을 가진 보통 물질인 원자 안의 전자나 태양계의 행성이 자전하는 물리적 원인은 물질 그 자체가 그 내재적 속성에 의해 운동 · 변화하는 기륜 원리에 따라 회전하는 기륜력을 가지고 있기 때문이다.[63]

3-9. 기륜 원리에 따라 회전하는 보통 물질 내부에는 전하(질점)들의 회전으로 인하여 공간(내부에너지)이 생기는바, 이를 일컬어 보통 물질의 내부형질(形質)이라고 하며, 여기서 형(形)이란 질점들(질량)이 회전하여 형성한 내부공간을 의미한다.

61) 물질의 내부 질점이 움직이면 전하가 된다.

62) 현상 물리학의 대상인 시간을 가져서 관측 가능한 모든 보통 물질(입자)은 그 고유의 회전하는 각운동량(스핀)을 가지고 있다고 말하는 이유가 바로 여기에 있다.

63) 물론 서구 과학적 패러다임에 따른 현상 물리학은 보통 물질인 전자나 행성이 왜 반시계 방향 또는 시계방향으로 자전하는지 알 수 없고, 따라서 그 원인을 물리적으로 설명할 수도 없다. 물 그 자체는 서구 과학의 대상이 아니기 때문이다.

* 따라서 물질의 외부에너지가 회전하여 형성한 기륜 공간이 장(場, 마당, field)이라면, 물질의 외부에너지가 회전하는 까닭에 그 물질의 내부 질점들(전하들)이 그 반대 방향으로 회전하여 형성한 내부공간은 형질(形質, heoung-zil)이다.

3-10. 그런데 우주의 근본 물질인 암흑물질은 그 내부에 0차원의 질점 하나만 가져서 그 내부 질점은 기륜의 회전 방향과 반대 방향으로 회전할 수 없으므로, 전자기력을 발생하지 않아서 직접 관측할 수 없고 회전축이 없어서 일정한 운동 방향이 없는 점 대칭 회전운동을 한다.

3-11. 이 경우 암흑물질들이 우주에 실재하는 모습은 두 종류가 있는데, 그 하나는 빅뱅(Big Bang, 우주 대폭발) 당시 3차원 절대공간(진공)에 방사되어 점대칭 회전운동을 하며 일정한 방향 없이 떠돌아다니는 '차가운 암흑물질들'이고, 다른 하나는 빅뱅 이후 암흑물질들이 결합하여 생성된 국소적인(열역학 법칙이 적용되는 고립계) 보통 물질이 가진 시간의 변천(變遷)에 의한 열역학 제2 법칙에 따라 그 보통 물질 내부에 있는 '시간'의 일부가 다시 '시점'으로 변화(變)하여 그 물질 밖으로 이동(遷)한 '따듯한 암흑물질들'이다.

3-12. 이 경우 고립계인 보통 물질 밖으로 이동한 '따듯한 암흑물질들'은 열역학 제1 법칙인 질량-에너지 보존법칙에 따라 3차원 절대공간으로 흩어지지 않고, 그 보통 물질 주위를 겹겹이 둘러싸서 서로를 맞대고 질서정연하게 돌면서 층을 이루어 기륜 공간을 형성하는바, 이것이 바로

'동적(動的, dynamic)인 4차원 시공간'인 중력장이다.

* 여기서 암흑물질들이 우주에 실재하는 모습을 두 종류로 나누는 이유는 차가운 암흑물질이나 따듯한 암흑물질 모두 점 대칭 회전 운동하지만, 그 운동 양태가 서로 다르기 때문이다. 즉, 차가운 암흑물질들은 비국소적인 3차원 절대공간에서 홀로 정처 없이 떠돌아다니지만, 시간의 변천에 따라 보통 물질에서 흩어져 나온 따듯한 암흑물질들은 그 시간을 가진 보통 물질과 함께 열역학 법칙이 적용되는 고립계를 이루고 있어서 3차원 절대공간으로 분산되지 않고, 그 보통 물질 주위를 겹겹이 둘러싸서 서로를 맞대고 질서 정연하게 공전하면서 기륜 공간인 동적인 4차원 시공간(중력장)을 형성하고 있다.

이상에서 제시한 총 25개 명제들은 '있는 그대로의 세계'인 자연 그 자체 또는 '물 그 자체'의 내재적 속성에 따라 운동·변화하는 원리를 설명하는 실체 물리학의 모든 것의 이론(Theory of Everything)의 가장 기본적인 내용을 나열한 것이다. 우주는 시공간이자 물질인바, 위 명제들은 물질을 위주로 하여 시공간을 간단히 얘기했을 뿐이다. 따라서 물질 그 자체가 그 내재적 속성에 따라 운동·변화하는 과정에서 시공간이 어떻게 변화하는지 등을 더 이야기할 필요가 있는데, 이는 나중에 할 것이다.

한편, 나는 아직 위 각각의 명제들에 대해서 자세한 설명을 하지 않았다. 따라서 지금 여러분은 위 명제들을 보고 서구 과학적 패러다임에 따른 현상 물리학에서는 과학의 대상이 아니었던 있는 그대로의 세계인 '물 그 자체'가 무엇이고 그것이 어떻게 생겼는지 그 대강을 알 수 있으면 충분하다. 물론 이 책을 다 읽은 후에는, 위 명제들만 보고도 우주 만물이 운동 변화하는 원리를 전체적으로 조망할 수 있는 통찰력을 가지게 될 것이다. 위 명제들에 관한 자세한 내용은 그것들이 구체적으로 작용하는 과정에서 설명해야 더 잘 이해할 수 있을 것이므로, 차차 기존의 현상 물리학을 비판적으로 고찰하는 과정에서 그것을 이야기하려고 한다. 그러므로 혹시 여기서 당장 위 명제들만으로 잘 이해가 되지 않는다고 하더라도 전혀 상심할 필요가 없다.

다만, 여기서 여러분이 분명하게 주지해야 할 것은, 물 그 자체(氣) 속에 수(數)가 임시 머물러있다고 보는 기수 물리학으로서 실체 물리학에 따른 모든 것의 이론의 유일한 원리인 기륜 원리는, 우주에 실재하는 '물질 그 자체'의 내재적 속성에 따라 운동 변화하는 원리라는 점에서, 현상 물리학에서 사유를 본질로 하는 생각하는 존재로서의 인간이 머릿속에서 상상해낸 지식의 제1 원리로서 물리적 원리(예컨대 일반상대성이론에서 관성력과 중력의 등가원리, 양자역학에서 불확정성 원리)와 그 차원을 달리한다는 점이다. 실체 물리학에서 물리적 원리는 단 하나의 원리인 기륜 원리밖에 없는 이유도 바로 여기에 있다. 왜냐하면 있는 그대로의 세계인 우주를 구성하고 있는 물질 그 자체의 내재적 속성이 그 크기나 현상에 따라 바뀔 수는 없는 것이기 때문이다.

일찍이 실체 물리학의 창시자 혜강 최한기는 성인들의 말을 모아놓은 경전인 성경(聖經)보다는 있는 그대로의 세계로서 자연 그대로의 경전인 천경(天經)을 읽으라고 했다. 왜냐하면 성인들의 말을 기록한 경전이 옳은 말을 모아놓은 것이라면 그것은 결국 있는 그대로의 세계인 자연 그 자체가 말하고 있는 자연의 경전(자연법칙, 진리)에서 얻은 일부에 해당하는 것이기 때문이다. 그래서 최한기는 실체 물리학(氣學) 서문에서 앎을 주장하는 말은 있는 그대로의 세계인 '물 그 자체'에 대한 것(자연법칙인 진리)이어야 하므로, 유형의 물리적 실체를 이루고 있어야 하고 그래야 '말할 수 있는 것'에 해당한다고 했다. 나중에 자세히 논하겠지만, 앎 그 자체도 4차원 시공간을 가진 유형의 물리적 실체다. 실체 물리학에서 모든 앎의 주장은 4차원 시공간을 가진 유형의 물리적 실체를 이루어야만 한다. 그래서 실체 물리학을 형체(외부적으로 3차원 공간)가 있고 방향(내부적으로 1차원 시간)이 있는 유형(有形)·유방(有方)의 학문이라고 말하는 것이다.

이러한 실체 물리학의 관점에서 볼 때, 서구 과학적 패러다임에 따른 현상 물리학에서 말하는 우주의 근본 요소로서 부피가 없는 0차원의 점 입자(particle)나 형체가 없는 추상적인 장(field) 또는 정보(information), 그리고 1차원의 끈(string) 등은 그 자체가 살아 움직여 돌(리)며 변화하는 4차원 시공간을 가진 유형의 물리적 실체가 아니므로, 말할 수 없는 것에 해당한다. 그것들은 단지 유형의 물리적 실체의 한 측면 또는 그 드러난 현상을 가지고 머릿속에서 상상하고 추상하는 이상적 수학 세계에서나 존재하는 이데아로서의 '수학적 실재'를 이야기하고 있는 것일 뿐이다. 그러나 사유를 본질로 한다는 인간의 머릿속에서 상상한 무형(無形)의 것을 말하는 것은 '말할 수 없는 것'으로서 그런 말은 유형(有形)의 물리적 실체가 없는 뜬구름 잡는 헛소리다. 그것들로는 결코 우주 만물의 운동 변화를 '물리적으로 설명'할 수 없다.

사정이 이러하므로, 물리학의 통일이론을 모색했던 아인슈타인은 말년에 현대물리학에 대하여 다음과 같이 말했다.

> "현대물리학은 아직 입자 자체의 구성을 지배하는 법칙을 알지 못하고 있다."[64]

64) Albert Einstein, 1955, p. 165.

물론 오늘날 물리학자들 역시 "입자의 다양성에 대한 설명이나 네 가지 자연의 기본적인 힘들을 통일적으로 설명하기 위해서는 우주의 근원이 되는 물체 자체가 어떤 자체 구조를 가져야 한다"라고 말하고 있다. 생각해 보라. 세상을 둘러보면 온갖 물질들로 가득 차 있다. 그 물질은 무엇이고 물질은 어떻게 움직이는가? 바로 이것이 우리 인류가 우주에 관한 질문을 시작하면서부터 해 온 질문이다. 그러나 서구 과학적 패러다임에서 있는 그대로의 세계인 물질 그 자체는 과학의 대상이 아니다. 현상 물리학에는 물 그 자체가 없다.

그렇다면 서구 과학적 패러다임에 매몰된 오늘날 물리학자들이 알고 싶어 하는 입자 자체의 구성을 지배하는 법칙이나 물체 자체가 가진 어떤 자체 구조는 무엇일까? 그것이 바로 2021년 이후 인류의 새로운 물리학으로서 실체 물리학이 말하는 앞서 제시한 모든 것의 이론Ⅰ 명제들로서 서구 과학적 패러다임에서는 과학의 대상이 아닌, 있는 그대로의 세계인 '물 그 자체(Ding an sich)'에 관한 명제들이다. 특히 물 그 자체의 구성을 지배하는 법칙은 바로 실체 물리학의 유일한 원리인 기륜 원리(The principle of Giriuin)다.

이러한 실체 물리학에서의 기륜 원리는 위대한 물리학자 혜강 최한기가 인류역사상 최초로 발견한 우주를 구성하는 물질 그 자체(氣)가 가진 내재적 속성, 즉 살아 움직여 돌(리)며 변화(活動運化)하는 물리적 성질로부터 자연스럽게 도출되는 물 그 자체의 운동·변화의 원리이다. 모든 것의 이론Ⅰ의 명제들이 말하는 ⅰ) 모든 물질은 필수적 두 구성요소인 질량과 에너지가 양적 등가로 이루어져 있다는 질량-에너지 등가원리와 ⅱ) 시간과 공간은 각각 따로 존재할 수 없고 언제나 시공간으로 존재한다는 4차원 시공간 원리, 그리고 iii) 모든 물질은 입자성과 파동성을 동시에 가진다는 물질의 이중성 원리는 실체 물리학의 유일한 원리인 기류 원리를 서로 다른 측면에서 이야기하고 있는 것일 뿐이다.

그런데 여기서 우리가 주지해야 할 것은 실체 물리학의 유일한 원리인 기류 원리나 그 한 측면인 위 세 가지 원리들은 —미시세계에서는 양자역학의 불확정성 원리가, 거시세계에서는 일반상대성이론의 등가원리가 적용된다는 등과 같이, 여기저기서 물리 이론을 만들어낼 때마다 사고실험 운운하면서 누군가의 머릿속에서 상상해내는 현상 물리학의 물리적 원리와는 달리— 우주에서 가장 작은 기본 단위 물질인 암흑물질(dark matter)에서부터 우주에서 가장 커다란 물질인 우주 그 자체(universe)에 이르기까지 모든 우주 만물에 일관하여 적용되는 '물질 그 자체의 내재적 속성'이라는 점이다.

사실, 서구 과학은 형식적으로 합리화된 허구이며, 그 형식적 합리화를 담당하는 것이 바로 수학이다. 있는 그대로의 세계인 자연 그 자체나 물 그 자체는 과학의 대상이 아닌 서구 과학적 패러다임에 따른 현상 물리학에서는 수학적 연역을 거친 후에야 비로소 거기서 나오는 불변의 수학적 실재가 보증하는 '가상의 물체'를 말이 되도록 해석하여 이론을 만들어왔다. 현상 물리학이 수학적 물리법칙으로부터 물질이 생성된다고 말하는 이유가 바로 여기에 있다. 그러나 앞서 살펴본 바와 같이, 수학적 공리나 물리적 가설로부터 출발하는 지식체계에서 얻을 수 있는 지식은 수학적 정합성을 갖고 그 어떤 그럴듯한 해석에 따라 일부 자연에 합치되는 것처럼 보이는 부분이 있을지 몰라도, 그 지식체계 내에서는 결코 논리적 모순을 피할 수 없고, 역설이 등장할 수밖에 없다.

무릇 자연에 일부 합치하지 않는 말이란 없다. 왜냐하면 그 말을 하는 보통 물질인 인간 자체가 이미 자연 그 자체이자 물 그 자체이고 우주 만물의 일부이기 때문이다. 따라서 확률적으로 99.99994% 정확도 운운하면서 앎을 주장한다면 그 말 자체가 이미 이럴 수도 있고 저럴 수도 있다는 주장으로서 '말할 수 없는 것'에 해당하고, 진정한 학문의 이론적 주장으로서 말할 수 있는 인식언어가 될 수 없다.

물리학이라는 학문에서 어떤 앎에 관한 주장이 논리적 무모순성을 획득하여 세상 사람 누구나 이해하고 수긍할 수 있는 진정한 이론이 되려면, 그 물리 이론은 미시세계와 거시세계를 가리지 않고, 중력이든 전자기력이든 강한 핵력이든 약한 핵력이든 가리지 않고, 빅뱅 이전의 우주는 물론 코스모스의 시작과 종말 사이에 존재하는 시간을 가진 일반물질들의 탄생과 그 소멸, 나아가 코스모스의 종말 후의 우주에 이르기까지, 사람을 포함하여 우주에 존재하는 모든 것들의 운동과 변화를 논리일관하게 '단 하나의 원리'로서 설명할 수 있어야만 한다.

사실, 이럴 수도 있고 저럴 수도 있는 경우의 수 또는 확률분포를 따지거나, 미시세계에는 이런 원리가 거시세계에는 저런 원리가 적용된다거나, 여기서는 이렇고 저기서는 저렇다는 등 지금까지의 서구 과학적 패러다임에 따른 현상 물리학의 주장들은 2,500년 전의 고대인들이나 했던 이럴 수도 있고 저럴 수도 있는 점술 복술 유사의 췌마학이지, 21세기 이 개명한 시대에 어떤 학문의 이론으로서 주장할 수 있는 것이 결코 아니다.

한편 물리 이론과는 별개로 자연법칙에 부합하는 한 지금까지 개발한 수학을 '사용'하는 것은 얼마든지 가능하다. 다만 그 사용이 가능하다고 말하는 이유는 수학의 본질은 무릇 학문에서 정확한 계량을 위한 도구성과 실용성에 있는 것이기 때문이다. 수량 관계를 다루는 경제학이나 통계학과 같은 학문에서 수학을 사용하는 이유도 바로 여기에 있다. 그러나 어떤 학문에서 수학을 사용하여 그 변수들이 대칭을 이루어 공변(共變)하는 방정식 형태의 수식을 만들었다고 하더라도 그것을 두고 실용적이다고 말하지, 현상 물리학에서처럼 대칭이어서 아름답다고 말하지 않는다. 왜 그럴까? 앞의 Ⅱ03. 절에서 살펴본 바와 같이, 물리학에서 수학은 —있는 그대로의 세계인 자연 그 자체나 물 그 자체(氣) 속에 수(數)가 임시 머물러있는 것이지 (기수 물리학)— 만물의 근원이라는 '수(數) 속에 그 어떤 자연의 이치(理)가 들어있어서(數理)' 자연이 수학적 구조로 되어 있는 것(수리 물리학)이 아니기 때문이다.

‖ 12. 허블 상수 논쟁과 실체 물리학적 해명

우주의 팽창은 1927년 조르주 르메트르(G. Lamaître)에 의해 처음 이론적으로 주장되었고, 2년 후 에드윈 허블(E. Hubble)이 천문관측을 통해 확인하였다. 관측 가능한 우주는 팽창하고 있으며 먼 곳에 있는 천체일수록 더 빠른 속도로 우리에게서 멀어지고 있다. 따라서 우주의 팽창 속도는 속도-거리 법칙이라고도 하는 허블-르메트르 법칙으로 표현된다. 적색 편이(redshift)[65]는 광원(光源)에서 출발한 빛이 관측자에 도달하기까지의 시간 동안 발생한 우주 팽창으로 인해 발생하며, 그 양은 대략 광원의 후퇴속도(적색 편이)에 비례한다. 즉, 외부은하의 후퇴속도는 외부은하들까지의 거리에 비례한다.

$V = H_0 r$ (V: 은하의 후퇴속도, r: 은하까지의 거리, H_0: 허블 상수)

허블-르메트르 법칙은 우주팽창론의 첫 관측증거이며, 빅뱅에 대한 증거로 널리 인용된다. 그런데 사실 허블 상수(Hubble constant)는 이름만 상수지 실제로는 시간에 대한 함수와 다르지 않다. 현재의 시간에서 나타나는 허블 상수를 뜻하므로 허블 상수는 시간에 따라 다르다. 그래서 은하의 후퇴속도와 거리 사이의 비율로 간단하게 유추할 수 있는 우주의 팽창률을 허블

65) 광파(전자기파)나 음파가 관측자와 상대적인 운동을 하면, 고유의 파장이 길어지거나(적색 변이) 줄어드는 것으로(청색편이) 관측되는데 이를 '도플러 효과'라고 한다. 그런데 우주가 팽창하다 보니 대부분의 은하가 우리에게서 멀어지는 것으로 관측되므로 우주론적 적색 편이는 우리로부터 먼 거리에 있는 은하의 적색 편이가 더 크게 나타난다.

변수(Hubble parameter)라고 부르기도 한다. 한편 우주가 팽창하고 있다는 사실은 표준 촉광(standard candle)인 세페이드 변광성(Cepheid variable)이나 먼 우주에 있는 퀘이사(Quasar) 등 은하들을 정밀하게 관측하여 얻어낸 결론이다.

그런데 1998년 두 연구팀에 의한 새로운 표준 촉광인 1a형 초신성을 이용한 천문관측 결과, 우주가 가속 팽창하고 있음이 밝혀졌다. 그리고 우주를 가속 팽창시키는 물체로 암흑에너지가 제안되었다. 이에 따라 우주론의 표준모델에 입각한 우주 구성물체의 예측값은 2003년 윌킨슨 마이크로파 비등방성 탐색(WMAP) 결과, 현재의 우주가 관측 가능한 일반물질(normal matter)이 4.6%, 암흑물질(dark matter)이 22.7%, 암흑에너지(dark energy)가 72.7%로 구성되어 있다는 계산서를 내놓았다. 하지만 그 후 플랑크 위성의 우주 마이크로파 배경(CMB) 정밀 관측 결과를 우주론의 표준모델에 따라 해석하여 제시한 이론적 예측값에 따르면, 우주를 팽창시키는 암흑에너지는 이전보다 작은 68.3%이고, 암흑물질과 일반물질의 구성 비율은 각각 26.8 %와 4.9%이었다.

[플랑크 위성 데이터에 따른 CMB 지도/출처 ESA]

그런데 2018년 4월, 우주가 가속 팽창하고 있음을 발견하여 2011년 노벨물리학상을 받았던 천문학자 애덤 리스(A. Riess)

연구팀은 세페이드 변광성과 1a형 초신성을 모두 이용한 표준 촉광에 의한 폭넓은 천문관측을 수행하였고 새로운 허블 상수의 값을 제시했다. 연구팀은 19개의 외부 은하들에서 약 2천 400개의 세페이드 변광성과 300여 개의 1a형 초신성을 이용하였다. 그 결과 허블 상수의 관측값으로 오차 범위 1.74 km/s/Mpc 내에서 73.24km/s/Mpc을 얻었다. 지구에서 1메가파섹(Mpc · 326만 광년) 멀어질 때마다 초당 73.24㎞씩 더 빠르게 팽창한다는 의미다. 이 허블 상수의 값은 오차 범위를 고려하더라도 플랑크 위성의 CMB 관측 자료를 해석한 표준모델의 이론적인 예측값보다 훨씬 더 크다.

그 후 2019년 공식 입장은 CMB를 이용한 이론적 예측값(Planck collaboration)은 67.6± 0.3 km/s/Mpc이고, 표준 촉광을 이용한 실제 관측값(Shoes Project)은 73.5± 1.5 km/s/Mpc이었다. 이러한 사정으로 인해 현재 천제 물리학과 우주론에서는 이른바 '허블 상수 전쟁'이라고 불릴 만큼 열띤 논쟁이 벌어지고 있다.

한편 2020년 2월, 미국 국립전파천문대가 이끄는 연구팀의 새로운 측정[66]결과 허블 상수의 값은 73.9km/s/Mpc이었다. 따라서 위 아담리스 팀의 주장에 힘을 실었다. 그런데 2020년 7월 칠레 북부 사막의 아타카마 우주 망원경(ACT)으로 우주 마이크로파 배경복사(CMB) 지도를 만들어온 연구팀이 우주의 나이를 137억 7천만 년(오차 범위는 ±4천만 년)이라는 결과를 내놓으며, 우주 팽창률을 보여 주는 허블 상수를 67.6㎞/s/Mpc으로 제시했다. 일각에서는 ACT 결과가 측정방식 차이에 따른 허블 상수 차이를 줄이는 계기가 될 것이라고 기대하기도 했지만, 오히려 두 방식 간의 차이를 더 고착화하는 결과가 됐다.

66) 이 연구팀은 기존과는 전혀 다른 방식으로 측정했다는 사실에 의미가 있는데, 독일의 에펠스베르크 전파망원경을 비롯해 미국국립과학재단의 초장기 전파간섭계(VLBA), 잔스키 전파망원경, 그린뱅크 망원경(GBT)을 이용했다.

사실, 우주 팽창률(허블 상수의 값)과 관련하여 이론적 예측값과 실제 관측값의 불일치는 1990년대 이후 계속해서 문제가 돼 왔다. 표준모델의 이론적 예측값은 우주배경복사에 대한 데이터를 바탕으로 우주 팽창 속도와 허블 상수의 값을 제시한다. 이에 반해 천문학적 관측값은 실제 천문현상을 측정하여 얻은 값인데[67], 지금까지 표준 촉광 이용법, 퀘이사의 중력 렌즈 효과 이용법, 기타 모든 천문학적 기술을 이용해 측정된 허블 상수는 모두 오차 범위 ±2km/s/Mpc 이내에서 73~74km/s/Mpc이었다. 이론 모델과는 7km/s/Mpc 정도 차이가 난다.

이에 따라 현상 물리학자들은 i) 표준모델의 결함을 관측에 맞게 보정 하자거나 ii) 우주가 팽창하고 진화했던 방식에 대한 인식을 바꾸자거나 또는 iii) 아인슈타인의 우주 상수에서 벗어나 암흑에너지의 성질에 대한 가정을 바꾸자는 견해 등 다양한 방법을 모색하고 있다. 그러나 어느 쪽이 나은 방법인지를 판별할 방법은 아직 없다. 많은 사람은 "두 방식 중 어느 한쪽이나 양쪽 모두 틀렸거나 둘 다 놓치고 있는 새로운 물리학이 존재할 수 있다는 의미"라고 말한다.

그렇다. 이 문제의 완전한 해결을 위해서는 새로운 물리학이 필요하다. 우주는 시공간이자 물질이므로 우주의 시공간이 팽창하고 있다면, 그래서 그 물리적 원인을 알고자 한다면, 우리는 우주의 시공간 구조를 알아야 하고, 또 우주를 구성하고 있는 물체들의 내재적 속성을 알아야만 한다. 새로운 물리학인

---

67) 대표적인 것이 밝기가 일정한 표준 촛불, 그중에서도 초신성을 이용하는 방법이다. 초신성 중 특정한 유형(1a형)은 밝기가 일정하므로 빛이 어두워진 정도를 보면 얼마나 멀리 떨어져 있는지를 알 수 있다. 물론 일정한 주기로 밝기가 달라지는 세페이드 변광성도 표준 촛불로 사용된다. 또 다른 방법은 멀리 있는 퀘이사를 이용하는 것이다. 퀘이사란 강력한 전자파를 발산하는 활동은하의 중심핵을 말한다. 그 빛이 우리 앞에 있는 다른 은하 주위를 통과하면서 굴절하는 정도를 측정한다.

실체 물리학의 모든 것의 이론에 따라 결론부터 말하자면, 우주는 불연속적인 3+(4+4)의 11차원 시공간 구조를 이루고 있는바, 이에 따르면 이론적 예측값과 실제 관측값이 다를 수밖에 없다. 이 경우 CMB 관측 자료를 바탕으로 한 이론적 예측값은 틀렸고, 표준 촉광을 이용해 현재의 은하들이 멀어지는 속도를 측정한 실제 관측값이 타당한데, 그 관측값은 실체 물리학에 정확히 부합한다.

우주의 팽창률인 허블 상수가 다르다는 문제는 현대우주론의 표준모델의 타당성 여부로 이어질 수밖에 없다. 왜냐하면 관측된 우주배경복사(CMB)로 허블 상수를 추정하기 위해서는 암흑에너지와 암흑물질을 가정해야 하기 때문이다. 그런데 조화 모형(concordance model)이라고도 불리는 표준 우주 모형은 우주상수가 있는 차가운 암흑물질(ΛCDM) 모델로서 암흑에너지는 진공 에너지인 우주상수(宇宙常數, cosmological constant, 기호 Λ)이고, 암흑물질은 차가운 암흑물질(CDM)이다. 여기서 암흑에너지는 우주의 팽창을 이끄는 척력인 반중력으로 작용하고, 차가운 암흑물질은 우주의 팽창을 억제하는 중력으로 작용한다고 전제한다.[68)]

우주의 가속 팽창에 대해서는 논리 전개상 이 책 ‖39. 절에서 이야기하고 있다. 따라서 우주 가속 팽창의 물리적 원인에 관해서는 나중에 자세히 논하겠지만, 여기서 말하고자 하는 것은 우주 가속 팽창을 이끄는 암흑에너지는 —변하지 않는 우주상수(Λ)가 아니라— 시간의 변천에 따라 점점 증가하는 에너지라는 점이다. 이 경우 시간의 변천에 따라 증가하는 암흑에너

68) 우주상수(Λ)는 1917년 아인슈타인이 우주의 크기가 중력에 의해 줄어든 만큼 늘려서 우주의 크기가 변하지 않는 정적인 우주를 만들기 위해 도입한 상수인데, 1929년 허블에 의해 우주 팽창이 관측되자 자신의 중력장 방정식에 우주상수를 추가한 것이 자신의 최대 실수라며 철회한 것이다.

지의 물리적 실체는 엔트로피에 해당하는 '따듯한 암흑물질'의 구성요소로서의 암흑에너지다. 그런데 이를 인식하기 위해서는[69], 반드시 우주의 시공간 구조를 알아야 하고, 또 우주를 구성하고 있는 물체들의 내재적 속성을 알아야만 한다. 따라서 우주의 가속 팽창에 대해 제대로 이해하기 위해서는 이 책을 순서대로 Ⅱ39. 절까지 읽어야 하지만, 여기서 우리에게 필요한 네 가지 내용을 미리 끌어와 간단히 이야기하자면 이렇다.

첫째, 가속 팽창하는 우주는 전체 우주(우주 그 자체)가 아니라 현상 물리학의 대상인 '관측 가능한 우주'다. 이 경우 관측 가능한 우주란 상대적인 시공간을 가진 상대론적 우주를 말한다. 현대우주론은 아인슈타인의 일반상대성이론에 따라 성립된 것인데, 상대성이론이 그리는 우주는 상대적인 시공간을 가진 국소적인 물질들의 세계인 국소적인 우주(cosmos)다.

둘째, 현상 물리학의 대상인 '관측 가능한 우주'에서 우주의 가속 팽창, 즉 은하들 사이가 멀어지는 것으로 관측되는 것과 관련하여 중요한 것은 항성인 별이지, 은하가 아니다. 성단이나 은하, 은하단 등은 단지 잠정적인 별 무리일 뿐이다. 전체 우주의 관점에서 물리적으로 계속해서 커질 수 있는 것은 3차원 절대공간에 있는 차가운 암흑물질들이나 별들을 흡수 병합하는 블랙홀이 된 별(항성)의 중력장이기 때문이다. 나중에 자세히 논하겠지만, 이 경우 별의 중력장은 따듯한 암흑물질들이 형성하는데, 은하중심에 있는 별의 중력장의 크기는 은하보다 훨씬 더 커져서 은하를 둘러싸고 있는 공 모양의 암흑물질 헤일로(halo)를 형성할 수 있다.

셋째, 자연법칙인 열역학 법칙이 적용되는 고립계인 보통 물

69) 현상 물리학에서는 이러한 '중력장을 형성하고 있는 따듯한 암흑물질들'을 제5의 원소 또는 힘을 의미하는 'Quintessence'라고 하여 어렴풋이 인식하고 있다.

질로서 4차원 시공간을 가진 별은 열역학 제2 법칙에 따라 그 별이 가진 시간(時間)이 변천하여 흩어져 나온 시점(時點)만 가진 암흑물질들이 열역학 제1 법칙에 따라 3차원 절대공간으로 분산되지 않고 별 주위를 겹겹이 둘러싸고 돌면서 형성하고 있는 기류 공간인 동적(動的, dynamic)인 4차원 시공간으로서 그 별의 중력장을 형성하고 있다. 그리고 이러한 (4+4)의 시공간을 이루고 있는 고립계는 그 밖에 있는 암흑에너지 이루어진 비국소적인 3차원 절대공간과 그것을 이루고 있는 물 그 자체의 내재적 속성이 달라서 서로 구별된다.[70] 이처럼 우주의 시공간 구조는 —연속적인 4차원 시공간이 아니라— 불연속적인 3+(4+4)의 11차원 시공간을 이루고 있다.

마지막 넷째, 모든 것의 이론 명제 3-11.이 말하고 있듯이, 우주에 실재하는 우주의 근본 물질로서 점대칭 회전 운동하는 암흑물질의 모습은 두 종류로 나누어진다. 즉 i) 우주 대폭발 당시 3차원 절대공간 안에 흩뿌려져서 현재 그 절대공간에서 홀로 떠돌아다니며 무작위 운동하는 차가운 암흑물질들과 ii) 항성인 별 내부에서 시간의 변천에 따라 흩어져 나온 따듯한 암흑물질들이 그것이다. 후자의 경우 고립계인 별에서 흩어져 나온 따듯한 암흑물질들은 질량-에너지 보존법칙에 따라 3차원 절대공간으로 분산되지 않고, 기류 원리에 따라 그 항성 주위를 겹겹이 둘러싸고 층을 이루어 서로를 맞대고 질서정연하게 공전하면서 그 항성의 중력장을 형성하고 있다.

이상에서 보는 바와 같이, 상대성이론에 따른 관찰 가능한 우주로서 국소적인 우주에는 전체 우주(universe)의 관점에서 총체적으로 흐르는 '절대시간'이 없을 뿐 아니라[71] 그 이론상 우

70) 있는 그대로의 세계로서의 '물 그 자체'가 가지는 공간이나 장의 범위는 그 물 자체의 내재적 속성에 따라 운동·변화하는 범위로 제한된다. 따라서 항성인 태양계 안에 있는 행성들의 중력장도 태양의 중력장과 구별된다.

주의 절반에 해당하는 비국소적인 3차원 '절대공간'이 없다. 다만, 우주를 연속적인 4차원 시공간 구조로 보는 아인슈타인을 비롯한 오늘날 현상 물리학자들은 중력장이나 전자기장이 이루는 공간을 연속 장(場, field)으로 보아 무한히 펼쳐져 있다고 생각하고 있다.

그런데 허블 상수의 이론적 예측값은 급팽창이론에 따른 우주배경복사(CMB)의 관측 자료를 바탕으로 한 것이다. 이 경우 우주 전역에 균일하게 분포해 있는 CMB는 일반상대성이론의 국소적 우주인 4차원 시공간 안에 있는 것이 아니라, 비국소적인 3차원 절대공간에 균일하게 퍼져 있다. 우주가 기하학적으로 매우 평탄하다는 증거로 CMB를 말하는데, 그 물리적 이유가 바로 여기에 있다. 나중에 자세히 논하겠지만, 현재의 우주에 존재하는 차가운 암흑물질들은 우주 대폭발 당시 우주배경복사보다 먼저 이 절대공간에 흩뿌려진 것들이다. 우주배경복사(CMB)에 보이는 미세한 온도 차(10만분의 1의 비등방성)의 실체 물리적 원인이 바로 여기에 있다.

한편 현상 물리학자들은 중력장을 연속 장으로 보아 무한히 펼쳐져 영향을 미치는 것으로 인식하고 있고, 또 암흑물질들은 보이지 않으므로, 따듯한 암흑물질들이 형성하고 있는 중력장의 동적인 4차원 시공간과 차가운 암흑물질들이 홀로 떠돌아다니는 3차원 절대공간을 가늠할 수 없어서 함께 뭉뚱그려 생각할 수밖에 없다. 결국 우주의 시공간 구조를 연속적인 4차원 시공간으로 보는 현상 물리학 및 이에 따른 CMB 방식의 우주상수(Λ)와 차가운 암흑물질(CDM)로 구성된 표준모델의 이론적 예측값은 모호할 수밖에 없고, 따라서 신뢰하기 어렵다.

71) 상대성이론에 통달한 물리학자들이 "시간은 흐르지 않는다"라고 말하는 이유가 바로 여기에 있다.

그러나 현재 우주의 은하들이 멀어지는 모습을 실제 관측한 관측값은 실체 물리학의 모든 것의 이론에 정확히 부합한다. 나는 앞에서 우주의 가속 팽창과 관련된 물리적 실체는 우주상수(Λ)로서 암흑에너지가 아니라 은하를 이루고 있는 수천억 개의 별들의 중력장을 형성하고 있는 암흑물질들의 구성요소로서 암흑에너지라고 말했다. 한편 실제 관측값으로[72] 오차범위 내에서 현재 우주의 구성물체들을 소수점 없이 표현하면 관측할 수 있는 보통 물질이 4%, 암흑물질 23%, 암흑에너지가 73%라고 말할 수 있다.

그런데 여기서 말하는 암흑물질(dark matter)은 정확하게 말하면 암흑질량(dark mass)이다. 물론 실체 물리학을 공부한 우리는 암흑물질과 암흑질량이 다르다는 것을 안다. 그러나 서구 과학적 패러다임에서는 있는 그대로의 세계인 '물 그 자체'는 과학의 대상이 아닐뿐더러, 암흑물질은 직접 관측할 수도 없는 것인 까닭에 질량(mass)과 물질(matter)을 혼동해서 사용하고 있다. 이를 명확히 인식하기 위해서, 우리는 현상 물리학에서 '암흑물질'이라고 하는 것이 어떻게 발견됐는지 그 역사를 살펴볼 필요가 있다.

> 암흑물질은 1930년대에 프리츠 츠비키(F. Zwicky)가 코마은하단에 포함된 은하들의 움직임을 연구하면서, 은하단의 질량이 관측된 은하들의 질량을 모두 합한 것보다 훨씬 무겁다는 것을 발견한 것이 그 발견의 최초 실마리였다. 츠비키는 자신의 관측 결과를 설명하기 위해서는 은하단에 보이지 않는 많은 질량을 가진 물질이 있어야 한다고 제안했다. 이 가설은 오랫동안 관심을 끌지 못했지만, 1970년대에 베라 루빈(V. Rubin)과 켄트 포드(K. Ford) 등이 나선은하에 속해 있는 별들의 회전속도를 측정한 결과 은하가 엄청나게 많은 보이지 않는 물

---

72) 2021년 현재 표준 촉광을 이용해서 관측한 관측값으로서 Gaia 기반으로 보정된 허블 상수는 73.2± 1.3 km/s/ Mpc(Reiss et al, 2021)이다.

질 속에 잠겨 있는 것 같이 보인다는 사실이 알려지면서, 보이지 않는 물질로서의 암흑물질이 본격적으로 과학의 무대 위에 등장하게 된 것이다.[73)]

여기서 우리가 주목해야 할 것은, 우주 구성물체로서 23%라는 암흑물질은 은하를 구성하는 별들의 회전속도를 '질량'과 관계된 뉴턴의 중력이론을 고려해서 파악한 것이라는 점이다. 암흑물질의 발견은 은하 속 별들의 회전속도가 케플러 행성운동 법칙이나 역제곱 법칙에 반하는 천문관측 사실로부터 '숨겨진 질량'으로서 추정된 것이다.

결국 우주 구성물체가 보통 물질이 4%, 암흑물질 23%, 암흑에너지가 73%라고 말할 때, 이 암흑물질 23%에 해당하는 물리적 실체는 정확하게는 암흑물질이 아니라 암흑질량을 의미한다. 그리고 우리는 실체 물리학의 모든 것의 이론 명제 1-1.을 통해 암흑물질은 필수적 두 구성요소인 암흑질량과 암흑에너지가 양적 등가로 이루어져 있음을 안다. 이러한 실체 물리학의 질량-에너지 등가원리와 실재하는 우주의 시공간 구조인 불연속적인 3+(4+4)의 11차원 시공간 구조에 따라 전체 우주의 구성물체를 살펴보면, 현재 우주 구성물체의 4%는 관측 가능한 일반물질(질량과 에너지가 각각 2%의 양적 등가로 이루어진 시간을 가진 보통 물질)에 해당하고, 우주 구성물체의 73%에 해당하는 암흑에너지 중 50%는 에너지(공간)로만 이루어져서 시간(질량)과 무관한 비국소적인 3차원 절대공간을 말하는 것이며, 나머지 암흑에너지 23%는 암흑질량 23%와 함께 질량과 에너지로 이루어진 암흑물질의 구성요소로서 암흑에너지다.

한편 국소적인 물질들이 가진 '시간의 변천'에 따라 발생하는 우주의 가속 팽창은 앞으로 계속될 것이며, 그에 따라 현재의 우주를 구성하는 암흑물질의 양(23%)은 점점 증가할 것이다.

---

73) 현재 암흑물질의 존재를 가리키는 현상은 은하와 관련된 여러 현상 및 중력 렌즈 효과 등에서 다양하게 발견되고 있다.

나중에 자세히 논하겠지만, 이 경우 그 암흑물질의 양이 우주 구성물의 25%까지 증가하면 우주에는 빛나는 일반물질은 하나도 없고 암흑에너지와 암흑물질만 남아서 컴컴하고 차가운 우주(코스모스의 종말)가 된다. 따라서 표준 우주론이 제시하는 이론적 예측값과 같이 현재 우주에서 암흑물질이 우주 구성물체의 25%를 넘어 26.8%를 차지한다는 것은 실재하는 우주에서는 불가능하다.

이상에서 살펴본 바와 같이, 결국 허블 상수 논쟁은, 새로운 물리학인 실체 물리학의 모든 것의 이론이 말하는 바와 같이, 우주가 불연속적인 3+(4+4)의 11차원 시공간 구조를 이루고 있는 점, 우주에는 차가운 암흑물질뿐 아니라 따듯한 암흑물질도 있고 우주의 가속 팽창을 일으키는 물리적 실체는 자연법칙인 열역학 제2 법칙에 의한 시간의 변천에 따라 점점 증가하는 따듯한 암흑물질이라는 점, 3차원 절대공간에 떠돌아다니는 차가운 암흑물질들은 결국에는 블랙홀이 된 별에서 흩어져 나온 따듯한 암흑물질들이 회전하여 형성하고 있는 기류 공간인 그 블랙홀의 중력장의 회전하는 기류력에 의해 흡수된다는 점, 따라서 계속해서 증가하는 것은 블랙홀의 중력장을 형성하고 있는 따듯한 암흑물질들이라는 점, 모든 물질은 질량과 에너지가 양적 등가로 이루어져 있다는 점 등을 알아야만 비로소 해결될 수 있는 문제다.[74)]

---

74) 이 절에서 논한 허블 상수 문제는 현재 천문학계의 뜨거운 논제이면서 가장 난해한 문제이고 서구 과학적 패러다임의 문제이기도 하다. 앞서도 언급했지만, 이 책의 Ⅱ39. 절까지 순서대로 읽어나가다 보면 거기서 이 절의 내용까지 저절로 이해할 수 있게 될 것이므로, 여기서 혹시 어렵더라도 상심할 필요는 없다.

‖13. 모든 것의 이론 II : 코스모스의 종말과 시작

서구 과학적 패러다임에 따른 현상 물리학은 그 지식 체계상 동적 시스템의 시작점 이론을 가질 수 없다. 코스모스의 시작과 종말을 물리적으로 설명할 수 있으려면 지난 2,500년 동안 지속되어온 서구식 지적 패러다임에서 벗어나야 하고, 새로운 과학적 패러다임에 따른 새로운 물리학이 필요하다. 지금부터 하는 이야기는 이러한 새로운 물리학으로서 실체 물리학에 따른 모든 것의 이론 일부다. 우주는 시공간이자 물질이다. 이 경우 물질 그 자체는 살아 움직여 운동·변화하는 속성을 가지고 있는바, 만물의 운동 변화는 곧 전체 우주의 시공간 구조의 변화로 이어진다. 우리는 앞 ‖12. 절에서 현재의 우주를 구성하고 있는 물체는 관측 가능한 일반물질 4%와 암흑물질 23% 및 암흑에너지 73%로 이루어졌음을 알게 되었고, 거기서 나는 앞으로 우주는 암흑물질이 전체 우주 구성물체의 25%가 될 때까지 가속 팽창을 계속할 것이라고 했다.

그 이유는 이렇다. 자연법칙인 시간의 변천에 의한 열역학 제2 법칙에 따라 우주의 가속 팽창을 계속하면, 일반물질이 가지고 있는 시간이 변천하면서 관측 가능한 보통 물질들은 점점 사라지고 암흑물질들이 증가한다. 그리고 암흑에너지만으로 이루어져서 시간(질량)과 무관한 비국소적인 3차원 절대공간 안에 있는 모든 국소적인 보통 물질들이 가진 시간이 모두 변천하여 암흑물질이 전체 우주 구성물체의 25%가 되면 관측 가능한 일반물질은 모두 사라지게 된다.

그런데 앞의 ‖02. 절에서 살펴본 바와 같이, 서구 과학적 패러다임에 따른 지금까지의 현상 물리학은 불변의 세계인 플라톤의 이상적 수학 세계를 추구하기 때문에, 질서를 갖는 체계로서의 우주, 즉 시간을 가져서 관측할 수 있는 보통 물질들이 운동·변화하는 시스템으로서의 우주만을 이야기할 수 있다. 또한 서구식 지적 패러다임에서는 논리 필연적으로 코스모스의 시작과 종말이 있는 직선적 세계관을 가지게 되지만, 그 지식 체계상 그 시작과 종말을 물리적으로 설명할 수 없다. 단지, 그 시작에는 창조주 하나님의 말씀이 있고 그 끝에는 교리상 종말론이 있을 뿐이다. 나아가 서구 근대과학이 성립되면서 전지전능한 '신'이 앉아 있던 불변의 세계인 이데아 자리를 '수학'이 대신하게 되었다 하더라도 그 이상적 수학 세계에서의 시작과 끝에는 무한소와 무한대가 다시 등장하게 된다.

서구식 지적 패러다임에 기초한 기존의 서구 과학적 패러다임에서는 그 지식 체계상 동적 시스템의 시작점 이론을 가질 수 없는 이유가 바로 여기에 있다. 지금까지의 서구 과학적 지식체계에서 만들어낼 수 있는 수학적 물리법칙은 상대적인 시공간의 시작과 끝에서, 그리고 그 너머에 있는 나머지 95% 이상의 우주 구성물체의 운동·변화에 대해서는 더는 통하지 않는 무용지물이 될 수밖에 없다. 이러한 사실은 곧 지난 2,500년 동안 지속되어 온 서구식 지적 패러다임에서 벗어나지 않는 한, 우리 인간은 불변의 세계에 존재하는 신이나 수학으로 구현되는 이데아에 구속된 정신적 지적 노예 상태에서 결코 해방될 수 없다는 것을 의미한다. 우리 인류에게 새로운 지적 패러다임이 절실히 요구되는 이유가 여기에 있다.

이러한 시대적 요구에 따라 등장하게 된 새로운 지적 패러다임에 따른 새로운 물리학으로서 나의 실체 물리학의 모든 것의 이론은 끊임없이 변화하고 있는 동적(動的, dynamic) 시스템의 시작점 이론을 가질 수 있어서, 질서를 갖는 체계로서의 우주인 코스모스의 시작과 끝을 물리적으로 설명할 수 있을 뿐 아니라, 현재의 우주는 물론 코스모스의 시작 이전과 그 종말 이후의 우주에 이르기까지 '단 하나의 원리'로서 논리 일관하게 물리적으로 설명할 수 있다. 이제 이 절에서는 가속 팽창하고 있는 현재의 우주의 종말의 모습과 암흑에너지와 암흑물질만으로 이루어진 캄캄하고 차가운 우주를 거쳐 빅뱅 이전의 특이점 상태의 우주, 그리고 빅뱅 후 시간과 빛이 탄생하는 순간까지, 실체 물리학의 유일한 원리인 기륜 원리(氣輪原理, The principle of Giriun)에 따라 논리 일관하게 물리적으로 설명할 것이다.

오늘날 현상 물리학자들이 말하고 있듯이 우주 탄생의 비밀은 시공간의 궁극적 구조와 관련이 있다. 그런데 여기서 우선 우리가 주지해야 할 사실은 실재하는 우주는 ―불변의 이상세계를 지향하는 서구식 지적 패러다임에 따라 그 시작과 종말에 창조론이나 종말론 또는 무한소와 무한대가 등장하는 직선적인 세계가 아니고― 끊임없이 운동 변화하며 순환한다는 점이다. 그 이유는, 우주를 이루는 세 가지 구성물체인 암흑에너지와 일반물질 및 암흑물질은 전체 우주의 시공간 구조를 형성하고 있고, 자연법칙인 열역학 제2 법칙에 의한 시간의 변천에 따라 시간을 가진 보통 물질이 시점만 가진 암흑물질로 변화하면 그에 따라 우주의 시공간 구조도 변화하는데, 이 경우 우주 그 자체(unverse)의 구성요소로서 암흑에너지로 이루어진 비국소적인 3차원 절대공간 안에 있는 모든 국소적인 물질들이 가진 상대적인 시간을 총체적으로 파악한 우주 그 자체가 가진 절대시간은 생멸(生滅: 생겨남과 없어짐)을 계속하기 때문이다. 그래서 실체 물리학의 창시자 혜강 최한기는 하나의 커다란 물질로서 우주 그 자체가 살아 움직여 운동 변화하고 있는 모습을 일컬어 "시간의 변천은 무한하고 공간의 순환은 끝이 없다."[75]라고 했다.

시간이나 공간이 무한하다 유한하다 경계가 있다 경계가 없다 끝이 있다 끝이 없다는 따위의 이야기들은 지금까지의 서구식 지적 패러다임에 따른 코스모스적 세계관에 입각한 사유와 인식체계에서나 생각할 수 있는 이야기들로서 그 자체가 이미 말이 되지 않는 뜬구름 잡는 헛소리들이다. 따라서 이러한 밑도 끝도 없는 말들과 혼동해서는 안 된다. 다시 말하건대, 시간의 변천은 무한하고 공간의 순환은 끝이 없다. 이것이 실체 물리학에서 말하는 질서를 갖는 체계로서의 우주를 지칭하는 코스모스를 포함하여 전체 우주(宇宙, universe), 즉 있는 그대로의 세계로서 끊임없이 운동 변화하고 있는 하나의 커다란 물질로서의 '우주 그 자체'의 운동 변화이고, 우주 만물이 살아 움식여 운동 변화하고 있는 참모습이다.

4-1. 빅뱅 이전의 우주로서 특이점(singularity; 부피가 없는 0차원의 하나의 질점)이 생기기 직전의 우주는 우주 구성물체의 50%에 해당하는 암흑에너지(우주상수)가 이루고 있는 비국소적인 3차원 절대공간 안에 모든 국소적인 물질들이 블랙홀(보통 물질인 암흑별)[76]에 흡수 병합되어 생긴 단 하나의 커다란 블랙홀이 막 소멸하려는 순간에 있다.

* 이처럼 우주를 구성하는 항성인 별은 3차원 절대공간 안에 있는 국소적인 물질들을 흡수 병합을 계속하여 최종적으로 하나의 블랙홀에 이를 때까지 계속해서 커질 수 있다. 따라서 하나의 커다

75) 최한기, 『氣學』 1-1. "往古來今, 變遷無限, 上下四方, 循環無端"

76) 미리 말해 두지만, 현상 물리학에서 말하는 블랙홀을 실체 물리학적으로 말하면 별에서 방출되는 빛(광자)이 사건 지평선에서 붕괴하여 외부 관찰자가 관측할 수 없는 암흑별이다.

란 물질인 '우주 그 자체'의 관점에서 실체 물리학적으로 중요한 것은 항성인 별이지, 잠정적인 별 무리인 성단이나 은하, 은하단 등이 아니다.

4-2. 이 마지막 남은 커다란 하나의 블랙홀이 소멸하기 직전의 최후의 순간은 그 블랙홀 안에 시간 1개를 가진 최소 보통 물질인 광자 하나가 남아있는 상황을 말한다.

4-3. 이처럼 비국소적인 3차원 절대공간 안에 단 하나의 커다란 블랙홀이 있는 우주 그 자체의 모습은 마치 그 내부에 질점 하나만 가지고 있는 암흑물질의 형태와 유사한데, 한 가지 차이는, 소멸하기 직전 그 내부에 광자 1개를 가진 보통 물질인 블랙홀은 축 대칭 회전운동을 하고 있다는 점이다.

4-4. 이 경우 블랙홀 주위를 암흑물질들이 겹겹이 둘러싸서 서로를 맞대고 층을 이루어 회전하여 형성하고 있는 기륜 공간인 중력장(동적인 4차원 시공간)을 둘러싸고 있는 비국소적인 3차원 절대공간을 이루는 암흑에너지(우주상수)는 그 블랙홀의 기륜 공간인 중력장의 회전 방향과 같은 방향으로 회전하고 있다.

4-5. 이 경우 자연법칙인 열역학 제2 법칙에 따라 3차원 절대공간 안에 마지막 남은 1개의 시간을 가진 광자의 시간(時間)이 변천하여 시점(時點)만 가진 암흑물질 두 개로 붕괴하면, 블랙홀은 보통 물질이 가진 회전축이 상실되면서 그 블랙홀을 겹겹이 둘러싸서 서로를 맞대고 층을 이루어 회전하면서 중력장을 형성하고 있던 암흑물질들은 한꺼번

에 무너져 내리게 되고 우주에는 시간을 가진 보통 물질이 모두 소멸하여 차갑고 컴컴하게 된다.

4-6. 이 경우 우주는 비국소적인 절대공간을 이루고 있는 암흑에너지(우주상수) 50%와 암흑질량(25%)과 암흑에너지(25%)가 양적 등가로 이루어진 암흑물질 25%로 구성되어 있으므로, 마지막 남은 하나의 커다란 블랙홀 중력장의 크기는 전체 우주공간의 1/3에 해당한다.[77)]

4-7. 이제 4-5.의 상황이 실제로 발생하면 블랙홀의 기륜 공간의 회전 방향과 같은 방향으로 회전하고 있던 암흑에너지(우주상수)가 이루고 있는 3차원 절대공간 안에서 블랙홀을 겹겹이 둘러싸고 층을 이루어 회전(공전)하고 있던 암흑물질들은 그 층들이 한꺼번에 무너져 내리면서 지금까지의 회전 방향과 반대 방향으로 회전해야 할 상황에 놓이게 된다(명제 3-6. 참조).

4-8. 이 경우 그 내재적 속성상 살아 움직여 운동 변화하는 암흑물질들은 갑자기 자신의 회전 방향을 정반대로 바꾸려는 과정에서 일시 정지의 '때(時, timing)'가 생길 수밖에 없다.

4-9. 바로 이때, 하나의 질점(시점)만 가진 암흑물질의 부피는 그 외부에너지가 회전하여 형성하고 있는 기륜 공간에 의해 생기는 것이므로 그 회전이 일시 정지되면 암흑물질들 자체의 기륜 공간이 일시에 수축하게 되면서, 3차원 절대

77) 물론 우리는 질량은 부피가 없는 0차원의 질점들의 양을 말하므로 그 크기(공간)가 없음을 안다.

공간 안에 존재하는 모든 국소적인 물질로서 암흑물질들의 부피가 0인 특이점(singularity)이 된다.

* 이것이 바로 '단 하나의 부피가 없는 질점'인 빅뱅 이전의 특이점(singularity)이 생기게 되는 물리적 원인이다.

* 결국 빅뱅 이전 특이점 당시 우주는 암흑에너지로 이루어진 3차원 절대공간 안에 모든 국소적인 물질이 변화하여 부피가 없는 하나의 질점의 형태를 취하고 있는바, 이 경우 우주 그 자체는 하나의 커다란 암흑물질이다. 이처럼 우주 그 자체가 살아 움직여 운동 변화하는 동적 시스템의 시작점에서 우주에서 가장 큰 물질인 우주 그 자체(universe)가 우주에서 가장 작은 근본 물질인 암흑물질 형태로 잇닿아 있는 원리를 일컬어 실체 물리학의 창시자 혜강 최한기는 '원위연속 원리(源委聯屬 原理)'라고 했다. 실체 물리학이 동적 시스템의 시작점 이론을 가질 수 있는 이유는 실체 물리학의 유일한 원리인 기륜 원리가 이러한 원위연속 원리를 포함하고 있기 때문이다.

4-10. 이제 특이점을 형성했던 암흑물질들이 회전 방향을 갑자기 바꾸는 과정에서 생긴 일시 정지 상태를 지나 회전 방향을 바꾸면 그 수축했던 암흑물질들의 외부에너지가 회전하여 형성하는 기륜 공간이 다시 펼쳐지게 될 것인바, 바로 이때 회전하는 암흑물질들이 서로 충돌하여 문질러 밀치면서 대폭발(Big Bang)이 일어나고 그 대폭발 현장은 초고밀도 초고온 상태가 된다.

5-1. 이렇게 빅뱅이라는 우주 대폭발이 일어나면 그 폭발을 일으킨 암흑물질들은 서로 충돌하여 문질러 밀치는 엄청난 힘으로 인해 충사(衝射)되어 3차원 절대공간 전 영역에 흩뿌려지게 된다. 이때 암흑물질들의 진공(3차원 절대공간)에서의 운동 속도는 광속의 두 배이다.[78)]

5-2. 이 경우 대폭발이 일어난 초고밀도 초고온 영역에서는 거기에 남아있던 암흑물질들의 외부에너지의 회전하는 기류이 서로 얽혀 결합하여 시간을 가진 일반물질을 생성하게 되는데, 이때 생긴 최초 보통 물질이 바로 암흑물질 두 개가 결합하여 1개의 시간을 가진 최소 보통 물질인 광자다.

5-3. 이 경우 광자의 내부에 있는 2개의 질점(전하)은 양적 등가인 2개의 외부에너지가 회전하여 형성한 기류 공간의 회전 방향과 반대 방향으로 회전하여 전류가 생기고 자기장이 생겨서 전자기력을 발생하므로 빛을 낸다.

* 이렇게 '시간'과 함께 최소 보통 물질'인 광자(빛)가 탄생했다는 것은 곧 서구 과학적 패러다임에 따른 현상 물리학의 대상으로서 관측 가능한 물질, 즉 질서를 갖는 체계로서의 국소적인 우주인 코스모스가 시작됐다는 것을 뜻하며, 국소적인 보통 물질은 상대적인 시공간을 가졌으므로 시간과 공간과 물질이 탄생했다는 의미다.

5-4. 이때 생성된 빛 역시 그 대다수는 서로 충돌 방사되어 3차원 절대공간에 흩뿌려지게 되는데, 이때 충사된 광자가 바로 현재의 우주 전역에서 발견되는 우주배경복사(CMB)다.[79)]

5-5. 한편 우주를 이루고 있는 3차원 절대공간에는 광자가 방

---

78) 왜냐하면 물질의 운동 속도는 그 물질이 가진 질량에 반비례하는데, 암흑물질 질량은 최소 보통 물질인 광자의 절반이기 때문이다.

79) 모든 방향에서 오는 CMB 온도(2.73K)가 같고 모든 지역의 구조가 유사한데, 이것은 대폭발 현장에서 생성된 빛이나 소립자들이 빅뱅 당시 모두 같은 곳에 있었다는 증거다. 이 때문에 서구 과학적 패러다임에 따라 관측 가능한 우주만을 생각하는 현상 물리학에서는 빅뱅 직후 아주 잠깐 사이에 빛보다 빠른 급팽창이 있었다고 말한다.

사되기 전에 이미 암흑물질들이 흩뿌려져 있었으므로 우주배경복사의 불균일성(10만분의 1 정도의 온도 편차)의 원인이 된다.

이후에 계속해서 우주 대폭발 현장의 초고밀도 초고온 영역에서는, 거기에 있는 광자와 암흑물질들이 서로 결합하여 쿼크를 생성하고, 그 쿼크들이 다시 중간자, 양성자, 중성자, 그리고 헬륨 원자핵까지 생성하게 되는데(빅뱅 핵 합성), 이에 대해서는 나중에 논할 것이다. 이상에서 소개한 명제들에서 보는 바와 같이, 실체 물리학의 모든 것의 이론은 질서를 갖는 체계로서의 우주인 코스모스의 시작이 우주 대폭발, 즉 빅뱅과 함께 시작되었다고 말한다. 물론 이는 국소적인 물질들로 이루어진 관측 가능한 우주가 팽창하고 있다는 천문학적 관측 결과와 부합하는 것이다.

그런데 동적 시스템의 시작점 이론을 가질 수 없는 서구 과학적 패러다임에 따른 현상 물리학의 지식 체계상, 현대우주론의 빅뱅 모형에는 많은 설명할 수 없는 문제가 발생할 수밖에 없다. 오늘날 천체 물리학과 우주론이 말하고 있는 빅뱅우주론이 가진 문제점과 그 한계들을 열거해 보자면 다음과 같다.

i) 천문관측 결과 추론된 빅뱅우주론은 무엇이 폭발했는지, 왜 폭발했는지, 그리고 폭발하기 전에는 무슨 일이 일어났는지에 대해서 아무것도 이야기해주지 못한다.

ii) 천문학적으로 관측되는 실제의 우주가 왜 평평한지 설명하지 못한다. 일반상대성이론에 따르면 우주 초기에는 중력이 너무 강하여 공간은 크게 휘어져 있었다. 공간이 평평해지려면 빅뱅 이후 지금만큼의 시간이 지난 후에 평평해지도록 우주의 초기 조건이 정교하게 조정되어 있어야 했다. 이것은 평탄함의 문제다.

iii) 우주가 왜 매끄러운지 설명하지 못한다. 하늘의 반대 방향에서

오는 초단파 우주배경복사(CMB)는 거의 정확하게 같은 온도를 가지고 있다. 물리학적으로 이것은 이 영역들이 열역학적으로 서로 접촉했을 때만 가능하다. 그런데 우주배경복사가 방출되던 시기(빅뱅 후 약 38만 년)에 하늘의 반대 방향은 서로 빛보다 50배나 빠른 속도로 멀어지고 있었고, 서로의 지평선보다 훨씬 바깥쪽에 있었다. 그 영역들이 처음에 서로 다른 온도를 가지고 있었다면 나중에 온도가 같아질 방법은 전혀 없다. 이것은 매끄러움의 문제다.

iv) 우주가 왜 고르지 않은지 설명하지 못한다. 우주배경복사는 10만분의 1의 온도 편차가 있고, 이것이 별과 은하의 씨앗이 되었다. 이 씨앗들이 훨씬 더 작았다면 우주는 매끄러운 상태로 유지되었을 것이며, 훨씬 더 컸다면 우주는 초기에 고밀도 구조로 굳어버렸을 것이다. 빅뱅우주론으로는 이런 정교한 조정을 설명할 수 없다. 이것은 구조의 문제다.

v) 우주가 왜 팽창하고 있는지 설명하지 못한다. 어떤 힘이 관측 가능한 우주의 크기를 920년 광년으로 키워놓았다. 100억 개의 은하에 있는 보통 물질과 암흑물질의 중력이 시공간의 팽창을 방해하는데도 말이다. 이것은 팽창의 문제다.

위와 같은 문제들은 근본적으로 불변의 세계인 플라톤의 이상적 수학 세계를 추구하는 서구 과학적 패러다임에 따라 있는 그대로의 세계로서 살아 움직여 운동 변화하고 있는 '물 그 자체'를 도외시하고, 불연속적인 우주의 시공간을 한 데 뭉뚱그려서 연속적인 4차원 시공간으로 보고 있기 때문이다. 인류 지식 대혁명은 실재하는 우주가 불연속적인 3+(4+4)의 11차원 시공간 구조를 이루고 있음을 깨닫는 데서 시작될 것이다.

‖ 14. 따듯한 암흑물질과 차가운 암흑물질

우리는 우주 대폭발 현장의 초고밀도 초고온 영역에서는 현상 물리학의 대상인 관측할 수 있는 시간을 가진 보통 물질 중 최소 보통 물질인 빛이 탄생하는 과정을 물리적으로 설명할 수 있게 되었다. 그런데 서구 과학적 패러다임에 따른 현상 물리학은 '우주 그 자체'나 국소적인 '물 그 자체'의 운동 변화의 과정 중 빛과 시간이 없는 곳이나 그것들이 생겨나고 소멸하는 곳, 즉 동적 시스템의 시작점이나 끝점에서 아무 말도 할 수 없다. 물론 이 책을 여기까지 읽은 독자 여러분은 왜 그런지 그 원인을 알 것이다. 하지만, 여기서 혹자는 이런 생각을 해 볼 수도 있을 것이다. 빛이나 시간이 어떻게 만들어지고 소멸하는지를 묻거나 말하는 것은 곧 지난 2,500년 전통의 서구식 지식 문명체계를 전면 부정하는 반역이자 반동에 해당하기 때문인 것은 아닐까?

앞서도 말했지만, 르네상스를 거치면서 탄생한 서구 과학적 패러다임은 단지 그동안 지속되어온 서구식 지적 패러다임이 추구하는 불변의 이상세계에 존재했던 '신'의 자리를 그 불변의 이상세계를 구현하는 '수학'으로 대체했을 뿐이다. 사정이 이러하므로, 최한기 사상의 계승자로서 실체 물리학적 사유와 인식에 가장 근접한 사람으로 평가할 수 있는 서양의 3대 철학자이자 20세기 가장 위대한 철학자로 일컬어지고 있는 루드비히 비트겐슈타인(L. Wittgenstein)[80]은 그의 책 〈논리 철학 논고

80) 비트겐슈타인은 'TIME'지가 선정한 20세기 가장 위대한 철학자다. 한편 2017년 유네스코는 비트겐슈타인이 남긴 모든 저작물과 메모 등을 세계기록유산으로 등재

(Tractatus Logico-Philosophicus)〉(1922)[81]에서, 있는 그대로의 세계인 자연 그 자체가 아니라 자연현상을 관측하여 수학적으로 기술하고 해석하는 서구 과학적 패러다임에 따른 현상 물리학을 다음과 같이 비판하고 있다.

> "현대의 세계관은 모두 그 기초에서 소위 말하는 자연법칙을 자연현상으로 간주하는 잘못을 저지르고 있다. 그래서 그들은 자연법칙을 무언가 감히 침범할 수 없는 것처럼 간주하고 그 지점에서 걸음을 멈춘다. 마치 고대인들이 신과 운명 앞에서 그렇게 했듯이 말이다."[82]

그렇다. 서구 과학은 있는 그대로의 세계인 '물 그 자체'에 대해서는 인간이 알 수 없는 세계라고 하면서 우리에게 드러난 자연현상을 관측하여 불변의 것으로 포착한 관측량 사이의 관계를 수학적으로 기술하는 것이 물리학이라고 생각한다. 그래서 현대물리학은 "빛은 시간이 흐르지 않는다"라고 말한다. 그런데 이것은 사실 지난 2,500년 동안 지속되어 온 서구식 지적 패러다임에 따른 "하나님이 빛이 있으라 하시니 빛이 있었다"라는 말과 상통하는 것이다. 현대물리학에서 빛은 그냥 있었다. 관측 가능한 국소적인 보통 물질인 광자에 시간이 흐르지 않는다는 것은 곧 빛은 영생불멸의 존재라는 얘기다. 이 얼

하기도 했다.

81) 이 〈논리 철학 논고〉를 제대로 이해하고 있는 사람은 지구상에 아직 아무도 없다. 그의 스승이었던 버트런드 러셀이나 조지 무어 역시 비록 그것이 옳고 천재적인 이야기임은 분명히 알 수 있었지만, 그것을 이해할 수는 없었다. 사실 기존의 서구식 사유와 인식체계에 매몰되어 있는 한 결코 비트겐슈타인을 이해할 수 없다. 이 〈논리 철학 논고〉는 최한기의 사유와 인식을 거의 그대로 보여 주고 있으며, 소제목 없이 번호만을 붙여가는 '독특한 서술 형식'조차 최한기의 〈기학〉의 서술 방식과 똑같다. 누구든지 비트겐슈타인의 이 책을 제대로 이해한다면 세계를 통찰할 수 있는 최한기의 사유와 인식체계에 제대로 입문할 수 있을 것이다. 덧붙이자면, 비트겐슈타인이 자신의 의사로 공식적으로 출간한 책은 이 책 한 권뿐이다. 오늘날 후기 〈철학적 탐구〉 운운하는 책은 전기의 〈논리 철학 논고〉에서 다룬 앎의 주장으로서의 인식언어와 달리 일상언어에 대한 것인데, 1951년 그가 죽은 이후에 후세 사람들이 짜깁기해서 출간한 것으로서 기껏해야 부록 정도에 해당하는 것이다.

82) 〈논리 철학 논고〉, 6-371~372.

마나 황당하고 어처구니없는 이야기인가?

생각해 보라. 쉬운 예로 밤새 켜둔 거실의 전구에서 나온 빛이 시간을 가지지 않아서 시간의 변천이 없고 시간이 흐르지 않는 영생불멸의 존재라면 그 빛은 다 어디로 갔단 말인가? 물론 서구 과학적 패러다임에 따른 현상 물리학은 이러한 질문 자체를 금기시한다. 그것은 있는 그대로서의 세계로서 물 그 자체에 대한 것이므로 인간이 알 수 없는 것이라며 그런 질문은 비과학적이라고 생각한다. 그러나 있는 그대로의 세계인 물 그 자체의 운동 변화를 물리적으로 설명하는 실체 물리학에 따르면, 낮에는 태양 빛이 우리 피부에 부딪혀 붕괴하여 열로 변하면서 그 광자가 가진 시간(時間)이 시점(時點)으로 변천함에 따라 그 수명을 다하여 사라지고, 밤에는 전등에서 나온 빛이 방안의 사물들이나 벽에 부딪혀 붕괴하여 열로 변하면서 소멸하는 까닭에 전원을 끄면 방안이 컴컴해지는 것이다. 나중에 자세히 논하겠지만, 바로 이 열의 물리적 실체가 우주의 근본 물질로서의 따듯한 암흑물질이다.

현상 물리학은 눈에 보이는 빛의 파장이나 분석하고 해석할 줄 알지 빛이 어떻게 만들어졌고 그 물리적 실체가 무엇인지 전혀 알지 못한다. 물론 알려고 해도 서구 과학적 패러다임에서는 그 지식 체계상 결코 알 수 없게 되어 있다. 그런데 빛의 물리적 실체를 알지 못하면 현대물리학의 최대 미스터리인 우주의 근본 물질인 암흑물질의 정체를 결코 알 수가 없다. 모든 것의 이론 명제 5-2.에서 말하고 있는 것처럼, 빛은 우주 초기 대폭발이 일어난 초고밀도 초고온의 현장에서 우주의 기본 단위 물질인 암흑물질 두 개가 결합해서 만들어진 것이기 때문이다.

오늘날 거론되고 있는 암흑물질 후보인 윔프(WIMPs, Weakly

Interacting Massive Particles)나 액시온(axion) 등은 암흑물질의 물리적 실체와는 너무나 거리가 멀다. 또 다른 암흑물질의 후보는 비활성 중성미자(sterile neutrino)다. 중성미자는 우주를 구성하는 기본 입자 가운데 가장 가벼운 입자로서 한때 암흑물질 후보 물질로 꼽혔다. 현상 물리학에 따르면 중성미자는 빛의 속도에 가깝게 움직이면서 전하를 띠지 않으며 다른 물질과는 상호작용하지 않고 약한 상호작용만 하므로 관측이 힘든 유령 같은 입자다. 그런데 현상 물리학은 중성미자는 우주 질량의 극히 일부만을 차지한다는 사실이 밝혀졌다고 하면서 후보 대상에서 일찌감치 제외해버렸다. 대신에 네 번째 중성미자인 비활성 중성미자는[83] 약한 상호작용조차 하지 않으며, 질량이 기존 세 종류의 중성미자보다 무겁다는 이유로 암흑물질 후보로 꼽고 있다.

나중에 자세히 논하겠지만, 현상 물리학에서 말하는 중성미자의 물리적 실체가 바로 따듯한 암흑물질이다. 그런데 이를 제대로 인식하기 위해서는, 실재하는 우주에는 차가운 암흑물질만 있는 것이 아니라 중력장을 형성하고 있는 따듯한 암흑물질도 있고, 또 우주가 연속적인 4차원 시공간이 아니라 불연속적인 3+(4+4)의 11차원 시공간 구조를 이루고 있으며, 우주를 구성하고 있는 서로 다른 내재적 속성을 가진 물체들인 일반물질과 암흑물질 및 암흑에너지가 어떻게 생겼고 서로 어떤 관계에 있으며 어떻게 운동 변화하는지를 반드시 알아야만 한다.

이러한 물 그 자체에 관한 실체 물리적 사실들을 알지 못한 채, 기존의 현상 물리학의 지식체계에서 암흑물질을 논하는 것은 위와 같이 여러 후보를 거론하며 왈가왈부하는 등 혼란만

83) 비활성 중성미자는 전자중성미자, 뮤온중성미자, 타우중성미자 이 세 종류의 일반 중성미자가 서로 다른 종류로 바뀌는 진동 변환(oscillation) 과정에서 세 종류 이외에 존재할 것으로 예측되는 제4의 중성미자다.

초래할 뿐이다. 오늘날 물리학자들이 암흑물질의 정체를 찾기 위해 우주선의 영향권 밖을 탐색해야 한다면서 먼 우주로 찾아 나서거나 지하 깊숙한 폐기된 탄광으로 발길을 향하고 있는 것도 이 때문이다.[84)]

오늘날 벌어지고 있는 이러한 사태를 지켜보면서, 실체 물리학자로서 내가 하고 싶은 말은, 시간을 가지지 않아서 전자기력을 발생하지 않아 관측할 수 없는 암흑물질의 정체를 밝히기 이전에, 현상 물리학의 대상으로서 관측 가능한 보통 물질인 빛이 어떻게 만들어졌고 열의 물리적 실체가 무엇인지부터 밝히라는 것이다. 자연법칙은 일에도 순서가 있다고 말한다. 요컨대 빛은 시간이 흐르지 않아서 영생불멸한다는 터무니 없는 믿음에서 벗어나 빛이 어떻게 만들어졌고 어떻게 운동 변화하는지를 탐구해야 한다. 우리가 햇빛을 받으면 얼굴이 따듯해지면서 열이 나는데 그 열의 물리적 실체가 무엇인지 알게 되는 날 바로 거기서 암흑물질을 발견하게 될 것이다.

모름지기 진리는 결코 먼 우주나 지하 깊은 어디에 은밀하게 숨어 있는 것이 아니다. 가장 위대한 진리는 우리가 항상 마주하면서도 인식하지 못하고 있는 바로 그곳에 있다. 알고 나면 허망할 정도로 가장 단순한 것이 가장 위대한 진리인 이유가 여기에 있다. 나중에 자세히 논하겠지만, 우리는 지구 표면에 발을 딛고 암흑물질들이 형성하고 있는 지구 중력장 속에서 살고 있다. 마치 물고기가 물속에서 살고 있듯이 말이다. 그러나

84) 예컨대 독일 함부르크에 건설 중인 암흑물질 실험장비 '알프스 2'는 과거 원형 가속기가 있던 독일 전자싱크로트론센터(DESY)의 초전도 자석 장비를 재활용해 지하 공동에 설치하고, 이를 이용해 레이저를 가속하는 과정에서 일부 형성될 것으로 추정되는 가설 속 암흑물질 후보 입자 액시온(axion)을 관측한다. 우리나라 역시 기초과학연구원(IBS) 지하 실험 연구팀은 강원도 양양 지하 700m 지점에 건설한 지하실험실에서 가장 강력한 암흑물질 후보인 '윔프(WIMPs)'를 관측하는 실험을 하고 있고, 또 다른 암흑물질 후보 입자로 꼽히는 '비활성 중성미자'를 관측하기 위한 실험 등도 진행 중이다.

아마도 물고기는 교육을 통해 세뇌될 수 있는 인간과는 달라서 타고난 정상적인 사유 능력을 잃지 않을 것이므로 자신들이 물 속에서 살고 있다는 사실을 분명히 인식하고 있을 것이다.

한편 서구 과학적 패러다임에 따라 과학의 대상이 아닌 '물 그 자체'에 대해서 알지 못하는 현상 물리학은 시간(time)이 무엇인지를 알지 못할 뿐만 아니라, 질량(mass)이 무엇인지도 알지 못한다. 다시 말하건대 나는 지금 물질을 다루는 물리학이라고 하는 학문이 '물질의 양'인 질량이 무엇인지조차 알지 못하고 있다고 말했다. 게다가 물질의 수량을 계산할 수 있는 수학을 가지고 물질을 정량적으로 연구한다는 현상 물리학에서 말이다. 사정이 이러하므로 노벨물리학상 수상자이기도 한 리언 레더먼(Leon M. Lederman)은 그의 책 〈힉스입자, 그리고 그 너머〉에서 "물리학의 역사를 통해 질량의 정확한 정의를 찾아내지 못했다"[85]고 말하면서, 우리는 "질량의 기원은 무엇인가? 라는 질문의 답을 찾고 있다"라고 기술하고 있다.

나중에 자세히 논하겠지만, 힉스장과 그 입자는 20세기 입자물리학의 표준모형을 구성하는 기본 입자들에 질량을 부여하는 입자라고 말해지는 것이다. 그러나 생각해 보라. 질량이 무엇인지도 모르고 그것을 정의할 수조차 없으면서 어떻게 기본 입자들에 질량을 부여하는 입자를 말할 수 있단 말인가? 아무리 불변의 세계인 플라톤의 이상적 수학 세계를 구현하기 위하여 사유를 본질로 한다는 인간의 머릿속에서 생각해낸 수학적 공리나 물리적 가설로부터 출발하여 얻은 지식이어서 그 말들은 논리적 합치를 이룰 수 없고 뜬구름 잡는 이야기일 수밖에 없다지만, 이것은 정말 해도 너무한 것이지 않은가?

---

85) 리언 레더먼(1988년 노벨물리학상 수상), 크리스토퍼 힐 공저 〈힉스입자, 그리고 그 너머〉, 우리말 번역본, p. 91.

여러분은 있는 그대로의 세계인 자연 그 자체 또는 '물 그 자체'의 운동·변화를 설명하는 실체 물리학을 배웠으므로 질량이 무엇인지 또 질량의 기원이 무엇인지 알 수 있을 것이다. 그렇다. 실체 물리학에 따른 모든 것의 이론의 명제들은 우주의 근본 물질인 암흑물질은 ―우주 밖 어디에서 들어오거나 누군가가 창조하거나 다른 무엇이 부여해준 것이 아니라― 하나의 커다란 물질인 우주 그 자체 안에 언제나 존재하여 살아 움직여 운동 변화하고 있었고, 관측 가능한 모든 보통 물질은 우주의 근본 물질인 암흑물질들이 결합하여 생긴 것이며, 어떤 보통 물질이 가진 질량과 시간은 그것을 구성하는 암흑물질 수의 질량과 그 질량수-1의 시간을 가진다고 말한다.

우주의 실재가 이러함에도, 현상 물리학은 살아 움직여 운동 변화하고 있는 물 그 자체를 알지 못하다 보니, 있는 그대로의 세계로서 물 그 자체가 아닌 다른 무엇, 즉 창조주인 신(God)나 수학적 물리법칙으로부터 물질이 창조되거나 생성된다고 믿고 있다. 여기서 있는 그대로의 세계인 물 그 자체가 아닌 다른 무언가가 원인이라고 생각하는 것은, 플라톤의 이원론적 세계관에 따라 세계를 인식하는 지난 2,500년 동안 지속된 서구식 지적 패러다임에 따른 사유와 인식의 전형이다. 그러나 이제 그런 고대인들이나 했던 그릇된 사유와 인식체계에서 벗어나야 한다.

우주 만물의 운동과 변화의 원인은 있는 그대로의 세계인 자연 그 자체 또는 물 그 자체에 있고, 물 그 자체가 가지고 있는 내재적 속성인 입자성과 파동성에 따라 운동 변화하는 것이다. 중력이나 전자기력, 강력과 약력 같은 자연에 존재하는 모든 기본 힘도 '물 그 자체'가 가지고 있는 힘이다. 이것이 바로 앞서 제시한 실체 물리학의 모든 것의 이론 명제가 말하는 자연의 유일한 힘으로서 물 그 자체가 가진 기륜력(氣輪力, Giriun force)이다. 요컨대 우주 만물의 운동 변화의 근원은 살아 움직여 돌(리)며 변화하고 있는 '물 그 자체(氣)'이고, 그 물 자체의 가장 작은 근본 물질인 암흑물질과 가장 큰 물질인 우주 그 자체가 모든 것의 운동과 변화의 원인을 이루는 근본이다. 이것이 있는 그대로 세계이고, 있는 그대로의 자연이며 우리가 사는 우주의 참모습이다. 여기서 잠깐 우주 만물의 운동 변화의 원인을 이루는 근본(因)에 관해서 이야기하는 실체 물리학의 창시자 혜강 최한기의 말을 직접 들어보자.

> "어찌 본디 없던 것이 밖으로부터 들어와서 된 것이겠는가? 3차원 절대공간 안에 고유하게 원인을 이루는 근본이 있고, 그것을 공부하는 것이다. 또 어찌 이해하지 못할 헛된 것이 들어와 얽히겠는가? 한 몸(주: 우주 그 자체)에 다 갖추어진 원인을 이루는 근본, 그것을 배우는 것이다."[86)]

이 말은 실체 물리학(氣學) 서문에 나오는 말인데, 창조주인 신(God)이나 수학적 물리법칙으로부터 물질이 창조되거나 생성된다고 믿고 있는 당시 서구식 지적 패러다임과 그에 따른 서구 과학적 패러다임을 비판하는 내용이다. 물리학이 우주의 근본 물질인 암흑물질을 알지 못한다면 그 물리학은 논리 필연적으로 진정한 물리 이론이 될 수 없다. 왜냐하면 그런 물리학은 물질의 기원과 물질들이 운동 변화하는 근본 원인을 알 수 없어서 자연을 '물리적으로 설명'할 수 없기 때문이다.

우주의 근본 물질인 암흑물질에 대해서는 앞으로 여러 논의 과정들 속에서 자세히 얘기하게 될 것이지만, 모든 동적인 시스템의 시작점과 끝점에는 우주의 근본 물질인 암흑물질들이

---

86) 최한기, 『기학(氣學)』 序, "是豈義襲哉, 因宇內之固有而學之. 又豈搆虛哉, 因一身之備具而學之."

있다. 그런데 하나의 질점(時點)만 가진 암흑물질은 시간을 가지지 않으므로, 기존의 현상 물리학이 구현하는 수학적 물리법칙으로는 기술할 수 없다. 이는 곧 암흑물질은 서구 과학적 패러다임에 따른 현상 물리학과 양립할 수 없다는 것이고, 서구 과학적 패러다임이 동적 시스템의 시작점 이론을 가질 수 없는 이유이기도 하다.

한편 모든 것의 이론 명제 3-11.과 3-12.에서 말하고 있는 바와 같이, 차가운 암흑물질과 따듯한 암흑물질은 모두 점 대칭 회전운동을 하지만, 그것들의 운동 양태는 서로 다르다. 그런데 이를 인식하기 위해서는 실재하는 우주가 불연속적인 3+(4+4)의 11차원 시공간 구조를 이루고 있다는 사실을 함께 인식할 수 있어야 한다. 그러나 나중에 자세히 논하겠지만, 아인슈타인은 상대성의 특수이론이 적용되는 진공(vacuum)이나 자유공간(free space)이라고 말하는 평평한 공간(비국소적인 3차원 절대공간)과 상대성의 일반이론이 적용되는 휘어진 4차원 시공간(동적인 4차원 시공간)을 수학적 극한을 사용하여 연속된 공간으로 뭉뚱그려버렸다.

그 결과 어떻게 되었는가? 비국소적인 3차원 절대공간과 국소적인 4차원 시공간은 그것들을 이루고 있는 물체의 속성이 서로 다름에도 불구하고 이들을 수학적으로 한 데 뭉뚱그려서 4차원 시공간으로 보는 현대물리학에서는 중력장을 연속 장으로 보아 그 범위가 무한히 펼쳐져 있다고 생각하고 있으므로, 결국 차가운 암흑물질들이 홀로 정처 없이 떠돌아다니는 암흑에너지가 형성하고 있는 3차원 절대공간(우주상수)과 따듯한 암흑물질들이 서로를 맞대고 질서정연하게 운동하면서 형성하고 있는 기류 공간인 동적인 4차원 시공간으로서 중력장이 연속적으로 연결되어서 모두 진공(vacuum)에 해당한다. 인플레이션 우주론에서는 진공(vacuum)과 구별하여 '가짜진공(false vacuum)'이라고 하는 공간이 있는데, 이 경우 '진공'이 가리키는 물리적 실체는 아인슈타인이 상대성이론을 주장하면서 제거한 비국소적인 3차원 절대공간이고, '가짜진공'의 물리적 실체는 휘어진 4차원 시공간인 중력장이다. 그리고 인플레이션 우주론에서 급팽창은 가짜진공 에너지로 인하여 가속 팽창하는 것이다. 앞의 ∥04. 절에서 내가 급팽창이론의 주장대로라면 코스모스 우주의 초기 조건이 아니라 그 종말 조건이 된다고 말한 이유가 바로 여기에 있다.

한편 입자 물리학의 양자장론에서는 양자진공(quantum vacuum)은 아무것도 없는 텅 빈 상태가 아니라 가상의 입자들이 양자적으로 끊임없이 요동치고 있는 양자 요동(quantum fluctuation)[87]이 존재하는 진공이라고 말하고 있는데, 이에 대해 오늘날 현상 물리학은 다음과 같이 이야기하고 있다.

> 텅 비어 있는 고전적인 진공과 가상의 입자 쌍이 생성과 소멸을 반복하는 양자적인 진공은 완전히 다르다. 물리적으로 양자진공에서는 입자와 반입자가 쌍생성·쌍소멸을 끊임없이 반복한다. 하이젠베르크의 불확정성 원리 덕분에 입자 쌍의 에너지에 반비례하는 아주 짧은 시간 동안에는 에너지 보존 법칙이 깨져도 상관없다. 이처럼 순간에만 존재하는 가상입자(virtual particle)는 관측할 수 없지만, 순간적으로 에너지가 가장 낮은 상태인 바닥 상태의 에너지를 가지므로 진공 전체적으로는 가상입자의 에너지, 즉 양자진공의 에너지가 존재하게 된다. 양자진공은 영점에너지를 가진 무수히 많은 가상입자로 가득 차 있다.

여기서 말하는 그 가상입자의 물리적 실체가 바로 앞서 얘

87) 현상 물리학자들은 양자역학 문제를 생각할 때, 항상 머릿속으로 입자들이 마치 물결과 같이 파동으로 움직이고, 그 파동들이 서로 부딪히는 상황을 상상한다. 그래서 현상 물리학은 입자는 그 자체로서 점(point)이지만 그것의 위치는 파동처럼 공간에 퍼져 있다고 말하면서, 양자 요동(quantum fluctuation)은 실험장비의 불완전성에 기인하는 것이 아니라, 입자의 위치가 파동처럼 퍼져 있어서 발생하는 것이라고 말한다.

기한 빅뱅 당시에 흩뿌려져서 현재 3차원 절대공간에서 무작위 운동(점대칭 회전운동)을 하며 정처 없이 떠돌아다니는 차가운 암흑물질들이다.

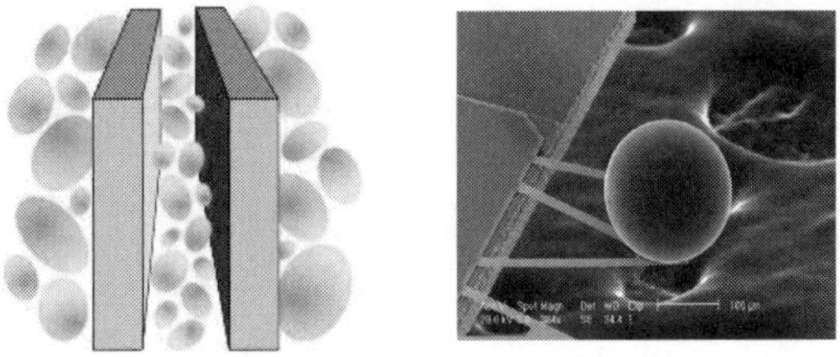

[카시미르 효과(Casimir effect)]

그런데 현상 물리학은 따듯한 암흑물질들이 형성하고 있는 중력장(동적인 4차원 시공간)과 3차원 절대공간을 한 데 뭉뚱그려서 모두 진공으로 보는바, 1948년 헨드릭 카시미르(H. Casimir)는 위 왼쪽 그림처럼 평평한 2개의 금속판을 매우 가까이 두면, 금속판이 경계 역할을 하므로 금속판 주변에 존재할 수 있는 진공은 제한되고, 그 결과 두 금속판 사이의 압력이 금속판 외부의 진공보다 작으므로 금속판 내부는 진공보다 작은 인력(음의 압력)이 작용한다고 주장했고, 이런 현상을 그의 이름을 따서 카시미르 효과(Casimir effect)라고 부른다.

카시미르가 그의 이론을 평행한 판에 대해서 공식화시켰지만, 실질적으로 실험을 수행하기에 충분히 판을 정렬시키기가 쉽지 않아 매우 작은 힘인 카시미르 힘을 측정하는 것은 어려웠다. 그리고 마침내 1997년 물리학자 스티브 라모록스(S. Lamoreaux)는 카시미르 이론을 처음으로 확인하는 실험을 수행하여 증명했는데, 그의 실험은 위 오른쪽 그림과 같이 금속판과 금속 구 사이에 힘을 측정하는 것이었으며, 정확한 정렬이 필요하지 않은 정렬을 이용하였다.

한편 암흑물질이 질량과 에너지 각 1개씩을 가져서 우주에서 가장 작은 물질이더라도 그 운동에너지와 퍼텐셜에너지의 합으로서 에너지는 그 질량과 등가로 보존되지만(질량-에너지 보존법칙), 그 물질의 상태에 따라 그 운동에너지와 퍼텐셜에너지는 변하므로 일정한 범위에서 그 크기는 다양하다.

‖ 15. 아인슈타인식 질량-에너지 등가원리의 오류

20세기에 가장 유명했던 방정식은 아마도 $E=mc^2$라고 말할 수 있을 것이다. 이 유명한 방정식은 아인슈타인이 1905년 6월 발표한 특수상대성이론에 관한 수학적 표현에 대하여 고민한 후, 같은 해 9월에 발표한 "물체의 관성은 에너지 함량에 비례하는가?"라는 제목의 논문에 나온다. 이 논문에서 아인슈타인은 "질량과 에너지는 $E=mc^2$에 따라 서로 변환될 수 있다"라는 질량-에너지 등가원리를 확립했는데, 이에 따르면 어떤 물질이 갖는 에너지는 그 물질의 질량에 광속의 제곱을 곱한 값 또는 어떤 물질이 갖는 질량은 그 물질의 에너지를 광속의 제곱으로 나눈 값, 즉 $E=mc^2$라는 것이다.

> 여기서 미리 말해 두건대, 사실 $E=mc^2$라는 방정식을 최초로 제안한 사람은 20세기 위대한 수학자이자 물리학자이면서 여러 학문 분야에 탁월한 업적을 남긴 앙리 푸앵카레(H. Poincaré)였고, 그 의미도 아인슈타인이 부여한 위와 같은 해석과는 전혀 다른 것이었다.

그런데 결론부터 말하자면, 아인슈타인식 질량-에너지 등가원리는 옳지 않다. 실체 물리학의 모든 것의 이론 1-1.은 질량-에너지 등가원리를 "모든 물질은 필수적 두 구성요소인 질량과 에너지가 양적 등가로 이루어져 있다"라고 말한다. 모든 물질의 필수적 두 구성요소인 질량-에너지의 등가원리에 최소 보통 물질인 광자의 이동속도(c)를 관련시켜야 할 그 어떤 물리적 이유가 없다. 사실, 이에 관한 이야기를 자세히 하자면 할 말이 너무 많아서 앞으로 몇 개의 절에 걸쳐서 이야기하게 될 것이다. 왜냐하면 이것이 20세기 물리학에 끼친 해악이 너무나 방대하기 때문이다.

앞서 언급했듯이, 특수상대성이론은 20세기 상대론적 양자역학인 양자장론의 성립에 지대한 영향을 미쳤다. 특수상대성이론은 그 논문 제목에서 보듯이, "움직이는 물체의 전기동역학"에 대한 것이고, 따라서 그 이론이 펼쳐지는 장(場, field)으로 따지자면, 중력장이 아니라 전자기장에 관한 것이다. 앞으로 차차 자세히 논하겠지만, 전자기장과 중력장은 그것을 형성하는 물리적 실체가 서로 달라서 두 공간은 그야말로 차원이 다른 공간이다.

생각해 보라. 모든 물질의 필수적 두 구성요소인 질량과 에너지 각각은 물질의 내재적 속성으로서 질량에는 시간의 속성과 입자성이 있고 에너지에는 공간의 속성과 파동성이 있다. 그리고 질량(시간과 입자성)과 에너지(공간과 파동성)가 양적 등가로 이루어진 국소적인 물질들은 각자 자신의 시간과 공간을 가져서 4차원 시공간으로 이루어져 있다. 그렇기에 국소적인 물질인 기준계들 사이에는 상대적으로 시간팽창이나 공간수축 같은 일이 발생할 수 있게 되는 것이다. 또 모든 물질은 필수적 두 구성요소인 질량과 에너지가 양적 등가로 이루어져 있는 까닭에 시간(질량)과 공간(에너지)은 독립하여 존재할 수 없고 언제나 함께 4차원 시공간의 형태로만 실재할 수 있다.

그러나 만약에 아인슈타인식 질량-에너지 등가원리처럼 질량과 에너지가 $E = mc^2$에 따라 서로 변환되어 질량과 에너지 중 어느 하나가 될 수 있다고 한다면, 그러한 주장은 상대성이론의 가장 중요한 두 가지 결론인 시간과 공간은 결합해서 시공간의 형태로 존재한다는 것과 각자 자신의 시공간을 가진 서로 다른 기준계들 사이에 상대적인 시간팽창과 공간수축이 일어난다는 것에 스스로 모순되어, 자신이 주장한 상대성이론의 결론이 헛소리임을 스스로 확인하는 셈이 되어 버린다.

앞서도 언급했었지만, 비록 아인슈타인이 갈릴레오의 상대성원리와 맥스웰의 전자기 방정식에 따라 진공에서 광속이 일정한 사실 사이에 존재하지도 않는 모순(위 둘 사이에 왜 그 어떤 모순도 없는지에 대해 아직 얘기하지 않았다)을 해결할 목적이었지만, 자신의 시간을 가진 국소적인 물질들이 상대적인 4차원 시공간으로 이루어졌다는 사실을 발견해낸 것 자체는 높이 평가할 만하다. 다만, 이와 관련하여 여기서 미리 말해 두건대, 상대적인 시공간을 최초로 발견한 사람은 푸앵카레이고, 그 의미도 아인슈타인의 생각과는 전혀 달랐다.

그러나 아인슈타인은 질량-에너지 등가 공식 $E=mc^2$에 따라 질량(시간과 입자성)이 에너지(공간과 파동성)로 변환될 수 있다는 전제 아래 시간과 공간을 대칭으로 생각하고 공간(에너지)을 한 차원 늘림으로써 시간(질량)을 4차원 블록(공간) 일부로 만들어버렸다. 왜 그랬을까? 대칭을 만들어야 서구 과학적 패러다임이 추구하는 플라톤의 이상적 수학 세계를 구현할 수 있기 때문이다. 그러나 앞서 살펴본 바와 같이, 이로 인해 우주에서 시간은 더는 흐르지 않게 되었고, 시간은 환상이 되어버렸다. 결국 그가 죽을 때까지 고민했던 '시간의 문제'는 자승자박(自繩自縛)이었던 셈이다.

‖16. 영생불멸의 광자를 창조한 광양자설과 그 영향

현상 물리학에서 흔히 1905년은 '기적의 해'라고 불린다. 그 해 아인슈타인은 특수상대성이론에 관한 논문(6월)과 질량-에너지 등가에 관한 논문(9월)을 발표하기 전인 3월에, "빛의 창조와 변화에 관한 과학적 관점에 대하여"라는 제목의 논문에서 광전효과를 설명하면서 광양자설을 주장했었다. 그리고 이 논문으로 1922년 노벨물리학상을 받게 된다. 여기서 광전효과(photoelectric effect)란 금속에 속박된 전자가 빛에 쪼이면 방출되는 현상을 말한다. 이때 방출되는 전자를 광전자라 한다.[88] 이 경우 자외선과 같이 진동수가 큰 빛을 쪼여주면 전자가 방출되지만, 가시광선과 같은 낮은 진동수의 빛은 아무리 많이 쪼여도 전자가 방출되지 않았다.

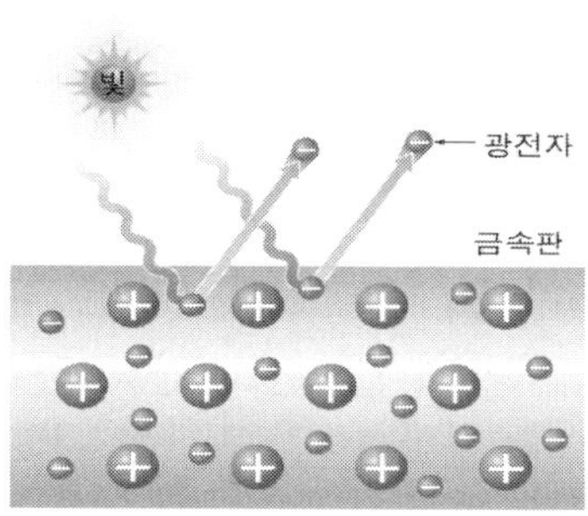

[광전효과(photoelectric effect)]

아인슈타인은 이러한 광전효과를 설명하기 위해서 빛의 속성을 입자로 보았는데, 이를 광양자설이라고 한다. 즉, 광전효과

88) 이 경우, 전기를 띤 물체가 나오는 것을 처음 본 사람은 하인리히 헤르츠(H. Hertz, 1887년)였고, 1899년 톰슨(J. J. Thomson)은 그것이 전자임을 밝혔다.

는 광자 한 개가 전자 한 개를 당구공처럼 때려서 방출시키는 현상이라고 설명한 것이다. 실체 물리학의 관점에서 보더라도 여기까지는 아무런 문제가 없고, 또 매우 훌륭한 생각이다.

그런데 문제는 광양자설을 주장한 아인슈타인은 1900년 막스 플랑크(M. Planck)가 흑체복사(뜨거운 물체가 내는 빛)의 파장 분포 문제를 설명하기 위해 제안했던 불연속적(discrete)인 에너지에 관한 양자가설(Quantum hypothesis)[89]을 원용하여 광양자를 “질량이 없는 에너지 덩어리”로 보았다는 점이다. 아인슈타인은 빛을 광양자라는 불연속적인 에너지 양자의 흐름이라고 생각하고, 광양자가 물질과 상호작용할 때 입자처럼 행동하며 전자와 충돌할 때 가지고 있던 에너지 hf을 전자에게 주기 때문에 전자가 금속 표면으로부터 튀어나온다고 설명하였다. 그래서 진공 속에서의 광속을 c, 빛의 진동수와 파장을 각각 f, λ 라고 할 때 ‘광자(photon) 1개의 에너지 E는 다음과 같이 나타낼 수 있다는 것이다.

$$E = hf = hc/\lambda \ (h\text{는 플랑크 상수})$$

그러나 이러한 주장은 옳지 않다. 만약 광양자설이 오류라면, 이것은 양자역학의 기원에 해당하는 문제이기 때문에, 20세기 양자물리학을 뿌리째 뒤흔드는 매우 중대한 사건에 해당할 것이다. 그런데 아인슈타인은 이 논문의 제목 “빛의 창조와 변화에 관한 과학적 관점에 대하여”에서 보이는 것처럼, 광양자설을 통해 자연에는 존재하지 않고 또 존재할 수도 없는 ‘질

89) 흑체란 모든 전자기파를 흡수할 수 있는 물체인데, 이로 이루어진 상자를 가열하였더니 흑체 안에 무한히 많은 파동이 제각각의 에너지를 가지고 존재한다는 결과가 나왔다(흑체복사). 플랑크가 이러한 문제를 해결하게 되는데, 이것이 양자역학의 시발점이 되었다. 플랑크는 실험 내용을 이용하여 강제로 수식을 만들었는데, 이 수식이 의미하는 것이 파동 자체가 불연속적이라는 것이었다.

량이 없고 에너지만 가진 입자'인 영생불멸의 광자를 창조해냈다. 오늘날 현상 물리학자들이 질량이 없는 빛은 시간이 흐르지 않는다고 말하게 된 것은 바로 여기서 비롯된 것이다. 이 말은 곧 광자는 질량이 없으므로 자신의 시간을 가지지 않아서 시간이 흐르지 않고 영생불멸한다는 얘기다.

사정이 이러하므로, 20세기 물리학의 스토리텔링에 따르면, 영생불멸하는 빛은 태초에 이미 있었을 수밖에 없고, 다만 플라스마 상태에 잠겨 있다가 빅뱅 후 38만 년이 지나 원자가 만들어질 때 쏟아져 나와서 우주배경복사(CMB)가 되었다는 신기한 동화가 나오게 된다. 그러니까 우주배경복사는 사실상 태초에 이미 존재하고 있었던 빛이다. 앞서도 잠깐 언급했지만, 이것은 서구 과학적 지식체계에서 말하는 궁극적 지식은 결국 지난 2,500년 동안 지속되어 온 서구의 지적 패러다임에서 나올 수밖에 없는 창세기 1장 3절의 "하나님이 이르시되 빛이 있으라 하시니 빛이 있었고"라는 내용을 벗어나기 어렵다는 것을 의미한다.

하지만 생각해 보라. 아무리 불변의 세계인 플라톤의 이상세계인 이데아의 구현이 서구식 지적 패러다임이 추구하는 이상이라지만, 지금 우리가 논하고 있는 것은 특정 지역의 종교나 신앙이 아니라 명색이 지구상의 모든 사람을 대상으로 하는 학문의 하나인 물리학에 대한 것이다. 사실 20세기 물리학은 그 신비함으로 견주자면 서양의 종교보다도 더 초월적이다. 서양 종교는 빛이 창조주 하나님의 말씀으로 탄생했다고 말한다. 그러나 20세기 물리학은 빛을 시간이 흐르지 않는 영생불멸의 존재로 만들어버렸다. 아인슈타인은 1905년 3월 "빛의 창조와 변화에 관한 과학적 관점에 대하여"라는 제목의 논문을 통해 과학(science)이라는 허울을 쓰고 빛을 애당초 만들어질 필요가 없는 영생불멸의 존재로 재창조해냈고, 이것을 믿고 신봉하는 것이 오늘날 물리학자들이다.

훗날 역사가들은 과학이라는 이름으로 종교보다 더 초월적이었던 20세기 물리학을 또 하나의 지적 암흑시대로 기록할 것이라고 나는 확신한다. 물론 동적 시스템의 시작점 이론이 없고, 사유를 본질로 한다는 인간 정신이 만들어낸 물리적 원리라는 가설(假說, hypothesis)로부터 시작하는 현상 물리학의 지식체계에서는 빛이 어떻게 만들어졌는지 결코 알 수가 없게 되어 있다. 그러나 설령 그렇다 하더라도, 모르면 모른다고 말하는 것이 아는 것이고, 그것이 앎의 첫걸음이다. 그렇지 않은가? 도대체 왜 이토록 잘못되었는지 그 구체적이고 자세한 이야기는 차차 하기로 하고, 여기서 내가 말하고자 하는 요지는 이렇다.

플랑크가 흑체복사의 파장 분포를 이해하기 위해 제안한 양자가설에서는, 물질(흑체)을 이루는 원자 내부에 있는 원자핵의 구성요소로서[90] 원자핵 주위를 겹겹이 둘러싸고 회전하면서 전자기장을 형성하고 있는 광자의 에너지 부분(현상 물리학이 '전자기파'라고 여기는 부분. 이 경우 광자의 질량은 원자핵 속에 있다)만을 생각하여 그 에너지의 불연속적인 상태를 빛의 양자(quantum)라고 말한 것이다. 이 경우 흑체에서 방출되는 광자 그 자체는 그 고유의 질량과 '에너지'를 가지고 있어서 자체 전자기장을 가지고 있으며, 이 광자들은 다양한 '운동에너지'와 진동수를 가진다. 이것이 플랑크의 '양자가설'이다.

한편 흑체에서 방출된 광자나 광전효과에 사용되는 광자들은 다양한 진동수를 가지는데, 그중에 '운동에너지'가 크고 회전반경이 짧아서 일으키는 파동의 파장이 짧고 진동수가 큰 광자

90) 나중에 자세히 논하겠지만, 광자는 원자핵을 구성하는 핵자인 양성자나 중성자를 이루는 쿼크의 구성요소다.

(예컨대 자외선)를 금속에 쪼이면 전자가 튀어나오고, 진동수가 작은 광자(예컨대 가시광선이나 적외선)는 아무리 많이 쪼여도 전자가 튀어나오지 않는 것은 전혀 별개의 문제이다. 아니 설령 이러한 실체 물리학의 기륜 원리를 모른다고 하더라도 물 그 자체를 조금만 생각한다면 광양자설은 말이 안 되는 이야기다.

아인슈타인의 광양자설은 광자가 '질량이 없는 에너지 덩어리'라는 주장인데[91], 순수한 에너지가 도대체 어떻게 당구공 형태의 국소적인 물질을 이룰 수 있겠는가? 광자가 당구공처럼 국소적인 덩어리 형태를 가지려면 그 에너지가 이루고 있는 3차원 공간 속에 질점들(질량, 즉 시간과 입자성)이 있어야 한다. 게다가 광자 그 자체도 관측 가능한 보통 물질로서 자체 전자기장을 형성하고 있는데, 그 광자 내부에서 전하(움직이는 질점)들의 흐름이 없는 순수한 에너지가 어떻게 전자기장을 형성할 수 있겠는가?

아무리 '있는 그대로의 세계'인 물 그 자체는 서구 과학의 대상이 아니라지만, 이처럼 광자가 질량이 없는 에너지 덩어리라는 주장은 그 자체로 이미 말이 되지 않는 이야기다. 그렇지 않은가? 양자가설을 제안했던 플랑크가 왜 아인슈타인의 상대성이론에는 찬동했으면서도 광전효과를 설명한 광양자설은 죽을 때까지 수긍하지 않았던 것일까? 추측건대, 그는 아마도 물리학사에 오명(汚名)으로 남고 싶지 않은 마음 이전에, 광양자설 그 자체가 이미 그의 지적 양심으로는 도저히 받아들일 수 없는 말이 안 되는 헛소리였기 때문이었을 것이다.

91) 물론 당시 물리학자들은 이에 대해 회의적이었다. 하지만 물리학의 수학적 경향이 극에 달한 20세기 물리학은 이를 받아들였다.

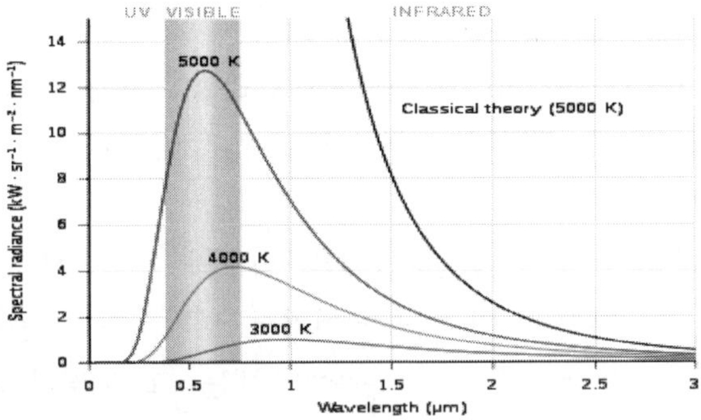

[흑체복사의 파장 분포 곡선]

생각해 보라. 막스 플랑크가 흑체복사 문제를 해결한 이론의 핵심 아이디어는 무엇인가? 근본적인 문제는 흑체에서 방출되는 전자기복사의 '파장의 분포'를 이해하는 과정에 있었다. 관측된 흑체복사 그래프는 온도가 감소하면서 그 정점의 크기는 줄어들고 파장은 길어지는 방향으로 이동했다. 고전 열역학에서는 모든 진동수의 전자기파는 특정 온도에서 같은 에너지를 갖고 있다고 가정했는데, 흑체 내부에서 발생하는 전자기파의 숫자가 무한대이기 때문에 방출되는 에너지 총합이 무한대라는 터무니없는 결과가 나왔다. 그래서 플랑크는 생각했다. 흑체로부터 방출되는 전자기파의 에너지가 극히 작은 알갱이들, 즉 에너지 양자의 형태로 방출되지 않을까? 그리고 특정 진동수의 빛이 지니는 에너지값은 그 진동수(f)에 작용양자(플랑크 상수 h)를 곱한 값(hf)의 정수(n)배만 가질 수 있다고 가정한 것이다. 이것이 플랑크의 양자가설이다.

여기서 우리가 주목해야 할 것은 플랑크가 알고 싶은 것은 '관측된 전자기복사의 파장 분포'에 대한 이해이고, 따라서 그 불연속적인 에너지 $E_n = nhf$(n=1, 2, 3, …)는 그냥 빛의 에너지가 아니라 특정 진동수의 빛이 지니는 에너지의 값이다. 그렇다면 '특정 진동수의 빛이 지니는 에너지'란 무엇을 말하는가? 그것은 광자의 '에너지'가 아니라 그 광자가 일으키는 파동의 파장과도 관련된 특정 진동수를 가진 광자의 '운동에너지'다.[92]

광자를 비롯한 모든 물질은 필수적 두 구성요소인 질량과 에너지가 양적 등가로 이루어져서 입자성과 파동성을 동시에 가지고 있는데, 물질의 '운동에너지'는 그 물질의 파동성과 관계된다. 진동수가 크고 그 회전반경이 작아서 일으키는 파장이 짧을수록 그 물질의 운동에너지는 크다. 최소 보통 물질인 광자는 모두 그 고유의 질량과 등가인 '에너지'를 가졌지만, 다양한 진동수의 '운동에너지'를 가지게 되는 이유가 바로 여기에 있다. 어떤 물질의 '에너지'는 그 물질의 운동에너지와 퍼텐셜에너지(위치 에너지)의 합이고, 이 경우 물질의 '에너지'는 그 물질이 가진 시간(질량)이 변천하지 않는 한, 그와 양적 등가인 질량과 함께 보존되지만(질량-에너지 보존법칙), 이 경우에도 그 물질의 '운동에너지'는 물질의 상태에 따라 얼마든지 변할 수 있고, 그에 따라 그 물질의 회전반경(크기)이 변하여 그 물질이 일으키는 파동의 파장과 그 진동수가 변한다. 자외선과 같이 진동수가 크고 그 회전반경(크기)이 작은 빛을 금속판에 쪼여주면 전자가 방출되는 물리적 이유도 바로 여기에 있다.

정리하자면, 양자역학의 기원이라고 할 수 있는 플랑크의 양자가설에서의 광자의 '운동에너지'를, 아인슈타인이 광전효과를 설명하면서 광자의 '에너지'라고 오인해서 주장했는데, 서구 과학적 패러다임에 따라 물 그 자체를 알지 못하는 양자물리학은 이를 수용하여 상대론적 양자역학이라고 하면서 이러한 광양자

92) 만약 $E = hf$(f는 진동수)가 특정 진동수를 가진 광자의 '운동에너지'가 아니고 광자의 '에너지'라고 한다면, 관측된 전자기복사의 '파장 분포'를 설명하기 위해 제안했던 플랑크의 양자가설은 그 목적을 상실한다.

설을 그대로 믿고 신봉하고 있다. 그런데 여기서 미리 말하지만, 이러한 믿음을 굳히게 된 계기가 된 사연이 있다. 그것은 현상 물리학에서 '광자의 운동에너지'에 관한 "고전 방정식 $E=mc^2$(이 공식은 푸앵카레가 처음 제안했고, 그 의미도 질량-에너지 등가 공식이 아니다)가 우연하게도 양자 세계에서도 성립"[93)]되었기 때문이다(그러나 물리현상에 '우연'이란 없다. 그 이유와 물리적 원인에 대해서는 논의 전개상 나중에 설명하겠다).

이에 따라 20세기 물리학에서 $E=mc^2$는 질량과 에너지 등가 공식으로서 양자물리학에서 가장 유명한 방정식이 되어버렸다. 광양자설을 수용한 상대론적 양자역학의 양자장론에 나타나는 질량이 없는 기본 입자들에 질량을 부여해주는 힉스 메커니즘이 필요해지게 된 근본적인 이유가 바로 여기에 있다.

93) 케네스 포드(Kenneth W. Ford) 〈양자 :101가지 질문과 답변: 101 Quantum Questions: What You Need to Know About the World You Can't See〉, 우리말 번역본, p. 236.

‖ 17. 보어의 원자모형과 양자 도약 및 확률해석

우리는 플랑크의 양자가설을 원용한 또 하나의 이야기로서 닐스 보어(N. Bohr)의 원자모형에 대해 살펴볼 필요가 있다. 막스 플랑크가 아인슈타인의 광양자설에 반대한 이유는 그의 양자가설에서의 '빛 에너지 양자'는 뜨거운 흑체의 빛 방출과 흡수와 관련한 어떤 복잡한 메커니즘에서 나온 결과라고 생각했기 때문이다. 이것은 원자 내부에서 광자의 방출 및 흡수와 관련된 일이다. 닐스 보어는 1913년 이러한 플랑크의 양자가설을 원용하여 그의 원자모형을 만들었다.

보어의 원자모델을 자세히 논하기에 앞서, 현상 물리학의 당시 상황을 잠시 살펴보자. 고대 그리스 시대부터 믿어 온 원자론은 19세기에 이르러 존 돌턴(J. Dalton)의 원자설로 자리를 잡게 된다. 나아가 1897년 조제프 존 톰슨(J. J. Thomson)에 의한 전자(electron)의 발견과 1909년 어니스트 러더퍼드(E. Rutherford)에 의해 원자핵이 발견되면서 20세기 초 물리학의 초미의 관심사는 원자의 구조를 밝히는 것이었다. 원자핵과 전자의 존재가 밝혀졌지만, 원자핵과 전자가 어떻게 배열되어야 실험 결과와 부합하는지가 커다란 수수께끼였기 때문이다. 그리고 1911년, 러더퍼드는 원자의 가운데에 양(+)전하를 띤 원자핵이 있고, 그 주변을 음(-)전하를 띤 전자들이 돌고 있어야 한다는 결론에 이른다. 러더퍼드의 원자모형이다.

그런데 러더퍼드의 원자모형은 실험 결과와는 잘 부합했지만, 기존의 현상 물리학에는 맞지 않았다. 뉴턴 역학에 따르면 원운동은 가속운동이므로 어떤 물체가 원을 그리며 움직이는 것은 마치 누군가 원의 중심을 향해 그 물체를 잡아당기는 것과 같은 가속운동 상태인데, 맥스웰의 전자기학에 따르면 전기를 띤 물체가 가속운동을 하면 그 물체는 에너지를 잃는다. 따라서 전자는 전기적 성질을 가진 채 가속운동을 하며 차츰 에너지를 잃고 원자핵에 점점 가까워지다가 결국 원자핵과 하나가 된다는 결론에 이른다. 그러나 전자가 원자핵과 하나가 되는 현상은 자연에서 관찰된 적도 없고, 우리 주변에 있는 물질들이 그 형태를 유지하는 것으로 보아 우리는 전자가 원자핵으로 빨려 들어가지 않는다는 사실을 알 수 있다. 만약 전자가 원자핵으로 빨려 들어갔다면 모든 원자는 이미 붕괴하여 세상은 지금과는 다른 모습이었을 것이다.

그러나 불변의 세계인 플라톤의 이상적 수학 세계를 추구하는 서구 과학적 패러다임에서는 '자연현상'을 관측하여 그 관측량 사이의 관계를 수학적으로 기술하는 것을 물리학이라고 생각하고, 있는 그대로의 세계인 자연 그 자체나 물 그 자체는 과학의 대상이 아니다. 결국 러더퍼드의 실험 결과는 러더퍼드의 원자모형을 가리키면서 자연 그 자체에도 잘 부합했지만, 기존의 현상 물리학 이론에 따르면 원자는 존재할 수 없다. 도대체 왜 이렇게 된 것일까? 물론 실체 물리학을 공부한 우리는 그 물리적 원인을 안다.

그렇다. 앞의 ‖07. 절에서 살펴본 바와 같이, 뉴턴 역학에서는, 갈릴레오가 발견한 물질 주위를 도는 궤도 운동(원운동)인 등속운동을 플라톤의 이상적 수학 세계를 구현하기 위해 유클리드의 기하학에 따라 등속운동은 직선운동이라고 해석했고 원운동을 가속운동이라고 보았기 때문이다. 그런 까닭에, 러더퍼드 원자모형은 자연과 잘 부합했음에도 불구하고 자연법칙에 반하는 현상 물리학의 이론(뉴턴 역학)으로는 설명할 수 없게 된 것이다. 서구 근대 과학혁명, 즉 서구 과학적 패러다임은 이렇게 성립되었음을 우리는 안다.

그렇다면 이제 현상 물리학은 어떻게 해야 할까? 간단하다. 사유를 본질로 하는 인간의 머릿속에서 자연현상에 맞게 이론의 제1 원리인 새로운 물리적 원리(가설)를 만들어내면 된다. 이에 따라 닐스 보어는 전자가 특정한 원 궤도만을 선택하고, 그 궤도 위에서는 에너지를 잃지 않는다는 가설을 세웠다. 전자가 일으키는 파동의 정수배가 원과 맞아떨어지는 궤적은 선택하지만 그렇지 않은 궤적은 선택하지 않는다는 가설이다.

▲ 전자 전이와 에너지 출입 관계

[보어의 원자모형과 양자 도약]

그는 궤도 위에 있는 전자를 '정상상태(定常狀態, stationary state)에 있다'라고 표현했다. 궤도 위의 전자가 에너지를 잃지 않는다는 의미다. 한편 전자의 궤도 전이(轉移) 현상을 한 궤도에서 사라졌다가 다른 궤도에서 나타나는 양자 도약(quantum leap) 또는 양자 점프(quantum jump)라고 해석했다. 전자가 한 궤도에서 다른 궤도로 도약할 때 원자는 단색광 형태로 에너지를 흡수하거나 방출하는데, 이 경우 흡수·방출하는 빛의 진동수는 두 궤도의 에너지 차이에 비례한다. 이것이 보어가 제시한 원자모형이다.

그런데 문제는 전자의 궤도 전이의 물리적 원인이 무엇이냐 하는 것이다. 입자는 어떻게 마치 새로 나타나야 할 곳을 아는 것처럼 움직일 수 있을까? 도대체 무엇이 전자를 그리로 건너

뛰게 했을까? 20세기 양자역학은 이 문제에 대해서 놀라운 해석을 내놓았는데, 그 내용은 다음과 같다.

> i) 원자 안에서는 우리가 알고 있는 원인과 결과의 법칙, 곧 인과율이 깨진다. 어떤 원인이 있어 입자를 한 위치에서 다른 위치로 움직이게 하는 것이 아니다. ii) 다만, 입자는 어떤 위치에 있을 확률만을 가지고 있고, 우리는 그것이 다른 위치로 움직일 확률만 알 수 있다.

이러한 해석이 양자역학을 지배하고 있는 표준해석인 코펜하겐 해석의 기본 틀이다. 결국 보어는 플랑크의 양자가설을 원용하여 원자모형을 물리적 실재에 가깝게 만들어 놓고도, 전자의 궤도 전이를 위 i)와 같이 양자 도약으로 해석하는 바람에, 결과적으로 자기가 만든 원래의 궤도모형을 폐기해야 할 처지에 놓였고, 전자 궤도는 없고 전자가 발견될 확률만 알 수 있다는 현재의 원자모형인 '전자구름 모형'을 등장하게 하고 말았다. 이 경우 전자는 원자핵 주변 공간에 확률(상태함수)로 존재한다.

여기서 ii)와 같은 해석을 한 사람은 보어와 함께 코펜하겐 해석을 공동 창시한 베르너 하이젠베르크(W. Heisenberg)였다. 하이젠베르크는 보어의 원자모형에서 양자 도약도 이해할 수 없었지만, 전자가 궤도 사이를 옮겨갈 때 에너지를 잃었다 얻었다 하는 것 또한 이해할 수 없었고, 보어도 왜 그런지 그 이유를 밝히지 못하였기 때문에 ii)와 같이 해석하면서 보어의 전자 궤도를 없애 버렸다. 하이젠베르크의 불확정성 원리는 궤도(위치)를 알면 파동성이 사라지고(파동함수의 붕괴) 궤도를 포기하면 파동성이 보인다는 것이다.

물론 이렇게 성립된 양자 이론은 그 뒤로 많은 논란을 불러일으켰다. 사람들은 인과율이 깨지고 확률만이 지배하는 자연

세계를 그대로 받아들일 수 없었다. 양자역학의 기본 방정식을 만든 슈뢰딩거는 "그런 망할 양자 도약에 계속 머물러야 한다면 지금껏 양자역학에 관여했던 것이 유감"이라면서 불만을 표출했고, 아인슈타인도 "신은 주사위 놀이를 하지 않는다"라며 비판했다. 하지만 위와 같은 코펜하겐 해석에 따른 양자 이론은 20세기 물리학의 혁명으로 확고히 자리를 잡게 되었다.

양자역학을 지배하는 확률해석인 코펜하겐 해석이 나오게 된 원인은 근본적으로 앞서 제시한 ⅰ)와 같은 그릇된 사유와 인식에서 비롯된 것이다. 생각해 보라. 물리적 원인 없는 자연현상이 어디 있겠는가? 그런데 참으로 황당하게 들릴지 모르겠지만, 여기서 우리가 심각하게 고민해야 할 문제점은 서구식 지적 패러다임 내에서는 이게 가능하다는 것이다. 왜 그럴까? 물론 그 근본적인 이유는 서구 과학적 패러다임에서 변화하는 자연 그 자체는 불변의 세계인 플라톤의 이상적인 세계로서 이데아(불변의 신이나 수학 세계)의 그림자에 불과하고, 따라서 있는 그대로의 세계로서 자연 그 자체 또는 물 그 자체는 서구 과학의 대상이 아니기 때문이다.

사정이 이러하므로, 자연현상의 물리적 원인이 없다고 말해도 서구 과학적 패러다임에 따른 지식체계 내에서는 틀린 말이라고 단정할 수 없다. 왜냐하면 자연과학에서 자연에 대해 알게 된 것을 말할 때 그 말의 참·거짓의 여부는 그 말이 자연 그 자체와 부합 여부에 따라 판단할 수 있을 것인데, 서구 과학적 패러다임에는 불변의 것으로 포착하기 위한 관측대상으로서의 '자연현상'과 그것을 관측한 '관측량'만 존재할 뿐, 그 판단의 기준이 되는 '자연 그 자체'는 존재하지 않기 때문이다.

한편 여기서 "틀린 말이라고 단정할 수 없다"라는 것은 곧 자연현상에 대해 물리적 원인이 '있다'라고 말해도 되고 '없다'

라고 말해도 된다는 뜻이고, 이 말은 곧 이럴 수도 있고 저럴 수도 있다는 의미이므로, '인과율'이 적용되지 않는 '확률' 해석도 물리학의 지식이 될 수 있다고 여기게 된다. 사실, 수학적 물리법칙의 시작인 뉴턴의 〈자연철학의 수학적 원리〉가 그 서두에서 "(이 책에서는) 이러한 힘들의 수학적 개념만을 다룰 뿐 그 물리학적 원인과 의의는 다루지 않는다"라고 말했을 때, 이것은 곧 이러한 현상 물리학을 의미하는 것이었다. 결국 서구 과학적 패러다임에 따른 사유와 인식체계에서는 자연현상에 대한 물리적 원인이 존재하든지 말든지 전혀 개의치 않고, 그것을 다루지 않아도 불변의 이상적 수학 세계만 구현할 수 있다면 그것으로 물리학이 될 수 있다고 생각한다.

여기서 여러분은 다음과 같은 질문을 하고 싶을 것이다. 그렇다면 전자가 마치 궤도 사이를 도약하는 것처럼 보이는 자연현상의 물리적 원인이 있다는 것인데, 실체 물리학은 그 원인을 물리적으로 설명할 수 있는가? 물론이다. 우선 플랑크가 흑체복사를 흑체인 공동(空洞, cavity) 벽 안에서의 원자의 진동에 의한 것으로 생각하고 가정한 불연속적인 진동자의 에너지 $E = nhf$(n=1, 2, 3, …)는 보어의 원자모형에서 원자 내부에서 원자핵의 외부에너지가 그 주위를 겹겹이 둘러싸고 층을 이루어 회전하고 있는 불연속적인 에너지 준위에 해당한다.

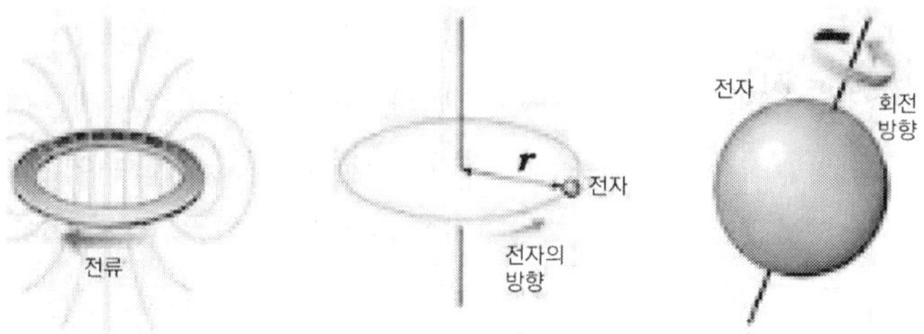

(가) 전류에 의한 자기장　　(나) 전자의 궤도운동　　(다) 전자의 스핀

* (가)는 원자핵 내부에서의 전하(질점)의 흐름인 전류에 의한 자기장을, (나)는 원자핵 외부에 형성된 기륜 공간인 전자기장에서 전자의 궤도 운동을 나타낸다. 그러나 현상 물리학에서는 그림처럼 물 그 자체인 원자핵은 무시된다. 한편 (다)는 궤도 운동하는 전자 그 자체의 축 대칭 회전운동인 자전(spin)을 나타낸다.

실체 물리학에 따르면, 핵자(양성자, 중성자)의 구성성분인 쿼크(나중에 자세히 논하겠지만, 쿼크는 광자와 암흑물질이 결합하여 생성된 것이다)의 구성요소인 광자의 질량은 원자핵 속에 들어 있지만, 그 광자의 외부에너지는 원자핵 주위를 겹겹이 둘러싸고 회전하면서 기륜 공간인 전자기장을 형성하고 있다. 이것이 바로 모든 것의 이론 명제 3-2.에서 말하고 있는 물질 그 자체의 내재적 속성에 따라 운동·변화하는 원리인 기륜 원리(The principle of Giriun)다. 즉, 우주의 근본 물질인 암흑물질들이 결합하여 이루어진 모든 보통 물질(여기서는 원자핵)은 그 물질의 내부질량수만큼의 외부에너지가 그 물질 주위를 겹겹이 둘러싸고 층을 이루어 돌면서 형성한 기륜 공간인 전자기장을 가지고 있다. 이처럼 기륜 원리는 그 내부에 질량을 가진 물질의 외부에너지가 그 물질 주위를 겹겹이 둘러싸고 층을 이루어 돌(리)면서 장(場, field)을 형성하는 원리다.

그리고 모든 것의 이론 명제 3-2.에서 "돌(리)고"라고 기술하고 있는 것은 물질의 외부에너지가 그 물질 주위를 '돌면서' 그 물질을 회전시키기 때문에 그 물질 내부에 있는 전하(질점)들을 그 외부에너지의 회전 방향과 반대 방향으로 '돌리게' 된다는 것이므로, 원자핵의 외부에너지가 겹겹이 층을 이루어 돌면서 기륜 공간을 형성할 때 그 원자핵 내부에 있는 전하(질점)들이 그 기륜의 회전 방향과 반대 방향으로 돌게 되고, 이에 따라 원자핵 내부에 전류가 생기고 자기장이 형성되어 전자기력이 발생하는 것이다(모든 것의 이론 명제 3-6. 참조).

한편 명제 3-3.에서 말하고 있는 것처럼, 원자핵의 외부에너지가 그 원자핵 주위를 겹겹이 둘러싸고 층을 이루어 돌고 있는 그 각각의 층들이 기륜선(lines of Giriun)이고, 그 원자핵의 외부에너지가 돌고 있는 힘이 기륜력(Giriun force)이다.[94] 이 경우 기륜력의 방향은 서로 수직으로 교차하는 전기장과 자기장에 모두 수직인 방향이다. 물론 여기서 "겹겹이 둘러싸고 층을 이루어"라는 말은 곧 불연속적이라는 뜻이고, "층을 이루어 돌고 있다"라는 것은 원자핵의 외부에너지가 여러 층의 공전궤도를 형성하고 있다는 의미다. 한편 원자핵 주위에 형성된 전자기장에서 운동하는 전자는 원자핵을 구성하고 있는 물질의 외부에너지[95]가 원자핵 주위를 겹겹이 둘러싸고 층을 이루어 돌고 있는 어느 한 층 또는 전기장과 자기장이 수직으로 교차하는 격자점들이 형성하는 궤도 위에 올라타서 일정하게 보존되는 궤도 각운동량에 따라 편안하게 원자핵 주위를 돌고 있다(전자의 궤도 운동). 물론 이 경우 전자 그 자체도 그 외부에너지의 회전에 의한 기륜력에 의해 자전한다(전자의 스핀 운동).

그런데 물 그 자체는 과학의 대상이 아닌 서구 과학적 패러다임에 따른 현상 물리학에서는, 원자핵 주위를 겹겹이 둘러싸고 불연속적인 에너지 준위를 형성하고 있는 광자의 에너지 부분은 인식할 수 있겠지만, 원자핵 속에서 핵자를 구성하고 있는 그 광자의 질량 부분을 생각하기는 어려울 것이다. 게다가 20세기 물리학은 아인슈타인의 광양자설을 믿고 있으므로 광자는 질량이 없고 에너지로만 이루어진 입자라고 생각하고 있기

94) 앞에서 말한바 있는 마이클 패러데이가 발견한 '원형의 힘'의 선들인 역선(lines of force)의 물리적 실체가 바로 위에서 말하는 기륜선이고 기륜력이다.

95) 물질의 외부에너지는 불연속적이며 원자핵 속에 있는 질량수만큼의 개수를 가진다.

에 더욱 그러하다. 하지만 실체 물리학을 공부하고 있는 우리는 비록 두 필수적 구성요소인 질량과 에너지로 이루어진 대상 물질의 반쪽(광자의 질량 부분)을 관찰할 수 없다고 하더라도 그 물질 자체의 내재적 속성을 아는 까닭에 그 물질의 운동 상태를 '통찰'할 수 있다.

우리는 원자에서 광자가 흡수되거나 방출될 때, 즉 원자 내부의 핵 주위에 전자기장을 형성하고 있는 불연속적인 에너지와 관련된 광자의 에너지가 증감되는 경우, 원자핵 속에서는 그 광자를 이루고 있는 질량도 함께 증감되어 질량과 에너지로 이루어진 광자 그 자체가 흡수 또는 방출된다는 사실을 알 수 있다. 왜냐하면 모든 것의 이론 명제 1-1.이 말하고 있는 것처럼, 모든 물질은 필수적인 두 구성요소인 질량과 에너지가 양적 등가로 이루어 있고, 질량과 에너지는 각자 독립적으로는 실재할 수 없기 때문이다. 따라서 전자의 궤도 전이의 경우, 광자의 에너지 준위(위치 에너지)가 감소한 만큼 그 운동에너지가 증가하고(물질 주위에 형성된 장에서의 에너지 보존 법칙), 이러한 '운동에너지'와 진동수를 가진 광자가 원자로부터 방출된다고 보아야 하는데(이것이 플랑크의 '양자가설'이다), 원자로부터 방출된 광자 그 자체는 광자 고유의 '질량과 양적 등가인 에너지'를 가지고 있다(고립계인 물질 그 자체의 질량-에너지 보존 법칙). 우리가 광자를 관측할 수 있는 이유는 그것이 시간(질량)을 가져서 전자기력을 발생하는 보통 물질이기 때문인데, 전자기력을 발생하려면 그 물질 내부에 전하들의 흐름(2개 이상의 질점들)이 있어서 전류가 발생하고 자기장이 생겨야 한다.

한편 원자로부터 광자가 방출되는 물리적 원인은 자연법칙인 시간의 변천에 의한 열역학 제2 법칙(엔트로피 증가법칙)에 따른 것으로서 원자핵 속에서 일어나는 감마(γ) 붕괴와 같이 약한 핵력에 의한 것이다. 이 경우 광자는 핵자를 이루는 쿼크, 즉 광자와 암흑물질이 결합해서 이루어져 3개의 질량을 가진 쿼크가 붕괴함으로써 방출되는 것이다. 따라서 원자핵 속의 핵자를 이루고 있는 소립자인 쿼크의 외부에너지는 3개의 스펙트럼선으로 나타나게 되는데, 그중에 2개는 광자의 외부에너지, 1개는 암흑물질의 외부에너지에 해당한다.

따라서 외부 자기장에 의해 나타나는 원자나 분자의 방출 스펙트럼 선 가운데 일부가 세 개의 선으로 갈라지는 현상이 나타나는데, 이러한 사실이 실험적으로 밝혀진 것이 아래 그림과 같은 제이만 효과(Zeeman effect)다. 한편 제이만 효과로 갈라진 선(기륜선, 궤도, 에너지 준위)들 각각에는 축 대칭 회전 운동하는 보통 물질로서 서로 다른 방향으로 자전(스핀)하는 전자가 들어갈 수 있다.

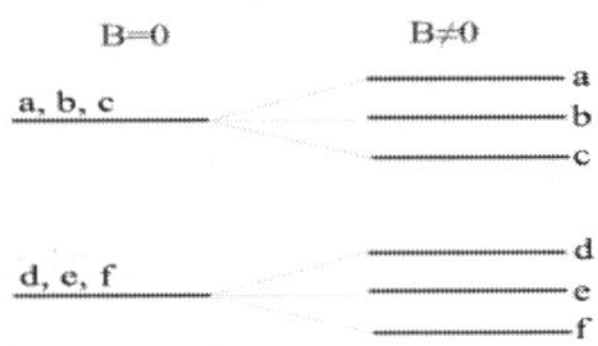

[제이만 효과(Zeeman effect)]

결국 보어의 원자모델을 실체 물리학의 관점에서 전체적으로 다음과 같이 정리하여 말할 수 있다. 전자는, 핵자를 이루는 쿼크의 구성성분인 광자의 외부에너지가 원자핵 주위를 겹겹이 둘러싸고 층을 이루어 회전하여 형성하는 기륜 공간인 전자기장 안의 어느 한 층(궤도) 위에 올라타서 편안하게 원자핵 주위를 돌고 있는데, 원자가 특정 운동에너지를 가진 광자를 흡수하는 경우[96] 그 광자 자체가 가진 전자기장에 의해 원자핵 주위에 층(궤도, 에너지 준위)이 새로 생기므로 그 새로 생긴 궤도에 의해 전자가 궤도 전이한 것처럼 보이고, 원자가 광자를 방출하면 그 광자의 에너지 준위 차이만큼의 궤도(일부 전자기장)가 없어지기 때문에[97] 전자가 높은 에너지 준위의 운동 상태에서 낮은 에너지 준위의 운동 상태로 전이한 것처럼 보인다. 이 경우 원자에서 광자를 흡수·방출하는 물리적 원인은 원자핵 속에서 일어나는 핵력의 상호작용에 의한 것이고, 전자의 궤도 사이 전이는 이러한 원자핵 속에서 일어나는 상호작용으로 인하여 발생하는 현상에 불과하다.

따라서 —현상 물리학이 생각하고 있는 것처럼 어떤 궤도의 에너지 운동 상태에 있는 '전자'가 다른 궤도의 에너지 운동 상태로 도약하면 그 에너지 차이에 해당하는 에너지를 가진 광자를 흡수 또는 방출하는 게 아니라, 그와 정반대로— '원자'가 광자를 흡수하거나 방출하면 그에 해당하는 에너지 준위 차이만큼 에너지 준위가 가감되기 때문에 전자가 궤도 사이를 도약한 것처럼 보이는 것일 뿐이다. 그러나 코펜하겐 해석은 자연현상의 관측 결과를 두고 위와 같이 원인과 결과를 거꾸로 생각했고, 그런 그릇된 사유와 인식으로 인해서 전자의 궤도 전이는 그 물리적 원인이 없고 한 궤도에서 사라졌다가 다른 궤도에 나타나는 양자 도약이 일어난다고 해석하게 된 것이다.

그러나 생각해 보라. 전자가 한 궤도에서 다른 궤도로 전이하는 자연현상에는 반드시 그 물리적 원인이 있는 것이 자연법칙일 것이다. 그렇다면 왜 그런 현상이 나타나는지 그 원인을 탐구하여 그것을 '물리적으로 설명'해주는 것이 물리학의 임무

96) 즉, 원자마다 특정 운동에너지를 가진 광자만을 흡수하고 방출한다(원자의 선스펙트럼).

97) 나중에 Ⅱ24. 절에서 자세히 논하겠지만, 이는 마이스너 효과나 힉스 메커니즘과도 관련된 것이다.

다. 그렇지 않은가? 물론 뉴턴이 물리적 설명을 포기하고 수학적 기술만을 할 수밖에 없었던 것처럼, 우리는 서구 과학적 패러다임에서 도출할 수 있는 지식으로는 자연현상의 물리적 원인을 설명할 수가 없다는 사실을 안다. 그러나 양자역학의 문제는 전자의 궤도 전이라는 자연현상의 물리적 원인이 있겠지만 우리의 지식체계에서는 그것을 알 수 없다는 것이 아니라, 아예 자연의 인과법칙을 부정해버리고 전자의 궤도 전이를 일으키는 물리적 원인 같은 것은 없다고 단정하면서, 우리는 전자가 다른 위치로 움직일 확률만 제시할 수 있다고 선언했다는 점에 있다.

다시 말하건대 코펜하겐 해석이 문제인 이유는 물리적 원인은 감히 묻지 않는다는 전제 아래 자연현상을 관측하여 그 관측량 사이의 관계를 형식적으로 기술하는 것만으로도 과학이라고 생각했던 뉴턴 이래의 형식 물리학에 그치지 않고, 자연현상의 물리적 원인 같은 것은 없다고 말하면서 확률적 해석을 선언한 점에 있다. 사람들은 이 선언을 통해 성립된 20세기 양자물리학을 물리학의 혁명이라고들 말하지만, 그 혁명이라는 것의 실상은 뉴턴 이래 그나마 유지돼왔던 형식 물리학의 지위에서 가졌던 '형식적 인과율'마저 포기하고, 고대 그리스인들이나 했던 이럴 수도 있고 저럴 수도 있는 점술 복술 유사한 '확률'적인 췌마학으로 전락해버렸다는 것을 의미한다.

서구 과학적 패러다임에 따른 현상 물리학에서 말하는 '자연의 인과법칙이 형식적'일 수밖에 없는 이유는, 그 지식 체계상 동적 시스템의 시작점 이론을 가질 수 없기 때문이다. 따라서 현상 물리학에서의 인과율은 초기 조건이 주어질 때만 미분방정식의 알고리즘에 따라 인과적으로 연결된다. 그러나 양자역학의 표준해석은 초기 조건이 확률적이므로 이 '형식적 인과율'마저 부정된다는 것이다.

우리는 여기서 서구 과학적 패러다임에 따른 현상 물리학의 한계가 무엇인지, 또 갈릴레오가 고민했던 것처럼 자연 그 자체가 아닌 자연의 드러난 현상의 관측 결과나 실험 결과에 관한 해석이 얼마나 잘못된 결과에 이를 수 있는지를 여실히 실감할 수 있을 것이다. 이제 "망할 양자 도약"이라던 에르빈 슈뢰딩거의 불편한 마음을 조금이라도 이해할 수 있겠는가? 양자역학의 기본 방정식을 만든 슈뢰딩거는 잃어버린 전자의 궤도를 다시 자연으로 되돌리고 싶었지만, 결국 위와 같이 확률이 지배하는 해석이 득세하게 되자, 그동안 자신이 한 일들을 후회하면서 다음과 같이 말했다.

> "나의 파동 방정식이 이런 식으로 쓰일 줄 알았더라면, 나는 그 논문들을 출판하기 전에 불태워버렸을 것이다. (……) 나는 그것이 싫다. 내가 그것과 조금이라도 관련을 맺었던 것이 참으로 유감스럽다."[98]

갈릴레이와 패러데이에 이어, 또 한 명의 성실한 물리학자인 에르빈 슈뢰딩거는 이럴 수도 있고 저럴 수도 있는 확률로 전락해버린 양자역학에 염증을 느끼고 '슈뢰딩거의 고양이'만을 남겨둔 채, 살아 움직여 운동 변화하는 것에 대한 실체 물리학적 질문에 대한 답을 찾아 20세기 양자물리학계를 떠났다. 여기서 잠시 이 당시 슈뢰딩거의 생각을 엿볼 수 있는 그의 이야기의 한 구절을 직접 들어보자.

> "지난 천오백 년 동안 서양의 사유가 낳은 이론적이고 실천적인 최종 성과를 개관해 보면, 썩 고무적이지는 않다. (……) 이미 여러 사람이 지적했듯이 이런 상황은 고대 말기와 끔찍할 만큼 닮았다. (……) 실용적 지식이라는 영역에서 여러 견해가 계속 변화함에도 적어도 실용적 지식의 보편적 형식과 토대에 있어서는 굳건하고 안전한 궤

98) Walter J. Moore, A Life of Erwin Schrödinger, abridged ed. (Cambridge: Cambridge University Press, 1994)

도에 들어섰다고 믿는다는 바로 그 점에서도 두 시대는 닮은 것이다. (……) 그러므로 이런 일을 꼼꼼히 살펴본 후손인 우리가 이처럼 어마어마한 고대의 채무를 상속하겠다고 선언하고 이런 사유의 길을 계속 따라갈 용기가 꺾인 것도 놀랄 일은 아닐 것이다! 그 길은 2,000년 만에 다시 한번 우리를 파산으로 이끌 것이 분명하기 때문이다."[99]

그렇다. 최한기 사상의 계승자로서 성실한 물리학자였던 슈뢰딩거 말대로, 뉴턴 이래 그나마 유지해왔던 형식 물리학의 지위에서 가졌던 '형식적 인과율'마저 포기하고, 고대 그리스인들이나 했던 이럴 수도 있고 저럴 수도 있는 점술 복술 유사한 '확률'적인 췌마학으로 전락해버린 20세기 양자역학은, 고대 말기와 유사하게 그로부터 2,000년 만에 다시 한번 서양 사유가 낳은 지식의 파산으로 이어질 것이 분명해졌다.

99) Erwin Schrödinger 『물리학자의 철학적 세계관』(1960), 우리말 번역본, p 21.

Ⅱ 18. 현상 물리학 곳곳에 스며 있는 암흑물질

우리는 20세기 초 플랑크의 양자가설을 원용한 두 이야기, 즉 아인슈타인의 광양자설에 따른 질량이 없고 에너지만 있는 '아인슈타인 광자'와 보어의 원자모델에서의 '양자 도약'에 대해서 살펴보았다. 그런데 사실 플랑크가 올바른 평균 에너지밀도 공식을 얻기는 했지만, 그의 공식 유도에는 결함이 내포되어 있었다. 오늘날 현상 물리학은 흑체의 내부공간에 있는 진동자의 에너지는 $nh\nu$ (h는 플랑크 상수, ν는 진동수)가 아닌 $(n+1/2)h\nu$ (n=1, 2, 3, …)임을 알고 있다. 여기서 $(1/2)h\nu$는 영점에너지(zero point energy, non zero-zero point energy)라 불린다. 이 영점에너지에 대해 현상 물리학은 원자 속에서 에너지 레벨이 가장 낮은 바닥 상태 에너지라고 하면서 다음과 같이 말한다.

> "바닥 상태에 있는 입자도 에너지를 가지고 있기는 하지만 그런 에너지는 쓸모가 없다. 모든 가능한 에너지가 빠져나간 후에도 입자가 여전히 있다는 뜻에서 영점에너지라고 부른다. 절대온도 0도(0K)에 있는 물체는 영점에너지 이외에 다른 에너지를 가질 수 없다. 영점에너지 때문에 영구운동과 같은 것이 실제로 존재하기도 한다."[100)]

여러분은 이 책을 통해 실체 물리학의 물리적 대상인 물 그 자체에 대해서 어느 정도 배웠으므로, 여기서 다음과 같은 의문을 제기할 수 있을 것이다. 에너지 준위가 가장 낮은 바닥

100) 케네스 포드(Kenneth W. Ford) 〈양자 :101가지 질문과 답변: 101 Quantum Questions: What You Need to Know About the World You Can't See〉, 우리말 번역본, p. 81.

상태(ground state)에 있는 입자가 가진 영점에너지를 가진 물리적 실체는 무엇일까? 물론 서구 과학적 패러다임에 따른 현상 물리학적 지식체계에서는 물 그 자체는 과학의 대상이 아니므로, 이런 질문 자체가 금기시된다. 특히나 형식적 인과율마저 포기하고 확률에 의존하는 양자역학의 경우, 물 그 자체에 대해서 궁금해하거나 질문한다면 "닥치고 계산이나 해!"라는 대답을 들게 될 것이다. 양자'얽힘'의 연구로 유명한 데이비드 머민(D. Mermin)이 "만약 내가 코펜하겐 해석이 내게 하는 말을 한 문장으로 요약할 수밖에 없다면, 그것은 '닥치고 계산해!'이다"[101]라고 지적하고 있듯이 말이다.

우리는 모든 물질은 필수적 두 구성요소인 질량과 에너지가 양적 등가로 이루어졌고, 최소 보통 물질인 광자는 우주의 기본 단위 물질인 암흑물질 2개가 결합하여 형성되었다는 사실을 안다. 그리고 플랑크의 양자가설과 보어의 원자모형에 따르면 원자 속에서 원자핵 주위를 겹겹이 둘러싸고 돌면서 불연속적인 에너지 준위를 이루는 단위 양자의 에너지는 $E=h\nu$이다. 그런데 영점에너지를 가진 물질의 에너지는 단위 양자 에너지 절반이다($h\nu/2$). 한편 우리는 원자로부터 방출되는 다양한 진동수를 가진 광자($nh\nu$, n=1, 2, 3, …)는 자연법칙인 시간의 변천에 의한 열역학 제2 법칙인 엔트로피 증가법칙에 따라 광자와 암흑물질이 결합해서 이루어진 원자핵 속의 쿼크{$(n+\frac{1}{2})h\nu$}가 붕괴한 것임을 안다.

그렇다면 영점에너지를 가진 물리적 실체는 무엇일까? 그렇다. 영점에너지를 가진 물리적 실체는 바로 우주의 기본 단위 물질인 암흑물질이다. 지금 우리는 실체 물리학적 통찰력으로

101) David. Mermin, "If I were forced to sum up in one sentence what the Copenhagen interpretation says to me, it would be 'Shut up and calculate!"

현대물리학의 최대 미스터리의 하나인 암흑물질의 정체를 지금까지의 현상 물리학이 무시해왔던 있는 그대로의 세계에서 발견했다.

그렇다면 도대체 왜 기존의 현상 물리학은 암흑물질을 인식할 수 없고, 도외시해야만 했을까? 그 이유는 현상 물리학의 사유와 인식체계에서 물 그 자체는 서구 과학의 대상이 아니기도 하지만, 내부에 단 하나의 질점(時點)만 가져서 전자기력을 발생하지 않아 관측할 수 없는 암흑물질은 —2개 이상의 질점을 지녀서 시간을 가지고 전자기력을 발생하여 관측 가능한 광자와 같은 보통 물질들과는 달리— 자연 그 자체가 아닌 자연현상을 관측하여 그 관측량 사이의 관계를 수학적으로 기술하는 서구 과학적 지식체계에서는 애당초 그 지식에 포섭할 수가 없기 때문이다. 불변의 세계인 플라톤의 이상적 수학 세계를 구현하려면 자연 그 자체가 아니라 자연현상을 관측하여 불변의 것으로 포착한 그 '관측량 사이의 관계'를 대칭 형태의 방정식으로 기술할 수 있어야 하는데, 살아 움직여 운동 변화하고 있는 자연 그 자체나 '물 그 자체'는 그 지식 체계상 과학의 대상이 아닐뿐더러 수학적으로도 기술할 수 없다.

앞서도 잠깐 언급했었지만, 운동방정식 $F=ma$의 경우, 뉴턴뿐만 아니라 어떤 현상 물리학자도 여기에 기술된 힘(F)이나 질량(m)은 서구 과학의 대상이 아닌 '물 그 자체'의 내재적 속성과 관련된 것이기 때문에 알지 못하고, 현상 물리학이 알 수 있는 것은 기껏해야 '관측량 사이의 관계', 즉 속도의 증가량인 가속도(a)뿐이다. 따라서 현상 물리학에서 말하는 물질이나 시간은 —그 물질 그 자체가 가진 시간이 아니라— 그 현상을 관측함으로써 불변의 것으로 포착한 것, 즉 시계로 잰 관측량으로서 물리량일 뿐이다. 서구 과학적 패러다임에서는 그 지식

체계상 '시간'이 무엇이고 '빛'이 무엇인지는 알 수 없게 된 이유가 바로 여기에 있다. 우주 초기 시간과 함께 탄생한 빛(광자)이 무엇이고 그 빛이 어떻게 만들어졌는지만 알아도 시간과 암흑물질의 실체를 저절로 알게 될 터인데 말이다.

이렇게 우주의 근본 물질인 암흑물질은 서구 과학적 패러다임에서는 결코 물리적으로 알 수 없게 되어 있고, 다만 그에 대한 장님 코끼리 만지기식의 인식을 할 수밖에 없다. 그리고 그러한 뜬구름 잡는 인식 상태에서 말하는 것이 바로 쓸모없는 에너지를 가진 물체로서 원자 속에서 에너지 준위가 가장 낮은 바닥 상태 에너지를 가진 물체이고, 절대영도(0K, 캘빈 온도 0K=-273℃)에 존재하는 유일한 물체이며, 영구운동을 하는 물체인바, 이것들의 물리적 실체가 바로 우주의 근본 물질인 암흑물질이다.

여기서 특히 '쓸모없는 에너지[102]'의 물리적 실체는, 바로 고립계에서 열역학 제2 법칙인 엔트로피 증가 법칙으로서의 시간의 변천(變遷), 즉 보통 물질이 가진 시간(time)이 암흑물질이 가진 시점(때, timing)으로 붕괴하여(變) 물질 밖으로 이동한(遷) 따듯한 암흑물질의 구성요소로서의 에너지다.[103] 다시 말해 자연법칙인 시간의 변천에 의한 열역학 제2 법칙에 따라 증가하는 '엔트로피(entropy)'나 더는 '쓸모없는 열에너지(energy at heat from exhaust)'라고 말하는 것의 물리적 실체가 바로 따듯한 암흑물질이다.

한편 절대 0도에서 존재하는 유일한 물체가 암흑물질이라는

---

102) 현상 물리학에서 에너지는 일의 양으로 정의되는데, 열에너지는 일할 수 없다. 그래서 쓸모없는 에너지다.

103) 물론 우리는 암흑물질은 암흑질량과 암흑에너지로 이루어져 있음을 안다. 이렇게 우주의 근본 물질로 되돌아간 암흑물질은 더는 시간을 가진 보통 물질을 다시 만들지 못한다. 왜냐하면 암흑물질들이 결합해서 시간을 가진 보통 물질을 생성하려면 빅뱅 당시와 같은 초고밀도 초고온의 상태이어야 하기 때문이다.

것은, 앞의 Ⅱ13. 절에서 살펴본 바와 같이, 관측 가능한 일반 물질이 하나도 없는 캄캄하고 차가운 우주인 절대 0도에서도 존재했던 물체가 바로 암흑물질이었으므로 충분히 이해할 수 있을 것이다. 그리고 코스모스의 종말 이후, 새로운 코스모스의 시작 이전에도 암흑물질들은 그 외부에너지의 회전하는 기륜력에 의해 끊임없이 운동·변화하고 있었던 데서 알 수 있듯이, 우주의 근본 물질인 암흑물질은 영구운동을 한다.

물론 현상 물리학으로는 설명할 수 없어서 무시될 수밖에 없는 암흑물질이 여기에만 그치는 것이 아니다. 앞서도 설명한 양자 요동의 물리적 실체도 암흑물질이었고, 나중에 논하겠지만, 은하의 형성이나 블랙홀 그리고 중력의 물리적 실체도 암흑물질의 작용에 의한 것이며, 특히 현상 물리학에 쓰이는 수학의 근간이 되는 미적분과 최소작용의 원리에도 우주의 근본 물질인 암흑물질들의 작용이 숨어 있다.

‖19. 질량-에너지 등가 공식 $E=mc^2$의 진정한 의미

나는 앞의 ‖16. 절에서 양자역학의 기원이라고 할 수 있는 플랑크 법칙에서의 진동수와 관련된 광자의 '운동에너지'를 아인슈타인이 광전효과를 설명하면서 광자의 '에너지'라고 왜곡했고, '광자의 운동에너지'에 관한 "고전 방정식 $E=mc^2$가 우연하게도 양자 세계에서 성립되면서" 양자물리학에서는 $E=mc^2$가 질량과 에너지를 서로 변환시키는 관계식이자 '에너지'를 대표하는 공식으로 변질하여 20세기 물리학에서 가장 유명한 방정식이 되었다고 얘기했었다. 여기서는 이제 이러한 사실을 염두에 두고 $E=mc^2$가 실제로 무엇을 의미하는지 그 물리적 실체를 고찰해보기로 하자.

운동에너지에 관한 방정식은 $E=(1/2)mv^2$(여기서 m은 물질의 질량, v는 물질의 운동 속도)이다. 여기서 질량(mass)이란 물질(matter)이 가지고 있는 고유한 양을 말하며, 질량의 단위에는 g, kg 등이 있다. 물질의 질량은 그 물질이 외부 힘을 받았을 때 그 속도와 위치가 변화하는 데에 대한 저항의 정도라고 할 수 있다. 물질의 질량이 클수록 외력에 의한 변화는 적다. 따라서 물질의 질량은 관성으로 정의하는데, 관성질량은 에른스트 마흐의 방식에 따라 뉴턴의 운동법칙으로 정의된다. 즉, 뉴턴의 작용 · 반작용 법칙에 가속도의 법칙을 적용해서 두 물체를 작용시켰을 때 두 물체의 가속도는 항상 반대 방향이며 그 크기의 비는 두 물체에 고유한 양이 된다고 보고, 물체의 질량을 기준물질의 질량, 즉 단위 질량에 대한 정수배로 정의한다. 물론 이 경우 물체의 관성질량이 m이고 그 물체에 F의 힘이 작용하면, 가속도(a)는 $a = F/m$으로 주어진다.

이에 따라 우리는 우주에서 가장 작은 질량을 가진 물체, 즉 우주의 근본 물질로서 기본 단위 물질인 암흑물질을 기준물체로 하여 우주에 있는 모든 물질의 질량을 그 정수배로 정의할 수 있다. 이 경우 최소 보통 물질인 광자는 암흑물질 두 개가 결합하여 이루어진 것이므로, 광자의 질량은 기준물질인 암흑물질 질량의 2배이다. 그런데 기준물체에 관한 운동에너지는 $E = (1/2)mv^2$이므로, 여기에 기준물체의 질량 m의 2배에 해당하는 광자의 질량 $2m$과 운동 속도 c를 대입하면 광자의 운동에너지는 $E = (1/2)(2m)c^2 = mc^2$가 됨을 알 수 있다.

그런데 사실, 질량과 전자기 에너지 사이의 관계로서 광자의 운동에너지 공식 $E = mc^2$을 처음 제안한 사람은 앙리 푸앵카레이었다. 1900년 전자기장의 에너지 보존법칙에 관한 포인팅 정리를 '질량-에너지 보존법칙'으로 확장한 푸앵카레는, 전자기장 내의 입자의 운동량과 전자기장 자체의 운동량이 함께 보존된다면 포인팅정리는 전자기장이 $E = mc^2$을 만족하는 질량을 가진 가상의 유체처럼 행동할 것임을 알려준다는 사실을 발표했다.[104)]

다만, 푸앵카레는 이 전자기장의 운동량(전자기장의 운동에너지를 미분한, 즉 불연속적으로 잘게 쪼갠 것: 모든 것이 이론 명제 7-7. 참조)을 실제로 물질의 질량과 연결하지는 못했다. 하지만 실체 물리학을 공부한 우리는 앞의 ‖17. 절에서 기륜 원리에 따라, 내부에 질량을 가진 원자핵은 그 질량수만큼의 외부에너지가 그 원

104) Poincaré, Henri (1900), “La théorie de Lorentz et le principe de réaction”

자핵을 겹겹이 둘러싸고 층을 이루어 회전하면서 형성한 기류 공간인 전자기장의 불연속적인 광자의 외부에너지를, 그 원자핵 속에 핵자를 이루고 있는 쿼크의 구성요소로서의 광자의 질량과 연결했다.

한편 최근에 토니 로드만(T. Rothman)은 다음과 같이 밝히고 있다.

> "아인슈타인은 질량-에너지 등가 공식 $E=mc^2$를 처음 제안하지도 않았고, 적어도 자신의 특수상대성이론을 이용해 스스로 증명하지도 않았다. 그는 자신이 유도했던 상대론적 도플러 효과를 이용해 이를 증명하려 했지만 (……) 매우 빠른 속도에서는 여전히 참인지를 알 수 없는 수식으로만 남겨놓았다. 더구나 그는 이 수식이 모든 물질과 모든 형태의 에너지에 다 적용된다고 말했지만, 이를 한 번도 증명하려 하지 않았다. 그는 자신의 유도에 약점이 있다는 것을 알고 있었고, 그 후 죽을 때까지 40년 동안 이를 보완하려 했지만, 성공하지 못했다."[105)]

이상에서 살펴본 바와 같이, 20세기 물리학에서 가장 유명한 고전 방정식 $E=mc^2$는 이를 처음 제안했던 푸앵카레가 전자기장의 에너지 보존법칙에 관한 포인팅정리를 질량-에너지 보존법칙으로 확장하면서 나오게 된 공식인데, 그것이 의미하는 바는 아인슈타인식 질량-에너지 등가 공식이 아니라, 전자기장을 형성하고 있는 원자핵 속에 그 질량이 있는 광자의 외부에너지로서 광자의 운동에너지에 관한 방정식이다. 그리고 이것은 곧 플랑크의 양자가설에서 불연속적인 단위 양자의 에너지 $E=hf$(h: 플랑크 상수, f: 진동수)가 특정 진동수와 관련된 광자의 운동에너지와 같은 것이기 때문에, 광자의 운동에너지를 나

105) Tony Rothman on August 24, 2015. Scientific American. 「Was Einstein the First to Invent $E=mc^2$?」 "The great physicist was not the first to equate forms of mass to energy, nor did he definitively prove the relationship"

타내는 고전적 방정식인 $E=mc^2$가 양자 세계에서도 "우연히" 성립하게 된 것이다.

생각해 보라. 아인슈타인은 왜 자신이 사용한 질량-에너지 등가 공식인 $E=mc^2$을 죽을 때까지 유도해내지 못했던 것일까? 그 근본적인 이유는 1905년 3월, 그가 광전효과를 설명하면서 플랑크의 양자가설에서의 그 진동수와 관련된 불연속적인 광자의 '운동에너지'를 광자의 '에너지'로 오인했고, 광자 그 자체를 질량이 없고 에너지만 있는 영생불멸의 입자인 이른바 '아인슈타인 광자(광양자설)'를 창조해낸 데 있다. 아인슈타인은 이러한 그릇된 사유와 인식 상태에서 그해 6월의 특수상대성이론과 9월의 $E=mc^2$에 따른 질량-에너지 등가원리 논문을 각각 썼다.

그러나 앞의 Ⅱ15. 절에서 살펴본 바와 같이, 물질의 필수적 두 구성요소인 질량과 에너지가 $E=mc^2$에 따라 서로 변환될 수 있다는 주장은 그 속성이 전혀 다른 질량(1차원 시간과 입자성)과 에너지(3차원 공간과 파동성)가 서로 변환되어 어느 하나가 될 수 있다는 것인데, 이는 어불성설이다. 물질의 상태(예컨대 물질의 운동에너지와 그 위치 에너지)는 얼마든지 변할 수 있지만, 물질의 내재적 속성(예컨대 물질의 구성요소로서의 에너지나 그와 양적 등가인 그 질량)은 변할 수 없다. 물질의 필수 구성요소인 질량과 에너지는 그 물질이 존재하는 한 함께 보존된다(질량-에너지 보존법칙).

여기서 주지해야 할 것은 아인슈타인의 질량-에너지 등가 공식 $E=mc^2$에 따라 질량(시간)이 에너지(공간)로 변환된다고 보아 시간을 또 하나의 공간의 차원으로 하여 4차원 공간으로 표현된 민코프스키의 4차원 공간은 플라톤의 이상적 수학 세계에나 존재하는 환상이라는 점이다. 우주에는 4차원 시공간은 실재하지만 4차원 이상의 공간은 실재하지 않고 실재할 수도 없다. 물론 수학적으로야 100차원의 공간도 가능하다. 그러나 물리학은 수학이 아니다.

실체 물리학에서 말하는 4차원 시공간이란 형체를 가진 물리적 실체, 즉 3차원 공간(외부에너지)을 가진 물질 내부에 1차원 시간(부피가 없는 질점들)이 들어 있다는 의미에서 4차원 시공간이다. 그래서 실체 물리학의 창시자 혜강 최한기는 물 그 자체의 운동 변화의 원리를 설명하는 실체 물리학을 형체도 있고(3차원 공간) 방향도 있는(1차원 시간) 유형·유방(有形·有方)의 학문이라고 했고, 물 그 자체 속에 수(질량수, 질량수-1의 시간 수)가 임시 머문다고 말한 것이다. 여기서 수(數)가 물 그 자체(氣) 속에 임시 머무른다고 말한 이유는, 물 그 자체는 살아 움직여 운동 변화하고 있으므로 자연법칙인 시간의 변천(變遷)에 의한 열역학 제2 법칙인 엔트로피 증가법칙에 따라 물 그 자체 속에 들어 있는 시간이 시점으로 변(變)하여 시점만 가진 암흑물질(엔트로피)은 그 물질 밖으로 이동(遷)하기 때문이다.

정리해 보자. 20세기 물리학에서 가장 유명한 고전 방정식 $E=mc^2$는 원자핵 속에 그 질량이 있는 광자의 운동에너지(겹겹이 층을 이룬 불연속적인 에너지)에 관한 방정식이다. 따라서 플랑크의 양자가설에서 불연속적인 단위 양자의 에너지 $E=hf$ (h: 플랑크 상수, f: 진동수)가 특정 진동수와 관련된 광자의 운동에너지이기 때문에 광자의 운동에너지를 나타내는 고전적 방정식인 $E=mc^2$가 양자 세계에서도 성립하게 된 것이다. 그리고 현상 물리학이 말하는 고전 방정식 $E=mc^2$가 양자 세계에서 우연하게도 성립하게 된 계기를 제공한 것은 전자기장의 에너지 보존법칙에 관한 포인팅정리를 질량-에너지 보존법칙으로 확장하면서 $E=mc^2$라는 공식을 처음 제안했던 푸앵카레 덕분이다.

하지만 아인슈타인은 플랑크의 양자가설에서 말하는 특정 진동수와 관련된 불연속적인 광자의 '운동에너지'인 단위 양자의 에너지 $E=hf$ (h: 플랑크 상수, f: 진동수)를 광자의 '에너지'로 보았고(광양자설), 이러한 그릇된 사유와 인식 아래서 뜬금없이 $E=mc^2$에 따라 물질의 질량과 에너지가 서로 변환된다는 터무니없는 주장을 했기 때문에(아인슈타인식 질량-에너지 등가원리) 죽을 때까지 $E=mc^2$라는 공식이 도대체 어디서 나오는 것인지 유도해낼 수 없게 된 것이다. 내가 앞의 ‖15. 절에서 물질의 필수적 두 구성 요소들인 질량과 에너지가 광속 c의 제곱을 비례상수로 하여 등가인 것이 아니라고 하면서, 물질의 필수적 두 구성요소인 질량-에너지의 등가원리에 뜬금없이 최소 보통물질인 광자의 이동속도(광속 c)를 관련시켜야 할 그 어떤 하등의 물리적 이유가 없다고 말한 이유가 바로 여기에 있다.

결국 물질을 그 질량 부분과 따로 떼어 물질의 불연속적인 에너지 부분만을 양자(quantum)라고 정의했던 20세기 양자물리학에서는, 광자의 운동에너지를 나타내는 고전 방정식인 $E=mc^2$을 아인슈타인의 질량-에너지 등가 공식이라고 믿으며, 그 물리적 근원이나 그 출처도 알지 못한 채 "고전 방정식 $E=mc^2$가 우연하게도 양자 세계에 성립"된다고 신기해하며 자연은 수학적 구조로 되어 있고 수학은 참으로 아름답다고 감탄하면서 그것을 무단 사용해 온 셈이다.

‖20. 빛과 물질의 이중성, 그러나 특별한 광자

루이 드브로이(L. de Broglie)는 파동성을 가진 빛이 입자성도 지닌 것에 착안하여 질량이 있는 입자들도 파동성을 가진다고 제안했다. 물질파이론이다. 물질의 파동성과 입자성이라는 두 성질 사이의 관계를 밝히기 위해 파동성과 입자성을 가진 광자의 파장과 운동량 관계식을 도출한 후, 이것이 광자뿐만이 아니라 전자 더 나아가 질량이 있는 모든 물질에서도 적용된다고 주장한 것이다. 한편 1924년 드브로이가 모든 물질은 광자와 똑같이 입자성과 파동성을 보인다는 물질파 공식 $\lambda = h/p$ (λ는 물질의 파장, h는 플랑크 상수, p는 물질의 운동량)을 담은 이론을 그의 박사학위 논문으로 발표했을 때, 아인슈타인은 그것이 중요한 연구임을 간파했고 "그는 거대한 베일의 한 가닥을 들췄다"라고 말했다.

그렇다면 물질파 공식은 구체적으로 어떻게 유도된 것일까? 드브로이는 계에서 파동이 특정 진동수로만 일어나므로 원자 속 에너지 준위의 양자화가 물질의 진동에 따른 결과라고 생각했다. 앞의 ‖16. ‖17. ‖19. 절에서 살펴본 바와 같이 우리는 i) 플랑크의 양자가설에서 $E = hf$ (h: 플랑크 상수, f: 진동수)는 그 진동수와 관련된 광자의 운동에너지이고 ii) 20세기 가장 유명한 고전 방정식 $E = mc^2$(m: 광자의 질량, c: 광속) 역시 —아인슈타인이 주장한 질량-에너지 등가 공식이 아니라— 사실은 광자의 운동에너지에 관한 방정식이라는 것을 알게 되었다. 따라서 우리는 위 두 식이 같은 것을 의미한다는 사실로부터 물질파 공식을 유도할 수 있다. 두 식에서 좌변의 에너지는 모두 광자의 운동에너지이므로 $E = hf = hc/\lambda$ (광속 $c = f\lambda$, 여기서 f는 진동수)와 $E = mc^2 = (mc)c = pc$에서 광자의 운동량은 $p = E/c$이고 광자의 파장과 운동량의 관계식은 $E/c = h/\lambda = p$이므로, 다음과 같은 드브로이의 물질파 공식을 얻을 수 있다.

$$\lambda = \frac{h}{p}$$

위 식은 광자나 전자뿐만 아니라 입자성과 파동성을 동시에 가진 모든 물질에 적용된다. 실체 물리학에도 부합하는 드브로이 방정식은 물질의 운동량($p = mv$)이 커지면 그 물질이 일으키는 파동의 파장은 짧아진다는 사실을 말한다. 양자역학에서는 이 공식을 입자 파동 이중성에 따라 파동과 입자를 연결할 때 사용하고 있다. 이러한 물질파이론은 1927년 클린턴 데이비슨과 레스터 거머의 실험(Davisson - Germer experiment)을 통해 입증되었다. 이들은 니켈 결정에 느리게 움직이는 전자들을 쏘았고, 반사된 전자의 각도에 따른 세기를 측정했는데, 그것은 엑스선에서 예측된 회절 현상으로 판명되었다.[106]

그리고 질량이 있는 물질들을 가지고 빛을 이용한 이중슬릿 실험과 똑같은 이중슬릿 실험에도 성공했다. 1957년 클라우스 얀손(C. Jonson)은 전자를 이용한 이중슬릿 실험에 성공했고, 1988년 안톤 차일링거(A. Zeilinger)는 전자보다 2,000배나 무거운 중성자를 이용한 간섭실험에도 성공했다. 특히 차일링거는 그 후 거대분자인 플러렌(C_{60})을 이용한 이중슬릿 실험에도 성공했다. 그런데 차일링거는 그의 저서 〈아인슈타인의 베일〉에

106) Davisson, C.; L.H. Germer (1927년 4월 16일). "The scattering of electrons by a single crystal of nickel". 〈Nature〉 119 (2998): 558 - 560. Bibcode:1927Natur.119..558D. doi:10.1038/119558a0.

서 다음과 같이 말한다.

> "드브로이의 주장은 아인슈타인의 상대성이론을 생각하면 복잡해진다. 광속은 절대적인 최고속도다. 정확히 말해서 질량이 있는 물체는 절대로 광속에 도달하지 못한다. 한 물체를 광속에 도달하게 하려면 무한의 에너지가 필요하다. 즉, 질량이 무한대가 된다. 이는 질량이 있는 물체를 광속으로 가속하는 것이 불가능하다는 사실을 다르게 표현한 것이다. 그런데 드브로이가 보이고자 했던 바는 질량이 있는 물질들도 광자와 똑같이 파동성을 가진다는 것이다."[107]

위 인용문에서 차일링거가 말하고 있듯이, 드브로이의 물질파이론은 아인슈타인의 상대성이론을 생각하면 복잡해진다. 왜 그럴까? 그 물리적 원인을 살펴보자. 우리는 위 인용문에서 질량이 있는 물체를 광속에 도달하게 가속하면 질량이 무한대가 된다는 내용에 주목할 필요가 있다. 한 물체를 가속하면 그 질량이 증가하는 이유는 무엇일까? 이것은 바로 '상대론적 질량'과 관련된 것인데, 상대론적 질량은 물체의 질량을 그 물체의 에너지가 아니라 그 물체의 운동에너지와 등가로 보고 그것을 물체의 에너지라고 생각했을 때 나올 수 있는 것이다. 그리고 이러한 사유와 인식의 원천은 바로 플랑크의 양자가설에서 말하는 특정 진동수와 관련된 광자의 운동에너지를 광자의 에너지라고 왜곡한 아인슈타인의 광양자설에 있다. 그러니까 상대론적 양자역학이라고 말할 때 그 상대론의 뿌리는 1905년 6월에 발표한 특수상대성이론보다는 같은 해 3월에 발표한 광양자설에 있다.

그러나 어떤 물체를 가속하면 증가하는 것은 그 물체의 '운동에너지'이지 그 물체의 필수적 구성요소인 질량과 등가인 '에너지'는 변하지 않는다(질량-에너지 보존법칙). 어떤 물질의 내재적

---

107) 안톤 차일링거 〈아인슈타인의 베일, Einsteins Schleier〉, 우리말 번역본, p. 36.

속성인 질량과 에너지가 변하면 이미 그 물질이 아니다. 게다가 현실의 실재는 광자도 다른 모든 물질이 가지는 입자성과 파동성을 동시에 갖는 이중성을 똑같이 가지고 있다. 이것이 바로 드브로이의 물질파이론이 말하는 바이고, 위 인용문 마지막 문장에서도 이를 말하고 있다. 그래서 차일링거는 "드브로이의 주장은 아인슈타인의 상대성이론을 생각하면 복잡해진다" 라고 말하는 것이다.

관측 가능한 보통 물질인 광자의 내재적 속성도 전자나 다른 물질들과 똑같이 입자성과 파동성을 동시에 갖는 이중성을 가지고 있음에도 불구하고, 도대체 왜 그 속성이 같은 것을 같게 보지 않고 자연법칙을 거슬러 광자만은 예외적으로 특별한 취급을 해야만 하는 것일까? 20세기 상대론적 양자역학이 가진 문제의 원천은 바로 빛(광자)이 질량이 없는 순수한 '에너지 덩어리'라고 주장한 아인슈타인의 광양자설을 믿고 신봉하는 데 있다.

1923년, 아서 콤프턴(A. H. Compton)이 행한 산란 실험[108]을 생각해 보자. 원자에 X선 등을 투사시키면 전자가 튀어나오며 X선 또한 다시 튀어나온다. 이때 튀어나온 엑스선은 입사한 엑스선보다 파장이 길어진다. 그런데 이러한 실험 결과를 두고 현상 물리학은 다음과 같이 해석하고 있다.

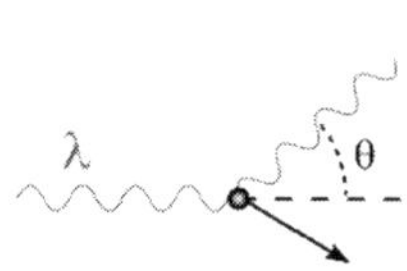

[콤프턴 산란 효과]

108) Compton, Arthur H. (1923). "A Quantum Theory of the Scattering of X-rays by Light Elements". 〈Physical Review〉 21 (5): 483 - 502. doi:10.1103/PhysRev.21.48

콤프턴 산란(Compton scattering)이란 엑스선이나 감마선의 파장을 가진 광자가 전자와 상호작용하여 에너지를 잃는 비탄성 산란 과정이다.[109] 특정 에너지의 X선 빔을 원자를 향해 쏘면, 엑스선은 원자 안에 있는 전자와 상호작용하여 산란한다. 그런데 실험에서 산란한 광선의 파장이 처음 입사된 광선의 파장보다 더 길다는 사실이 입증되었다. 즉, 전자와 광자 사이에 약간의 에너지 교환이 존재한다. 아서 콤프턴은 양자역학과 상대성이론을 사용하여 이 현상을 이론적으로 설명하였고, 실험을 통해 확인하였다.

이상에서 보는 바와 같이, 양자역학은 빛의 진동수와 관련된 광자의 '운동에너지'를 말한 플랑크의 양자가설을 왜곡하여 빛이 질량이 없는 '에너지' 덩어리라고 주장한 아인슈타인의 광양자설을 믿고 있음을 알 수 있다. 그러나 진동수나 파장과 관계된 것은 광자의 '운동에너지'이지, 위 해석에서처럼 '에너지와 파장 간의 관계'로 인하여 파장이 길어지는 게 아니다. 다시 말해 광자의 진동수나 그 광자가 일으키는 파장과 관계된 것은 그 광자의 운동에너지이지(이것이 플랑크의 '양자가설'이다), 광자의 '에너지'와 파장 사이에는 아무런 관계가 없다.

사실, 콤프턴 산란 실험은 빛이 입자성과 파동성을 동시에 가진다는 것을 보인 것이다. 그래서 드브로이는 1924년 물질파 이론을 주장할 수 있었다. 광자가 전자와 충돌 후 그 광자가 일으키는 파동의 파장이 길어졌다는 것은 무엇을 의미하는가? 이를 실체 물리학적으로 설명하자면 질량이 있어서 당구공처럼 국소적인 광자가 전자와 충돌 후에도 그 고유의 질량과 등가인 에너지(운동에너지와 퍼텐셜에너지의 합)는 그대로 보존되지만(질량-에너지 보존법칙), 그 진동수에 비례하는 '운동에너지'가 감소함에

---

109) 현상 물리학은 고전 전자기학 의하면 산란한 광선의 파장이 초기 입사된 파장과 같아야 한다면서 광자의 에너지는 파장에 반비례하므로, 이는 완전 탄성 산란(에너지 교환이 없는 산란)이며, 이를 톰슨 산란(Thomson scattering)이라고 말한다.

따라(광자의 운동에너지를 불연속적으로 잘게 쪼개면, 즉 미분하면 운동량이 되는바[110], 그 감소분의 운동량은 전자에 전달 — 운동량 보존 법칙) 퍼텐셜에너지가 증가하여, 즉 그 광자 자체의 회전반경(즉, 그 크기)이 커져서 그 광자가 일으키는 파동의 파장이 길어졌다는 것을 의미한다.[111]

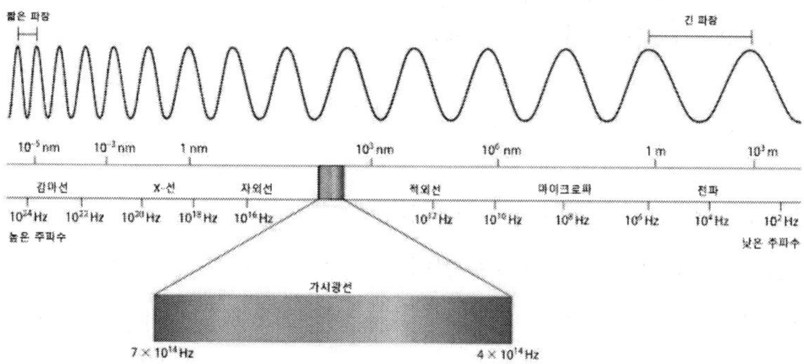

[빛(광자)이 일으키는 파장과 진동수에 따른 스펙트럼]

생각해 보라. 예를 들어 빅뱅 당시에 3차원 절대공간에 흩뿌려진 광자인 우주배경복사가 일으키는 파동의 파장은 라디오파와 적외선 사이의 파장과 진동수를 가지는 마이크로파(microwave)로서 그 파장이 1mm~10cm만큼 길다. 그런데 마이크로파인 우주배경복사를 비롯한 다양한 진동수와 파장에 따른 빛의 스펙트럼에도 불구하고 그 빛(광자)의 필수적 두 구성요소인 질량과 에너지는 일정하게 보존되는 까닭에, 그 광자의 질량(과 양적 등가인 에너지)에 반비례하는 운동 속도는 그 진동수나 일으키는 파동의 파장과는 무관하게 진공에서 '일정'한 것이고,

110) 이에 대해 자세한 것은 모든 것의 이론 명제 7-7.을 참조하라.

111) 만약 광자가 전자와 충돌해서 그 운동에너지가 아니라 '에너지'를 잃는다면 그 국소적인 입자로서 고립계를 이루고 있는 그 광자는 수명을 다하여 더는 존재하지 않고 두 암흑물질로 붕괴해서 사라져버린다.

이는 실체 물리학에도 부합한다.

한편 막스 플랑크는 양자가설을 통해 '특정한 진동수를 가진 광자'를 상정함으로써 불연속적인 에너지의 단위 양자를 $E=hf$ (f는 광자의 진동수)라고 하여 '에너지 양자'를 가정했지만, 그 특정 진동수를 가진 광자의 '운동에너지'를 광자의 '에너지'라고 주장하지 않았다. 1900년 플랑크가 양자가설을 제안했을 때까지만 해도, 광자의 운동에너지를 광자의 에너지라고 혼동하거나 착각 또는 오인하여 왜곡하지 않았다. 따라서 이때까지는 물질의 에너지와 그 운동에너지를 혼동하여 그 물질의 질량을 그 에너지가 아니라 운동에너지와 대응시킴으로써 가속하는 물질은 질량이 증가한다는 이른바 '상대론적 질량' 따위의 과학적 허구는 존재하지 않았다.

그러나 상대론적 질량을 유발하는 아인슈타인의 광양자설을 믿는 20세기 현상 물리학자들은 광자는 질량이 없고 에너지만 갖고 있다고 생각한다. 여기서 우리는 다음과 같은 질문을 할 수 있을 것이다. 아인슈타인의 $E=mc^2$에 따른 질량-에너지 등가원리에 따르면 물질의 질량과 에너지는 서로 등가인데 어떻게 광자는 에너지는 있는데 질량은 없는가? 이에 대해 '광자는 질량이 없는 에너지 덩어리'라는 광양자설을 믿고 있는 20세기 물리학은 정상적인 사유 능력을 잃지 않는 사람으로서는 도저히 이해할 수 없는 매우 복잡하고 기이한 해석을 내놓고 있다. 현상 물리학을 믿고 있는 사람들은 잘 알겠지만, 위 질문에 대한 현상 물리학의 대답은 이렇다.[112)]

i) "질량과 에너지가 등가라고 할 때 그 에너지는 정지에너지(rest energy)이고, 광자가 가지고 있는 에너지는 그냥 에너지이다. 정지에너

112) 리언 M 레더먼(Leon M. laderman), 크리스토퍼 T 힐 〈힉스입자 그리고 그 너머〉 우리말 번역본, p. 109.

지란 물체가 정지했을 때 갖는 에너지로 정지질량이라고도 하는데, 아인슈타인의 특수상대성이론에 따라 어떤 상호작용이나 운동도 하지 않는 물체라도 그 물체가 갖는 질량은 어느 정도의 에너지가 존재함을 의미한다." ii) "광자는 절대로 정지하지 않는다는 성질을 이용하여 이 어려운 문제를 해결했다. 광자는 빛의 속도로 달리고 있으므로 속도가 0인 정지 상태로 만들 수 없다. 광자는 질량이 없다. 광자는 절대로 정지 상태를 만들 수 없는 특별한 입자다."

사실, 위 질문과 답변은 모두 노벨물리학상 수상자인 리언 맥스 레더먼(L.M. laderman)이 말하는 것이다. 노벨상 수상자가 하는 말이니 우리는 그냥 믿어도 되는 것일까? 현대물리학을 믿는다면 현상 물리학의 대상인 전자기력을 가지고 있어서 관측 가능한 보통 물질 중에서 광자만은 특별한 입자이므로 질량이 없어서 시간도 흐르지 않고 영생불멸하는 존재라고 믿어야 현대물리학에 입문할 수 있는 것인가? 광자만은 신의 입자인 힉스입자에 의해서도 질량을 부여받지 않으니까 말이다.

물론 서구 과학적 패러다임에 따른 현상 물리학은 궁극적으로 불변의 이데아 세계인 플라톤의 이상적 수학 세계를 추구하기 때문에 그 패러다임을 전환하지 않는 한, 서구 중세의 신학처럼 믿음의 학문 수준에서 결코 벗어날 수 없다. 그러나 21세기 이 개명한 시대의 물리학은 이제 믿음이나 신조(信條)의 학문 수준에서 벗어나야 한다. 나중에 자세히 논하겠지만, 블랙홀 논쟁에서 보이는 "정보는 사라지지 않는다"라는 블랙홀 정보 역설에서의 20세기 양자물리학자들의 확고한 신조나 교리도, 사실은 그 원천을 찾아가 보면 질량이 없어서 시간이 흐르지 않고 영생불멸하는 광자를 믿고 신봉하기 때문에 생긴 것이다.[113)]

---

113) 그래서 2020년 노벨물리학상 수상자이자 성실한 물리학자이자 수학자인 로저 팬로즈는 양자역학을 '신조(faith, 信條)의 학문'이라고 했다.

현상 물리학은 영생불멸의 특별한 입자인 광자는 절대로 정지 상태를 만들 수 없어서 정지에너지가 없다고 말하지만, 광자와 똑같이 입자성과 파동성을 동시에 가지고 있는 우주에 존재하는 모든 물질은 입자성과 동시에 가지는 파동성이라는 내재적 속성을 가지고 있으므로, 그 자체 운동에너지를 가지고 끊임없이 운동하고 있다. 우주에 정지해 있는 물체란 없다. 다른 물질과 상호작용을 하지 않는다고 하여 물질 그 자체의 외부에너지가 형성하고 있는 회전하는 기류력에 따른 운동을 멈추게 할 수는 없다.

20세기 현상 물리학에서는 도대체 왜 다른 모든 물질과 똑같이 입자성과 파동성을 동시에 그 내재적 속성으로 가지는 광자만은 그 속성과는 다르게 특별 취급해야만 하는 것일까? 차일링거가 모든 물질은 입자성과 파동성을 동시에 갖는다는 물질파이론을 제안한 "드브로이의 주장은 아인슈타인의 상대성이론을 생각하면 복잡해진다"라고 말하는 이유가 바로 여기에 있다. 서구 과학적 패러다임에서는 자신의 물리 이론이 말이 되지 않으면 새로운 개념을 조작해 내기 일쑤라지만, 정지에너지라는 기괴한 개념을 만들어낼 수밖에 없었던 사정의 원천을 찾아가 보면, 1905년의 아인슈타인이 주장한 광양자설의 오류(3월)에 이르게 되고, 이에 따라 '광속불변'의 가설을 전제로 만들어진 특수상대성이론(6월)과 질량과 에너지가 $E=mc^2$에 따라 서로 변환된다는 아인슈타인식 질량-에너지 등가원리의 또 다른 오류(9월)를 낳게 된다.

사실, 아인슈타인이 특수상대성이론과 관련해서 주장한 것 중 우주의 실재에 부합하는 것은 동시성의 상대성과 상대적 시공간을 발견한 것뿐인데, 동시성의 상대성과 상대적인 시공간을 최초로 발견한 사람은 앙리 푸앵카레이고, 나중에 자세히 논하겠지만 그 의미도 아인슈타인의 해석과는 전혀 달랐다.

돌이켜보면, 아직은 미숙한 사유와 인식 상태에 있었던 1905년 26세의 젊은 아인슈타인의 무모한 주장은 아마도 20세기 초 젊은 과학자들에게 그런 주장은 나도 할 수 있다는 용기와 희망을 불어넣어서 양자역학이라는 새로운 물리학 혁명을 일으키는 데에 지대한 영향을 미쳤을지는 모르겠다. 하이젠베르크는 그의 책 〈부분과 전체〉에서 아인슈타인과 나눴던 대화(1926년 4월) 내용을 다음과 같이 기술하고 있다.

> 아인슈타인 : 당신은 물리학 이론에서 관찰 가능한 물리량만을 취할 수 있다고 보는 건 아니겠지요?
> 하이젠베르크 : 선생님이 그런 생각을 바로 상대성이론을 토대로 삼지 않으셨나요?

하지만 오늘날 물리학자들이 생각하고 있는 것처럼, 1905년은 결코 기적의 해가 아니다. 물론 여기서 말하는 '기적'이라고 하는 것이 질량이 없는 에너지 덩어리인 영생불멸의 광자를 창조해낸 것처럼 창조주나 신(God)이 행하는 그런 기적(miracle)을 행한 것을 의미하는 것이라면, 할 말이 없지만 말이다.

‖ 21. 입자 물리학의 표준모형과 그 한계

양자역학에 특수상대성이론을 결합한 상대론적 양자역학과 양자장론에 따라 성립한 입자 물리학은 자연계를 구성하는 물질의 가장 기본이 되는 물질 구성 입자인 페르미온(fermion) 12개(쿼크 6개, 렙톤 6개)와 이들 사이의 상호작용은 4개의 힘 매개 입자(게이지 입자)인 보손(boson)을 통해 이뤄진다고 보고 자연계의 현상을 설명한다. 여기에는 기본 입자들에 질량을 부여하는 17번째 입자인 힉스도 필요하다. 이와 같은 17개 입자와 19개의 매개변수(parameter)로 이루어진 것이 입자 물리학의 표준모형이다.

물론 앞의 모든 것의 이론 Ⅰ에서 살펴본 바와 같이 2021년 이후 인류의 새로운 물리학이 될 실체 물리학에 따르면, 우주만물을 이루는 근본 물질은 암흑물질이고, 현상 물리학의 대상인 시간을 가져서 전자기력이 발생하여 관측 가능한 모든 보통물질은 기본 단위 물질인 암흑물질들이 결합하여 이루어진 것이다. 한편 관측할 수 있는 보통 물질만을 다루어 온 현상 물리학은 관측 가능한 우주에는 두 가지 성격의 무언가가 있다고 보고, 그것을 물질과 복사라고 말한다. 물론 여기서 물질이 아닌 복사는 광자가 '질량은 없고 에너지만 있는 입자'라는 아인슈타인의 광양자설에 대한 믿음에서 생겨난 것이다. 그런데 문제는 이러한 사유와 인식은 서구 과학적 패러다임에 잘 부합한다는 점이다. 플라톤의 이원론적 세계관(이는 아리스토텔레스에게서 질료(質料)-형상(形相) 개념으로 나타난다)에 따라 하나의 국소적 물질의 에너지 부분만을 따로 떼어내서 '물리적 세계'에는 실제로 존재할 수 없는 에너지 덩어리(순수 형상)를 독립적인 존재로 보는 것은 불변의 세계인 '플라톤의 이상적 수학 세계'에 존재하는 본질적·수학적 실재에 합당하다. 따라서 현상 물리학에서는 관측 가능한 우주에 존재하는 두 가지 성격의 물질과 복사를 그것들의 통계적 성질을 설명한 두 과학자의 이름을 따서 각각 페르미온(fermions)과 보손(bosons)이라 부른다.

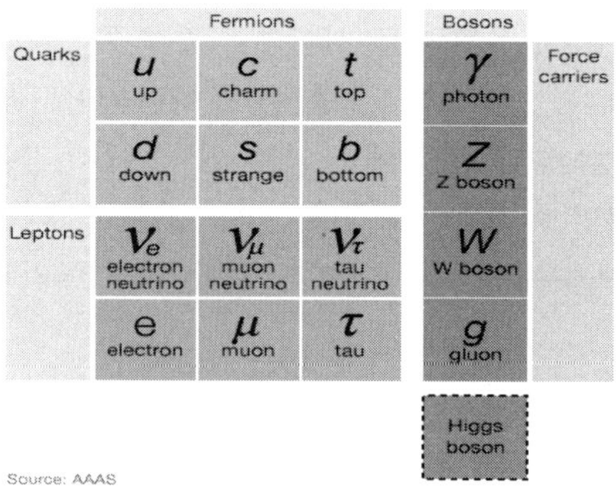

[기본 입자의 표준모형/ 출처 AAAS]

페르미온은 물질 구성 입자로서 어떤 두 입자도 똑같은 미시적 성질을 가지지 않는다. 보손은 복사 이상의 의미를 지니는데, 이것은 자연의 모든 기본 힘의 매개체들을 포함하고 있다고 보기 때문이다. 양자장론의 세계에서 힘의 개념은 ―패러데이가 발견한 것처럼 물질 그 자체에서 나오는 보이지 않는 역선(力線, lines of force)으로 보는 것이 아니라― 힘 입자들의 교환이라는 관점에서 바라본다. 그래서 전자기력의 경우 광자는 하전 입자들 사이에서 끊임없이 오가면서 끌어당기고 밀어내는 힘을 만들어낸다고 생각한다. 이렇게 힘을 입자로 다루는 입자 물리학은 아원자 세계에서 모든 사건은 불변의 시간과 공간이라는 배경에서 일어난다고 가정한다.

이 경우 페르미온은 4개의 입자, 즉 중입자(重粒子, quarks)인 업 쿼크와 다운 쿼크, 경입자(經粒子, leptons)인 전자와 중성미자로 구성되어 있으며, 그 각각을 상대론적 질량에 따라 3개의 레벨로 분류하고 있다. 무거운 두 번째와 세 번째 레벨의 입자들은 1960년대와 70년대에 입자가속기를 통해서 발견한 입자들로 불안정하여 입자가속기 안에서 만들어져서 짧은 시간 동안에만 존재한다.[114] 한편 아원자입자들의 상호작용을 설명해주는 3개의 기본적인 힘이 있는데, 각각 힘 전달 입자인 보손을 가진다. 여기에는 전자기력을 전달하는 광자, 방사능의 원인이 되는 약한 핵력을 전달하는 W와 Z 보손, 그리고 쿼크들을 양성자와 중성자 안에 가두어 두는 강한 핵력을 전달하는 글루온이 있다.

그리고 16개 기본 입자들에 질량을 부여하는 힉스 보손이 있다. 힉스가 존재하지 않으면 표준모형이 성립할 수 없다. 입자들이 힉스와 상호 작용하는 정도에 따라 질량이 결정된다. 전체 그림은 중력을 전달하는 가상의 입자인 중력자로 완성될 것이지만, 중력자는 한 번도 관측된 적이 없을뿐더러 현상 물리학은 중력이 무엇인지 알지 못한다.

이상과 같은 입자 물리학의 표준모형은 양자물리학의 결정판으로서 지난 30년 동안 나름의 성공을 거두어왔으며, 무거운 쿼크들은 입자가속기를 통해 예측된 대로 발견해냈고 많은 상호작용은 수학적으로 아름답게 설명되었다. 이 경우 입자 물리학은 높은 에너지(여기의 에너지는 사실 물질의 운동에너지다)에서는

114) 그리고 이러한 12개의 페르미온 입자는 각자 해당하는 반입자를 가지고 있다. 이 반입자들은 충분한 에너지(실체 물리학에 따르면 여기의 에너지는 운동에너지다)를 가진 입자의 충돌을 통해 만들어지고 입자와 만나면 빠르게 사라진다.

세기가 다른 기본적인 힘들이 하나로 통합돼 있을 것이고 생각한다. 그리고 전자기력과 약한 핵력의 통합이 1970년대에 이루어졌다. 하지만 현상 물리학은 입자 물리학의 표준모형은 다음과 같은 한계가 있다고 말한다.

i) 왜 3가지 레벨의 쿼크(quarks)와 렙톤(leptons)이 존재하는지 전혀 설명하지 못한다.

ii) 입자들의 질량을 예측하지 못한다. 이 문제는 너무 커서 물리학자들은 모든 입자에 질량을 부여해주는 힉스 메커니즘에 따른 힉스 보손(Higgs boson)을 가정하지 않을 수 없었다.

iii) 표준모형에서 중성미자는 질량을 가질 수 없다고 예측하지만, 최근에 중성미자가 질량을 가진다는 사실이 발견되어 당혹스럽게 되었다.

iv) 표준모형은 핵력(강력과 약력)과 전자기력만 설명하고 중력을 포함하고 있지 않다. 따라서 불완전한 모형이다.

v) 우주의 95% 이상을 차지하고 있는 암흑물질과 암흑에너지를 예측은커녕 그 어떤 이론적 설명도 하지 못하는 심각한 결함을 가지고 있다.

vi) 결정적으로 우주가 왜 물질은 많이 가지고 있으면서 반물질은 사실상 전혀 가지고 있지 않은지를 설명하지 못한다.

그렇다면 새로운 물리학인 실체 물리학은 입자 물리학의 표준모형이 설명하지 못하는 위 사항들을 모두 '물리적으로 설명' 할 수 있는가? 물론이다. 우선 입자 물리학의 표준모형이 설명하지 못하는 6가지 중, 앞의 세 가지 i), ii), iii)의 내용은 현대물리학의 수수께끼인 질량의 계층성 문제(왜 기본 입자들의 질량은 서로 매우 다른가?)와 관련된 문제인바, 서구 과학적 패러다임에 따른 현상 물리학에서는 자연현상을 관측하여 그 관측량 사이의 관계를 수학적으로 기술할 뿐, 있는 그대로의 세계인 자연 그 자체나 물 그 자체는 과학의 대상이 아닌 까닭에, 그 지식 체계상 물질의 양인 질량이 무엇인지 알 수 없고 물리적으로 설명할 수 없기에 발생하는 문제이다.

이렇게 현상 물리학에서는 질량이 무엇인지를 알 수 없게 되어 있으므로 ii) 표준모형이 '이론적으로' 질량을 예측할 수 없는 것은 당연하다. 따라서 현대물리학에서 소립자들의 질량은 입자가속기를 통한 관측값인데, 이는 문제가 많다. 물질의 양인 질량은 모든 물질의 내재적 속성이다. 우주에 존재하는 모든 국소적인 것들은 질량을 가지고 있다. 적어도 뉴턴 역학인 고전 물리학에서는 질량이 무엇인지에 대해 비록 물리적으로 설명할 수는 없을지라도 물질의 양인 질량을 피상적으로라도 인식하고는 있었다. 뉴턴 역학 체계에 따르면 물리적 세계는 공간, 시간, 질점, 그리고 힘(질점들의 상호작용)으로 규정되는데, 여기서 질점은 물질의 질량을 의미한다. 그러나 자연과학의 수학적 경향이 극에 달한 20세기 이후의 물리학에 와서는 질량이 무엇인지 감조차 잡지 못하게 되어버렸다.

앞의 Ⅱ10. 절에서 얘기했듯이, 아인슈타인은 현대 과학이 지니는 허구적 성격을 지적했지만, 사실 20세기 물리학을 허구적으로 치닫게 한 장본인은 바로 과거의 젊은 아인슈타인 자신이었다. 그는 플랑크의 양자가설에서 말하는 광자의 운동에너지를 광자의 에너지로 왜곡하여 광양자설을 주장하면서 실제 세계에는 결코 존재할 수 없는 질량이 없고 에너지만 있는 영생불멸의 '아인슈타인 광자'를 창조해냈고, 또 물질의 질량과 에너지가 $E=mc^2$에 따라 서로 변환될 수 있다는, 있는 그대로의 세계에서는 결코 있을 수 없는 '아인슈타인식 질량-에너지 등가원리'를 창조해내면서도 죽을 때까지 질량-에너지 등가 공식 $E=mc^2$이 어디서 나온 것인지 알지 못했으니 말이다.

그런데 이데아 세계인 플라톤의 이상적 수학 세계에서나 잘 어울리는 위와 같은 과학적 허구를 수용한 양자물리학은 물질의 운동에너지를 그 질량과 등가인 에너지로 오인한 데서 출현한 '상대론적 질량'을 믿는다. 이에 따라 양자물리학은 어떤 물질을 가속기에서 가속하면 상대론적 질량 개념에 따라 그 질량이 증가하게 된다고 생각하고 있다. i) 세 가지 레벨(질량이 서로 다른)의 기본 입자가 존재하는 이유도 바로 여기에 있다. 그러나 어떤 입자를 가속하면 그 입자의 '운동에너지'가 증가하지, 그 입자의 두 필수적 구성요소로서 내재적 속성인 질량과 '에너지'는 변하지 않는다.[115)]

iii)의 경우도 마찬가지로 광양자설에 따른 상대론적 질량 개념으로 인해 생기는 문제이다. 우선 실체 물리학의 관점에서 보면, 표준모형에서 말하는 중성미자의 물리적 실체는 '따듯한 암흑물질'이다. 하나의 질점만 가진 암흑물질은 보통 물질과 달리 점대칭 회전운동을 한다. 그런데 현상 물리학에 따르면 스핀을 가지고 있는 입자가 질량을 가지려면 오른손잡이와 왼손잡이가 모두 있어야 하는데, 중성미자는 왼손잡이만 있고, 오른손잡이가 보이지 않는다. 따라서 중성미자는 질량을 갖지 않을 것이라고 믿을 수밖에 없었다. 하지만 암흑물질도 질량과 에너지로 이루어진 물질이므로 가속하면 그 운동에너지가 증가하는바, 중성미자(ν)의 세 가족인 전자(e), 뮤온(μ), 타우(τ) 입자의 맛 사이에서 진동하는 것이 관측되자[116)] 상대론적 질량 개념에 따라 이들이 질량을 가진다고 생각하게 된 것이다. 물론 우리는 물질의 진동은 ―그 물질의 질량과 등가인 에너지

115) 상대론적 질량에 기반한 상대론적 양자역학의 사유와 인식에 따르면, 앞으로 가속기의 성능이 점점 개량함에 따라 4세대, 5세대, … 등 운동에너지(현상 물리학은 이를 질량과 등가인 물질의 '에너지'로 본다)가 더 큰, 그래서 새로운 질량을 가진 기본 입자들을 계속해서 생산할 수 있다.

116) 가속하면 증가하는 물질의 운동에너지를 그 물질의 질량에 대응시키는 상대론적 질량을 믿는 현상 물리학에서는 실험에서 측정된 질량은 절대적이지 않고 맛에 따라 달라진다고 말한다.

가 아니라— 그 물질의 운동에너지와 관련된 것임을 안다(플랑크의 양자가설 참조).

그러면 이제 입자 물리학의 표준모형이 설명할 수 없는 iv), v), vi)에 대해 그 물리적 원인을 생각해 보자. 우선 표준모형이 중력을 모르고, 또 암흑물질이나 암흑에너지를 알지 못하는 것은 당연하다. 서구 과학적 패러다임에서는 중력의 본질을 알지 못하고 그 지식 체계상 알 수도 없다. 여기서 미리 말해두자면, 모든 것의 이론에 따르면 중력을 발생시키는 물리적 실체는 중력장을 형성하고 있는 따듯한 암흑물질[117)]이다. 최근에 뮤온(muon)의 자기적 속성을 나타내는 값은 표준모형에서 2로 예측돼 있지만, 실제 *g*값이 이 예측치에서 얼마나 벗어나는지를 측정하는 '뮤온 *g*-2 실험' 결과, 뮤온의 흔들림이 예상치보다 더 빠르게 흔들렸다. 이는 곧 뮤온이 표준모형에 포함되지 않은 어떤 입자 또는 힘(제5의 원소나 힘?)의 영향을 받는다는 것인데, 이 경우 뮤온과 상호작용하는 그 미지의 입자 또는 힘의 정체는 바로 그 실험이 행해진 지구 중력장을 형성하고 있는 따듯한 암흑물질들이다. 그리고 나중에 자세히 논하겠지만, 중력은 오히려 4가지 기본 힘 중 가장 늦게, 즉 원자가 생성된 후에 비로소 코스모스에 나타나고, 따라서 아원자입자들이 질량을 가진다고 하더라도 중력은 발생하지 않는다.

여기서는 우선 이 정도의 이야기로서 위 iv)와 v)에 대한 물리적 설명을 가름하겠다. 이제 남은 것은 vi)인데, 우주 초기 사라진 반물질 이야기를 하기 전에 우주 초기 물질의 기원 및 우주의 시공간 구조와 관련한 우주상수 문제부터 살펴보기로 하자.

---

117) 실체 물리학에 따르면 모든 자연의 힘은 자연, 즉 물 그 자체에서 나온다.

‖ 22. 물질의 기원과 우주상수 문제 발생 원인

현대물리학은 천문관측을 통해 물질의 생성이 우주 역사에서 매우 초기에 일어난다는 사실을 알고 있다. 물질을 만드는 과정이 무엇이든 마이크로파 빛인 우주배경복사(CMB)가 우주 전역에서 똑같은 온도(2.73K)로 나타나기 때문이다. 따라서 천체물리학과 우주론의 최전선에 있는 주제는 물질의 기원이다. 그런데 일반상대성이론에 기초한 현대우주론과 천체물리학은 우주(코스모스)는 아무것도 없는 무(無)에서 탄생했다고 말한다. 아무것도 없는 상태에서 물질이 만들어지기 위한 조건은 1967년에 발표된 안드레이 사하로프(A. Sakharov)의 논문에 요약되어 있다. 그는 여기서 영생불멸의 존재, 즉 시간이 흐르지 않는 광자인 복사 이외에 우주에 아무것도 없다기보다 무언가가 있기 위한 3가지 조건을 제시했다. 즉, 상호작용의 과정에서 입자의 수가 보존된다는 일반적인 규칙이 파괴되어야 하고, 거울대칭 공간과 모든 입자를 반입자로 대치할 수 있는 완벽한 대칭성이 깨져야 하며, 우주는 너무 빠르게 혹은 격렬하게 변화하여 물질이 초과한 상황이 지워지거나 씻겨지지 않아야 한다는 것이다.

한편 휘어진 4차원 시공간이 무한히 연속적으로 펼쳐져 있다고 보는 일반상대성이론과 이에 따른 현대우주론에 따르면 우주의 팽창은 많은 수수께끼를 만들어낸다. 지금까지 관측된 우주의 공간은 거의 완벽하게 편평하다. 빅뱅의 흔적인 우주배경복사의 10만분의 1수준의 미세한 온도 불균일성[118]은 우주 공간을 통한 긴 여행 중에 커지거나 작아지지 않았다. 이것은 우주공간이 거의(1% 이내) 평평하다는 것을 의미한다. 그렇다면 빅뱅 직후 우주가 휘어져 있고 엄청나게 빠른 속도로 팽창했다고 할 때, 현재 상황을 만들기 위한 절묘한 조정이 있어야 한다. 우주의 팽창과 관련한 현대우주론의 표준 모델(ΛCDM 모형)에 따르면, 차가운 암흑물질은 우주를 중력적으로 수축시키므로 그것이 훨씬 더 적었다면 팽창이 너무나 빨라서 구조들이 형성되지 못했을 것이고, 훨씬 더 많았다면 우주는 별의 진화가 시작되기도 전에 다시 수축해버렸을 것이다. 우주를 팽창시키는 암흑에너지도 이 정교한 균형에서 자신의 역할을 했다. 만약 진공 에너지인 암흑에너지가 훨씬 더 강했다면 팽창 가속이 너무 빨라 구조들이 만들어지지 못했을 것이다.

미시세계에서의 상황도 마찬가지다. 쿼크들을 원자핵 속에 묶어두는 강한 핵력이 몇 퍼센트만 더 강했다면 쿼크들이 양성자를 만들지 못했을 것이고, 5%만 더 약했다면 별들은 수소보다 더 무거운 원소를 만들어내지 못했을 것이다. 만일 약한 핵력이 훨씬 더 강했다면 빅뱅은 원자들을 철까지 만들어냈을 것이고, 더 약했다면 별들은 모든 질량을 헬륨으로 바꾸었을 것이다. 중력이 더 강했다면 별들은 모두 적색왜성처럼 작았을 것이고, 더 약했다면 별들은 빠르게 불타는 청색거성이 되었을 것이다. 어느 쪽이든 태양과 같은 평범한 주계열성은 매우 드물거나 존재하지 않을 것이다.

이것만이 아니다. 수학적으로 잘 조정된 어떤 값이나 비율이 달랐다면 물질이 불안정해졌을 기본 입자들 사이의 질량 관계들도 존재한다. 로저 펜로즈는 모든 물리 상수들이 측정된 값을 가질 종합적인 가능성을, 10의 10승에서 10의 123승분의 1

118) 사실, 이 불균일성의 원인은 3차원 절대공간에는 그전에 이미 흩뿌려진 암흑물질들이 존재하기 때문이다.

로 계산했다. 사실상 절대 불가능한 결과다.[119)]

사정이 이러하므로, 오늘날 현상 물리학자들은 우주가 어떤 형태로든 정교하게 조정되었거나 자연적으로는 설명할 수 없는 우연의 연속이라고 말한다. 그러나 사실 위 모든 문제의 발생 원인은 근본적으로 서구 과학적 패러다임이 동적 시스템의 시작점 이론을 가질 수 없기 때문이다. 동적 시스템의 시작점 이론을 가진 실체 물리학의 관점에서 보면, 아무것도 없는 상태에서 생겨난 물질의 기원에 대해 아무 말이라도 해볼 수밖에 없는 현상 물리학자들의 처지가 안타깝기 그지없다. 우리 우주가 10^{500}의 다중우주 중 하나로부터 우연히 시작되었다는 황당한 이야기를 소위 과학이라는 이름으로 서슴없이 해야만 하는 심정이 어떠하겠는가? 게다가 요즘에는 우리 우주가 생길 확률이 10^{500}이 아니라 10의 구골(googol)제곱 중에 하나라고 주장하는 사람들도 있다. 여기서 '구골'은 10의 100제곱을 가리키는 숫자다.

도대체 왜 현대물리학은 우주 초기 물질의 기원과 관련하여 정교한 조정이나 우연의 연속 등과 같은 뜬구름 잡는 이야기를 해야 하는 상황이 되었을까? 물론 그 이유는 불변의 세계인 플라톤의 이상적 수학 세계를 추구하는 서구 과학적 패러다임에서는 살아 움직여 운동 변화하고 있는 물 그 자체는 과학의 대상이 아니어서 물 그 자체에 대해서는 아무것도 알 수 없는 데다가, 실재하는 우주를 이루고 있는 불연속적인 3+(4+4)의 11차원 시공간을 한데 뭉뚱그려서 연속적인 4차원 시공간으로 인식하고 있어서, 하나의 커다란 물질로서 운동·변화하는 '우주 그 자체'의 동적 시스템의 시작점 이론을 가질 수 없기 때

119) Roser Penrose, 〈황제의 새마음; The Emperor's New Mind〉, New York: Oxford University Press, 1989.

문이다.

오늘날 천체 물리학과 우주론에서 말하는 우주상수(宇宙常數, cosmological constant, Λ)는 진공의 에너지밀도를 나타내는 물리 상수다. 이 우주상수(Λ)는 일반상대성이론에 따른 중력장 방정식을 통해 불변의 세계인 이상적 수학 세계를 구현하려고 했던 아인슈타인이 불변의 세계인 정적(靜的, static)인 우주, 즉 팽창하지 않는 우주 모형을 얻기 위하여 그 중력장 방정식에 새로운 항을 추가하면서 처음 도입되었다.[120] 그런데 1922년 알렉산드르 프리드만(A. Friedmann)이 아인슈타인 방정식에 따른 팽창하는 우주 모형을 제시하자 1927년 조르주 르메트르(G. Lemaitre)는 일반상대성이론 방정식의 풀이에 근거해 물질로 채워진 우주는 팽창한다고 제안했고,[121] 1929년 에드윈 허블(E. P. Hubble)이 관측을 통해 실제로 우주가 팽창하고 있는 사실을 확인했다. 게다가 1930년 아서 에딩턴(A. S. Eddington)은 아인슈타인의 중력장 방정식에 새로운 항을 추가하면 정적인 해가 존재하지만, 그렇게 얻은 정적인 해는 불안정함을 증명했다. 사정이 이렇게 되자, 결국 1931년 아인슈타인은 우주상수의 도입을 자기 "일생 최대의 실수"라며 철회했다. 이렇게 해서 성립된 최초의 현대 우주 모델인 프리드먼-르메트르-로버트슨-워커 모형(FLRW 모형)에 따라 우주상수를 포함하지 않는 아인슈타인 방정식을 풀면, 등방성 같은 몇 가지 가정 아래 상대론적 우주는 팽창한다는 결론을 얻는다.

그런데 양자물리학이 이론적으로 우주상수를 계산한 이론적

---

120) 현상 물리학의 대상인 관찰 가능한 우주에서 우주상수 $\Lambda = \frac{4\pi G\rho}{c^2}$, 여기서 ρ는 진공 에너지밀도다.

121) 그래서 르메트르는 우주의 시작, 즉 '빅뱅'이 있어야 한다는 결론을 내렸었다. 아인슈타인은 이 풀이를 정면으로 반박했고, 르메트르에게 자신이 보기에는 그 아이디어가 "끔찍하다"라고 노골적으로 말했었다.

예측값은 관측값보다 10^{120}배나 크다. 도대체 왜 암흑에너지(우주상수)는 양자 요동 에너지보다 엄청 작은가 하는, 우주상수 문제는 현대물리학과 우주론의 최대 미스터리다. 도대체 왜 이렇게 되었을까? 1967년 야코프 젤도비치(Yakov Zel'dovich)가 현대물리학의 최대 미스터리인 우주상수 문제(cosmological constant problem)로 불리는 이 심각한 문제를 처음 제기한 이후 지금까지 반세기가 넘는 동안 물리학자들은 그 어떤 아이디어조차도 제시하지 못하고 있다. 다만, 오늘날 현상 물리학자들은 어떤 답이 나와야 하는지는 알고 있다고 말한다. 그들은 진공의 에너지가 0이 되어야 한다면서, 장차 나오게 될 '궁극의 이론'이 진공의 에너지(우주상수)가 0임을 밝혀주리라 기대하고 있다.

이에 대해 브라이언 그린은 그의 책 〈우주의 구조〉에서 다음과 같이 말한다.

> "아인슈타인의 우주상수는 모든 공간에 퍼져 있는 에너지를 고려한 조치였지만, 그 근원은 아인슈타인 자신도(그리고 그의 추종자들도) 설명하지 못했다. 그런데 양자물리학에 의하면 빈 공간은 요동치는 장으로 가득 차 있고, 이는 텅 빈 공간에도 에너지가 존재한다는 것을 의미한다. 그렇다면 장의 요동에 의한 에너지를 모두 더하면 빈 공간의 총 에너지(총 우주상수)와 일치할 것인가? 이 문제는 이론물리학자들의 호기심을 자극하기에 충분하지만, 현재의 이론으로는 정확한 분석을 할 수 없고, 대략적인 계산 결과는 관측된 값보다 훨씬 커서 신뢰할 수 없다. 우주상수 값이 정말로 0인지, 아니면 인플레이션 이론이 말해 주듯 0보다 조금 큰 값을 갖는지는 현대 이론물리학이 규명해야 할 매우 중요한 문제이다."[122)]

현대물리학은 왜 우주는 아무것도 없는 무(無)에서 탄생했다고 말하고, 진공인 3차원 절대공간을 형성하고 있는 물리적 실체는 암흑에너지(우주상수)인데, 도대체 왜 오늘날 현상 물리학

---

122) 브라이언 그린(Brian Greene), 〈우주의 구조〉 우리말 번역본, pp. 708~709.

자들은 진공 에너지(우주상수)가 0이 되어야 한다고 믿고 있는 것일까? 그렇다. 현대물리학의 최대 미스터리의 하나인 물질의 기원과 우주상수 문제가 발생하는 근본적인 이유는 일반상대성 이론과 현대우주론이 실재하는 우주가 형성하고 있는 '불연속적' 시공간을 수학자들에게 익숙한 연속범위의 개념에 따라 한데 뭉뚱그려서 '연속적'인 4차원 시공간으로 인식하고 있기 때문이다.

생각해 보라. 양자물리학이 작동하는 확장된 무대로서의 '양자진공'이라고 말하는 공간의 물리적 실체는 암흑에너지(우주상수)로서 비국소적인 3차원 절대공간이다. 그런데 아인슈타인의 상대성이론이 말하는 팽창하는 우주는 상대적인 시공간을 가진 국소적인 우주다. 따라서 3차원 절대공간의 물리적 실체인 암흑에너지(우주상수)는 일반상대성이론에서는 제거해야 타당하지만, 양자물리학에서 양자진공이라는 공간은 가상의 입자들이 활동하는 무대이다(이에 대해 자세한 것은 앞의 Ⅱ14. 절을 참조하라). 다시 말해 양자진공은 국소적이고 상대적인 시공간을 가진 팽창하는 일반상대성이론의 국소적이고 관측 가능한 우주와는 무관한 비국소적인 3차원 절대공간이다. 사정이 이러하므로, 우주의 시공간 구조를 연속적인 4차원 시공간으로 보는 현상 물리학의 양자물리학은 궁극의 이론이 그 비국소적인 3차원 절대공간을 이루고 있는 진공 에너지(우주상수)가 0, 즉 불연속적인 3+(4+4)의 11차원 시공간을 한데 뭉뚱그려서 연속적인 4차원 시공간으로 볼 때, 그 시공간의 곡률이 0이 됨을 밝혀줄 것이라고 기대하는 것이다.

∥ 23. 우주 초기 사라진 반물질의 원인 규명

우주 초기 빅뱅 현장에서 시간과 빛이 탄생한 후에도 계속해서 우주 대폭발 현장의 초고밀도 초고온 영역에서는, 쿼크, 중간자, 양성자, 중성자 등의 중입자(重粒子, baryon)가 만들어지고 반물질(反物質, antimatter)이 사라지는 등의 일이 발생하면서 헬륨 원자핵까지 만들어진다. 이 경우 빅뱅 현장의 초고밀도 초고온 영역의 크기는 얼마나 될까?

우주 그 자체는 하나의 커다란 물질이므로 빅뱅 이전 '특이점 당시' 3차원 절대공간을 이루고 있는 암흑에너지와 그 절대공간 안에 있는 모든 국소적인 물질들로서 암흑물질들이 양적 등가인데, 암흑물질들은 암흑질량과 암흑에너지가 양적 등가로 구성되어 있고 암흑질량은 부피(크기)가 없으므로, '대폭발 당시'의 초고밀도 초고온 영역은 전체 우주공간의 3분의 1에 해당한다. 그리고 대폭발 이후 그 초고밀도 초고온 영역은 그 외곽이 빠르게 확산하면서 줄어들어서 헬륨 원자핵이 생성될 때는 전체 우주공간의 약 4분의 1이 된다. 그렇다면 헬륨 원자핵은 어떻게 생성될까?

빅뱅 현장의 초고밀도 초고온 영역에서 계속해서 쿼크, 중간자, 양성자(수소 원자핵)들이 만들어지는데, 여기서 양성자가 만들어져서 절대공간 전역에 방사될 당시 그 대폭발 현장의 초고밀도 초고온 영역에 남아있던 양성자와 중성자들이 결합해서 헬륨 원자핵을 만든다. 그러므로 수소 원자핵과 헬륨 원자핵의 질량비는 3:1이다. 즉, 대폭발 현장인 초고밀도 초고온 영역에서 만들어진 양성자들이 서로 충돌해서 우주 전역에 방사되어 흩뿌려질 때(전체 우주공간의 3/4), 그 초고밀도 초고온 영역(전체 우주공간의 1/4)에 남아있던 양성자 2개와 중성자 2개가 서로 결합하여 만들어지는 것이 헬륨 원자핵이다.

이렇게 헬륨 원자핵까지 만들어지면, 코스모스에 존재하게 될 시간을 가진 보통 물질이 모두 만들어졌다. 왜냐하면 보통 물질이 만들어지는 대폭발 현장의 초고밀도 초고온 영역은 빠르게 줄어들면서 식어가기 때문에 헬륨 원자핵보다 더 무거운 원소의 빅뱅 핵 합성은 불가능하다. 그 후에는 이전에 만들어진 수소나 헬륨 원자들이 결합해서 별들이 만들어지고, 그 별들 내부에서 철(Fe)까지의 무거운 원소들이 만들어진다. 그리고 그 후에 중성자별들의 충돌이나 초신성 폭발 등의 과정에서 철보다 무거운 원소들이 만들어지고, 또 블랙홀이 된 별들과 무리를 이룬 별들은 성단이나 은하나 은하단을 형성하게 된다.

그런데 우리에게는 아직 결정적인 질문이 하나 남아있다. 우주 초기 빅뱅 현장의 초고밀도 초고온 영역에서 쿼크와 같은 중입자들이 강한 상호작용으로 생성된다고 하는데, 그 힘은 도대체 어떻게 작용해서 중입자들이 만들어지는 것인가? 실체 물리학에 따르면 그 힘은 우주에 존재하는 유일한 자연의 힘인 '물질 그 자체'의 외부에너지가 회전하여 형성하고 있는 기륜공간의 회전하는 기륜력(Giriun force)이다. 한편 현상 물리학은 네 가지 기본 힘인 중력, 전자기력, 강한 핵력, 약한 핵력에 대해 다음과 같이 이야기한다.

> 조심스러운 계산 결과를 보면 네 가지 기본 힘들의 세기는 40 자릿수 차이가 난다. 약한 핵력은 조용히 떨어져 원자핵 속에서만 지내는데, 그것이 할 수 있는 일은 하나밖에 없다. 방사성 활동으로 핵을 붕괴시키는 일이다. 중력과 전자기력이 미치는 범위는 무한하고 질량이 없는 입자들에 의해 운반되며, 핵 내부에서만 작용하는 강력과 약력은

원자핵 안에서 질량이 큰 입자들에 의해 운반된다. 4가지 힘들은 실험적으로 전혀 다른 형태를 가진다. 입자 물리학의 표준모형은 19개의 변수를 가지고 있지만, 그 변수들 사이의 연관성에 대해서는 아무것도 설명해주지 못한다. 표준모형은 왜 4개의 힘이 있는지도 설명해주지 못한다. 사정이 이러하므로, 오늘날 물리학자들은 뭔가 더 나은 이론이 있다면 기꺼이 바꿀 것이라고 말한다.

우리는 앞에서, 코스모스의 종말에서 암흑에너지와 암흑물질로 이루어진 컴컴하고 차가운 우주를 거쳐, 특이점에서 발생한 우주 대폭발과 함께 다시 코스모스가 시작될 때 3차원 절대공간에 암흑물질들이 흩뿌려지고, 그 대폭발 현장의 초고밀도 초고온 영역에서는 최소 보통 물질인 광자가 생성됨에 따라 빛과 시간이 탄생하며, 그 생성된 광자들 역시 그 대부분이 서로 부딪혀 3차원 절대공간 전역에 방사되어 흩뿌려지는데, 이것이 우주배경복사(CMB)라는 사실을 알게 되었다. 여기까지의 초기 우주에는 3차원 절대공간 안에 존재하는 국소적인 물질은 우주의 근본 물질인 암흑물질(dark matter)과 관측 가능한 보통 물질 중 질량이 가장 작은 최소 보통 물질인 광자(photon)뿐이었다.

이제 여기서 논의를 계속 이어가자면, 대폭발 현장의 초고밀도 초고온 영역에서 만들어진 광자가 서로 부딪쳐 충돌하여 방사될 때, 그 초고밀도 초고온 영역에 남아있는 광자 1개와 암흑물질 1개가 결합해서 생성된 물질이 바로 쿼크(quark)다. 그리고 이때 2개 이상의 질량을 가져서 전자기력을 가진 광자를 비롯한 모든 보통 물질은 축 대칭 회전운동을 하므로 쿼크의 외부에너지가 형성하고 있는 기류 공간의 회전 방향은 반시계방향 또는 시계방향을 가질 수 있고, 그에 따라 쿼크는 업(up) 쿼크와 다운(down) 쿼크 두 종류가 될 수 있다.

나아가 이러한 쿼크 두 개의 기류이 얽혀 끌어당겨서 결합하면 중간자(中間子, meson)가 되고(중간자는 잠시 생겼다가 사라지고 양성자나 중성자와는 달리 물질을 이루지 않는다) 그 중간자가 다시 또 하나의 쿼크와 얽혀 당겨 결합하면 3개의 쿼크로 이루어진 양성자(陽性子. proton)나 중성자(中性子, neutron)가 되는데, 이 경우 현상 물리학에 따르면 두 개의 업 쿼크와 1개의 다운 쿼크가 결합하면 양성자이고, 1개의 업 쿼크와 2개의 다운 쿼크가 결합하면 중성자이다. 그리고 여기서 더 나아가 양성자 2개와 중성자 2개가 결합하여 헬륨 원자핵이 생성되는데, 이러한 중입자(重粒子, baryon)들의 외부에너지가 형성한 기륜 공간의 회전하는 기륜력의 상호작용이 바로 현상 물리학에서 말하는 강한 핵력이다.[123]

그런데 이러한 강한 상호작용과 관련하여 현상 물리학은 이른바 점근적 자유성(漸近的 自由性, asymptotic freedom)을 이야기한다. 여기서 점근적 자유성이라는 용어는 강한 핵력을 설명하는 양자색역학(QCD)에서 나온 것인데, 작은 거리 눈금에서 오히려 결합상수가 작아지는 현상을 설명하기 위한 개념이다. 즉, 점근적 자유성이란 양-밀스 이론(Yang - Mills theory)에서 쿼크들이 결합하는 상호작용의 유효강도는 입자들 사이의 거리가 가까워질수록 약해져서 자유롭게 움직인다는 것이다. 거리가 멀수록 상호작용이 강해져서 여러 개의 쿼크를 영원히 한 가족으로 붙들어 매어 놓는 이 메커니즘은 종종 적외선 구속(infrared slavery)이라고 불리기도 한다.

여기서 우리는 다음과 같은 의문을 제기할 수 있을 것이다.

---

123) 입자 물리학에 따르면 핵력의 상호작용과 관련한 양자수로 아이소 스핀(isospin) 또는 동중핵 스핀(isobaric spin)이라는 것이 있는데, 중성자의 대칭을 설명하기 위해 도입되었다. 핵자인 중성자의 질량과 양성자의 질량은 거의 같고, 전하를 제외한 다른 성질도 거의 같다. 하이젠베르크가 아이소스핀이란 개념을 제안한 뒤, 물리학자들은 줄곧 양성자와 중성자를 한 데 묶어서 표현할 때 SU(2) 군이란 수학을 사용해왔다.

그렇다면 도대체 왜 우주 초기 쿼크와 같은 운동에너지가 큰 중입자들[124]은 서로 가까워질 때 오히려 결합력이 작아지는 것일까? 자연현상을 발생시킨 물리적 원인을 묻는 것이다. 물론 지금까지의 서구 과학적 패러다임에서는 자연현상을 관측하여 그 관측량 사이의 관계를 수학적으로 기술하기만 하면 그것이 곧 물리학이고, 그 물리적 원인은 감히 묻지 않는다는 것인데, 그러나 사실 물리현상의 원인은 알고 싶어도 그 지식 체계상 알 수 없게 되어 있다. 위에서 보는 것처럼 현상 물리학은 단지 그 현상을 점근적 자유성이나 적외선 구속이라고만 이야기할 수 있을 뿐, 세상 사람들이 이해할 수 있게 논리적인 명제로써 물리적인 설명은 할 수 없다.

그러나 우리는 기륜 원리(氣輪原理, The principle of Giriun)에 따라 점근적 자유성의 원인을 '물리적으로 설명'할 수 있다. 기륜 원리에 따르면, 그 내부에 2개 이상의 질점(전하)이 있어 시간을 가진 모든 보통 물질은 내부질량수만큼의 외부에너지가 그 물질 주위를 겹겹이 둘러싸고 층을 이루어 돌(리)고 있는바, 이 경우 그 물질 내부의 전하들은 기륜의 회전 방향과 반대 방향으로 회전함으로써 전류가 흐르고 자기장이 생겨서 전자기력이 발생한다. 이제 이러한 기륜 원리에 따른 자연의 유일한 힘인 기륜력(氣輪力, Giriun force)을 코스모스 초기 대폭발 현장의 초고밀도 초고온의 영역에 있는 운동에너지가 큰 물질들이 결합하는 '강한 핵력'에 적용하면, 쿼크와 같은 중입자들의 외부에너지가 형성한 기륜의 회전 방향이 서로 같은 중입자들은 그 기륜이 서로 얽혀 끌어당겨서 결합하게 된다.

그런데 여기서 이처럼 상호작용하는 물질들의 외부에너지가

124) 우주 초기 쿼크와 같은 소립자들의 운동에너지가 큰 이유는, 그것들이 우주 대폭발 현장의 초고밀도 초고온의 상태, 즉 회전반경이 짧고 진동수가 큰 물질들이 밀집해 있는 영역에 있기 때문이다.

형성하고 있는 기륜의 회전 방향이 서로 같은 경우 기륜력은 그 기륜들이 서로 얽혀 끌어당기는 섭력(攝力, seop force)으로 작용하지만, 상호작용하는 물질들의 기륜의 회전 방향이 서로 다른 경우에 그 기륜력은 서로를 문질러 밀치는 절력(切力, jeol force)[125]으로 작용한다. 한편 이 경우 상호작용하는 쿼크의 내부 전하(색 전하, colar charge)[126]들의 회전으로 인해 발생하는 힘이 바로 '약한 핵력'인데, 이는 중입자 내부에 있는 전하들의 회전으로 인해 발생하는 힘이므로 전자기력과 유사하게 그 회전 방향이 서로 같으면 서로를 밀어내는 척력(斥力, repulsion)으로 작용하고, 서로 다르면 서로를 당기는 인력(引力, attraction)으로 작용한다. 이러한 자연의 유일한 힘인 기륜력과 힘의 통일에 대해서는 나중에 자세히 이야기할 것이다.

하여튼, 여기서 말하고 싶은 것은, 우주 대폭발 현장의 초고밀도 초고온 영역에 존재하는 그 운동에너지가 매우 커서 그 회전반경이 매우 짧고 진동수가 매우 큰 쿼크와 같은 중입자들이 결합하는 경우, 그 외부에너지의 회전에 따른 기륜력의 섭력(강한 핵력)과 내부 전하(질점)들의 회전에 따른 척력(약한 핵력)이 동시에 작용한다는 점이다. 쿼크들이 결합하는 상호작용의 유효강도가 거리가 가까워질수록 약해지는 이른바 '점근적 자유성'의 실체 물리적 원인이 바로 여기에 있다. 즉, 기륜력의 섭력으로서 강한 핵력이 작용하여 두 쿼크의 외부에너지의 회전하는 기륜이 서로 얽혀 끌어당겨서 서로 가까워질수록 그 두 쿼크의 내부 질점(전하)들의 회전으로 인해 발생하는 약한 핵력

125) 여기서 절력(切力)이라고 할 때의 '절(切)'이란 글자 그대로 "끊다. 갈다. 문지르다."라는 의미를 지닌다. 물론 기륜력의 '섭력과 절력'이라는 용어는 실체 물리학의 창시자인 혜강 최한기가 최초로 사용한 용어이다.

126) 물리학에서 말하는 전하에는 두 종류가 있다. 전자기 상호작용의 세기를 결정하는 전기전하(electric charge)와 약한 상호작용의 세기를 결정하는 색 전하(colar charge)가 그것이다. 색 전하는 강한 상호작용을 하는 입자들에 있고 전자에는 없다.

에 의해 서로를 밀치는 힘(약한 핵력의 척력)이 점점 커지기 때문에 그 결합하는 유효강도가 줄어들게 되는 것이다.

그렇다면 이제 현대물리학의 최대 미스터리의 하나인 우주 초기 사라진 반물질에 대해서 '물리적인 설명'을 해야 할 차례인데, 실체 물리학을 공부하고 있는 우리는 먼저 다음과 같은 질문을 해야 할 것이다. 현상 물리학에서 말하는 반물질(反物質, antimatter)의 구체적인 물리적 실체는 무엇일까? 현상 물리학에서 반물질이 생겨난 것은 전자의 스핀과 관련이 있다. 앞의 ‖17. 절에서 살펴본 바와 같이, 원자 속 전자가 원자핵 주위를 공전하는 것(궤도 각운동량)과 그 경우 전자 그 자체가 스스로 회전(자전)하는 것(스핀 각운동량)은 구별된다. 그런데 현상 물리학은 원자 속 전자의 상태를 결정해주는 양자화 조건과 배타원리를 만족하는 전자가 가지는 두 가지 상태가 있다고 하면서, 그 상태는 마치 전자가 자전하는 것과 같은 효과를 주므로 그 상태를 구별하는 물리량을 스핀(spin)이라고 불렀다.

한편 현재의 현상 물리학에서는 전자가 자전할 수 없다고 알려졌는데 그 이유는 어떤 물리적인 문제가 아니라 수학적 정합성, 즉 수학적으로 모순 없는 모델을 세울 수가 없기 때문이다. 여기서 우리는 앞의 ‖04. 절에서 아인슈타인이 했던 유명한 말, 즉 "수학 명제들이 현실을 표현하는 한에서는 그 확실성을 담보 받지 못하고, 수학 명제들이 확실성을 담보 받는 한에서는 그 명제들은 현실을 기술하지 않는다"라는 말을 떠올릴 수 있을 것이다. 사정이 이러하므로 현상 물리학에서 스핀은 다른 양자 연산자들과 달리 고전 물리학에 대응하는 존재가 아예 없어서 수리 이론적 예측보다 실험적 관찰이 먼저 이루어졌다. 이 경우 스핀이 0인 입자는 모든 방향에서 보아도 같은 모습으로, 스핀이 2인 입자는 반 바퀴만 돌려도 같은 모습으로 보이게 된다. 스핀이 1인 입자는 한 바퀴 돌려야 같은 모습으로 보이고, 스핀이 $\frac{1}{2}$인 입자는 두 바퀴를 돌려야 같은 모습으로 보인다.

사실 스핀과 반물질은 1929년 폴 디랙(P. Dirac)이 상대론적 양자역학인 양자전기역학(QED)에 관한 방정식을 만드는 과정에서 출현했다. 디랙은 슈뢰딩거 방정식을 상대론적으로 수정하여 디랙방정식[127]을 만들었다. 이 방정식은 전자의 양자역학적 거동을 기술하고 있다. 그런데 여기에는 문제가 있었다. 전자기장 속에서 전자의 거동을 서술하는 방정식을 써놓고 보니 전자와 전하가 반대인 새로운 입자가 존재해야 한다는 결론에 도달했다. 바로 이 새로운 입자가 오늘날 현상 물리학이 말하는 반물질인데, 디랙은 이를 위해 여러 가지 방정식을 떠올렸다. 그중에는 전자의 스핀과 관련된 복잡한 수학 체계도 포함되어 있었다. 전자는 회전하는 팽이처럼 스스로 자전하면서 각운동량이라는 물리량을 갖는다. 또한 전자는 임의의 축을 중심으로 시계방향이나 반시계 방향으로 회전한다.

그런데 미리 말하지만, 여기서 우리가 주지해야 할 중요한 사실은 양자역학에 관한 기본 방정식인 슈뢰딩거 방정식을 상대론적으로 수정한 상대론적 양자역학에 관한 디랙방정식은 사실상 특수상대성이론과는 아무런 관계가 없다는 점이다. 그 이유를 지금까지 우리가 공부한 실체 물리학의 내용을 가지고 물리적으로 설명하자면 이렇다.

우리는 전자기장에서 운동하는 전자는 원자핵의 구성요소로서의 광자의 외부에너지가 원자핵 주위를 겹겹이 둘러싸고 층을 이루어 회전하면서 형성한 기류 공간인 전자기장에서 그 어느 하나의 층(궤도) 위에 올라타서 원자핵 주위를 궤도 운동하고 있다는 사실을 안다. 그리고 이 경우 플랑크의 양자가설에서 말하고 있는 원자핵 주위에 겹겹이 층을 이루고 있는 불연

127) 스핀이 $\frac{1}{2}$인 페르미온을 나타내는 상대론적 양자 파동 방정식.
$-i\hbar\gamma^{\mu}\partial_{\mu}\psi + mc\psi = 0$.

속적인 에너지 준위를 나타내는 특정한 진동수를 가진 에너지 양자 $E=hf$가 광자의 운동에너지이므로, 광자의 운동에너지에 관한 고전적 방정식인 $E=mc^2$와 현상 물리학적으로 우연히 딱 맞아떨어졌다[128]는 사실을 안다.

그런데 디랙이 양자역학의 기본 방정식인 슈뢰딩거 방정식을 상대론적으로 수정했다는 것은 고전적인 에너지 대신에 상대론적 에너지 공식 $E=\sqrt{m^2c^4+p^2c^2}$에 따른 광자의 상대론적 에너지를 슈뢰딩거 방정식에 집어넣었다는 것이다. 슈뢰딩거 방정식이나 디랙방정식은 전자기장 속에서 전자의 거동을 기술한다. 여기서 '전자의 거동'이란 실체 물리학적으로 핵자를 이루고 있는 쿼크의 구성요소인 광자의 외부에너지가 원자핵 주위를 겹겹이 둘러싸고 층을 이루어 회전하여 형성하고 있는 기류 공간인 전자기장 속에서 그 어느 하나의 층(궤도) 위에 올라타서 궤도 운동하고 있는 것을 말하고, 이 경우 전자의 공전궤도가 되는 전자기장인 기류 공간의 불연속적인 어느 하나의 층(기류선, 궤도)은 특정 진동수를 가진 광자의 운동에너지가 된다.

한편 아인슈타인의 광양자설을 믿는 현상 물리학은 광자는 질량이 없는 에너지 덩어리라고 생각하고 있으므로, 상대론적 에너지 공식 $E=\sqrt{m^2c^4+p^2c^2}$에 광자의 질량 $m=0$을 대입하면 광자의 상대론적 에너지는 $E=pc$이고, 이때 $pc=E=hf$은 양자가설에서 진동수와 관련된 광자의 운동에너지이며, 이는 곧 광자의 운동에너지에 관한 고전 방정식 $E=pc=(mc)c=mc^2$와 같다(드브로이 공식 유도 과정을 참조하라). 따라서 결국, 광자의 상대론적 에너지라고 하는 것은 광자

128) Kenneth W. Ford, 〈양자 :101가지 질문과 답변: 101 Quantum Questions: What You Need to Know About the World You Can't See〉, 우리말 번역본, p. 236.

의 운동에너지다. 다시 말해 여기서 말하는 광자의 상대론적 에너지라고 말하는 것의 실상은, 현상 물리학이 플랑크의 양자가설에서 특정 진동수와 관련된 광자의 운동에너지 $E=hf$와 우연하게도 양자 세계에서도 성립하게 되었다고 생각하는 광자의 운동에너지에 관한 고전 방정식 $E=mc^2$이고, 디랙은 바로 이것을 슈뢰딩거 방정식에 넣은 것이다.

사정이 이러하므로, 디랙은 상대론적 양자역학에 관한 방정식을 만들면서 '결과적으로' 아인슈타인의 광양자설을 플랑크의 양자가설로 되돌린 셈이다. 따라서 디랙방정식은 특수상대성이론과 무관할뿐더러 실체 물리학에도 부합한다.[129] 그러므로 우리는 위 상대론적 에너지 공식은 다른 입자에 적용하면 안 되지만, 아인슈타인이 창조해낸 '질량이 없는 에너지 덩어리'라는 영생불멸의 광자에 적용하는 한, 1905년의 아인슈타인의 여러 오류에서 벗어나 플랑크의 양자가설로 되돌릴 수 있다는 점에서 의의가 있다고 말할 수 있을 것이다.[130]

그리고 이 경우 원자 속 전자기장에서 궤도 운동하는 전자는 원자핵의 외부에너지가 그 원자핵 주위를 겹겹이 둘러싸고 층을 이루고 있는 기륜 공간의 어느 하나의 층(기륜선, 궤도)에 올라타서 편안하게 원자핵의 표면인 구면에 수평 방향으로 등속원운동하고 있는 것이고, 이때 그 전자는 궤도 각운동량을 가지며, 그 각운동량은 일정하다(각운동량 보존). $E=mc^2$ 공식을 처음 만든 앙리 푸앵카레가 전자기장의 에너지 보존법칙에 관한 포인팅정리를 질량-에너지 보존법칙으로 확장하면서, "전자기장 내의 전자의 운동량과 전자기장 자체의 운동량이 함께 보

129) 그래서 로저 펜로즈는 20세기 3대 물리학자로 모두가 말하는 아인슈타인과 함께 슈뢰딩거, 디랙을 꼽는다.

130) 그러나 이러한 사정을 모르는 디랙 이후의 현상 물리학자들은 아인슈타인의 광양자설과 아인슈타인식 질량-에너지 등가원리를 여전히 믿고 있다.

존"된다면 포인팅정리는 전자기장이 $E=mc^2$을 만족하는 질량을 가진 가상의 유체처럼 행동할 것임을 알려준다고 말했던 이유가 바로 여기에 있다.

한편 실체 물리학에 따르면 모든 보통 물질들은 축 대칭 회전운동을 하므로, 그 외부에너지가 회전하여 형성한 기류의 회전 방향은 반시계 방향 또는 시계방향의 어느 하나를 가진다(모든 것의 이론 명제 3-6. 참조).[131] 이는 곧 같은 질량을 가진 물질이라도 상호작용 시 그 자전 방향이 서로 반대의 경우에 현상 물리학적으로 그 내부 전하가 서로 반대인 물질이 존재할 수 있다는 것을 의미한다. 따라서 실체 물리학의 관점에서 보면, 스핀의 실상은 아원자입자의 축 대칭 회전(자전), 즉 보통 물질 스스로 시계방향 또는 반시계 방향으로 회전하는 것이다. 따라서 전자의 자전(스핀) 방향은 회전축을 중심으로 반시계 방향의 스핀 업(spin-up, $+(1/2)h$)과 시계방향의 스핀다운(spin-down, $-(1/2)h$)의 두 가지 경우가 생긴다.

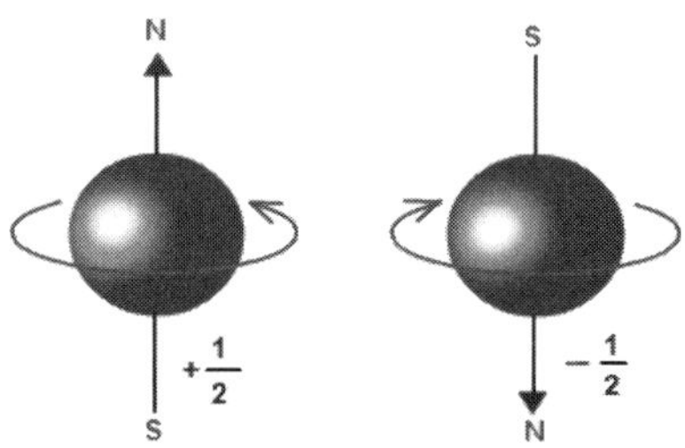

[전자의 축 대칭 회전운동]

전자의 스핀이 존재한다는 사실을 가장 잘 보여 주는 것은 슈테른-게를라흐의 실험이다. 슈테른-게를라흐 실험의 결과는 각운동량이 0인 상태의 원자도 자기모멘트를 가지고 있다는 것을 보여 준다. 따라서 전자가 자기

131) 현상 물리학에서 이러한 제한된 회전 방향을 '공간의 양자화'라고 한다.

모멘트의 원천이 되는 각운동량을 원래 가지고 있다고 결론을 내릴 수 있으며[132], 이 전자에 내재한 각운동량이 바로 스핀이다. 전자의 스핀은 스핀 상태가 두 가지가 있고, 크기가 $\hbar(=h/2\pi)$의 1/2이라는 것이다.

그런데 현상 물리학은 질량, 스핀 등 나머지 물리적 속성은 모두 같지만, 자신과 반대의 전하를 가진 물질을 반물질(anti-matter)이라고 말하고 있다. 이를 실체 물리학의 관점에서 보면, 물질의 내재적 속성인 질량이 같다는 것은 같은 물질임을 말하는 것이고, 전하가 반대라는 사실은 상호작용 시 물질의 기류의 회전 방향(즉 자전 방향)이 서로 반대라는 것을 의미한다. 실제로 디랙이 상대론적 에너지 공식에 광자를 집어넣었더니 음의 질량(negative mass)도 나왔다.[133] 그렇다면 이것을 실체 물리학은 어떻게 물리적으로 설명할 수 있을까?

전자기적 상호작용에서 양전하를 가진 양성자와 음전하를 가진 전자는 그 전하의 회전 방향이 서로 반대여서 전자기적 인력이 작용한다. 그런데 보통 물질인 전자 그 자체는 축 대칭 회전운동을 하므로 반시계 방향이나 시계방향으로 회전(자전, 스핀)할 수 있다. 따라서 만약에 전자가 양성자와 같은 방향으로 회전한다면 그 전자(즉, 양전자)와 양성자 사이에는 전자기적 척력이 작용할 것이므로, 현상 물리학적으로 이것을 질량의 관점에서 보면 음의 질량이고, 전하의 관점에서 보면 전자와 질량은 같고 그 자전(spin) 방향이 반대, 즉 반대 전하를 가진 물질인 반물질이 되는 것이다. 현상 물리학이 질량은 같지만, 자신과 반대의 전하를 가진 물질을 반물질(anti-matter)이라고 말하는 이유가 바로 여기에 있다.

---

132) 이는 곧 물 그 자체가 그 내재적 속성에 의한 운동 변화의 원리인 기류 원리에 따라 스스로 회전운동하고 있음을 의미한다.

133) 상대론적 에너지 공식 $E=\sqrt{m^2c^4+p^2c^2}$에 광자의 질량 $m=0$을 대입하면 $E^2=p^2c^2, E=\pm pc=\pm mc^2\,(\because p=mc)$.

실제로 우리는 반물질을 최초로 발견(양전자의 발견)한 것으로 알려진 사실로부터 위와 같은 반물질의 실체를 확인할 수 있다. 1932년 칼 앤더슨(C. Anderson)은 안개상자에서 우주선(cosmic ray)들이 상호작용하는 모습을 관찰하다가 특이한 현상을 발견했다. 안개상자에서는 물이나 알코올처럼 과포화된 액체가 입자들의 경로를 수증기 자국으로 표시하는데, 여기에 자기장을 가하면 대전한 입자들은 경로가 휘어진다. 앤더슨은 전자들이 만드는 경로에 익숙했는데, 몇 개의 경로가 반대 방향으로 휘어진 것을 발견했다. 그것은 마치 전자와 질량은 같고 전하는 반대인 입자들이 있는 것으로 보였다. 이것이 바로 앤더슨이 발견한 전자(e^-)의 반물질인 양전자(e^+)이다. 이처럼, 물질과 반물질은 질량이 같은 동일 물질이 서로 다른 방향으로 축 대칭 회전운동(자전) 때문에 발생하는 현상이다.

그러면 이제 현대물리학의 지독한 미스터리인 우주 초기 사라진 반물질에 관해 이야기할 수 있는 여건이 마련되었다. 오늘날 물리학자들이 궁금해하는 건 반물질은 다 어디로 갔느냐는 것이다. 빅뱅 이후 138억 년이 지난 현재 우주에는 반물질은 거의 보이지 않는다. 우주에는 물질이 가득할 뿐, 반물질은 모두 사라졌다. 반물질은 CERN의 LHC(거대강입자충돌기)와 같은 인공적인 시설에서 만들어지거나, 자연에서 순간적으로만 존재할 뿐이다. 이에 대해 현상 물리학은 다음과 같이 이야기하고 있다.

> 우주 초기 생성되었던 물질과 반물질 쌍은 우주가 팽창하면서 온도가 내려간 어느 시점부터 더는 생성되지 않았다. 이제 남은 일은 물질과 반물질들이 서로 만나 에너지를 방출하고 사라지는 것뿐이었다. 여기서 지독한 미스터리가 탄생한다. 물질과 반물질이 생성과 소멸을 함께 해왔다면 지금 우주에는 아무것도 남아있지 않아야 한다. 그런데

우리를 비롯해 별과 은하 등 물질들이 지천으로 널려있다. 그사이에 대체 무슨 일이 있었던 것일까? 우주 초기에 물질과 반물질의 양이 같았다면 빅뱅 후 아주 짧은 시간 내에 몽땅 사라졌을 것이다. 반면에 물질과 반물질의 양이 아주 조금 달랐다면 지금처럼 많은 쪽이 승자로 남았을 것이다.

물질과 반물질 사이의 대칭은 완벽하지 않았다. 자연은 살짝 어긋나서 물질이 반물질보다 더 많이 있었다. 10억 개의 반쿼크에 대해서 10억 1개의 쿼크가 있었고 10억 개의 반전자에 대해서 10억 1개의 전자가 있었다. 물질과 반물질이 마지막으로 쌍 소멸했을 때 결과적으로 1개의 물질에 대해서 10억 개의 광자가 있고, 반물질은 남아있지 않게 되었다. 광자들은 우주의 팽창과 함께 계속 늘어나서 초단파 배경복사로 관측되는 약한 복사가 되었고, 물질들은 중력으로 모여서 별이 되고 1,000억 개의 은하가 되었다.

앞서 말했듯이, 우주 초기 대폭발 현장의 초고밀도 초고온상태에 존재하는 운동에너지가 매우 큰 소립자들의 외부에너지가 회전하여 형성하는 기류의 회전하는 기류력의 상호작용(강한 핵력)에 있어서, 질량이 같고 그 전하가 서로 반대인 물질과 반물질의 상호작용은 그것들의 외부에너지의 회전하는 기류의 방향이 서로 반대이므로 서로를 문질러 밀치는 기류력의 '절력'으로 작용한다. 그리고 이 경우 그 물질과 반물질의 내부 질점(전하)들의 회전으로 인하여 발생하는 약한 핵력에 의해서 서로 다른 색 전하를 가진 물질과 반물질 사이에는 서로 끌어당기는 '인력'이 동시에 작용할 것이다.

그런데 초고밀도 초고온상태에 존재하는 소립자들의 경우 그 운동에너지가 매우 크고 그 회전반경이 매우 짧아서 그 크기가 매우 작고 그 진동수가 매우 크다. 이러한 매우 높은 운동에너지를 가진 쿼크들로서 물질과 반물질 사이 기류력의 상호작용은 그 문질러 밀치는 '절력(강한 핵력)'과 서로 당기는 '인력(약한 핵력)'이 매우 커서 서로를 갈아 뭉개버리게 된다. 따라서 쿼크와 반쿼크가 만나면 그 쿼크를 이루고 있던 최소 보통 물질인 광자와 우주의 근본 물질인 암흑물질로 다시 붕괴하여 흩어지게 된다. 현상 물리학은 "쿼크와 반쿼크가 만나게 되면 많은 에너지를 내며 둘 다 소멸한다"라고 말하는데, 그 실체 물리적 이유가 바로 여기에 있다.

한편 현상 물리학이 말하는 것처럼 물질과 반물질 사이의 대칭은 완벽하지 않고 살짝 어긋나서 10억 1개인 물질이 10억 개인 반물질보다 1개 더 많았고, 물질과 반물질이 만나 마지막으로 소멸했을 때 남은 그 1개의 물질이 지금 우리가 사는 세상을 만든 것일까? 그러나 솔직히 이런 억측이나 동화 같은 이야기는 이를 말하는 사람들 자신조차 믿고 싶지 않을 것이다. 그렇다면 실체 물리학은 이를 어떻게 물리적으로 설명할까?

대폭발 현장의 초고밀도 초고온상태에서 높은 운동에너지를 가진 물질과 반물질이 상호작용 시 서로 눈질러 밀치는 기륜력의 '절력'으로서의 강한 핵력과 약한 핵력에 의한 '인력'이 동시에 작용하여 서로를 갈아 뭉개버려서 모두 사라지지만, 이 당시에도 기륜의 회전 방향이 서로 같은 물질들의 상호작용은 그 기륜들이 서로 얽혀 끌어당기는 기륜력의 '섭력'과 약한 핵력에 의한 '척력'이 동시에 작용하여 새로운 물질들이 만들어지고 있었다. 그리고 그 초고밀도 초고온 영역이 점점 확산하여 밀도가 작아지고 온도가 낮아짐에 따라 상호작용하는 물질들의 운동에너지가 작아져서 회전하는 기륜력이 약해지면, 위와 같은 중입자들의 상호작용이 더는 일어나지 않게 된 것이다.

∥24. 힉스 메커니즘을 낳는 양자장론에 대한 고찰

앞의 ∥21. 절에서 말한 것처럼 입자 물리학의 표준모형은 물질 구성 입자(페르미온)로서 양성자와 중성자 등 강력을 느끼는 6개의 쿼크(quark, 重粒子)와 전자와 중성미자 등 강력을 느끼지 못하는 6개의 렙톤(lepton, 輕粒子), 그리고 4개의 게이지 입자(보손)들과 힉스입자(스칼라 보손), 이렇게 총 17개의 입자와 이 입자들이 강한 핵력, 약한 핵력, 전자기력 이 세 가지 힘이 어떻게 상호작용하는가를 설명하는 이론이다. 그런데 입자 물리학의 표준모형에서 가장 중요한 입자가 바로 힉스(Higgs)입자다. 힉스입자는 표준모형의 가장 핵심적인 연결고리다. 왜 힉스입자가 꼭 있어야만 하는 것일까?

입자 물리학의 표준모형은 기본적으로 양자장론과 특수상대성이론, 그리고 게이지 대칭성이라는 세 가지 원리에 기초하고 있다. 여기서 게이지 대칭성은 맥스웰의 전자기 방정식에서 찾아낸 원리인데, 입자 물리학의 표준모형에서 소립자들의 상호작용을 묘사하는 기초가 된다. 그런데 사실 이 원리들만을 가지고는 설명하지 못하는 부분이 하나 있다. 그것은 바로 입자의 질량(mass)이다. 입자에 질량을 부여하기 위해 표준모형에 도입된 새로운 원리가 바로 힉스 메커니즘이며, 그 결과로 힉스입자라는 새로운 입자가 존재해야만 한다.

양자역학에서의 물리 이론은 파동을 통해서 기술된다. 나중에 ∥42. 절에서 자세히 논하겠지만, 양자역학의 표준해석인 코펜하겐 해석을 따르는 입자 물리학의 양자장론에서 광자나 전자는 파동으로서 진동하는 양자역학적 장(field)이다. 우리가 광자나 전자를 '입자(particle)'라고 부르는 것은 우리가 이 장을 볼 때다. 이 경우 파동(wave)을 기술하는 좌표계를 바꾸면 파동의 위상도 함께 바뀐다. 이렇듯 파동의 위상은 임의로 정한 기준점에 따라 변하는 양이다. 따라서 좌표계가 바뀌어서 파동의 위상에 변화가 오더라도 물리학 이론은 전혀 변화가 없어야만 한다. 이것을 게이지 대칭성(gauge symmetry)[134)]이라고 말한다. 즉, 파동의 위상 변화에 대해 물리량이 변하지 않는 것이 게이지 대칭성이다.

한편 물리 이론이 게이지 대칭성을 만족시키려면 임의로 파동의 위상을 변화시켜줄 때마다 변화된 위상을 자동으로 상쇄시켜 주는 매체가 이론상 필요하다. 이 임무를 수행하기 위해 현상 물리학자들은 새로운 장 또는 입자 개념을 도입하였는데, 이것이 바로 게이지 장(gauge field) 또는 게이지 입자(gauge particle)이다. 전자기학에서는 광자가 바로 게이지 입자에 해당한다. 약한 핵력과 전자기력이 통합된 이론에서는 W와 Z 입자가 게이지 입자가 된다. 강한 핵력에 관한 게이지 입자는 글루온이다. 이런 게이지 입자들은 모두 힘을 매개하는 입자들이다.

이와 같은 게이지 대칭성을 만족하는 물리 이론을 게이지이론[135)]이라고 한다. 입자 물리학의 표준모형은 기본적으로 이상과 같은 사유와 인식에 기초하여 섭동전개(Perturbation expans-

---

134) 헤르만 바일(H. Weyl)이 처음 제안한 전자기학에서의 게이지 대칭이라고 하는 것은 각 지점에서 무언가를 측정할 때 자신이 원하는 측도(gauge: 길이, 각도, 모양 따위의 기준이 되는 것들을 통틀어 일컫는 말)를 임의로 선택할 수 있다는 것이다.

135) 입자 물리학의 표준모형이론은 위상변환에 해당하는 하나의 복소변수에 의한 변환을 나타내는 유니터리군인 U(1) 게이지이론이 적용된 양자전기역학(QED, quantum electrodynamics)과 두 개의 양-밀스 이론인 두 개의 복소변수에 대한 특수 유니터리군인 SU(2)군을 이용하여 약한 상호작용을 서술하는 양자맛역학(QFD, quantum flavordynamics)과 SU(3)군을 이용하여 강한 상호작용을 서술하는 양자색역학(QCD, quantum colordynamics)을 포함하는 포괄적인 이론이다.

ion)[136]와 재규격화(Renormalization)[137]라는 수학적 트릭을 사용하여 정립한 이론이다.

여기서 재규격화는 자기 반복적 구조를 갖는 이론(양자장론, 통계물리학)에서 어떤 물리량이 크기에 따라 변하도록 바꾸어 주는 과정이다. 예컨대 맥스웰의 전기역학의 양자화된 버전인 양자전기역학은 실험으로 결정되는 두 개의 매개변수를 도입해 확실하게 무한대를 제거하기만 하면 굉장히 잘 맞는 이론(재규격화가 가능한 이론)이었는데, 이 두 매개변수는 전자의 질량과 전하량이다. 이러한 방법이 '재규격화'이고, 오늘날까지도 여전히 사용되고 있다.

그러나 게이지이론에는 치명적인 약점이 있다. 게이지이론에서는 소립자들의 질량이 없다. 질량은 게이지 대칭성을 깨는 성질이 있다. 게이지 대칭성은 쉽게 말해 서로 구분할 수 없음을 의미한다. 반면 질량은 소립자를 구분하는 가장 근본적인 성질이다. 게이지 대칭성은 이 구분을 없애는 대칭성이라고 할 수 있다. 그러나 현실에서는 많은 소립자가 질량을 가지고 있다. 게이지이론에서는 이 딜레마를 해결할 수 없었다.

헤르만 바일은 일반상대성이론의 원리를 추상적인 공간으로 확장하여 게이지 대칭성이라는 개념을 만들고 이를 통해 맥스웰 방정식을 유도해 낼 수 있음을 보였다. 이러한 바일의 게이지 대칭성을 바탕으로 양전닝과 로버트 밀스는 양자전기역학을 일반화한 이론을 만들었다. 그런데 이러한 양-밀스 이론(Yang-Mills theory)의 게이지 장이 전자기장과 같이 질량을 가지지 않는다고 가정하면 전자기 현상을 크게 변화시켜야 하고, 게이지 장 또는 게이지 입자가 질량을 갖는다고 가정하면 이론이 재규격화가 되지 않아 수학적 정합성을 확보할 수 없었다.

---

136) 이는 풀기 어려운 문제의 근사적인 해답을 찾기 위해 먼저 하나의 답을 가정해 놓고 단계적으로 값을 수정해 가는 방법을 말한다. '건드림전개'라고도 한다.

137) 재규격화란 이름은 특정 크기에서 물리량의 틀(normalization)을 다시(re-) 세워 준다는 뜻이다.

여기서 잠시 실체 물리학의 관점에서 이 상황을 생각해 보자. 여기서 말하는 힘을 매개하는 입자라는 게이지 입자들의 물리적 실체는 무엇일까? 우리는 모든 것의 이론의 유일한 원리인 기류 원리를 안다. 그것은 내부질량을 가진 물질(아원자입자)의 외부에너지가 그 물질 주위를 겹겹이 둘러싸고 층을 이루어 회전하면서 기류 공간(핵력 장이나 전자기력 장), 즉 장(場, field)을 형성하는 원리이고, 이에 따라 물질 그 자체는 회전하는 기류력을 가진다. 여기서 내부질량을 가진 아원자입자의 외부에너지가 바로 현상 물리학에서 힘을 매개하는 게이지 입자다.

그렇다면 도대체 왜 필수적 두 구성요소인 질량과 에너지로 이루어진 물질의 외부에너지만을 따로 떼어내어 힘을 매개하는 입자로서 게이지 입자라고 말할까? 그 직접적인 이유는 아인슈타인의 광양사설을 믿는 상대론적 양자역학에 따른 양자장론에서 광자는 순수한 에너지 덩어리이기 때문이다(그래서 에너지만 가진 입자들이 생겨났다). 그리고 $E=mc^2$에 의해 질량과 에너지가 서로 변환될 수 있다는 아인슈타인식 질량-에너지 등가원리를 믿는 현상 물리학은 "물질을 원자로 나누고, 원자를 소립자로, 그리고 소립자를 양자 장과 힘으로 나누게 되면 물질은 사라지며, 질량은 무형(無形)의 양자 장이 상호작용한 결과로 만들어지는 파생적인 양에 불과하다"라고 말한다. 그래서 "양자장론에 따른 입자 물리학의 표준모형에서 질량은 양자 장이 만들어내는 현상일 뿐이며, 대상이 가진 고유의 성질일 필요가 없다."라고 한다.

이에 따라 20세기 양자물리학은 "질량은 에너지와 동등한 존재가 아니라 에너지가 물리적으로 드러난 결과일 뿐"이라며 "우주를 이루는 가장 기본적인 요소는 쪼갤 수 없는 원자가 아니라 양자 장의 에너지"라고 말하고 있다. 그래서 어떻게 되었는가? 입자 물리학에서 소립자들에는 원래 질량이 없다. 한편 맥스웰 전자기 방정식에서 찾아낸 게이지 대칭성은 힘을 전달하는 매개 입자인 게이지 입자와 관련된 것인데, 앞의 ‖17. 절에서 살펴본 것처럼 게이지 입자는 사실상 내부에 질량을 가진 원자핵의 '외부에너지'가 원자핵 주위를 겹겹이 둘러싸고 층을 이루어 회전하면서 형성한 기류 공간인 전자기장에서 그 어느 하나의 층인 기류선, 즉, 역선(力線, line of force)을 말한다. 따라서 입자 물리학에서 게이지 입자도 질량이 없다.

그런데 질량은 소립자를 구분하는 가장 근본적인 성질이고, 현실에서는 많은 소립자가 질량을 가지고 있다. 그러나 현상 물리학이 추구하는 불변의 세계인 플라톤의 이상적 수학 세계를 구현하기 위해 요구되는 게이지 대칭성은 이 구분을 없애는 대칭성이다. 그렇다면 이제 어떻게 해야 할까? 간단하다. 소립자들에 질량을 부여해주는 수학적 실재를 만들어내면 된다. 아인슈타인이 창조해낸 광자를 두고 광자는 질량이 없는 순수한 에너지 덩어리여서 시간이 흐르지 않는 영생불멸의 입자이므로 더는 신이 말씀으로 창조할 필요가 없어졌다고 좋아할 일이었던가? 그러나 이제는 거꾸로 소립자들에 질량을 부여하는 또 다른 입자를 다시 창조해야 할 처지에 놓이고 말았다.

소립자들에 질량을 부여하는 수학적 실재를 만들어내기 위해서는 일단 게이지 대칭성부터 깨뜨려야 한다. 게이지 대칭성을 만족하는 물리 이론인 게이지이론에서 게이지 대칭성을 깨뜨리기 위해서 도입된 것이 바로 자발적 대칭성 붕괴(spontaneous symmetry breaking, SSB)라는 개념인데, 이는 이론상으로는 대칭성이 있으나 그 이론이 현실에 나타날 때는 대칭성 일부가 깨진다는 것이다. 그런데 자발적 대칭성 붕괴라는 개념을 이론에 도입하기 위해서는 이론에 새로운 요소가 들어가야만 했다. 그것이 바로 힉스(Higgs)입자다. 힉스입자는 게이지 대칭성을 깨어 소립자들이 질량을 가질 수 있게 한다.

한편 현상 물리학자들은 진공은 항상 대칭이라고 믿었고, 어떠한 대칭변환을 한다 해도 진공상태는 변하지 않는다고 생각하고 있었다. 그런데 1950년대에 소립자의 상호작용이 아니라 엄청나게 많은 입자가 모여 있을 때 나타나는 특성을 연구하는 응집물질물리학에서 진공 대칭의 가정은 설득력을 잃기 시작했다. 초저온에서 고체의 열역학적 특성을 설명할 때 양자장론이 중요한 역할을 하는데, 이 경우 응집물질의 특성을 설명할 때 진공에 대응되는 개념은 입자가 없는 상태가 아니라 입자들로 이루어진 계가 최저 에너지를 갖는 상태다. 그런데 입자 물리학에서 말하는 진공과 달리, 응집물질물리학에서의 진공인 최저 에너지 상태는 이론의 대칭변환에 대하여 가변적이었다. 대칭성이 깨진 것이다. 응집물질물리학에서 역학적 자발적 대칭성 깨짐(dynamical spontaneous symmetry breaking)이 나타나는 대표적 사례로 초전도체(superconductor)[138]가 있다.

초전도 현상은 매우 낮은 온도에서 나타나는데, 이 온도를 임계온도라고 한다. 금속마다 임계온도는 제각각 다르다. 양자장론을 응집물질물리학에 적용하여 일궈낸 가장 큰 성공은 1957년의 이른바 BCS 초전도 이론[139]이다. 이 이론은 금속 안의 전자들이 전기적인 반발력을 이기면서 하나의 쌍(이를 '쿠퍼쌍'이라 부른다)을 이루면 초전도 현상이 나타난다고 말한다. 이 이론이 처음 발표되었을 때, 사람들은 초전도체의 게이지 대칭

138) 초전도체는 1908년 하이케 온네스(Heike Onnes)가 처음 발견했는데, 초전도체에는 자기장에 통과하지 못하여 그 위에 자석을 놓으면 자석이 부상(浮上)한다.

139) 여기서 BCS란 존 바딘(John Bardeen)과 레온 쿠퍼(Leon Cooper), 로버트 슈리퍼(Robert Schrieffer)의 이름의 첫 자를 딴 것이다.

을 어떻게 설명해야 할지 갈피를 잡지 못했다. 그러다가 1963년 응집물리학자 필립 앤더슨(P. Anderson)이 해결책을 찾던 중 초전도체의 주요 특성인 마이스너 효과(Meissner effect)[140]에서 단서를 발견했다.

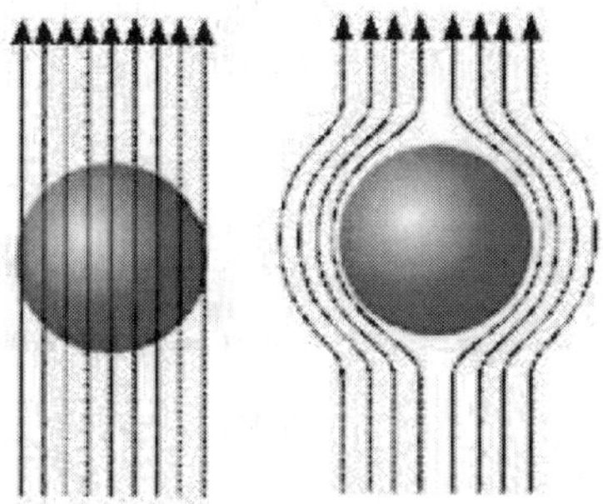

[초전도체의 마이스너 효과]

마이스너 효과란 물질이 초전도 상태로 전이되면서 물질의 내부에 있던 자기장이 외부로 밀려나는 현상을 말한다. 따라서 초전도 상태에서는 물질 내부에 자기장이 침투할 수 없다. 초전도체에 외부자기장을 걸었을 때 온도(T)가 임계온도(T_C) 이상이면 특별한 변화가 없지만, 임계온도보다 낮아지면 걸어준 자기장을 외부로 밀쳐낸다. 이 현상을 어떻게 설명해야 할까? 광자가 질량을 갖고 있다고 가정하면, 설명이 가능했다. 즉, 앤더슨은 전자기장의 관점에서 볼 때 초전도체는 또 하나의 진공상태로 간주함이 옳다고 하면서, 진공상태에서 전자기력의 게이지 대칭이 자발적으로 붕괴하고 그 결과로 '질량이 있는 광자'가 나타난다고 했다.[141] 이에 따라 현상 물리학자들은 초전

140) 마이스너 효과는 모든 초전도체가 갖는 성질로 1933년 독일의 물리학자 발터 마이스너와 로버트 옥센펠트에 의해 발견되었다.

도체에서 마이스너 효과가 생기는 이유와 광자가 질량을 가지는 이유에 대하여 다음과 같이 이야기하고 있다.

> 마이스너 효과가 생기는 이유는 자기장의 실체라고 할 수 있는 광자가 초전도체 안의 쿠퍼쌍과 상호작용을 통해 일종의 질량을 갖기 때문이다. 원래 광자는 질량이 없다. 이는 전자기력이 게이지 대칭성을 가지고 있기 때문이다. 그러나 쿠퍼쌍은 게이지 대칭성을 깬다. 광자가 초전도체 안에서 이들과 상호작용하면 없던 질량이 생긴다.

한편 앤더슨은 1963년에 발표한 논문에서 약력의 게이지 대칭을 갖는 양-밀스(Yang - Mills) 이론에도 위와 같은 논리가 적용될 수 있다고 제안했다. 그 후 몇몇 물리학자들이 앤더슨의 제안을 수용하여 SU(2) 게이지 대칭이 자발적으로 깨지면서 광자와 비슷한 입자가 출현하는 새로운 유형의 양-밀스 이론을 연구하였고, 1965년 피터 힉스(P. Higgs) 등이 그 결과를 발표했다.[142] 힉스는 초전도체의 전자쌍을 서술하는 장과 비슷한 개념으로 새로운 장을 도입하여 이론에 내재하는 게이지 대칭이 이 장에 의해 자발적으로 깨지도록 만들었다. 바로 힉스장의 개념이 탄생하는 순간이었다.

이러한 힉스의 가설은 바닥 상태일 때 0이 아닌 값을 갖는 아직 발견되지 않은 양자가 힉스장 안에서 자극을 받아 쿼크나 전자와 같은 다른 기본 입자에 질량을 부여한다는 이론으로서,

---

141) 현상 물리학은 물 그 자체는 도외시하고, 또 전자기장을 '연속 장'으로 보기 때문에, 물질(원자) 내부의 전자기장과 진공이라고 하는 3차원 절대공간을 구별하지 않고 그 전자기장을 진공과 뭉뚱그려 무한히 영향을 미친다고 보아 진공은 항상 대칭이어서 어떠한 대칭변환에도 진공상태는 변하지 않는다고 믿었었지만, 자발적 대칭 붕괴로 인해 또 하나의 진공상태가 생긴 셈이다. 물론 이러한 사실은 곧 전자기장과 진공인 3차원 절대공간은 서로 구별되고 전자기장이 연속 장으로서 무한히 우주 전역에 영향을 미치는 것이 아님을 의미한다.

142) 비슷한 시기에 로버트 브라우트와 프랑수아 엥글레르도 비슷한 내용의 논문을 발표했다. 힉스와 이들이 푼 해(解)는 새로운 장(場, field)이었고, 자유 공간, 즉, 진공에 에너지를 부여했으며 이는 다시 상호작용의 크기에 따라서 입자에 서로 다른 양으로 질량을 가득 채웠다. 이 새로운 장의 양자적 입자가 힉스 보손이다.

표준모형을 수립하면서 널리 인정되었고, 실험을 통해 발견되지 않은 상태에서도 입자 물리학의 기본이론이 되었다.[143] 그러나 이런 종류의 자발적 대칭 붕괴는 초전도체에서와 같은 역학 과정으로 볼 수 없다. 왜냐하면 역학적 특성으로부터 결과를 유도한 것이 아니라 적절한 장을 도입하여 모든 것이 맞아떨어지도록 만들었기 때문이다. 이런 식으로 양-밀스 장의 양자에 질량을 부여하는 방법이 바로 힉스 메커니즘이다.[144] 그리고 이러한 힉스 메커니즘을 믿는 오늘날 물리학자들은 다음과 같이 이야기하고 있다.

> 초전도체 안에서 광자가 없던 질량을 얻는 과정과 소립자가 힉스입자와 상호작용하여 질량을 얻는 과정은 근본적으로 똑같다. 그리고 이것이 가능하기 위해서는 둘 다 게이지 대칭성을 깨야만 한다. 초전도 현상이 일어나는 원리와 우리 우주에서 소립자들이 질량을 얻는 원리가 근본적으로 같은 것이다.

자, 그럼 지금까지 설명한 현상 물리학의 이야기들을, 앞의 ‖17. ‖23. 절 등에서 설명한 다음과 같은 실체 물리학의 내용을 상기하면서, 새로운 물리학인 실체 물리학의 관점에서 생각해 보자.

빅뱅 후 최초로 만들어진 관측 가능한 보통 물질인 광자는 암흑물질과 결합하여 쿼크를 생성하면서 쿼크의 구성요소가 되었고, 쿼크는 양성자와 중성자와 같은 핵자의 구성요소가 되며, 이러한 핵자들은 원자핵의 구성요소가 되므로, 결국 태양과 같

143) Griffiths, David (2008). "12.1 The Higgs Boson". Introduction to Elementary Particles (Second, Revised ed.). Wiley-VCH. p. 403. ISBN 978-3-527-40601-2.

144) 힉스 메커니즘의 등장으로 약한 상호작용과 전자기력을 같이 설명하는 이론을 만들 수 있게 되었는데, 약한 상호작용과 전자기력을 한 번에 설명하는 이론인 와인버그-살람 이론을 만드는 데 성공하였고, 이러한 와인버그-살람 모델은 표준모형으로 발전하여 강력, 약력, 전자기력을 한 번에 설명할 수 있게 되었다.

은 별에서 방출되어 우주공간을 운동하는 광자는, 원자핵의 구성요소의 지위에 있다가 시간의 변천에 의한 열역학 제2 법칙인 엔트로피 증가법칙에 따라 그 원자핵을 구성하고 있는 일부 쿼크가 붕괴함에 따라 암흑물질과 함께 방출되어 나온 것이다. 한편 광자가 원자에서 방출되기 전에 전자는, 원자핵의 외부에너지가 원자핵 주위를 겹겹이 둘러싸고 층을 이루어 회전하여 형성하고 있는 기류 공간인 전자기장 안의 어느 한 층(궤도) 위에 올라타서 원자핵 주위를 돌고 있었다.

여기서 우리는 물질이 초전도 상태로 전이되면서 응집물질의 내부에 있던 전자기장이 외부로 밀려나는 현상인 마이스너 효과를 광자가 질량을 가진다고 하면 설명이 가능했다는 사실에 주목할 필요가 있다. 우선 자발적 게이지 대칭성 붕괴는 실체물리학의 관점에서 보면, 자연법칙인 시간의 변천에 의한 열역학 제2 법칙에 따라 시간을 가진 보통 물질 일부가 붕괴하는 것을 말한다. 그렇다면 우리는 초전도체의 주요 특성으로서 역학적 자발적 게이지 대칭성 붕괴에 따라 응집물질의 내부에 있던 자기장이 외부로 밀려나는 마이스너 효과가 나타나면서 광자가 질량이 가진다는 사실을, 물 그 자체의 운동 변화의 원리인 실체 물리학의 기류 원리에 따라 다음과 같이 물리적으로 설명할 수 있을 것이다.

광자가 암흑물질과 결합하여 생긴 쿼크가 원자핵의 구성요소의 지위에 있을 때, 그 질량은 원자핵의 내부에 있고 그 외부에너지는 원자핵 주위를 겹겹이 둘러싸고 층을 이루어 회전하면서 기류 공간인 전자기장을 형성하고 있었는데, 자연법칙인 시간의 변천에 의한 열역학 제2 법칙에 따라 원자핵 내부에서 핵반응(약한 핵력의 작용)이 일어나 쿼크가 붕괴하면서 그 쿼크를 구성하고 있던 광자가 원자핵으로부터 암흑물질과 함께 물질 밖으로 방출되어 나오면(자발적 게이지 대칭성 붕괴) 그 광자는 원자와는 독립한 물질이므로 그 고유 에너지와 등가인 질량(전하)을 가진 광자로서 그 자체의 전자기장을 가지고 운동하게 되는바, 이로 인해 원자 내부의 전자기장은 감소한다(이에 대해 자세한 것은 앞의 Ⅱ17. 절을 참조하라). 그리고 이것은 초전도체 내부에 있던 전자기장이 물질 외부로 빠져나가 초전도물질 주위에 전자기장이 형성되고, 이로 인해 외부자기장이 초전도물질 내부에 침투할 수 없게 되는 현상인 '마이스너 효과'가 나타나게 되는 것과 '물질 내부에 있던 전자기장이 물질 밖으로 빠져나간다는 점'에서 같다.

한편 역학적 자발적 대칭 붕괴에 따른 초전도체는 임계온도에서 응집물질 내부에 있는 기륜 공간인 전자기장이 모두 물질 밖으로 밀려나고 물질 내부의 원자핵 주위에는 바닥 상태인 영점에너지만 남아있는 경우라고 말할 수 있는데(영점에너지를 가진 암흑물질은 전자기장을 가지지 않는다), 이 경우 응집물질 내부에 형성되었던 기륜 공간(전자기장)의 어느 한 층(기륜선, 궤도) 위에 올라타서 그 물질의 원자핵 주위를 공전하고 있던 전자들은 물질 내부에 겹겹이 층을 이루고 있던 기륜 공간인 전자기장의 불연속적인 궤도들이 없어졌으므로 그 전자들 자체의 외부에너지가 회전하여 형성하고 있는 기륜이 서로 얽히게 될 것이다(BCS 초전도 이론). 그리고 이렇게 서로 얽힌 전자쌍(쿠퍼쌍)은 바닥 상태의 에너지 준위에 모이게 되는데, 이를 보스-아인슈타인 응축(Bose-Einstein condensate)이라고 한다.[145)]

145) 두 개의 전자가 이 방법으로 모이면, 그들의 반 스핀은 서로 정수 스핀을 형성하는 방식으로 상호작용한다. 즉, 그것들은 페르미온 대신 보스처럼 행동하기 시작한다. 따라서 그것들은 더는 파울리 배제원리 따르지 않기 때문에 가능한 가장 낮은 에너지 수준을 점유하는바, 이를 보스-아인슈타인 응축이라고 한다. 결국 모든 쿠퍼쌍은 하나의 거대한 전자처럼 행동하고 더 낮은 에너지 상태로 갈 수 없기에 물질 내의 원자들과 상호작용이 일어나지 않아서 저항이 없다.

혹자는 이러한 나의 설명을 두고, 실체 물리학의 모든 것의 이론이 옳다는 증거라고 말할지 모르겠다. 그러나 실체 물리학의 진정한 의의는 그 설명이 자연법칙에 부합해서 누구나 이해하고 수긍할 수 있도록 '유형의 물리적 실체'를 들어서 물리적으로 설명한다는 데 있다. 생각해 보라. 현상 물리학은 마이스너 효과가 도대체 왜 생기고, 초전도 현상은 무슨 물리적 원인으로 전자쌍이 나타나는지 그 자연현상의 원인에 대한 그 어떤 물리적인 설명도 없다. 특히 현상 물리학은 "원래 광자는 질량이 없다. 이는 전자기력이 게이지 대칭성을 가지고 있기 때문이다"라고 말하는데, 이는 결국 대칭, 즉 불변의 세계인 플라톤의 이상적 수학 세계에 존재하는 수학적 실재를 구현하기 위하여 현실적 실재인 질량이 있는 광자를 원래 질량이 없는 광자로 만들었다는 이야기가 된다.

아무튼, 내가 앞에서 플랑크의 양자가설에서 특정 진동수와 관련된 빛 에너지 양자와 달리, 아인슈타인이 광전효과 설명에서 주장한 광양자(광자, photon)는 '질량을 가진 광자'라고 말했던 이유가 바로 여기에 있다. 광전효과를 설명할 때의 광자는 게이지 대칭이 자발적으로(자연법칙인 시간의 변천에 따라) 붕괴하여 원자로부터 방출된 바로 그 '질량이 있는 광자'로서 '그 자체의 질량(과 등가인 에너지)'을 가지고 있어서 그 진동수와 무관하게 진공에서 그 운동 속도가 일정한 것이다. 한편 이러한 광자들은 다양한 진동수를 가지는데, 그중에 '운동에너지'가 커서 회전반경이 짧은(크기가 작은) 진동수가 큰 광자(예컨대 자외선)를 금속에 쪼이면 전자가 튀어나오고, 진동수가 작아서 그 크기가 큰 광자는 아무리 많이 쪼여도 전자가 튀어나오지 않는 것(광전효과)은 전혀 별개의 문제이다.

사정이 이러하므로, 플랑크의 양자가설을 왜곡한 아인슈타인의 광양자설과 질량과 에너지가 $E=mc^2$에 따라 서로 변환된다는 아인슈타인식 질량-에너지 등가원리를 믿는 20세기 상대론적 양자역학과 양자장론에 따른 입자 물리학의 표준모형은, 결국 플라톤의 이원론적 세계관에 따라 불변의 세계인 플라톤의 이상적 수학 세계를 구현하기 위하여 살아 움직여 운동 변화하고 있는 '하나의 물질'을 둘로 찢어발겨서 죽임당한 시체를 만들어 놓고 그 각각을 페르미온과 보손 두 개의 입자로 설명하게 된 것이다.

이러한 상황에 대해 성실한 물리학자 리처드 파인먼은 다음과 같이 말했다.

> "왜 스핀이 반정수 입자는 페르미입자가 되어서 진폭을 합성할 때 음의 부호가 끼어들고, 스핀이 정수 입자는 보스입자가 되어 진폭을 합성할 때 양의 부호가 끼어드는 것일까? 파울리는 양자장론과 상대론을 동원한 복잡한 논증을 통해 이를 설명해냈다.[146] 그는 이 두 가지를 다 이용해야만 한다는 것을 보였는데, 그의 논증을 이해하기 쉽게 재현하는 방법은 아직 찾지 못했다. 이렇게 아주 단순한 규칙이지만 그 누구도 쉽고 간단한 방법으로 설명하지 못하는 경우는 물리학 전 분야에서 몇 안 되는데, 이것이 그중 하나인 것 같다. 이 설명의 핵심은 상대론적 양자역학과 깊은 관련이 있다. 어쩌면 이 현상에 대한 근본적인 원리를 우리가 아직 완전히 이해하지 못한다는 뜻일 수도 있다."[147]

---

146) 두 개의 전자가 같은 상태에 있을 수 없다는 배타원리가 있을 때 상태의 수를 세는 법을 페르미-디랙 통계법, 배타원리가 없을 때의 통계법을 보스-아인슈타인 통계법이라고 한다. 파울리는 이 두 가지 통계법이 다르게 적용되는 이유가 입자의 스핀에 달려 있다는 것을 증명했다. 입자의 스핀이 플랑크 상수 $\hbar$의 반정수배일 경우, 스핀 상태는 짝수 개 존재하여 페르미-디랙 통계를 따르고, 입자의 스핀이 $\hbar$의 정수배일 경우 스핀 상태는 홀수 개 존재하여 보스-아인슈타인 통계법을 따른다. 그래서 전자를 페르미온, 후자를 보손이라고 구별한다. 그러나 정수 스핀을 가지는 입자는 보손이고, 반정수 스핀을 가지는 입자는 페르미온이라는 파울리의 증명이 완전한 것일까? 이에 대해 파인만(R. P. Feynman), 슈빙거(J. S. Schwinger), 버고인(N. Burgoyne), 뤼더와 주미노(G. Luders, B. Zumino) 등은 좀 더 직관적이고 수학적으로도 엄밀한 증명을 내놓으려고 시도했었다.

147) 리처드 파인먼, 로버트 레이턴, 매슈 샌즈, 〈파인먼의 물리학 강의〉 우리말 번역본, Vol. 3, 4-3.

파인먼이 잘 지적하고 있듯이, 이 절에서의 내용의 핵심은 질량은 없고 에너지만 있는 아인슈타인의 광양자설과 물질의 질량과 에너지가 $E=mc^2$에 따라 서로 변환된다는 아인슈타인식 질량-에너지 등가원리를 믿는 20세기 양자물리학자들의 '상대론적 양자역학'과 깊은 관련이 있다. 입자 물리학의 양자장론은 상대론적 효과를 양자역학에 도입 데서 나온 것이기 때문이다. 그리고 파인먼의 말대로 지금까지의 현상 물리학은 자연현상에 대한 근본적인 원리를 아직 완전히 이해하지 못하고 있다.

현대물리학의 사정이 이러하므로, 나는 이 절을 통해서 위 인용문에서 파인먼이 말하는 그 현상에 관한 근본적인 원리를 새로운 물리학인 실체 물리학에 따라 유형의 물리적 실체를 들어서 물리적으로 설명했다. 일찍이 실체 물리학의 창시자 혜강 최한기는 이와 관련하여 나음과 같이 말했나.

> "형질 안의 활동은 형질 밖의 변화를 받아서 점차 변화해 감을 알 수 있다. 가령 그 몸을 쪼개고 나누어 그 형질 안을 자세히 들여다본다면, 그것은 겉을 둘러싸고 있는 외피와 뼈마디를 나누어 흩뜨린 죽은 물질이고, 피어 있는 그대로를 지켜서 흠 없이 완전하게 운동·변화하고 있는 살아있는 물질의 원리를 탐구하는 것이 아니다."148)

물론 위와 같은 힉스 메커니즘에 대하여 오늘날 모든 물리학자가 동의하고 있는 것은 아니다. 예컨대 유럽원자핵공동연구소(CERN)의 기도 알타렐리(G. Altarelli)는 "표준모형 힉스(standard model Higgs)는 동화 같은 이야기"라고 했다. 그는 힉스 모델은 "이론을 데이터에 꿰맞추기 위해 꾸며낸 장난감 모델"이라고

148) 최한기 운화측험(運化測驗) 권 1, 「形質中運化」 "可得在內活動, 受外氣而漸化. 假使剖分其體而詳觀其內, 乃是分散皮膚骨節之死氣也, 非榮衛溱理完全之運化生氣也."

하면서, "더 나은 이론이 나올 때까지 표준 모델을 좀 더 지탱하기 위한 목발 같은 이야기"라고 했다. 그는 "우리에게 필요한 것은 표준 모델의 힉스가 전혀 아니며, 뭔가 미묘하게, 혹은 근본적으로 다른, 그러나 보다 깊은 이론을 위한 단서가 필요하다"라고 말한다.[149)]

149) 12. November. 2012 by Matthew Chalmers, NewScientist.

‖ 25. 열역학 제2 법칙과 경입자, 전자기장, 중력장

우리는 앞에서 우주라는 동적 시스템의 시작점 이론을 가진 실체 물리학에 따라 시간을 가져서 전자기력이 발생하고 관측할 수 있는 최소 보통 물질인 빛이 탄생하면서 서구 과학적 패러다임에서 말하는 질서를 갖는 체계로서의 우주인 코스모스, 즉 국소적인 우주로서 상대적인 시간과 공간 및 물질들이 탄생하고 그 상대적인 시공간을 가진 관측 가능한 보통 물질들이 어떻게 만들어지는지 알게 되었다. 나아가 빅뱅 후 그 대폭발 현장의 초고밀도 초고온 영역에서 헬륨 원자핵까지 만들어지면 코스모스에 존재하게 될 모든 일반물질이 다 만들어졌는데, 바로 이 순간이 코스모스에서 엔트로피가 0인 가장 낮은 시점이다. 이는 곧 코스모스에 열역학 제2 법칙인 엔트로피 증가법칙이 탄생하는 순간이기도 하다. 그 후에는 이때 만들어진 소립자들이 결합해서 별을 만들고, 또 그 별들 속에서는 더 무거운 원소들이 만들어지는바, 이 경우 물질들의 상호작용 과정에서는 원자핵 속의 핵자들이 붕괴하면서 엔트로피가 증가한다.

한편 1933년 엔리코 페르미(E. Fermi)는 약한 핵력의 작용으로 원자핵에서 전자가 방출되는 베타(β)붕괴 현상을 규명했다. 중성자에 약한 핵력이 작용하면 중성자(n)가 양성자(p)로 붕괴하면서 전자(e^-)와 반중성미자($\bar{\nu}_e$)을 방출한다.[150] 반대로 양의 베타붕괴에서는 양성자가 에너지를 흡수하여 중성자로 바뀌면

---

150) 이러한 현상은 아래 쿼크(down quark)가 W^- 보손을 방출하며 위 쿼크(up quark)로 바뀌는 과정으로 이해할 수 있다. 여기서 방출된 W^- 보손은 곧 붕괴하여 전자와 반중성미자가 된다.

서 양전자(e^{+})와 중성미자(ν_e)을 방출하게 된다. 여기서 전자와 중성미자의 반물질들은 그 자전(스핀) 방향만 다를 뿐 그 실체는 같은 질량을 가진 같은 물질이다. 경입자인 렙톤(輕粒子, leptons), 즉 전자와 중성미자가 우주에 출현한 것이다.

이 경우 전하를 가진 경입자인 전자는 원자핵 속의 전하와 전자기적 상호작용을 하므로[151] 원자핵을 구성하고 있는 물질(핵자)의 외부에너지가 원자핵 주위를 겹겹이 둘러싸고 돌면서 형성하고 있는 기류 공간인 전자기장의 어느 하나의 기류선(궤도) 위에 올라타서 돌면서 원자의 구조를 형성한다. 하지만 전하를 가지지 않은 중성미자는 원자 밖으로 방출된다. 이 경우 수많은 원자로 이루어진 물질, 예컨대 사람이라면 중성미자는 사람의 몸 밖으로 이동하고, 지구라면 지표면 밖으로 이동한다.

한편, 앞에서 살펴본 바와 같이, 중성미자는 실체 물리학의 관점에서 보면 광자 질량의 절반을 가진 '따듯한 암흑물질'이다. 현상 물리학은 중성미자는 전하를 가지지 않는다고 말하는데, 왜 그럴까? 중성미자는 하나의 질점만 가진 따듯한 암흑물질이므로 점대칭 회전운동을 하는 까닭에 현상 물리학에서 말하는 전하를 가질 수 없다. 현상 물리학에서 말하는 음전하 양전하를 실체 물리학적으로 설명하자면, 2개 이상의 질점(전하)을 가져서 전자기력을 발생하여 관측 가능한 보통 물질은 축 대칭 회전운동을 하므로 그 회전 방향이 반시계 방향 또는 시계방향이어서 생길 수 있는 것이기 때문이다(모든 것의 이론 I 참조).

사실 중성미자의 존재를 처음 예언한 사람은 볼프강 파울리(W. Pauli)이었다. 여기서 파울리의 주장은 "관측할 수 없는 입

151) 경입자인 전자((뮤온, 타우)는 원자 안에서 원자핵이 가지고 있는 전기전하의 영향을 받지만, 원자핵 안에서 작용하는 강한 핵력은 느끼지 못한다. 한편 가속기 안에서 전하를 가진 경입자가 다른 입자와 충돌하면 주로 전자기 상호작용이 이루어진다.

자가 존재한다"라는 것이었다. 이를 실체 물리학적으로 말하자면, 암흑물질과 함께 쿼크의 구성요소로서 광자인 베타선이 방출되기 전과 후는 질량과 에너지가 보존되지 않는 것처럼 보이지만 사실은 보이지 않는 입자가 발생하였고 그것이 도망쳤기 때문에 보이는 부분을 더해봤자 질량이 부족한 것처럼 보이는 것이라는 게 그의 설명이었다. 그리고 나중에 엔리코 페르미가 그 보이지 않는 입자를 '전기적으로 중성이며 아주 작은 입자'라는 뜻의 뉴트리노(neutrino, 중성미자)라고 이름 지었다.

> 중성미자는 관측 가능한 보통 물질만을 다룰 수 있는 현상 물리학적 지식체계에서 방사성 붕괴의 과정에서 질량-에너지 보존법칙이 깨지지 않도록 설명하기 위하여 도입한 입자로서 전하량이 없고 전기적으로는 중성이다. 그 후 실험적으로도 중성미자의 존재가 증명되고 수많은 물리학자가 연구해왔지만, 다른 입자와는 거의 상호작용을 하지 않기 때문에 이 입자를 검출하거나 성질을 밝히는 데에 큰 어려움이 있다. 중성미자는 질량이 있는지 없는지 알 수 없는 수수께끼의 입자로 꼽혀왔다.

한편 현상 물리학은 원자핵 속에서만 지내는 약한 핵력이 할 수 있는 일은 하나밖에 없고, 그것은 방사성 활동으로 핵을 붕괴시키는 일이라고 말하는데[152], 여기서 생성된 핵이 붕괴한다는 것은 시간의 변천에 의한 열역학 제2 법칙에 따라 원자핵을 이루고 있는 아원자입자의 일부 시간이 시점만 가진 따듯한 암흑물질로 변화하여 그 원자 밖으로 이동한다는 것을 의미한다. 그런데 나는 앞의 ‖18. 절에서 이 따듯한 암흑물질은 현상 물리학에서 말하는 '쓸모없는 에너지'라고 했다. 그리고 앞서 말한 바와 같이 중성미자의 물리적 실체도 따듯한 암흑물질이므로, 결국 엔트로피와 중성미자의 물리적 실체는 모두 따

152) 그러나 앞에서 살펴본 바와 같이 약한 핵력은 대폭발 현장에서 중입자가 만들어질 때 강한 핵력과 함께 작용했었다(점근적 자유성의 물리적 원인).

듯한 암흑물질이다.[153)]

중성미자의 물리적 실체가 따듯한 암흑물질이라면, 모든 것의 이론 명제 5-1.이 말하고 있는 바와 같이, 그 운동 속도는 빛보다 빨라야 한다. 실제로 2011년 9월 23일, 유럽입자물리연구소(CERN)는 빛보다 빠른 중성미자의 운동을 관측했다고 발표했었다.[154)] CERN의 오페라 공동연구그룹은 3년간 스위스 제네바의 실험실에서 732km 떨어진 이탈리아 그란 사소의 실험실까지 중성미자를 보내는 실험을 했다. 현상 물리학에 따르면 중성미자는 질량이 거의 제로에 가까우며 일반 원자와 상호작용하지 않기에 진공상태처럼 통과한다. 연구진은 2009년부터 2011년까지 3년에 걸쳐 GPS와 원자시계로 중성미자의 속도를 측정했으며 1만 5,000개의 중성미자를 분석했다. 그 결과 중성미자들이 빛의 속도보다 60나노초(0.00000006초) 빨리 목적지에 도착한다는 사실을 발견했다. 이 실험 결과에 따르면 중성미자는 의외로 큰 차이로 빛을 앞선 셈이다.

그러나 이 실험 결과는 물리학계에 받아들여지지 않았다. 사실 이것은 서구 과학적 패러다임과 관련된 문제다. 아무리 빛보다 빠른 물질(중성미자=암흑물질)이 실제 발견되었다고 하더라도, 지금까지의 과학적 패러다임을 바꾸지 않는 한, 현상 물리학의 사유와 인식체계에서는 결코 받아들일 수 없다. 따라서 어떤 이유를 들어서라도 그것을 부정해야만 한다. 서구 과학적 패러다임이 상정하는 우주는 질서를 갖는 체계로서의 우주인 코스모스이므로 보통 물질만을 다룰 수 있고, 그 지식 체계상

153) 물론 물 그 자체를 다루지 않는 현상 물리학에서는 이 따듯한 암흑물질을 경우마다 중성미자, 엔트로피, 열에너지, 쓸모없는 에너지, 영점에너지를 가진 물체 등으로 해석해 왔지만 말이다.

154) "Measurement of the neutrino velocity with the OPERA detector in the CNGS beam" arXiv. 1109.4897.

무질서의 척도로 표현되는 엔트로피의 물리적 실체인 따듯한 암흑물질이나 중성미자는 그 패러다임에 따른 사유와 인식체계에 벗어나는 데다가, 광양자설을 믿는 현대물리학에서는 질량이 없는 입자, 즉 최소 보통 물질인 광자는 질량이 없는 에너지 덩어리이므로 그 질량이 암흑물질보다 작은 0으로 상정되어 있기 때문이다.

사정이 이러하므로, 위 오페라 사례에서도 GPS 장치와 컴퓨터의 연결 불량이 있었고, 그것이 관측 결과에 끼치는 영향이 어느 정도인지 알 수 없다 등의 이유를 들어서 실험 결과를 받아들이지 않았다. 오페라 공동연구그룹은 2012년 새로운 빔을 쓸 수 있게 되면 조속히 중성미자 속력 측정 작업을 새로 수행할 수 있는 날을 기다리고 있다고 말했지만, 그 후 어떻게 됐는지 없었던 일처럼 되어버렸다. 왜 이렇게 되었을까?

그 이유는 명확하다. 서구 과학적 패러다임에 따른 현상 물리학의 지식체계에서는 빛보다 빠른 물질이 있으면, 지금까지의 과학적 패러다임이 전복되어야 하기 때문이다. 나중에 자세히 논하겠지만, 최근에는 천체물리학에서 중력파 검출을 많이 하고 있는데, 특히 중성자별 충돌사건에서 방출되는 중력파 검출의 경우 중력파가 빛보다 더 빨리 지구에 도착해야 실체 물리학과 우주의 실재에 부합한다. 그러나 현상 물리학이 과연 그러한 관측 결과를 사실 그대로 세상에 밝히면서 지금까지의 과학적 패러다임을 스스로 전복시킬 수 있을까? 물론 이것은 해석의 문제도 아니고 관측 결과를 사실 그대로 말하기만 하면 되는 일인데도 말이다.

아무튼, 다시 본론으로 돌아가서, 나는 앞에서 빅뱅 당시 생성된 물질들이 이후 상호작용을 하면 언제나 엔트로피가 증가한다고 말했다. 이는 곧 시간을 가진 보통 물질들이 상호작용을 할 때마다 중성미자인 따듯한 암흑물질을 방출한다는 말이다. 원자핵이 붕괴하는 핵분열뿐 아니라 태양에서 핵융합 반응할 때도 중성미자인 따듯한 암흑물질을 방출한다. 원자핵의 융합은 내부질량과 같은 수의 원자핵의 외부에너지가 그 원자핵을 겹겹이 둘러싸고 층을 이루어 회전하여 형성한 기류이 서로 얽혀 끌어당기는 기류력의 섭력으로 작용하는 것인데, 이 과정에서 그 기류의 일부가 원자핵에서 뜯겨 나가기 때문이다.[155] 사실 우리가 호흡 작용을 할 때조차 보통 물질인 우리 몸에서 따듯한 암흑물질(엔트로피, 쓸모없는 에너지)인 중성미자를 방출한다.

한편 자연법칙인 열역학 제2 법칙이 작동하여 엔트로피가 증가한다는 것[156]은 실체 물리학적으로 보통 물질이 가진 시간이 변천한다는 것이다. 여기서 '시간의 변천(變遷)'은 시간을 가진 보통 물질 내부에 있는 그 시간이 시점으로 변(變)하여, 즉 보통 물질 일부가 붕괴해서 다시 암흑물질로 변하여 그 보통 물질 밖으로 이동(遷)하는 것을 말한다. 이 경우 예컨대 원자 이상의 보통 물질인 지구라는 물질계로서의 고립계는 시간을 가져서 관측 가능한 4차원 시공간을 이루고 있는 국소적인 보통 물질인 지구에서 흩어져 나온 따듯한 암흑물질들이 열역학 제1 법칙인 질량-에너지 보존법칙으로 인해 우주공간으로 흩어지지 않고 그 지구 주위를 겹겹이 둘러싸고 층을 이루어 돌면서 형성한 기류 공간인 중력장이라는 동적인 4차원 시공간을

155) 사실 내부질량수만큼의 원자핵의 외부에너지가 원자핵 주위를 겹겹이 둘러싸고 층을 이루어 회전하는 불연속적인 에너지 하나하나는 우주의 기본 단위 물질인 내부질량 1개와 등가인 암흑물질의 외부에너지이다.

156) 물론 여기서 말하는 증가하는 엔트로피는 클라우지우스의 엔트로피를 말하고, 볼츠만이 만들어낸 새로운 엔트로피 개념으로서 무질서의 정도, 예를 들어 물컵에 잉크를 한 방울 떨어뜨리면 그것이 물컵 전체에 확산하거나 다시 한곳으로 모이는 것과 같은 따위의 이야기, 즉 다시 한곳으로 모이는 경우의 수는 확률적으로 지극히 작으므로 확산하여 '무질서도'는 증가한다는 발상에서 나온 통계적이고 확률적인 엔트로피를 말하는 것이 아니다.

포함한다.

물론 지금까지의 서구 과학적 패러다임에 따른 현상 물리학은 중력장이 어떻게 형성되고 그 물리적 실체가 무엇이며 또 중력이 어떻게 발생하고 작용하는지 모른다. 알고 싶어도 그 지식 체계상 알 수도 없게 되어 있다. 중력을 수학적으로 기술한 뉴턴의 만유인력 법칙이나 중력은 힘이 아니라면서 기하학적 곡률로 표현한 아인슈타인의 일반상대성 이론은 자연현상으로서 중력의 변화와 작용을 수학적으로 표현한 것에 불과하다. 아인슈타인이 일반상대성이론을 통해 한 일은 단지 뉴턴의 중력에 관한 '수학적 기술'을 중력은 힘이 아니고 시공간의 곡률이라며 '기하학적 기술'로 바꿨을 뿐이다.

사정이 이러하므로 2010년 에릭 페를린데(E. Verlinde)는 "중력 그리고 뉴턴 법칙의 근원에 관하여(On the Origin of Gravity and the Laws of Newton)"라는 제목의 논문에서[157] "지금까지 과학은 중력을 완전히 잘못된 시각으로 연구해왔다"라고 주장했다. 그는 "중력은 원래부터 존재하는 힘이 아니라 더 근원적인 우주의 다른 어떤 작용으로부터 생겨나는 현상"이라고 하면서, 중력을 질량, 시간, 공간 등의 상호작용에서 비롯된 부수적인 힘으로 보고, 이를 설명하기 위해 열역학의 엔트로피 개념을 도입했다. 그는 "그 어떤 존재가 자연계에서 에너지의 흐름을 지배하는 법칙, 즉 열역학의 법칙일 가능성이 크고, 그 어떤 존재가 중력이라는 현상을 만들어내며, 중력은 그 자체로 존재하지 않는다"라면서 "어떤 물질 사이에 중력이 생기는 이유는 무질서한 흐름 속에서 자연이 평형을 유지하려고 움직이기 때문이며, 우주가 평형을 유지할 확률보다는 끊임없이 움직이며 무질서해질 가능성이 월등하므로 중력이 계속 발생한다"라고

157) arXiv:1001.0785v1 [hep-th] 6 Jan 2010.

주장했다. 경청할만한 이야기이다. 그러나 다른 것은 차치하고라도, 페를린데가 말하는 무질서의 척도로서의 엔트로피 개념은 볼츠만이 만들어낸 대칭 형태의 방정식으로 표현되는 '수학적 물리법칙'으로서의 통계적이고 확률적인 엔트로피라는 점에서, 현상 물리학적 사유와 인식의 굴레를 완전히 벗어나지 못하고 있다고 말하지 않을 수 없다.

한편 오늘날 현상 물리학은 현대물리학의 근간인 두 이론체계가 충돌을 일으키면서 양립되지 못한다는 점은 반드시 해결해야 할 과제라고 말한다. 일반상대성이론이 기술하는 거시적 세계는 연속적으로 이루어져 있으며 예측 가능한 세계다. 그런데 양자역학은 불확정성 원리에 의해 입자들의 운동을 확률적으로만 기술할 수 있다. 결국 미시세계는 불연속적이며 예측 불가능의 세계다. 따라서 거시적 세계를 설명하는 일반상대성이론과 미시세계를 설명하는 양자역학은 서로 대치되어 있다. 이러한 모순을 해소하고 거시적 세계와 미시적 세계의 물리법칙을 하나의 일관된 체계로 설명할 수 있을 뿐 아니라 모든 힘을 하나로 통일하여 설명하는 '모든 것의 이론(Theory of Everything)'이 있고, 그러나 그것이 지금까지 2,500년 동안 지속되어온 서구식 지적 패러다임을 전복해야만 하는 것이라면, 그래도 기꺼이 새로운 물리학의 모든 것의 이론을 수용할 수 있을까? 이에 대해 절을 바꿔 살펴보기로 하자.

‖ 26. 모든 것의 이론 III : 4개의 기본 힘의 통일

실체 물리학의 모든 것의 이론은 지금까지의 서구 과학적 패러다임에서 과학의 대상이 아니었던 '있는 그대로의 세계'인 '물질 그 자체'의 내재적 속성에 따라 운동·변화하는 원리인 기륜 원리에 따라 우주 모든 것들의 운동과 변화를 설명한다. 기륜 원리에 따르면 있는 그대로의 세계로서 물질 그 자체는 그 외부에너지가 회전하여 형성하고 있는 기륜 공간의 회전하는 기륜력을 가지고 있는바, 물질들의 회전하는 기륜력의 상호작용은 그 회전 방향이 서로 같은 때에는 그 기륜이 서로 얽혀 끌어당기는 기륜력의 섭력(攝力, seop force)으로 작용하고, 그 회전 방향이 서로 다른 경우에는 그 기륜이 서로 문질러 밀치는 기륜력의 절력(切力, jeol force)으로 작용한다.

한편 우주 그 자체를 하나의 커다란 물질(고립계)로 볼 때, 코스모스의 시작인 우주 대폭발 현장의 초고밀도 초고온 영역에서 시간을 가진 일반물질 생성을 마쳤을 때(헬륨 원자핵의 생성 시) 자연법칙인 열역학 제2 법칙이 탄생하며, 바로 그때 우주의 엔트로피(따듯한 암흑물질)는 0으로서 엔트로피 최저 상태에 있었다. 이후에는 이미 생성된 보통 물질들이 가진 시간의 변천에 의한 열역학 제2 법칙에 따라 그 보통 물질들 자체와 그 모든 국소적인 물질들을 포괄하는 우주 그 자체의 엔트로피는 증가하게 된다. 따라서 우리는 우주에 열역학 제2 법칙인 엔트로피 증가법칙이 탄생하기 이전과 그 이후로 나누어 살펴보아야 한다. 이 경우 열역학 제2 법칙 탄생 이전 대폭발 현장에서 서로 충돌하여 방사되거나 상호작용 과정에서 3차원 절대공간에 방사된 암흑물질들은 차가운 암흑물질들이고, 열역학 제2 법칙이 탄생한 후에 시간을 가진 보통 물질들의 상호작용 과정에서 그 시간이 붕괴하여 방출되는 시점만 가진 암흑물질들은 따듯한 암흑물질들이다. 자연법칙인 열역학 법칙에 따라 흩어져 나온 따듯한 암흑물질들은 그 보통 물질과 함께 고립계를 이루고 있으므로 열역학 제1 법칙인 질량-에너지 보존 법칙이 따라 3차원 절대공간으로 흩어지지 않고 그 보통 물질 주위에 동적인 4차원 시공간인 중력장을 형성한다.

이에 따라 우리는 현상 물리학이 말하는 네 가지 기본 힘을 실체 물리학의 유일한 원리인 기륜 원리에 따라 다음과 같이 논리 일관하게 물리적으로 설명할 수 있다.

6-1. 국소적인 보통 물질의 외부에너지가 그 물질 주위를 겹겹이 둘러싸고 층을 이루고 회전하여 형성하고 있는 기륜공간의 회전하는 기륜력의 상호작용은, 그 회전 방향이 서로 같은 경우에는 그 물질들의 기륜이 서로 얽혀 끌어당기는 기륜력의 섭력(攝力, seop force)으로 작용하고, 그 회전 방향이 서로 다른 경우에는 그 물질들의 기륜이 서로 문질러 밀치는 기륜력의 절력(切力, jeol force)으로 작용한다.

6-2. 이 경우, 우주에 열역학 제2 법칙이 탄생하기 이전에 대폭발 현장의 초고밀도 초고온 영역에서 매우 높은 운동에너지를 가진 물질(아원자입자)들의 상호작용하는 힘으로서의 기륜력이 바로 강한 핵력(strong nuclear force)인바, 이때 상호작용하는 중입자들은 그 내부의 질점들(전하, 이를 특히 '색 전하'라고 한다)이 기륜력의 회전 방향과 반대 방향으로

회전하여 약한 핵력(weak nuclear force)을 발생한다.

6-3. 따라서 상호작용하는 중입자들의 기륜의 회전 방향이 서로 같아서 그 기륜들이 서로 얽혀 끌어당기는 '기륜력의 섭력'으로서 강한 핵력이 작용할 때, 그 물질들 내부 전하들의 회전으로 인해 발생하는 약한 핵력은 전하의 회전 방향이 서로 같아서 서로 밀어내는 척력(斥力, repulsion)으로 동시에 작용하므로, 그 결합력의 세기는 물질들 사이의 거리가 가까워질수록 약해진다.[158)]

6-4. 그러나 쿼크와 반쿼크의 경우처럼 상호작용하는 중입자들의 기륜의 회전 방향이 서로 달라서 그 기륜들이 서로 문질러 밀치는 '기륜력의 절력'으로서 강한 핵력이 작용할 때는, 그 물질들 내부의 색 전하가 서로 반대 방향으로 회전하여 서로를 당기는 약한 핵력의 인력(引力, attraction)이 동시에 작용하여 그 물질과 반물질은 서로를 갈아 뭉개버려서 다시 광자와 암흑물질로 붕괴하여 3차원 절대공간에 방사된다.

6-5. 이처럼 우주 초기 반물질이 사라지는 이유는 우주 대폭발 현장의 초고밀도 초고온 영역에 존재하는 물질들의 운동에너지가 매우 커서 회전반경이 매우 짧고 그 진동수가 매우 커서 상호작용하는 기륜력(강한 핵력)이 매우 큰 까닭에 그 기륜력이 절력으로 작용할 때 서로를 갈아 뭉개버려서 붕괴시켰기 때문이고, 이때에도 기륜력의

158) 현상 물리학에서 말하는 이른바 '점근적 자유성 또는 적외선 구속'의 실체 물리적 원인이 바로 여기에 있다.

회전 방향이 서로 같아서 기류력의 섭력으로 작용하는 중입자들은 서로 결합해서 더 큰 질량을 가진 중입자들을 계속해서 생성해서 헬륨 원자핵까지 만들고 있었다.

6-6. 한편 대폭발 현장의 영역이 점점 확산하면서 밀도가 작아지고 온도가 내려가게 되면, 상호작용하는 중입자들의 운동에너지가 작아져서 기륜력이 약해지므로, 더는 기륜력의 절력에 의해 서로를 갈아 없애거나 기륜력의 섭력에 의해 물질의 생성을 할 수 없어서 관측 가능한 우주인 코스모스에 존재하게 될 시간을 가진 보통 물질의 생성이 완료되는데(헬륨 원자핵까지 생성), 이때 우주에 열역학 제2 법칙이 탄생하고 우주의 엔트로피가 0인 엔트로피 최저 상태에 놓이게 된다.

6-7. 이렇게 열역학 제2 법칙이 탄생한 이후에 시간을 가진 보통 물질들의 상호작용은 언제나 그 물질이 가진 시간의 변천(變遷)에 의한 엔트로피 증가법칙에 따라 보통 물질이 가진 일부 시간(時間, time)이 시점(時點, 때, timing)으로 붕괴(變)하여, 즉 보통 물질 일부가 암흑물질로 변화하여 그 보통 물질들 밖으로 방출(遷: 장소를 이동)된다.

* 이 경우 자연법칙인 시간의 변천에 의한 열역학 제2 법칙에 따른 엔트로피 증가는 핵분열의 경우뿐만 아니라 핵융합의 경우에도 일어나는데, 후자의 경우 내부질량과 같은 수의 원자핵의 외부에너지가 그 핵을 겹겹이 둘러싸고 층을 이루어 회전하여 형성한 기륜이 서로 얽혀 끌어당기는 기륜력의 섭력으로 작용할 때, 상호작용하는 물질들의 기륜 일부가 뜯겨서 따듯한 암흑물질(열, 엔트로피, 중성미자)을 방출한다.

6-8. 아원자입자인 원자핵이 가진 시간이 변천하면 원자핵 속의 핵자들이 붕괴하여 전자와 중성미자를 방출하게 되는데, 이 경우 전하를 가진 전자는 원자핵 속의 전하와 전자기적 상호작용을 하므로 원자핵의 외부에너지가 그 원자핵 주위를 겹겹이 둘러싸고 층을 이루어 회전하면서 형성하고 있는 기류 공간인 전자기장의 어느 하나의 층(궤도)을 타고 돌면서 원자를 형성하지만, 전하가 없는 중성미자(따듯한 암흑물질)는 그 원자나 원자들로 이루어진 물질 밖으로 이동한다.

7-1. 이 경우 원자 이상의 보통 물질 밖으로 흩어져 나온 따듯한 암흑물질들은, 열역학 제1 법칙(질량-에너지 보존법칙)에 따라 비국소적인 3차원 절대공간으로 흩어지지 않고, 그 국소적인 보통 물질 주위를 겹겹이 둘러싸고 층을 이루어 돌면서 기류 공간을 형성하는바, 이러한 기류 공간을 일컬어 중력장(重力場, gravitational field)이라 한다.

7-2. 한편 핵력 장이나 전자기력 장은 아원자입자의 '외부에너지'가 그 아원자입자 주위를 겹겹이 둘러싸고 회전하면서 형성하는 기류 공간으로서 '3차원 공간'을 이루지만, 중력장은 원자 이상의 보통 물질에서 흩어져 나온 따듯한 '암흑물질들'이 고립계를 이루고 있는 그 보통 물질 주위를 겹겹이 둘러싸고 층을 이루어 회전하면서 형성하고 있는 기류 공간으로서 시점만 가진 암흑물질들 사이가 시간을 형성하는 '동적(動的, dynamic)인 4차원 시공간'을 이루고 있다는 점에서 질적으로 다르다.

* 원자 이상의 보통 물질은 그 주위에 중력장을 형성하지만, 원자 내부나 원자보다 작은 보통 물질인 아원자입자들, 그리고 그 크기를 불문하고 '모든 물질의 내부'에서는 중력장이 형성되지 않으므로 중력이 발생하지 않는다.

7-3. 한편 질점이 하나밖에 없어서 일정한 방향이 없이 점 대칭 회전운동을 하는 암흑물질들[159]은 보통 물질의 외부에너지가 회전하여 형성한 기류에 의한 회전에 응하여 그 기류의 회전 방향과 같은 방향으로 회전하게 된다.

* 이때 따듯한 암흑물질의 경우 만약 고립계를 이루는 시간을 가진 일반물질이 블랙홀이 된 별이고 그것이 가진 시간이 모두 변천하여 마지막 1개의 시간을 가진 광자 1개만 남아서 단 2개의 외부에너지의 회전하는 기류를 가지고 '축 대칭 회전운동'을 하고 있다고 하더라도, 그 항성인 별(블랙홀)의 기류 공간인 중력장을 형성하고 있는 따듯한 암흑물질들은 겹겹이 층을 이루어 서로를 맞대고 질서정연하게 돌고 있으므로 그 블랙홀의 중력장은 안정적으로 유지된다. 그리고 이 경우의 블랙홀은 3차원 절대공간에 있는 차가운 암흑물질들을 흡수하고 다른 별이나 블랙홀과 병합한다. 다만, 그 1개의 시간을 가진 광자의 시간마저 변천하면 회전축이 사라져서 축 대칭 회전운동을 할 수 없으므로 그 블랙홀의 중력장은 붕괴하면서 그 블랙홀은 소멸한다.

7-4. 한편 보통 물질인 구형의 천체 주위를 겹겹이 둘러싸고 층을 이루어 서로를 맞대고 질서정연하게 공전하면서 그 천체의 중력장을 형성하고 있는 '암흑물질들 자체'의 외부에너지가 회전하여 형성하고 있는 기류 공간의 크기(암흑

---

159) 모든 것의 이론 Ⅰ에서 말하고 있는 것처럼, 차가운 암흑물질과 따듯한 암흑물질 모두 점 대칭 회전 운동하지만, 그 운동 양태는 서로 다른데, 차가운 암흑물질들은 단지 비국소적인 3차원 절대공간에서 홀로 떠돌아다니지만, 시간의 변천에 따라 보통 물질에서 흩어져 나온 따듯한 암흑물질들은 그 보통 물질 주위를 겹겹이 둘러싸고 서로를 맞대고 질서 정연하게 회전하면서 기류 공간인 동적인 4차원 시공간(중력장)을 형성하고 있다.

물질 자체의 크기)는, 그 구체의 표면에 가까운 층의 것일수록 그 운동에너지가 커서 암흑물질 자체의 회전하는 기륜력의 세기가 크고 그 회전반경이 작아서 그 크기는 작아지며, 구체의 표면에서 멀리 있는 층의 것일수록 그 운동에너지가 작아져서 암흑물질 자체의 회전하는 기륜력의 세기는 줄어들고 그 크기는 커진다.

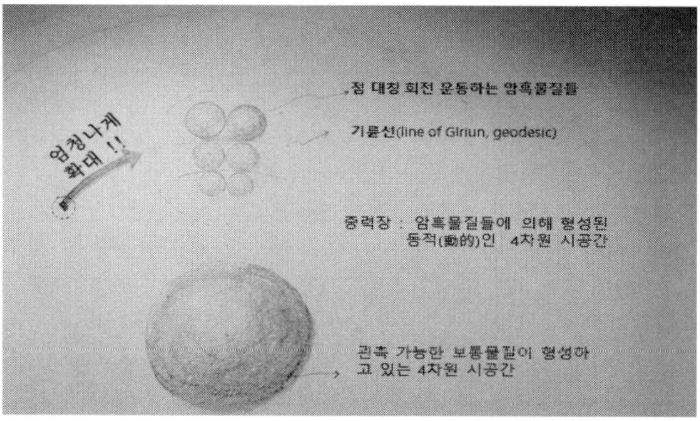

[고립계와 그 중력장의 실체 물리적 구조]

* 불변의 세계인 어떤 물질의 운동이 진행되는 공간을 좌표계라고 하는데, 중력장에서는 단순히 좌표계를 이동하면 힘의 변화가 생긴다. 왜 그럴까? 그 물리적 원인은 바로 위와 같이 따듯한 암흑물질들이 서로를 맞대고 질서정연하게 회전하면서 중력장을 형성하고 있는 중력장의 실체 물리적 구조 때문이다.[160]

7-5. 이 경우 암흑물질들에 의한 중력장의 퍼텐셜에너지(위치 에너지)는 그 운동에너지에 반비례하여 구체의 표면에 가까이 있는 것일수록 작아지고 멀리 있는 것일수록 커지므

160) 그러나 있는 그대로의 세계인 물 그 자체를 과학의 대상으로 하지 않는 서구 과학적 패러다임에서 나온 일반상대성이론의 중력장 방정식은, 중력장에서 물리량의 변화나 개입 없이 단순히 좌표계에 따라 힘이 달라지는 것을, 질량이 공간을 휘게 해서 그렇다고 보고, 그 휘어진 정도를 리만 기하학의 곡률(텐서)로 표현한 것이다.

로, 중력장에서의 운동에너지와 퍼텐셜에너지의 합인 에너지가 일정하다.[161]

불변의 세계인 플라톤의 이상적 수학 세계를 추구하는 현상 물리학에서 말하는 에너지 보존의 실체 물리적 원인이 바로 여기에 있다. 여기서 에너지 보존은 자연법칙인 열역학 법칙이 적용되는 고립계를 이루고 있는 아원자입자의 외부에너지(핵력 장이나 전자기력 장의 경우)나 원자 이상의 보통 물질 내부에서 방출된 따듯한 암흑물질들(중력장의 경우)이 그 보통 물질 주위를 겹겹이 둘러싸고 회전하여 형성한 기륜 공간인 장(場, field)에 어떤 보통 물질이 놓이면, 그 물질의 운동에너지 $(1/2)mv^2$와 퍼텐셜에너지(위치에너지) $V(x)$의 합으로서의 에너지 E가 일정함을 의미한다.[162]

$$E = \frac{1}{2}mv^2 + V(x),$$
$$V(x) = -\int F(x)dx.$$

현상 물리학의 역학 체계에 있는 모든 기본 방정식은 위와 같이 자연법칙인 열역학 법칙이 적용되는 고립계를 이루고 있는 보통 물질 주

161) 에너지 개념을 이용한 새로운 고전 역학 형식으로 '해밀턴 원리'라는 것이 있다. 작용 S는 '라그랑지안'이라고 하는 양 L을 시간에 대해, 처음 시간에서 나중 시간까지를 적분한 것이다. 식으로 쓰면 $S \equiv \int Ldt$이다. 여기서 라그랑지안 $L \equiv K - U$, 곧 운동에너지와 퍼텐셜에너지의 차이로 정의되는 양이다. 이에 대해 에너지를 기술하는 함수 꼴, 곧 에너지를 위치와 속도 등의 함수로 표현한 양 $H \equiv K + U$ '해밀토니안'이라고 부른다. 해밀턴-라그랑주 역학에서 '작용'이란 에너지와 관련된 양인데, 에너지는 뉴턴 역학에서의 힘처럼 외부에서 주어졌다고 말하기 어렵다. 운동에너지나 퍼텐셜에너지는 외부에서 주어지는 것이 아니라 그 물체의, 정확히 말하면 계의 성질이다. 작용을 최소화하는 기본원리가 자연에 내재해 있다고 목적론적으로 전제한 것이다. — 바로 여기서 계의 성질로서 전제한 최소작용의 원리의 물리적 원인 역시 위와 같은 암흑물질들이 형성하고 있는 중력장의 실체 물리적 구조에 있다.

162) 이 경우 아원자입자인 원자핵의 외부에너지가 회전하여 형성하고 있는 기륜 공간인 전자기장에서, '중력장을 형성한 암흑물질들'에 대응하는 것은 전자기장을 형성하고 있는 전기장과 자기장이 수직으로 교차하는 '격자점들'이고, 자연의 힘인 기륜력은 수직으로 교차하는 전기장과 자기장 모두에 수직 방향으로 작용한다. 그러나 우주를 4차원 시공간 구조로 보는 현상 물리학에서는 전자기력 장이나 중력장은 그 영향이 무한히 미치는 '연속 장'으로 인식하고 있으므로, 그 국소적 고립계인 핵력이나 전자기력 장(3차원 공간) 및 중력장(동적인 4차원 시공간)과 비국소적인 3차원 절대공간이 구별되지 않는다.

위에 형성된 장(場, field)에서의 에너지 보존(시간 대칭)과 아래 명제 7-9.에서 말하는 각운동량 보존(공간 대칭 및 회전대칭)으로부터 나온 것들이다.[163)]

7-6. 한편 중력은 중력장에 놓인 보통 물질이 그 중력장을 형성하고 있는 암흑물질들과의 상호작용에 의한 힘이라는 점에서, 보통 물질들 사이의 상호작용인 다른 3개의 기본 힘(강력과 약력 및 전자기력)과 구별된다.

7-7. 이 경우 지구 주위를 겹겹이 둘러싸고 층을 이루어 기륜 공간인 지구 중력장을 형성하고 있는 암흑물질들의 질량은 그 중력장 어디에서나 기본 단위 질량(m)으로서 일정하므로, 기준물질인 그 암흑물질들의 운동에너지($(1/2)mv^2$의 속도 성분을 구면인 지표면에 수직 방향으로 시간(즉, 시점만 가진 이웃하는 암흑물질 사이)에 대해 미분하면(기준물질인 암흑물질들의 운동에너지를 기본 단위로 잘게 쪼개면) 구면에 수평 방향으로 운동하는 일련의 암흑물질들의 운동량($p = mv$)이 된다.

* 중력장에서 자연 운동하는 물질의 운동에너지와 그 운동량과의 관계에 관한 위 명제는 미적분 개념을 중력장을 형성하고 있는 우주의 기본 단위 물질인 암흑물질을 들어서 '물리적으로 설명'한 것

---

163) 뇌터(E. Noether)의 정리가 보여 주듯이 모든 대칭에는 그에 대응되는 불변량이 존재하고, 불변량이 존재하면 그 물리량은 보존된다. 따라서 시간이 대칭이고 불변이면 에너지가 보존되고, 공간이 대칭이고 불변이면 운동량이 보존되며, 회전이 대칭이고 불변이면 각운동량이 보존되는바, 그 실체 물리적 원인이 바로 여기에 있다. 물론 지금까지의 현상 물리학은 시간 대칭이나 공간 대칭의 실체 물리적 원인은 알지 못하며, 또 물 그 자체를 과학의 대상으로 하지 않는 서구 과학적 패러다임에서는 알고 싶어도 알 수도 없다. 현상 물리학자들이 자연은 대칭적이며 수학적 구조로 되어 있다고 말하면서 수학이 아름답다고 신기해하며 감탄하는 이유가 바로 여기에 있다. 있는 그대로의 세계인 물 그 자체의 운동 변화하는 원리인 기륜 원리를 알지 못하는 현상 물리학자들에게는 모든 게 신기할 따름이다.

이다.[164] 여기서 7-8.와 7-9. 명제, 즉 물질 주위에 형성된 '장(場, field)'에서 운동하는 물체의 역학에 관한 운동방정식인 $F = ma$와, 각운동량(L) $L = mvr$이 일정하게 보존되는 각운동량 보존법칙이 나온다. 이 경우 아원자입자인 원자핵의 외부에너지가 회전하여 형성하고 있는 기륜 공간인 전자기장에서, 중력장을 형성하고 있는 '암흑물질들'에 대응하는 것은 전자기장을 형성하고 있는 전기장과 자기장이 수직으로 교차하는 '격자점들'이다.

7-8. 이 경우 단위 질량(m)을 가진 암흑물질들의 운동 속도(v) 또는 운동량($p = mv$)의 구면인 지표면에 수직 방향으로의 시간적 변화율($m\,dv/dt$)[165]은 구면인 지표면에 가까울수록 증가한다.

7-9. 이 경우, 구면인 지표면에 수평 방향으로 운동하는 암흑물질들은 기륜 원리에 따라 계속해서 일정하게 회전하려는 성질(관성)이 있어서 각운동량(L)= 질량(m)× 회전속도(v)× 회전반경(r)이 일정하므로(각운동량 보존), 그 암흑물질들이 지구 주위를 회전하는 운동 속도(v)는 구면인 지표면에 가까울수록(즉, r이 작을수록) 증가한다.

7-10. 위 7-8.와 7-9.의 경우, 중력장에 놓인 보통 물질의 자연운동은 전적으로 그 물질이 접촉하는 암흑물질들 자체의 회전하는 기륜력과의 상호작용에 의한 것인바, 지표면에

164) 그러나 현상 물리학에서 수학적 물리법칙은 자연현상을 관측한 관측량 사이의 관계를 미분방정식으로 표현한 것이므로, 관측 가능한 시간을 가진 보통 물질만 다룰 수밖에 없다. 따라서 현상 물리학이 수리적으로 사용하는 수학에는 논리 필연적으로 해결할 수 없는 '무한의 역설'들이 등장하고, 시간이 없는 빅뱅 이전의 우주나 시간이 탄생하는 빅뱅 또는 시간이 소멸하는 블랙홀에서 무용지물이 된다. 제논의 역설이나 칸토어의 역설 등 무한의 역설이 등장하게 되는 이유는 '수학 그 자체가 가진 내재적 속성'에 있다. 그래서 헤르만 바일(H. Weyl)은 "수학은 무한에 대한 학문이다"라고 했다.

165) 이는 곧 중력(F)을 의미한다. $F = mdv/dt = d(mv)/dt = dp/dt \Rightarrow F = ma$ 한편 여기서 속도는 위치 x의 시간적 변화율 dx/dt 이다.

수직 방향으로는 지표면에 가까울수록 그 속도가 증가하여 가속 낙하하고($F=ma$), 그 보통 물질이 일정한 운동 속도를 가지고 있다면(예컨대 지구 중력장에 있는 달의 경우) 그 운동 속도 또는 운동량이 지구 주위를 겹겹이 둘러싸고 층을 이루어 공전하고 있는 일련의 암흑물질들이 이루고 있는 어느 한 층(기륜선, 궤도, 측지선)에서의 일정한 각운동량($L=mvr$)과 같은 층 위에 올라타서 지구 주위를 궤도 운동하게 된다.

* 이처럼 고립계를 이루고 있는 구체 주위에 형성된 중력장 안에 놓인 보통 물질의 자연 운동은 그 중력장을 형성하고 있는 암흑물질들과의 상호작용으로 인하여 구면에 수직 방향으로는 가속 운동하는 중력(重力, gravity)이 작용하고, 구면에 수평 방향으로는 등속 운동하는 관성(慣性, inertial)이 작용한다. 여기서 자연학의 기본 법칙인 '관성'이 생기는 물리적 원인은 바로 기륜 원리에 따른 자연의 힘인 기륜력이다. 따라서 뉴턴이 지상의 운동인 사과의 자유낙하 운동과 천상의 운동인 달의 공전궤도 운동을 하나의 힘(만유인력)으로 통일했다는 주장은 자연의 실재에 부합하지 않는다. 사과의 자유낙하 운동은 '가속'의 낙하운동이고, 달의 공전궤도 운동은 '등속'의 원운동이기 때문이다. 이 경우 공전궤도 운동은 그 각운동량이 일정하게 보존되므로 원운동이 아니라 타원 운동이어도 무방하다.

한편 전자기장에서 '중력장을 형성한 암흑물질들'에 대응하는 것은 전기장과 자기장이 서로 수직으로 교차하는 '격자점들'이고 자연의 힘인 기륜력은 수직으로 교차하는 전기장과 자기장 모두에 수직 방향으로 작용하므로, 이러한 궤도 운동을 유클리드 기하학적으로 해석하여 직선운동이라고 보고 원운동을 만들기 위해 구심력이나 원심력 또는 로런츠 힘 따위를 창조해내서도 안 된다.

7-11. 이처럼 중력은 중력장에 놓인 보통 물질과 그 중력장을 형성하고 있는 암흑물질들 사이의 상호작용으로 발생하는 것이므로, 관측할 수 있는 보통 물질들 사이(예컨대 지

구와 달 사이)에는 중력이 작용하지 않는다.

7-12. 이 경우 지구의 위성인 달 역시 그 시간의 변천에 의한 열역학 제2 법칙에 따라 그 내부에서 흩어져 나온 따듯한 암흑물질들이 달 주위를 겹겹이 둘러싸고 층을 이루어 회전하면서 기륜 공간인 중력장을 형성하고 있는바, 지구와 달 사이에는 지구의 중력장인 기륜 공간 안에서 공전하고 있는 달의 궤도를 이루는 기륜선 아래층들이 이루는 지구의 기륜과 달의 기륜이 상호작용한다.[166]

* 이처럼 관측 가능한 보통 물질들 사이 기륜력의 상호작용(기륜력의 섭력이나 절력으로 상호작용)은 태양과 행성 사이에 그대로 적용될 뿐 아니라 모든 관측 가능한 국소적인 천체들(항성, 성단, 은하, 은하단 등) 사이에도 그대로 적용된다.

이상에서 우리는 현상 물리학에서 말하는 4개의 기본 힘, 즉 아원자입자들의 3개의 힘(강력, 약력, 전자기력)의 상호작용과 중력을 새로운 물리학인 실체 물리학의 유일한 원리인 물 그 자체의 내재적 속성에 의해 운동 변화하는 기륜 원리에 따라 발생하는 자연의 유일한 힘인 기륜력으로 논리 일관하게 통일적으로 설명될 수 있음을 보았다. 특히 중력장의 실체 물리적 구조와 중력의 물리적 실체를 규명하였고, 중력이 어떻게 작용하며 다른 힘들과는 어떻게 다른지를 유형의 물리적 실체를 들어서 물리적으로 설명하였다. 물론 이에 대한 더 자세한 것은 차차 이야기할 것이다.

한편, 나는 앞의 Ⅱ08. 절에서 아인슈타인의 특수상대성이론

166) 한편 뉴턴이나 아인슈타인의 중력이론에서는 공전궤도 운동하는 행성이나 위성에 가해지는 중력은 그 천체가 도는 궤도 아래쪽에 있는 모든 물질의 질량에 의해 결정된다. 이 경우 궤도를 돌고 있는 물체의 속도나 거리는 자신의 질량과는 관계없다.

을 비판하면서 광속불변의 가설을 위해서 뉴턴의 절대적인 시공간을 우주에서 제거하고 상대적인 시공간으로 대체해야 한다거나 갈릴레오의 상대성 원리를 확장해야 하는 것은 아닐뿐더러, 그 대체되어야 할 뉴턴의 절대 시공간이나 갈릴레오의 상대성 원리와 맥스웰 방정식이 말하는 진공 속에서 광속이 일정하다는 사실 사이에는 그 어떤 하등의 모순이나 딜레마가 존재하지 않는다고 말했다. 그런데 이제야 비로소 갈릴레오의 상대성 원리를 '물리적으로 설명'할 수 있는 여건이 마련되었다. 왜냐하면 갈릴레오가 실행한 여러 실험과 상대성 원리 및 관성의 원리에 대한 사고실험 등은 모두 지구 중력장 안에서 이루어진 것이기 때문이다. 우리는 이제야 비로소 중력장의 실체 물리적 구조를 알게 되었으므로, 지금부터 중력장에 관한 좀 더 구체적인 이야기들과 특수상대성이론과 관련된 자세한 이야기들을 몇 개의 절에 걸쳐서 살펴볼 것이다.

‖ 27. 중력장을 형성하고 있는 따듯한 암흑물질들

앞 절에서 살펴본 중력장의 실체 물리적 구조의 내용을 바탕으로, 중력의 물리적 실체가 무엇이고, 그것이 어떻게 발생하는지 지구 중력장을 통해 구체적으로 고찰해보자. 우선 중력장의 형성 과정, 즉 고립계에 적용되는 자연법칙으로서 시간의 변천에 의한 열역학 제2 법칙인 엔트로피 증가법칙에 따라 보통 물질인 지구 내부에서 흩어져 나온 따듯한 암흑물질들이 열역학 제1 법칙인 질량-에너지 보존법칙에 따라 우주공간으로 흩어지지 않고 지구 주위를 겹겹이 둘러싸고 층을 이루어 공전하면서 형성한 기륜 공간인 지구 중력장에서의 암흑물질들의 모습을 떠올려야 할 것이다. 이 경우 보통 물질인 지구 그 자체는 닫힌계(closed system)이고, 그 지구와 지구 중력장을 포함한 지구계는 자연법칙인 열역학 법칙이 적용되는 고립계(isolated system)이며, 지구 중력장 안에서 살아가는 생명체들은 열린계(open system)이다.

우리는 모든 것의 이론 Ⅲ에서 얘기하고 있듯이, 자연법칙인 열역학 법칙이 적용되는 고립계와 그 중력장의 실체 물리적 구조를 통해, 보통 물질인 구체 주위를 겹겹이 둘러싸고 층을 이루어 서로를 맞대고 질서정연하게 공전하는 따듯한 암흑물질들에 의해서 형성되는 기륜 공간의 각각의 층들이 이루는 기륜선들(lines of Giriun, orbit, geodesic)의 간격은 구면에 가까워질수록 점점 좁아진다는 사실을 안다. 따라서 지구 주위를 공전하는 암흑물질들 자체의 회전하는 기륜력은 구면에 가까워질수록 그 점대칭 회전 운동에너지가 커지고 그 회전반경(크기)이 작아지며 진동수가 커져서 그 세기가 더 커진다.

어떤 보통 물질의 운동이 진행되는 공간을 좌표계라고 하는데, 바로 위와 같이 암흑물질들이 형성하고 있는 중력장의 실체 물리적 구조 때문에, 중력장에서는 단순히 좌표계를 이동하면 그 보통 물질에 작용하는 힘의 변화가 생기게 된다. 모든 것의 이론 7-10.이 말하고 있듯이 중력장에 놓인 보통 물질의 자연 운동은 전적으로 그 물질이 접촉하는 암흑물질들과의 상호작용에 의한 것이기 때문이다.

나아가 자연법칙인 열역학 법칙이 적용되는 고립계를 이루는 물질 주위에 형성된 장(場, field)에서 운동하는 물체에 미치는 힘의 크기가 거리의 제곱에 반비례하는 역제곱 법칙(inverse square law)이 성립하는 물리적 이유도 암흑물질들이 형성하고 있는 중력장의 실체 물리적 구조 때문이다. 그리고 이러한 역제곱 법칙은 원자 이상의 보통 물질 주위에 '암흑물질들'이 형성하는 기류 공간인 중력장의 경우[167]는 물론, 내부질량을 가진 아원자입자(원자핵)의 외부에너지가 형성하는 기류 공간인 전자기장에서도 성립하는데 이 경우 전기장과 자기장의 수직으로 교차하는 '격자점들'이 원자핵의 구면에 가까울수록 조밀해져서 전자기장과 자기장 모두에 수직인 방향으로 작용하는 원자핵의 외부에너지의 회전하는 기류력은 커지게 된다.

---

167) 한편 열역학 법칙이 적용되는 고립계를 이루고 있는 지구 중력장은 열역학적 상태와 과정이라는 거시적 조건의 물리적 원인이 되는바, 고립계에 담긴 기체의 압력과 온도와 부피 사이의 관계를 기술하고 있는 '이상 기체에 관한 법칙'에 따르면 온도가 높아지면 압력이 높아지고, 부피가 커지면 압력이 낮아진다. 바로 여기에 상정된 실재하지 않는다는 '이상 기체'의 물리적 실체가 바로 지구 중력장을 형성하고 있는 따듯한 암흑물질들이다. 이 모든 관계는 공식 $PV=nRT$, 즉 압력(P) 곱하기 부피(V)는 기체의 개수(n) 곱하기 상수 R곱하기 온도(T)와 같다는 공식에 의해서 기술된다. 어떤 보통 물질 온도가 올라가고 운동에너지가 커지는 이유는 그 주위에 회전반경이 짧아서 그 크기가 작고 운동에너지가 큰 암흑물질들이 밀집해 있기 때문이다. 우주 대폭발(빅뱅) 현장이 초고밀도 초고온이었던 이유도 바로 여기에 있다.

그렇다면 이제 지구 중력장의 경우 중력이 어떻게 발생하는지 구체적으로 살펴보자. 자연법칙인 열역학 법칙이 적용되는 고립계인 지구계의 경우, 보통 물질인 지구가 가진 시간의 변천에 의한 열역학 제2 법칙에 따라 지구 내부에서 흩어져 나온 시점만 가진 따듯한 암흑물질들은 모든 것의 이론 명제 7-3.에서 말하고 있듯이 구체인 지구 주위를 겹겹이 둘러싸고 층을 이루며 서로를 맞대고 질서정연하게 공전하면서 기륜 공간인 지구 중력장을 형성하고 있다.

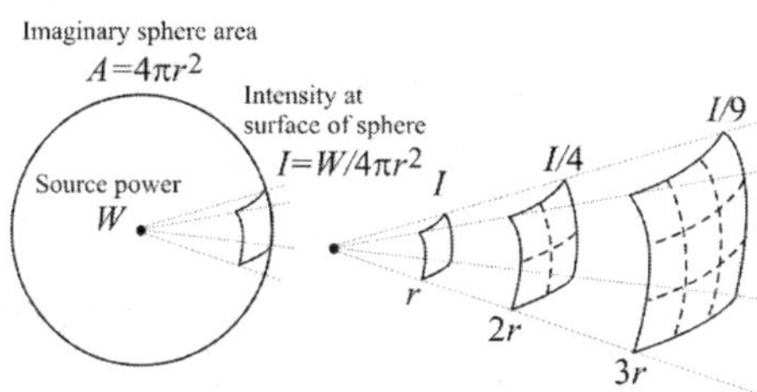

[중력장에서 중력의 역제곱 법칙 개념도]

이 경우 모든 것의 이론 명제 7-4.에서 말하고 있듯이, 구면인 지표면에서 멀리 있는 층일수록 그 층을 이루고 있는 일련의 암흑물질들의 크기가 커지면서 암흑물질 자체의 회전하는 기륜력의 세기는 작아진다. 그런데 지구 주위를 겹겹이 둘러싸고 있는 각각의 층들은 구면(球面, 일정한 점에서 일정한 거리 r에 있는 점의 자취)을 이루고 있고, 이 경우 3차원 구의 표면적은 $4\pi r^2$이므로, 그 각각의 층(기륜선, 측지선)들을 이루고 있는 암흑물질들의 회전하는 기륜력의 세기는 지표면에서 멀어질수록 그 거리의 제곱인 r^2에 반비례하여 약해진다(중력을 곡률로 표현하는 일반상대성이론에서 곡률은 곡률반지름(r) 제곱(r^2)에 반비례한다). 한편 지구 중력은 지구 중력장을 형성하고 있는 암흑물질들 자체의 회전하는 기륜력(중력의 물리적 실체)에 의해 발생하는 것이므로, 지구 중심으로부터 지표면까지는 중력이 발생하지 않는다(수학적 원리인 뉴턴의 만유인력과 비교). 즉, 보통 물질인 지구 내부에서는 중력의 실체인 암흑물질들이 없으므로 중력이 작용하지 않는다.

그렇다면 이제 지구의 중력장 안에 보통 물질인 사과 X를 놓는다고 가정할 때, 우선 그 X 주위를 둘러싸고 있을 암흑물질들의 모습은 어떠할까? 우리는 지구 중력장을 형성하고 있는 극미한 암흑물질들 그 자체의 크기는 그 외부에너지가 회전하여 형성하고 있는 기륜 공간의 크기를 말하고, 이 경우 지표면에 가까이 있는 암흑물질일수록 그 운동에너지가 커져서 그 크기(회전반경)는 점점 작아진다는 사실을 안다. 따라서 X를 둘러싸고 있는 암흑물질 중 지표면 쪽에 있는 암흑물질들의 크기가 작으므로 X와 접촉하고 있는 암흑물질들의 개수는 지표면 반대쪽에 있는 암흑물질들보다 지표면 쪽에서 접촉하고 있는 암흑물질들이 더 많을 것이다. 한편 구면인 지표면 쪽에 있는 암흑물질일수록 그 회전반경이 짧아서 그 크기가 작다는 것은 곧 그 암흑물질 자체의 운동에너지가 크다는 것을 뜻하며, 이 말은 곧 암흑물질 자체의 회전하는 기륜력의 세기는 암흑물질의 크기(회전반경)가 작을수록 더 크다는 것을 의미한다. 그리고 진공상태에서 보통 물질 X에 작용하는 힘은 그 X를 둘러싸고 있는 암흑물질들 자체의 회전하는 기륜력뿐이다.

자, 이제 중력장 안의 일정한 높이에서 보통 물질인 X를 놓으면 어떻게 될까? 보통 물질인 X의 외부에너지의 회전하는 기륜력과 암흑물질의 외부에너지의 회전하는 기륜력이 상호작용을 하게 될 것이다. 이 경우 X와 상호작용하는 암흑물질들의 개수는 지표면 쪽이 그 반대쪽보다 많고, 또 암흑물질 자체의 회전하는 기륜력의 세기도 지표면 쪽이 더 크다. 따라서 그 보통 물질 X는 지표면 쪽으로 끌리게 되고, 지표면 쪽으로 낙하할수록 암흑물질의 크기는 점점 더 작아져서 X와 접촉하는 암흑물질들의 수가 많아질 뿐만 아니라 그 암흑물질들 자체의 회전하는 기륜력(중력)도 점점 더 커지므로 낙하하는 속도는 증가하게 될 것이다(중력 가속). 이것이 바로 실체 물리학이 '물리적으로 설명'하는 중력의 발생과 그 작용의 모습이다.

한편 중력장을 형성하고 있는 암흑물질들과 그 중력장에 놓인 일반물질이 상호작용하여 더 큰 질량을 가진 물질을 생성할 수는 없다. 물질들이 상호작용으로 결합하려면 두 물질의 외부 에너지가 형성한 기륜의 회전 방향이 같아서 그 기륜이 서로 얽혀 끌어당기는 기륜력의 섭력으로 작용해야 하는데, 내부 질점이 하나만 있는 암흑물질의 회전하는 기륜은 일정한 방향이 없이 '점 대칭 회전운동'을 하기 때문이다. 다만, 점대칭 회전운동하는 암흑물질이라도 우주 초기 대폭발 당시 초고밀도 초고온 영역에서는 그 운동에너지가 매우 커서 진동수가 매우 크고 그 크기가 매우 작아서 그 회전하는 기륜력이 엄청나게 크기 때문에, 암흑물질들끼리 또는 다른 물질의 기륜과 얽혀 끌어당겨 결합하여 새로운 물질을 만들어낼 수 있다.

‖ 28. 관성의 원리를 왜곡한 데카르트와 뉴턴

근대과학은 갈릴레오가 발견한 관성의 원리에 대한 개념화와 수학적 기술에서부터 시작되었다. 따라서 갈릴레오의 관성의 원리는 서구 자연철학의 가장 근본이 되는 법칙이다. 이러한 관성의 원리에 대하여 서구 과학사에서는 갈릴레이가 맨 먼저 포착했고 데카르트가 이를 개념적으로 완성했으며 뉴턴이 이를 수학적 법칙으로 정립했다고 이야기한다. 그렇다면 데카르트는 어떻게 관성의 원리를 개념적으로 완성한 것일까? 바뤼흐 스피노자(B. Spinoza)가 당대의 새로운 철학이었던 데카르트의 사상을 해설한 〈데카르트 철학의 원리〉(1663)에 따르면, 데카르트는 자연학의 기본 법칙으로서 갈릴레오가 발견한 관성의 원리를 다음과 같이 해석했다.

> i) 모든 물질은 가능한 한 항상 같은 상태를 유지하려고 한다. 따라서 한 번 움직여지면 언제까지나 계속 움직인다. ii) 모든 운동은 그 자신으로서는 직선적이다. 따라서 원운동을 하는 물질은 자신이 그리는 원의 중심으로부터 항상 멀어지려 한다.

여기서 i)의 내용은 갈릴레오가 경사면 실험을 통해 얻은 경험을 토대로 한 사고실험을 통해 밝힌 관성의 원리의 내용이다. 이것을 데카르트가 유클리드 기하학적으로 해석한 것이 ii)의 내용이다. 그리고 뉴턴은 데카르트가 위와 같이 해석한 관성의 개념으로부터 세 가지 운동법칙을 정립하였는데, 그중에 제1 운동법칙이 바로 관성의 법칙, 즉 외부 힘이 작용하지 않는 한 물체는 정지 또는 등속운동 상태를 지속한다는 것이다. 자연학의 기본 법칙인 갈릴레오의 관성의 원리는 뉴턴의 세 가지 운동법칙뿐만 아니라 만유인력의 법칙을 발견하는 데에도 디딤돌이 되었다. 오일러-라그랑주 방정식이나 해밀턴-라그랑주 역학 같은 것들도 그 본질은 모두 뉴턴 역학의 수학체계를 바탕으로 하여 나온 해석들일 뿐이고, 현대물리학도 근본적으로는 이러한 뉴턴 역학에 기초하고 있다.

한편 오늘날 현상 물리학은 뉴턴이 만유인력 법칙으로 지상의 운동(예컨대 사과의 자유낙하)과 천상의 운동(예컨대 달의 공전궤도 운동)을 통일했다고 말한다. 그렇다면 뉴턴은 어떻게 지상의 운동과 천상의 운동을 통일했을까? 뉴턴의 핵심 아이디어는 지구 주위를 원운동을 하는 달은 어느 순간 지구가 당기는 힘이 없어진다면 원운동 궤도의 접선방향으로 날아가야 한다는 것이다. 물론 이러한 아이디어는 위 인용문 ii)에서 보는 바와 같이 갈릴레오의 관성의 원리에 대한 데카르트의 기하학적 해석에 따른 관성의 개념을 계승한 것이다. 그래서 뉴턴은 다음과 같이 생각했다.

> "돌멩이를 줄에 매달아 빙빙 돌리다가 줄을 놓으면 그 순간 돌멩이는 한 방향으로 쭉 날아갈 것이다. 이때 돌멩이가 날아간 방향은 손에서 줄을 놓는 순간에 향했던 방향, 즉 그 지점에서의 접선방향이다. 달이 같은 원 궤도를 도는 걸 보니 어떤 힘이 달을 계속 지구 쪽으로 잡아당기고 있구나!"

이러한 사유와 인식에서 나온 것이 바로 어떤 힘(구심력)이 달을 당기고 있지 않다면 관성의 법칙에 따라 달은 원 궤도에 접선방향으로 직선운동을 하며 궤도를 벗어날 것이라고 하는 추론이다. 나아가 뉴턴은 지구의 중력과 달에 작용하는 구심력을 비교하면서 두 힘이 아주 비슷하다고 생각하였고, 결국 지구가 사과를 당기는 힘과 달을 당기는 힘은 실제로 모두 지구의 중력이라고 주장하게 된 것이다. 그리고 이러한 뉴턴의 사유와 인식은 오늘날 현상 물리학자들에게도 그대로 계승되고 있다.

그러나 결론부터 말하자면, 뉴턴의 위와 같은 생각은 우주의 실재와는 거리가 먼 신비한 힘들에 관한 이야기이다. 특히, 관성의 원리를 최초로 제안했던 갈릴레오는 케플러와 주고받은 편지에서 원격작용하는 힘(뉴턴의 중력인 만유인력)을 강력히 반대했고, 관성운동인 등속운동은 직선운동이 아니라 원운동이라고 했다. 갈릴레오가 지구 중력장 안에서 실행한 경사면 실험과 이로부터 얻은 경험을 바탕으로 물체의 관성운동에 관한 사고실험에서 밝혔듯이, 중력장 안에서 자연 운동하는 물체는 구면인 지표면에 수직 방향으로는 등가속도운동을 하고, 수평 방향으로는 등속운동을 계속한다는 것이다.

생각해 보라. 갈릴레오는 지구 중력장에서 공중에 던진 물체의 운동을 생각했다. 여기서 그는 두 종류의 자연 운동, 즉 지구 구면에 수평으로 일정하게 움직이는 운동(등속운동)과 지구 구면에 수직으로 빨라지는 운동(등가속운동)을 생각했고, 이 두 운동을 결합하면 그 궤적이 포물선이 됨을 밝혔다. 이 경우 어떤 물체가 구면인 지표면에 수평 방향으로 균일한 운동을 계속한다고 할 때, 그 등속운동은 곧 원운동이어야만 한다. 물론 이 경우 모든 것의 이론 명제 7-9.에서 보듯이 구면에 수평 방향으로 운동하는 물체의 각운동량이 보존되므로 정확한 원운동이 아니고 타원운동이어도 무방하다. 이것이 갈릴레오가 사고실험을 통해 밝힌 관성의 원리다.[168]

168) 만약 지구 중력장 안에서 지면에 수평 방향으로 균일하게 운동하는 어떤 물체가 원운동을 하지 않고 원 궤도의 접선방향으로 직선운동을 한다고 해석하면, 그 자체가 이미 속도와 방향이 모두 변화하는 가속운동이다.

그러나 불변의 세계인 플라톤의 이상적 수학 세계를 추구하고자 했던 데카르트와 뉴턴이 생각한 관성의 개념은 위와 같이 갈릴레오가 발견한 관성의 원리를, 플라톤의 이상적 수학 세계에 존재하는 수학적 실재의 이미지로 상상하다 보니, 등속운동을 유클리드 기하학적으로 해석하여 직선운동이라고 생각했다. 이러한 해석으로부터 나온 것이 데카르트가 완성한 관성의 개념이고 뉴턴의 정립한 관성의 법칙이다. 이러한 뉴턴 역학의 특징은 자연 그 자체의 운동과 자연 그 자체의 힘이 배제된다는 점이다.

그렇다면 이제 달이 지구 주위를 도는 것을 수학적으로 어떻게 기술해야 할까? 이에 대한 데카르트와 뉴턴의 사유와 인식의 바탕이 되는 것이 바로 인용문 ii)의 "모든 운동은 그 자신으로서는 직선적이다. 따라서 원운동을 하는 물질은 자신이 그리는 원의 중심으로부터 항상 멀어지려 한다"라는 것이다. 사정이 이러하다 보니, 뉴턴은 달이 지구 주위를 공전하는 것을 돌멩이를 줄에 매달아 빙빙 돌리다가 줄을 놓으면, 돌멩이는 그 놓는 순간에 향했던 방향, 즉 원의 접선방향으로 쭉 날아갈 것이라는 생각에 이르게 되었고, 그 돌멩이를 잡아당기고 있는 힘(구심력)을 중력이라고 생각하게 된 것이다.

그러나 생각해 보라. 지구와 달 사이, 그리고 같은 힘이 작용한다고 생각한 지구와 사과 사이가 줄로 연결되어 있는가? 만약 어떤 힘이 달을 당기고 있지 않을 때 관성의 법칙(갈릴레오의 관성의 원리가 아님에 주의)에 따라 달이 원 궤도의 접선방향으로 직선운동 한다면, 구체인 지구의 지표면에 수평 방향이 아닌 사선 방향으로 구면인 지표면에서 점점 멀어지게 되므로, 갈릴레오가 주장한 등속운동이 아닌 감속운동을 한다는 말이 되는데, 이것은 갈릴레오가 발견한 관성의 원리에 정면으로 반한다.

돌멩이를 줄에 매달아 빙빙 돌릴 때 그 돌멩이의 운동과 지구 중력장 안에서 지구의 위성인 달의 공전궤도 운동이 같아지기 위해서 구심력과 관성력이 필요하다고 생각한 것은 잘못된 것이고, 또 돌멩이를 줄에 매달아 빙빙 돌릴 때 그 돌멩이의 운동과 사과의 자유낙하 운동은 그 성질이 전혀 다른 것이다. 여기서 실체 물리학을 공부하는 우리는 다음과 같은 질문을 할 수 있을 것이다.

그렇다면 갈릴레오가 말하는 관성의 원리가 생기는 물리적 원인은 무엇인가? 물론 지금까지의 서구 과학적 패러다임에서는 자연현상의 물리적 원인은 감히 묻지 않고 또 이에 대해 답할 수도 없다. 따라서 이에 대해서는 실체 물리학적 고찰이 필요한바, 절을 바꾸어 자세히 살펴보기로 하자.

‖ 29. 관성과 상대성 원리 발생의 물리적 원인

앞의 ‖ 07. 절에서 살펴본 바와 같이, 서구 과학적 패러다임에 따른 현대 과학은 관성(慣性, inertia) 원리의 발견과 함께 시작되었다. 정지해 있거나 등속 운동하는 물체는 외부의 힘이 작용하지 않는 한 그 상태를 계속해서 유지하려 한다. 운동에 관한 가장 기본적인 이 진술은 운동을 지배하는 근본원리다.[169] 이 경우 정지 상태를 유지하려고 하는 성질을 정지 관성, 등속의 운동 상태를 유지하려고 하는 성질을 운동 관성이라고 한다. 갈릴레오는 관성을 이해했다. 그리고 관성계(관성좌표계)라는 핵심 개념을 등장시켰다. 물론 현상 물리학은 아직 관성의 물리적 원인은 알지 못한다(파인먼의 물리학 강의Ⅰ, 7-3). 하지만 관성이 존재하는 이유를 영원히 알 수 없더라도 관성이 존재한다는 사실만큼은 확실하다. 갈릴레오는 운동에 관한 관찰에서 마찰을 분리하여 관성이 존재한다는 사실을 알아냈다. 운동의 핵심을 추려내 관성의 원리를 발견했다.

한편 가속하는 물체의 운동은 $F=ma$로 표현되는데, 달랑베르의 공식은 $F-ma=0$이다. 물체는 실제의 힘 F와 가상의 힘 $-ma$의 작용을 받아 평형을 유지한다는 것이다. 이 가상의 힘(imaginary force), 겉보기 힘(fictitious force), 유사 힘(Pseudo force) 등으로 불리는 관성력(慣性力, inertial force)은 비관성계에서 뉴턴의 운동 제2 법칙을 만족시키기 위해 도입한 가상의 힘으로서 원심력이나 전향력 등이 있다.

---

169) 리언 레더만, 크리스토퍼 힐, 〈대칭과 아름다운 우주〉, 우리말 번역본, p. 152.

그렇다면 갈릴레오가 최초로 발견한 물체의 관성 또는 관성력은 도대체 왜 생기는 것일까? 지표면에 발을 딛고 지구 중력장 안에서 살아가고 있는 우리가 일정한 속도로 달리는 기차에 탔다고 가정해 보자. 기차가 일정한 속도의 등속운동을 하는 한, 그 기차에 타고 있는 사람은 기차의 운동을 감각적으로 인식하지 못한다. 물론 기차 밖을 내다보면 기차는 정지해 있고 차창 밖 풍경들이 그 기차의 속력으로 뒤로 움직이고 있는 것처럼 보인다. 우리는 이런 사실을 직접 경험을 통해서 익히 알고 있다. 그러나 이제 기차의 운동이 제동장치를 강력하게 작동하는 등에 의해서 갑자기 감속운동으로 전환한다면 어떻게 될까?

기차에 타고 있는 사람은 그에 상응하는 정도로 몸이 앞으로 쏠리는 것을 경험하게 되고, 이 기차가 감속운동을 한다고 감각적 경험을 통해 인식할 수 있을 것이다. 물론 이러한 원리는 정지해 있던 기차가 갑자기 출발하여 가속할 때도 마찬가지다. 여기서 우리는 자연스럽게 다음과 같은 의문을 제기할 수 있을 것이다. 기차에 탄 사람이 창밖을 볼 수 없는 한, 기차가 등속운동을 할 때(관성계)는 기차의 운동을 감각적으로 경험하여 인식하지 못하고, 가속운동을 할 때(비관성계)는 그것을 감각적으로 경험하여 인식할 수 있는 이유는 도대체 무엇일까?

이에 대해 지금까지의 현상 물리학적 지식에 따라 비관성계에서는 가상의 힘인 관성력이 작용하기 때문이라고 말하면 그만일까? 그러나 타고난 정상적인 사유와 인식 능력을 잃지 않은 사람이라면, 분명 위와 같은 대답에 대하여 다음과 같은 두 가지 심각한 의문을 제기할 수 있을 것이다.

i) 비관성계에서 그 가상의 힘이라는 관성력은 도대체 왜 어디서

생겨나는 것일까?

ii) 우리가 탄 버스가 급출발하거나 급정지할 경우, 우리는 실제로 우리 몸이 각각 뒤로 쏠리고 앞으로 쏠리는 자연에 실재하는 힘을 직접 경험을 통해서 익히 알고 있다. 그러함에도 불구하고 우리는 왜 교육을 통해 그러한 관성력은 실제로는 존재하지 않는 가상의 힘이라고 거짓을 말하도록 강요받는 것일까?

내 말이 혹시 어디가 잘못됐는가? 위와 같은 질문을 해야 한다고 말하는 내가 오히려 비정상인가? 서구 과학적 패러다임에서는 왜 이런 질문은 금기시되는가? 여러분은 아직 한 번도 우주에 실재하는 위와 같은 관성력을 직접 경험해보지 않았는가? 경험했다면 관성력을 왜 실제로는 존재하지 않는 가상의 힘이라고 말해야 하는가? 현상 물리학의 지식에 맞게 관성력에 의해 우리 몸이 쏠린 것은 설명의 편의를 위해 사용하는 가상의 힘일 뿐 실제로는 존재하지 않는 힘이라고 지적 양심에 반하여 거짓을 말할 줄 알아야 서구 과학적 지식에 부합하고 교육받은 지식인 행세를 할 수 있는 것인가?

생각해 보라. 우리 인간은 지구 중력장 안에서 살아가고 있다. 그렇다면 우리가 살아가는 지구 중력장은 어떻게 생겼는가? 실체 물리학을 공부한 우리는 이제 중력장의 실체 물리적 구조를 안다. 우리 인간은 자연법칙인 열역학 법칙이 적용되는 고립계인 지구계에서 시간을 가진 보통 물질인 지구가 그 시간의 변천에 의한 열역학 제2 법칙(엔트로피 증가법칙)에 따라 지구에서 흩어져 나온 암흑물질들이 열역학 제1 법칙(질량-에너지 보존법칙)에 따라 우주공간으로 흩어지지 않고 지구 주위를 겹겹이 둘러싸고 층을 이루어 공전하면서 형성하고 있는 기륜 공간인 지구 중력장 안에서 지표면에 발을 딛고 살아가고 있는 존재들이다.

이렇게 매우 극미한 점대칭 회전운동을 하는 공 모양의 바퀴들이 서로를 맞대고 질서정연하게 회전하면서 지구 중력장을 형성하고 있는 모습은 마치 물 분자들이 서로를 맞대고 질서정연하게 모여서 물을 형성하고 있는 것과 유사하다. 물론 물 분자들은 암흑물질보다 훨씬 크지만, 물고기가 물 분자들이 형성하고 있는 물속에서 살아가듯이, 우리 인간은 우주에서 가장 작은 물질인 암흑물질들이 형성하고 있는 지구 중력장 속에서 살아가고 있다.

물고기보다 똑똑하다고 생각하는 우리 인간이 이러한 사실을 인식할 수 있다면, 우리는 있는 그대로의 세계인 자연 그 자체 또는 물 그 자체로서 지구 중력장을 형성하고 있는 암흑물질들이 기차 안의 공간을 가득 채우고 있다는 사실을 인식할 수 있을 것이다. 만약 그렇다면, 우리는 이제 교육을 통해 세뇌된 상대에서 벗어나 우리와 같은 보통 물질인 물고기 수준의 사유능력을 회복했으므로, '있는 그대로의 세계'로서 중력장이라는 물 그 자체를 염두에 두고, 앞의 질문에 대한 답을 검토할 수 있게 되었다.

그렇다. 서로를 맞대고 질서 정연하게 점 대칭 회전운동을 하는 암흑물질들은 보통 물질인 기차의 안팎을 빽빽하게 가득 채우고 있을 것이다. 그리고 이 경우 모든 것의 이론 7-3.이 말하고 있듯이, 이 일정한 방향이 없이 점대칭 회전 운동하는 암흑물질들은 보통 물질인 기차의 운동 속력과 방향에 영향을 받아서 기차와 같은 속도로 운동하게 될 것이고, 이러한 암흑물질들 자체의 회전하는 기륜력에 따른 운동은 다시 그 기차에 타고 있는 보통 물질인 탑승자의 외부에너지가 회전하여 형성하고 있는 기륜과 상호작용하게 될 것이므로, 그 기차가 일정한 속력과 방향으로 운동을 계속하는 한 탑승자는 이내 그 운동 상태에 적응하게 되어 그 기차의 운동을 감각적으로 경험하여 인식할 수 없게 되는 것이다.

물론 이러한 물리적 설명에 따라 암흑물질의 정체를 증험하고자 한다면, 누구든지 직접 일정한 속도로 달리고 있는 기차 안에서 공을 위로 던져 떨어뜨려 보라. 그 공은 지상에 정지한 상태에서 공을 위로 던졌을 때와 마찬가지로 수직으로 바닥에 떨어질 것이다. 그런데 중요한 것은 우리가 이제 물리적 설명을 할 수 있는 실체 물리학을 하려고 한다면, 여기서 다음과 같은 질문을 할 수 있어야 한다. 그렇다면 위와 같은 자연현상을 있게 하는 물리적 원인은 무엇인가?

이에 대해 물리현상을 관측하는 모든 관성계에서 물리법칙은 똑같다는 갈릴레오의 상대성 원리 때문에, 그렇다고 답한다면, 그것은 마치 앵무새처럼 외운 것을 말하는 것이지, 질문에 대한 물리적인 답이 아니다. 그 상대성 원리는 왜 생기는지에 대해 답해야 한다. 상대성 원리가 성립하는 이유를 '물리적으로 설명'할 수 있어야 그것을 '말할 수 있는 것'이 되어서 비로소 진정한 물리학적인 답을 말할 수 있다.

관성의 원리는 사실 모든 등속도 운동 상태들의 등가성(즉 대칭성)을 의미한다. 모든 등속도 운동 상태는 서로 등가이며, 이것을 갈릴레오 불변성(대칭) 또는 갈릴레오 상대성 원리라고 한다. 즉, 서로 다른 등속도 운동 상태에 있는 모든 관찰자에게 물리법칙은 정확히 똑같이 보인다. 이 가상 실험실들의 등속도 운동 상태를 일컫는 용어가 바로 관성계이다. 그렇다면 이러한 관성의 원리와 상대성 원리가 생기는 물리적 원인은 무엇인가? 물론 지구 중력장의 실체 물리적 구조를 아는 우리는 그 이유를 '물리적으로 설명'할 수 있다. 그렇다. 등속으로 달리는 기차 안에서 공이 수직으로 떨어지는 물리적 이유는 기차 안에 가득 차 있는 점 대칭 회전운동을 하는 암흑물질들이 그 기차와 한 몸이 되어 기차의 운동 상태와 똑같은 속도로 운동하고 있기 때문이다.

한편, 정지해 있던 기차가 급출발하거나 등속운동을 하던 기차가 갑자기 급정거하게 되면, 앞서 설명한 원리에 따라 그 기차 안에 가득 차 있는 암흑물질들의 운동 상태는 그 기차의 운동 상태 변화에 상응하여 가속하게 되고, 이러한 암흑물질들의 운동 상태가 다시 탑승자의 외부 기류과 상호작용을 통해 전달하게 될 것이므로, 탑승자는 기차의 운동을 감각적으로 경험하여 인식할 수 있을 것이다. 그런데 이 경우 탑승자는 기차가 급출발하는 경우는 몸이 뒤로 쏠리고, 급정거하는 경우는 몸이 앞으로 쏠린다. 어떤 힘이 작용하여 내 몸을 미는 것 같다. 이러한 사실을 우리는 직접 경험을 통해서 익히 알고 있다.

그렇다면 도대체 이 힘의 정체는 무엇이며 그런 힘이 생기는 물리적 원인은 무엇인가? 현상 물리학이 교육하는 바에 따라서, 힘은 가속하는 방향으로 생기는 것이고 가속하는 방향과 반대 방향으로 생기는 힘은 설명의 편의를 위해 도입한 관성력으로서 실제로는 존재하지 않는 가상의 힘이므로, 내 몸이 실제로 힘을 받아서 위와 같이 쏠리는 것을 직접 경험하고도 그런 힘은 가상의 힘으로서 실제로는 존재하지 않는다고 자신의 지적 양심을 속이고 거짓을 말해야 하는가?[170)]

물론 실체 물리학을 공부하고 있는 우리는 있는 그대로의 세계인 물 그 자체의 내재적 속성에 따라 운동 변화하는 원리

---

170) 앞의 Ⅱ05. 절에서 말한 바와 같이, 불변의 세계인 플라톤의 이상적 수학 세계를 추구하는 서구 과학적 패러다임 따라 세상을 보는 사람에게 진리나 선한 행위는 아득해져 버리는 이유가 바로 여기에 있다. 이런 사람은 자연법칙인 진리에 따라 살면서 자신과 세상을 널리 이롭게 하는 행위를 하기가 어렵다. 게다가 자신의 지적 양심을 속이고 거짓을 말하는 것 자체가 이미 자연법칙에 반하여 세상에 해악이 된다.

를 알고, 지구 중력장을 형성하고 있는 물 그 자체인 암흑물질들과 그 중력장의 실체 물리적 구조를 알기 때문에, 위의 경우 탑승자의 몸이 앞뒤로 쏠리는 이유를 '물리적으로 설명'할 수 있다. 그 이유 역시 갈릴레오의 관성의 원리와 상대성 원리에서처럼 지구 중력장을 형성하고 있는 암흑물질들이 기차 안을 가득 채우고 있기 때문인데, 비록 그 암흑물질들이 기차의 운동 속도의 영향을 받는다고 하더라도 기차 안에 가득 차 있는 암흑물질들은 보통 물질인 기차 그 자체와는 독립한 물질들이므로, 기차가 급출발하거나 급정거하는 순간, 그전에 암흑물질들의 정지 또는 등속운동이 보통 물질인 그 기차의 가속운동과 괴리되어 기차가 가속하는 방향과 반대 방향으로 쏠리면서 탑승자를 밀기(관성력) 때문이다.[171]

이것은 마치 물(*암흑물질들)이 가득 차 있는 물통 안(*기차 안)에 어떤 물체(*탑승자)가 들어 있을 때, 그 물통을 갑자기 앞으로 당기면 그 물통 속을 가득 채우고 있는 물이 뒤로 쏠리면서 그 물속에 들어있는 물체도 이에 상응하여 뒤로 쏠리는 것과 같은 원리다. 암흑물질들이 형성하고 있는 중력장이 동적(動的, dynamic)인 4차원 시공간을 이루고 물질의 움직임에 따라 변형되는 실체 물리적 원인도 바로 여기에 있다.

지구라는 행성 위에 발을 딛고 지구의 기류 공간인 중력장 안에서 살아가는 우리 인간은 태어나서 죽을 때까지 지구 중력장을 물 샐 틈 없이 가득 채우고 있는 우주의 기본 단위 물질

171) 예컨대, 차, 배, 비행기 등의 탈 것을 처음 탔을 때, 속이 메스껍고 어지러움을 느끼는 멀미(motion sickness)를 하는데, 그 물리적 원인은 그 탑승자가 그 탈것 안을 가득 채우고 있는 암흑물질들에 의해서 전달되는 탈것의 속도가 변하는 가속 운동 상태에 잘 적응하지 못하여 몸의 외부에너지 활동과 내부형질의 활동이 뒤틀려서 생기는 것이다. 흔히 운전자는 멀미를 거의 하지 않는데, 그 이유는 운전자는 몸의 외부에너지 활동의 변화에 상응하도록 자기 몸 내부의 활동을 능동적으로 조절하고 있기 때문이다.

인 암흑물질들 속에서 살고 있다. 마치 물고기가 물속에서 살아가고 있듯이 말이다. 우리가 살아가고 있는 지구 중력장이라는 자연 그 자체가 이러하므로, 우리는 달리는 자동차의 속도가 갑자기 빨라지는 경우에는 의자를 뒤로 미는 것과 같은 힘을 느끼게 되고, 갑자기 느려지는 경우에는 앞쪽으로 미는 것 같은 힘을 느끼며, 자동차가 커브 길을 도는 경우 원심력이라고 하는 관성력이 나를 바깥쪽으로 미는 것 같은 힘을 느끼는 것이다. 이처럼 관성력은 '있는 그대로의 세계'인 자연 그 자체 또는 물 그 자체에 실재하는 힘이다. 그러나 앞의 ‖28. 절에서 말한 바와 같이 뉴턴 역학의 특징은 자연 그 자체의 운동과 자연 그 자체의 힘이 배제된다.

그렇다면 도대체 어디서부터 어떻게 잘못된 것일까? 물론 이렇게 된 근본 원인은 물 그 자체는 서구 과학의 대상이 아닌 데 있고, 나아가 데카르트와 뉴턴이 갈릴레오의 관성의 원리를 유클리드 기하학적으로 해석하여 왜곡한 데 있다. 결국 그러한 그릇된 사유와 인식을 가졌던 뉴턴은 달이 지구 주위를 공전하는 것을 "돌멩이를 줄에 매달아 빙빙 돌리다가 줄을 놓으면, 돌멩이는 그 놓는 순간에 향했던 방향으로 쭉 날아갈 것"이라는 생각을 하면서 그 돌멩이를 잡아당기고 있는 힘인 구심력이 중력과 같다는 잘못된 인식 아래 중력은 지상의 운동과 천상의 운동 모두에 적용되는 만유인력이라고 하면서 지상의 운동과 천상의 운동을 통일했다고 착각한 것이다.

그러나 갈릴레오가 발견했던 일정한 등속운동 상태를 계속해서 유지하려 하는 관성의 원리는 지구 중력장 안에서 수행했던 그의 실험에서 보여 주고 있듯이, 구면인 지표면에서 수평 방향으로 일정하게 운동할 때 등속운동이 되려면 지구 주위를 도는 '원운동'이어야 하며, 이러한 등속운동을 계속해서 유지하게 하는 힘은 기륜 원리에 따라 발생하는 자연의 유일한 힘인 기륜력(氣輪力, Giriun force)이다. 따라서 달이 지구 주위를 궤도운동하기 위해서는 유클리드 기하학적으로 등속운동을 하려면 직선운동이어야 한다는 그릇된 해석 아래, 달의 운동 방향을 계속해서 바꾸기 위해서 지구가 잡아당기는 구심력(중력)이나 가상의 힘으로서 관성력은 필요 없다.

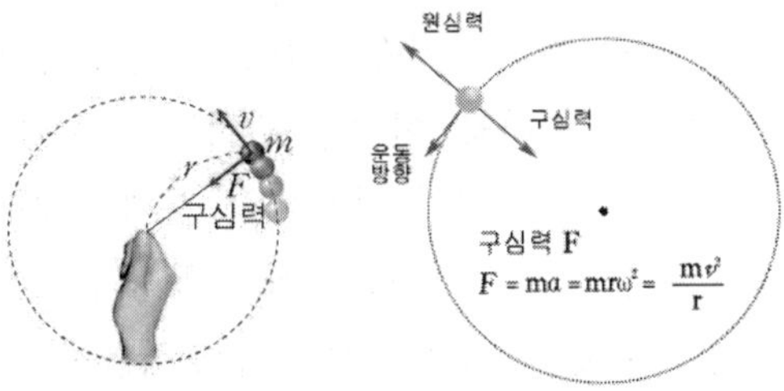

[현상 물리학에서 구심력과 원심력]

생각해 보라. 위 왼쪽 그림에서 보는 바와 같이, 지구 중력장 안에서 지표면이나(자동차가 커브 길을 돌 때) 공중에서 지표면에 수평으로 일정한 높이의 구면에서 돌멩이를 줄에 매달아 빙빙 돌릴 때, 구심력과 원심력이 존재하고, 이들은 모두 자연에 실재하는 힘이다. 그리고 이 경우 빙빙 도는 돌멩이가 그리는 원이 타원이어도 무방하다. 왜냐하면 모든 것의 이론 명제 7-9.가 말하고 있듯이, 이 경우 그 돌멩이의 각운동량은 보존되기 때문이다. 즉, 그 돌멩이가 그리는 원이 타원일 경우 그 돌멩이와 상호작용하는 구면인 지표면 가까이에 있는 암흑물질들의 회전하는 기륜력의 세기가 크기 때문에 그 돌멩이의 운동속도는 지표면 가까이에서 빨라지지만, 전체적으로 그 운동하는 돌멩이의 각운동량은 보존된다. 케플러의 행성운동의 법칙은 이러한 기륜 원리에 따른 것이다. 물론 우리는 중력장에 놓인 보통 물질의 자연 운동은 전적으로 그 물질이 접촉하는 암흑물질들 자체의 회전하는 기류력과의 상호작용에 의한 것임을 안다(모든 것의 이론 명제 7-10. 참조).

그러나 위 오른쪽 그림에서 보는 바와 같이, 뉴턴이 만유인력 법칙으로서 말하는 지구와 달 사이에 존재한다는 구심력(중력)이나 원심력(관성력)은 '구면인 지표면에 수직 방향'인 지구 중심방향이나 그 반대 방향으로 작용하는 힘이고, 이런 힘은 우주에 실재하지 않는다. 아인슈타인이 뉴턴의 중력이라는 힘이 허구라고 말한 것은 바로 이것을 말하는 것이다. 요컨대 중력은 우주의 기본 단위 물질인 암흑물질 자체의 회전하는 기류력에 따라 발생하는 힘으로서 중력장을 형성하고 있는 암흑물질들과 그 중력장에 놓인 일반물질이 상호작용하는 것이고, 두 보통 물질인 지구와 달 사이에는 지표면인 구면에 수직 방향으로 그 어떤 구심력으로서 중력이나 원심력으로서의 관성력 따위는 존재하지 않으며, 지구와 달 사이에는 지구의 중력장인 기류 공간 안에서 공전하고 있는 달의 궤도를 이루는 기류선 아래층들이 이루는 지구의 기류 공간과 달의 기류 공간이 상호작용한다(모든 것의 이론 명제 7-12. 참조).

있는 그대로의 세계인 자연 그 자체 또는 물 그 자체가 이러함에도 불구하고, 뉴턴은 지상의 운동(사과의 자유낙하)과 천상의 운동(달의 공전궤도 운동)을 만유인력으로 통일한답시고, 자연에 실재하지도 않는 구심력이라는 허구의 힘(수학적 실재)을 창조해내서 수학적으로 기술하다 보니, 설명의 편의를 위해서 또 다른 가상의 힘인 원심력이라는 관성력이 필요해진 것이다.

나아가 뉴턴은 이 '가상의 힘'인 관성력으로서의 원심력을 지표면이나 공중에서 구면에 수평 방향으로 운동하는 물체가 가지는 '실재의 힘'인 관성력이나 원심력과 통일적으로 설명하기 위해 실재하는 관성력을 실제로 존재하지 않는 가상의 힘이라고 했고[172], 지난 300년 동안 현상 물리학은 세상 사람들에게 이런 헛소리를 믿으라며 제도 교육을 통해 강요하거나 전도해 왔다.

사정이 이러하므로, 뉴턴이 지상의 운동(사과의 자유낙하)과 천상의 운동(달의 공전궤도 운동)을 만유인력으로 통일했다고 아직도 믿고 있는 오늘날 현상 물리학자들은 지구 주위를 궤도 운동하고 있는 인공위성에 대하여 다음과 같이 이야기하고 있다.

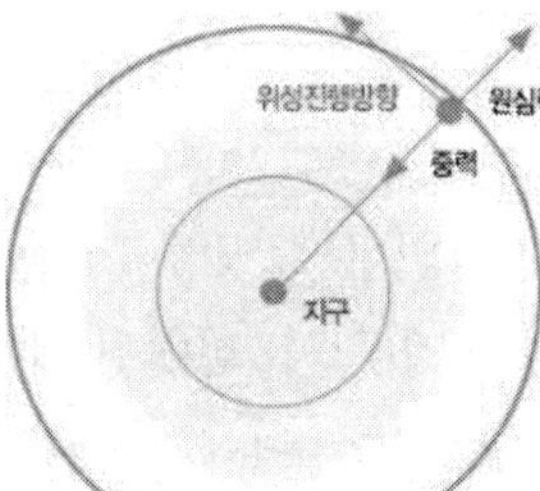

[현상 물리학에서 인공위성의 궤도 운동]

> "인공위성은 지구를 중심으로 원운동을 하며, 이때 중력이 구심력으로 작용해 인공위성의 방향을 끊임없이 바꿔 주기 때문에 지구 주위를 계속해서 돌게 된다. 그런데 이것은 인공위성 외부에서 인공위성의 운동을 관찰할 때 작용하는 힘을 나타낸 것이다. 하지만 인공위성에 탄 사람이 보면, 중력에 의해 인공위성이 지구 쪽으로 당겨지고 있음에도 떨어지지 않고 지구 주위를 돌게 된다. 따라서 중력과 반대로 힘이 작용함을 알 수 있는데, 이 힘을 원심력이라고 한다. 그런데 이때의 원심력은 구심력과 달리 실제로 작용하는 힘이 아니라 단순히 물체의 운동을 표현하기 위한 겉보기 힘이라는 것을 알아야 한다. 흔히 사람들은 구심력과 원심력이 서로 대응되는 힘으로 알고 있거나 작용·반작용의 관계로 이해하고 있는데, 이는 잘못된 개념이다. 원심력과 구심력은 크기가 같고 방향은 반대이지만, 구심력은 실제 작용하는 힘이고, 원심력은 가상의 힘이다. 따라서

---

172) 앞의 Ⅱ02. 절에서 살펴본 바와 같이, 사유를 본질로 하는 인간 정신이 만들어내는 지식의 제1 원리로서의 수학적 공리나 물리적 원리로부터 출발하는 서구 과학적 패러다임에 따른 현상 물리학의 지식체계에서는 수학적 정합성은 확보할 수 있지만, 그 논리적 무모순성은 그 지식체계 안에서는 결코 획득할 수 없게 되어 있다.

두 힘이 동시에 작용하는 것으로 이해하거나 합성하여 하나로 나타낼 수 있다고 생각하면 안 된다." — 이상의 내용은 우리나라 어느 고등학교 지구과학2 교과서에서 그대로 발췌한 것임을 밝혀둔다.

그러나 생각해 보라. 여기서 "원심력과 구심력은 크기가 같고 방향은 반대이지만, 구심력은 실제 작용하는 힘이고, 원심력은 가상의 힘이다."라고 말하고 있다. 이게 도대체 정상적인 사유 능력을 잃지 않은 사람들이 할 수 있는 말이고, 정상적인 사유 능력을 지닌 사람들이 이해할 수 있는 말이 되는 소리인가?

인공위성의 궤도 운동을 실체 물리학에 따라 설명하자면 이렇다. 궤도 운동을 하는 인공위성은 지구 주위를 겹겹이 둘러싸고 층을 이루어 공전하면서 형성한 기륜 공간인 지구 중력장에서 각운동량이 일정한 일련의 점대칭 회전 운동하는 암흑물질들이 만드는 층(기륜선, 궤도) 위에 올라타서 편안하게 운동하고 있을 뿐이다. 따라서 인공위성은 중력에 의해 지구 쪽으로 당겨지지 않으므로 구심력(중력)은 필요 없고, 인공위성의 운동을 표현하기 위하여 가상의 힘인 원심력(관성력)도 필요 없다. 다시 말해 지구 주위를 궤도 운동하는 인공위성에는 '관성'이 작용할 뿐, '중력'이 작용하지 않는다. 그래서 인공위성 내부는 무중력(zero gravity)인 것이다.

∥30. 특수상대성이론에 대한 전반적 고찰

갈릴레오의 상대성 원리에 따라 전기장 및 자기장의 법칙들이 물리현상을 관측하는 모든 관성계에서 같다고 한다면 서로 다른 관성 기준계에 따라 속도가 달리 관측되어야 하는데, 맥스웰 방정식에 따르면 전자기파를 내는 빛[173]은 진공에서 '일정한 속도'로 전파되고 광원의 운동과 무관하다. 이 딜레마(?) 상황을 해결한다는 명목으로 1905년 6월 아인슈타인은 "운동하는 물체의 전기동역학에 관하여(On the Electrodynamics of Moving Bodies)"라는 제목의 논문을 통해 특수상대성이론을 발표했다.

그러나 결론부터 말하자면, 갈릴레오의 상대성 원리와 맥스웰 방정식에 따라 빛의 속도가 진공에서 일정한 사실 사이에는 그 어떤 모순이나 문제가 발생하지 않으므로 특수상대성이론 자체는 제대로 된 물리학이라면 전혀 불필요한 이론이다.

생각해 보라. 자연현상을 관측하는 모든 관성계에서 물리법칙은 똑같다는 갈릴레오의 상대성 원리는 지구 '중력장'에서 발생하고 그 물리적 원인은 지구 중력장을 형성하고 있는 '암흑물질들'의 작용 때문이다(앞의 ∥29. 절 참조). 따라서 지구 중력장을 형성하고 있는 암흑물질들의 운동으로 인하여 발생하는 갈릴레오의 상대성 원리가 아원자입자인 원자핵의 외부'에너지'가 겹겹이 층을 이루어 회전하면서 형성하고 있는 기륜 공간인 '전자기장'이나 암흑에너지로 이루어진 '진공'에서 적용되지 않는 것은 너무나 당연하고 자연법칙에 부합하는 것이다.

---

173) 맥스웰은 빛을 에테르의 진동으로 퍼져나가는 전자기파로 보았다.

문제는 물 그 자체를 과학의 대상으로 하지 않는 서구 과학적 패러다임에서는 중력장과 전자기장이 어떻게 형성되고 그것을 이루고 있는 물리적 실체가 무엇인지 알 수 없다는 점이다. 사정이 이러하므로, 갈릴레오의 상대성 원리와 맥스웰 방정식에 따라 빛의 속도가 진공에서 일정한 사실 사이에 어떤 모순이 있는 것으로 그릇 인식한 상태에서 나온 것이 특수상대성이론이다. 앞의 ‖20. 절에서 살펴본 바와 같이 1905년 아인슈타인의 특수상대성이론과 함께 그와 관련된 논문들은 20세기 물리학에 큰 악영향을 미쳤는데, 특히 1905년 3월의 최초 논문인 광양자설의 주장부터 첫 단추가 잘못 끼워졌다.

그런데 아인슈타인은 특수상대성이론에 관한 논문을 발표한 6월 이후 9월의 아인슈타인식 질량-에너지 등가원리에 관한 논문을 발표하기 전에 자신의 잘못을 깨달을 수 있는 절호의 기회가 있었다. 그러나 안타깝게도 아인슈타인은 그 기회를 오히려 특수상대성이론의 수학적 표현이라며 $E=mc^2$에 따른 질량-에너지 등가원리를 제안하는 논문을 쓰는 데 사용하고 말았다. 아인슈타인은 9월 논문을 발표하기 몇 주 전 콘라트 하비히트(C. Habicht)에게 다음과 같은 내용의 편지를 보냈다.

> “저번 논문(주: ‘움직이는 물체의 전기동역학에 관하여’)과 연관된 중요한 결론이 하나 떠올랐다네. 맥스웰 방정식과 상대성 원리를 연관해서 생각해 볼 때, 물체에 내재한 에너지의 양이 곧 질량이어야 한다는 결론에 도달했네. 결국 빛이 질량을 실어 나른다는 말이지. 라듐의 경우 빛을 방출하고 나면 현저한 질량 감소가 관찰되지 않는가?”[174)]

아인슈타인은 위 인용문에서 원자에 내재한 에너지의 양이 곧 질량이어야 하고, 빛이 방출되었을 때 그 빛이 질량을 실어

174) 아인슈타인의 전기 작가 데니스 브라운의 「아인슈타인 평전」 中에서.

나른다고 말하고 있다. 여기서 아인슈타인이 말하는 방사성 원자인 라듐에서 방출된 빛이 질량을 실어 나른다는 것은 무엇을 의미하는 것일까? 아니 원자에서 방출된 빛이 질량을 가진다고 말하면 안 되는 이유는 무엇일까? 아인슈타인에게 빛은 질량이 없는 에너지 덩어리이다(광양자설). 그러면 라듐 원자에서 방출된 에너지 덩어리였던 광자가 $E=mc^2$에 따라 질량으로 변환되어 질량 덩어리로 변신했다는 것일까? 광자는 질량이 없다고 생각하고 있으므로 이건 아닐 것이다. 그렇다면 그의 말 그대로 에너지 덩어리인 광자가 그 몸 위에 질량을 실어나른다고 생각해 보자. 그러나 이것도 말이 안 되는 것이, 특수상대성이론의 또 다른 수학적 표현인 로런츠 변환 공식에 따르면, 광속으로 날아가면 그 질량은 무한대가 돼버린다.

그렇다면 광자 위에 실려진 그 질량은 도대체 무엇이란 말인가? 현상 물리학이 하는 말은 원래 수학적 정합성으로 충분하고 논리적으로 말이 되지 않으므로 애당초 이해는 포기해야 하는 걸까? 나는 앞의 ‖20. 절에서, 1900년 플랑크가 흑체복사의 파동 분포를 설명하기 위해 양자가설을 제안했을 때까지만 해도, 광자의 '운동에너지'를 광자의 '에너지'라고 혼동하거나 오인하지 않았고, 물질의 내재적 속성인 에너지와 그 물질의 상태에 따라 변화할 수 있는 그 운동에너지를 혼동하여 그 물질의 구성요소인 질량을 그 에너지가 아닌 운동에너지와 대응시킴으로써 가속되어 빠르게 움직이는 물질은 질량이 증가한다는 '상대론적 질량' 따위의 과학적 허구는 존재하지 않았었다고 말했다. 그러나 아인슈타인은 고전 역학을 특수상대성이론에 맞게 하려면 수정을 가해야 한다고 하면서 새로운 질량 개념을 조작해 냈는데, 다음과 같이 말하고 있다.

"상대성의 특수이론이 낳아준 일반적인 성격의 결과 가운데 가장 중요한 것은 질량의 개념과 관련된 것이다. 상대성이론에 따르면 질량이 m인 물질의 운동에너지는 잘 알려진 수식 $(1/2)mv^2$으로 더는 주어지지 않는다. 이제 그 수식은 $mc^2/\sqrt{1-v^2/c^2}$으로 주어진다. 속도 v가 빛의 속도 c에 무한대로 접근하면 이 수식은 무한대로 접근한다. 따라서 v를 가속하기 위해 에너지를 아무리 많이 사용한다고 하더라도 v는 언제나 c보다 작은 값에 머무를 수밖에 없다. (……) 물체의 관성질량은 상수가 아니라 물체의 에너지에 일어나는 변화에 따라 변화한다. 어느 한 물체의 계의 관성질량을 해당 물체의 계의 에너지에 대한 척도로 간주하는 것도 가능하다. 어느 한 계를 놓고 보면, 질량 보존의 법칙은 에너지 보존의 법칙과 같으며, 따라서 그 계가 에너지를 흡수하지도 방출하지도 않아야만 질량 보존의 법칙이 성립한다."[175]

위 인용문에서 "상대성이론에 따르면 질량이 m인 물질의 운동에너지는 잘 알려진 수식 $(1/2)mv^2$으로 더는 주어지지 않는다"라고 말하면서 "관성질량은 상수가 아니라 물체의 에너지에 일어나는 변화에 따라 변화한다"라고 말하는 부분에 주목해 보라. 여기서 아인슈타인은 이미 플랑크가 양자가설에서 말한 광자의 '운동에너지'를 광자의 '에너지(광자의 질량과 양적 등가인 에너지)'로 오인하여 광양자설을 주장했듯이, 특수상대성이론에서도 물질의 질량을 그 물질의 보존되는 '에너지'가 아니라 그 물질의 상태에 따라 변화할 수 있는 '운동에너지'에 대응시키고 있다.

이처럼 상대론적 질량 개념은 같은 해 3월에 제안한 광양자설에 뿌리를 두고 있으며, 이에 따라 9월의 논문인 질량과 에너지 등가 공식 $E=mc^2$이 나오게 된 것이다. 이것들은 양자물리학에 심각한 폐해를 끼쳤다. 특히 상대론적 질량을 믿는 현대물리학은 가속기로 물질을 가속하면 물질의 운동에너지가

175) 아인슈타인 『상대성: 특수이론과 일반이론, Relativity: The Special and General Theory』(1916 초판, 1920 개정판, 1952 추가), 우리말 번역본, pp. 62~65.

아니라 에너지가 증가하고 그래서 그 물질의 질량이 증가하는 것으로 인식하고 있다.

또 하나, 위 인용문에서 "어느 한 계를 놓고 보면, 질량 보존의 법칙은 에너지 보존의 법칙과 같으며, 따라서 그 계가 에너지를 흡수하지도 방출하지도 않아야만 질량 보존의 법칙이 성립한다"라고 말하고 있는 부분 역시 옳지 않다. 물질을 이루는 필수적 두 구성요소인 질량(시간, 입자성)과 에너지(공간, 파동성)는 언제나 함께 존재하는 것이지 서로 분리되어 따로 존재할 수 있는 성질의 것이 아니다. 왜냐하면 현상 물리학의 대상인 광자를 비롯한 관측 가능한 모든 보통 물질은 우주의 근본 물질로서 1개의 질량과 등가인 1개의 에너지로 이루어진 암흑 물질들이 결합하여 생성된 것이기 때문이다. 따라서 어떤 계가 에너지를 흡수하거나 방출한다고 말하면 그것은 곧 그 물질을 이루고 있는 질량도 함께 흡수하거나 방출한다는 뜻이다.

질량과 에너지는 분리될 수 없고 언제나 함께 보존되는 것이므로, 질량 보존의 법칙이나 에너지 보존의 법칙은 같은 말이고 그 정확한 표현은 질량-에너지 보존법칙이다. 흔히 영생불멸의 아인슈타인 광자(광양자설)를 믿고 신봉하는 현상 물리학자들은 이제 더는 고전 물리학에 존재했던 질량 보존의 법칙은 성립하지 않는다고 말하는데, 이것은 잘못된 믿음이다. 물론 서구 과학적 패러다임에 따른 현상 물리학은 물 그 자체를 과학의 대상으로 하지 않고, 또 우주의 기본 단위 물질인 암흑물질에 대해서 아직 모르기 때문에 아인슈타인의 그릇된 주장을 철석같이 믿고 신봉하게 된 것이다.

하여튼, 아인슈타인은 갈릴레오의 상대성 원리와 맥스웰 방정식이 서로 모순된다고 생각하며 고민한 끝에 이를 해결한다는 명목으로 고안해낸 것이 ⅰ) 물리현상을 관측하는 모든 관성계에서 물리법칙은 똑같다는 갈릴레오의 상대성 원리를 전자기장이나 진공 등 모든 영역에로의 확장과 ii) 빛의 속도는 모든 관성계에서 불변으로 관측된다는 광속불변의 원리라고 하는 아이디어다. 그러나 갈릴레오의 상대성 원리와 맥스웰 방정식에 의해 광속이 진공에서 일정하다는 사실 사이에는 그 어떤 모순이나 충돌이 없으므로, 사실 위 두 가설은 그 구체적 내용을 살펴볼 필요도 없이 쓸데없는 가설들이다. 더 자세한 설명이 필요한가? 좋다. 지금까지 말한 특수상대성이론이 오류인 이유는 다음과 같이 두 가지로 요약할 수 있다.

i) 갈릴레오의 상대성 원리는 중력장 속에서 운동하는 물체는 그 중력장을 형성하고 있는 '암흑물질들'의 운동으로 인하여 발생하는 것이므로, 아원자입자인 원자핵의 '외부에너지'가 회전하여 형성한 전자기장이나 '암흑에너지'로 이루어진 3차원 절대공간인 진공에서는 적용될 수 없다.

ii) 광자의 운동 속도가 —그 광자의 운동에너지와 관련된 파장이나 진동수에 무관하게— 진공에서 일정한 이유는, 광자를 비롯한 모든 국소적인 물질의 운동 속도는 그 물질의 필수적 두 구성요소로서 에너지와 등가인 질량에 반비례하기 때문이다.[176]

내친김에 이번에는 이 요약한 것을 풀어서 이야기해보자. 우선 i)과 관련하여, 물리현상을 관측하는 모든 관성계에서 물리법칙이 같다는 갈릴레오의 상대성 원리에 따르면 서로 다른 관성 기준계에 따라 속도가 달리 관측된다. 그런데 앞의 ‖29. 절에서 살펴보았듯이, 감각적 경험으로서 '관찰과 관련된 상대속도'에 관한 갈릴레오의 상대성 원리가 성립하는 물리적 원인

176) 광자가 광원에서 방출되기 전 광자의 질량은, 원자핵을 이루고 있는 핵자의 구성요소인 광자의 외부에너지가 회전하여 전자기장을 형성하고 있을 때 그 원자핵 속에 있었고, 원자에서 방출된 광자의 질량은 자신의 내부에 지니고 있어서, 그 광자의 질량(과 등가인 에너지)이 일정한 까닭에 광속이 전자기장에서나 진공에서 일정한 것이다.

은 '중력장'을 형성하고 있는 따듯한 암흑물질들의 운동 때문이다. 따라서 갈릴레오의 상대성 원리를 원자핵의 외부에너지가 회전하여 형성한 기류 공간인 '전자기장'이나 암흑에너지로 이루어진 '진공'에까지 확장한 특수상대성이론의 첫 번째 가설은 틀렸다. 왜냐하면 '에너지'가 형성하고 있는 3차원 공간으로서 전자기장(국소적인 아원자입자의 외부에너지가 형성한 3차원 공간)이나 진공(비국소적인 암흑에너지가 형성하고 있는 3차원 절대공간)은 따듯한 '암흑물질들'에 의해서 형성된 동적인 4차원 시공간이 아니므로 갈릴레오의 상대성 원리가 성립할 수 없기 때문이다.

여기서 혹자는 다음과 같은 질문을 할지도 모르겠다. 그렇다면 만약 관측 가능한 최소 보통 물질인 광자(빛)가 중력장에서 운동하는 경우 갈릴레오의 상대성 원리가 적용되는가? 물론이다. 암흑물질들이 형성하고 있는 중력장에서는 운동하는 물체의 속도가 일정하기만 하면 자연현상을 관측하는 모든 관성계에서 물리법칙은 동등하게 적용된다. 예컨대 아무리 빨리 달리는 기차라도 속도가 변하지 않고 일정하기만 하면 기차 안의 승객은 그 기차 안의 상황만 보면, 움직이는 기차(관성 기준계 A)인지 정지한 기차(관성 기준계 B)인지 감각적 경험으로 구분하여 인식할 수 없다. 이것이 자연현상을 관측하는 모든 관성계에서 물리법칙이 같다는 갈릴레오의 상대성 원리다.

그런데 갈릴레오를 비롯한 지금까지의 현상 물리학은 상대성 원리가 왜 발생하는지 그 현상의 원인을 '물리적으로 설명'하지 않았고, 또 설명하고 싶어도 물 그 자체를 다룰 수 없는 서구 과학적 패러다임에서는 결코 설명할 수도 없었다. 하지만 우리는 앞의 ‖29. 절에서 상대성 원리가 성립하는 물리적 원인을 실체 물리학에 따라 유형의 물리적 실체인 물 그 자체를 들어서 물리적으로 설명할 수 있었다. 그것은 간단히 말하자면, 대상을 관측하는 관성 기준계인 우리가 물속에서 살아가는 물고기처럼 지구 중력장을 형성하고 있는 암흑물질들 속에서 살아가고 있기에 관찰 등 감각적 경험을 통해 인식할 수 있는 현상이었다.

따라서 예컨대 두 대의 기차가 같은 방향으로 나란히 시속 100km의 속도로 달린다면 한쪽 기차 안에 있는 사람은 다른 쪽의 기차가 멈춰 있는 것처럼 보이고, 이 경우 두 기차가 서로 반대 방향으로 달린다면 한쪽 기차 안에 있는 사람은 다른 쪽의 기차가 시속 200km로 달리는 것으로 관찰된다. 이것은 갈릴레오의 상대성 원리에 따른 변환 공식[177]에 따라 속도 합산의 법칙으로 표현된다. 이처럼 중력장 안에서 움직이는 물체의 상대속도와 관련된 상대성 원리는 중력장을 형성하고 있는 암흑물질들에 의해서 상대적으로 움직이는 물체에 대한 감각적 경험으로서 관찰과 관련된 겉보기 현상이다.[178]

그러므로 일정한 속도로 움직이는 광자(빛)가 중력장에서 운동하는 경우, 그것을 관측하는 '관찰과 관련된 상대속도'에 대해서는 갈릴레오의 상대성 원리와 변환 공식이 그대로 적용된다. 왜냐하면 관측대상 보통 물질이 광속으로 운동하더라도 그 속도가 '일정'하고, 그것이 중력장을 형성하고 있는 암흑물질들 속에서 운동하고 있다면, 갈릴레오의 상대성 원리에 따라 서로 다른 관성 기준계에서 서로 다른 속도로 '관측'될 것이고, 따라서 갈릴레오 변환 공식이 적용돼야 하기 때문이다.

그런데 여기서 우리가 주목해야 할 것은, 위 사례에서 기차

177) 하나의 관성계를 기준으로 한 물리법칙을 다른 관성계를 기준으로 바꾸는 것을 말하며, 변환해도 같은 물리법칙이 적용된다.

178) 도플러 효과는 파원 또는 관찰자가 이동하게 되면서 원래 파원의 진동수와는 다른 진동수로 관찰되는 현상이다. 따라서 관찰자와 관찰 대상이 상대적으로 이동하지 않으면 파원의 진동수는 변화가 없어서 대상이 정지한 것처럼 관찰된다.

의 속도가 시속 100km라고 하는 것은 그 기차의 속도 계기판이 지시하는 속도이지 상대성 원리에서 말하는 서로 다른 관성 기준계가 '관측하는 상대속도'가 아니라는 점이다. 사례에서처럼 상대속도가 0(정지)으로 관측되든 시속 200km로 관측되든 상관없이 그 기차 자체의 속도는 시속 100km로 일정하다. 마찬가지로 중력장 속에서 운동하는 광자 그 자체의 속도가 초속 30만 km라 하더라도, 그 광자 자체의 속도가 일정하다면 갈릴레오의 상대성 원리에 따라 서로 다른 관성 기준계에서 서로 다른 속도로 관측되고, 그러한 자연현상을 관측하는 모든 관성계에서는 물리법칙이 같은 상대성 원리가 적용된다.

한편 암흑물질들에 의해서 형성되는 동적인 4차원 시공간인 중력장과는 달리, 물질의 외부에너지가 그 물질 주위에 형성하고 있는 '전자기장'이나 암흑에너지가 형성하고 있는 '진공'은 3차원 공간으로서 관찰과 관련된 갈릴레오의 상대성 원리를 발생시키는 암흑물질이 형성한 공간이 아니어서 암흑물질들이 존재하지 않으므로, 전자기장이나 진공 속을 운동하는 광자와 같은 보통 물질들에 서로 다른 관성 기준계의 '관찰과 관련된 상대속도' 자체가 존재할 수 없다. 다만, 일정한 매체에서 운동하는 물질의 운동 속도는 그 물질의 질량에 반비례할 뿐이다.

그런데 문제는, 서구 과학적 패러다임에 따른 현상 물리학의 지식체계에서는 물 그 자체, 즉 전자기장과 중력장이 어떻게 만들어지고 또 그 실체 물리적 구조를 알 수 없을뿐더러, 전자기장이나 중력장을 수학자들에게 익숙한 연속 장으로 보아 무한히 영향을 미친다고 생각하여 한데 뭉뚱그려 버렸고, 또 광속이 일정한 매체인 진공(vacuum)에서 관성 기준계의 관측과 무관하게 일정한 물리적 원인도 그 지식 체계상 알 수 없게 되어 있다는 점이다.

사정이 이러하므로, 아인슈타인은 일정한 매체인 "진공에서 광속이 서로 다른 관성 기준계의 관측과 무관하게 일정"한 사실을, 그의 머릿속에서 만든 가설을 통해 "광속은 서로 다른 관성 기준계에 불변으로 관측된다"라고 왜곡했다. 전자기장과 중력장은 그것을 형성하고 있는 물리적 실체의 속성이 서로 다름에도 불구하고 i) 중력장에서 적용되는 서로 다른 관성 기준계의 감각적 경험으로서의 '관측'을 전제로 하는 갈릴레오의 상대성 원리(속도의 상대성)를 전자기장에까지 확장하다 보니 ii) 광속은 서로 다른 기준계에서 불변으로 '관측'된다고 하는 또 다른 헛소리(가설 2)를 한 것이 바로 특수상대성이론이다.

그렇다면 도대체 왜 현대물리학자들은 이런 헛소리를 믿고 신봉하게 된 것일까? 나는 앞에서 아인슈타인이 상대성이론을 주장하면서 동시성의 상대성과 국소적인 물질들 각각이 가지고 있는 시간과 공간인 상대적 시공간을 발견한 부분은 그 이유 여하를 막론하고 우주의 실재에 부합하는 훌륭한 성과였다고 말했다. 바로 이것이 아인슈타인을 믿게끔 현상 물리학자들을 현혹했을 것이다. 그런데 사실, 동시성의 상대성이나 상대적인 시공간을 최초로 발견한 사람은 1900년 앙리 푸앵카레이고, 상대적인 시공간에 대한 개념이나 그 의미도 아인슈타인과는 전혀 달랐다(이에 대해서는 논의의 전개상 다음 절에서 논하겠다).

한편 ii)와 관련하여 좀 더 이야기하자면, 광자의 운동 속도는 서로 다른 관성 기준계의 관측에 상관없이 특정한 매체(媒體, medium)에서는 언제나 일정하다. 이러한 '광속 일정 원리'는 푸앵카레가 이미 1898년에 발표한 논문 "시간의 척도(La mesure du temps)"에서 처음 얘기했다. 그리고 특정한 매체에서 광속이 일정한 물리적인 이유는 최소 보통 물질인 광자의 필수적 두 구성요소인 질량과 에너지가 일정하기 때문이다. 따라서 광속은 암흑에너지가 형성하고 있는 '3차원 절대공간인 진공'에서 일정하고, 암흑물질들이 형성하고 있는 '중력장'에서도 일정하며[179], 물 분자들이 형성하고 있는 '물속'에서도 일정하다. 물론 이 경우 각각의 매체에서의 일정한 광속 그 자체는 각각 다르다.

생각해 보라. 맥스웰 방정식에 따르면 진공 중에 광속은 일정한데, 그 속도($c= 1/\sqrt{\epsilon_0\mu_0}$)는 진공에서 전기장 형성에 대한 저항을 나타내는 유전율(ε_0)과 진공에서 전류에 의한 자기장 형성을 나타내는 투자율(μ_0)의 곱의 제곱근의 역수와 같다. 따라서 빛의 속도는 균등화된 전기장과 자기장의 유전율과 투자율에 반비례함을 의미하게 되었다. 이 경우 유전상수($\varepsilon/\varepsilon_0$)는 공기는 진공상태처럼 유전율이 낮아 1.0005, 종이는 3, 고무는 7, 물은 80이다. 일반적으로 유전체의 유전율은 진공보다 크므로 항상 1보다 크다. 따라서 광속은 우주 어디에서나 불변인 것이 아니다. 3차원 절대공간(진공) 속을 운동하던 빛이 어떤 별의 중력장인 따듯한 암흑물질들이 형성한 기류 공간인 동적인 4차원 시공간을 지날 때는 그 속도가 변하여 굴절하는 이유도 바로 여기에 있다.

그리고 물질의 운동 속도는 그 물질이 가진 질량에 반비례한다. 이 경우 광자는 현상 물리학의 대상인 관측 가능한 보통물질 중 그 질량이 가장 작으므로[180] 현상 물리학적 세계관에 따른 질서를 갖는 체계로서의 우주(cosmos)에서 광자의 운동 속도가 진공에서 가장 빠르다. 물론 전체 우주(universe)를 설명하

179) 따라서 지구 중력장 안의 지상에서 실시한 마이컬슨-몰리 실험(Michelson-Morley experiment) 결과로서 서로 직교하여 운동하는 빛의 속도가 일정했던 것은 너무나 당연하다. 결국 이 실험은 물리적으로 전혀 쓸모없는 실험이다.

180) 근본 물질인 암흑물질 2개가 결합해서 생성된 광자는 그 내부에 2개의 질점과 1개의 시간인 단위시간을 가졌다.

는 실체 물리학에 따르면 광자 질량의 절반을 가진 암흑물질의 운동 속도가 우주에서 가장 빠르지만 말이다. 그러나 특수상대성이론에서 광속이 가장 빠르다는 것은 어떤 물리적 이유가 있는 주장이 아니라 단지 로런츠 변환 공식의 사용 한계(무한대 문제), 즉 '광속의 극한성' 때문이다.[181]

한편 아인슈타인식 질량-에너지 등가원리에 따르면 시간과 공간이 서로 대칭이고 시간의 속성을 가진 질량과 공간의 속성을 가진 에너지가 서로 변환될 수 있어서 시간이 공간으로 변환될 수 있는데, 여기서 나온 것이 바로 민코프스키(H. Minkowski) 4차원 공간이다.[182] 1907년 민코프스키는 아인슈타인의 특수상대성이론의 4차원 시공간을 3차원 공간 좌표 ((x, y, z)), 1차원 시간 좌표 t에 광속 c를 곱하여 ct(속도 곱하기 시간은 거리)를 거리로 하는 4차원 공간(ct, x, y, z)이 로런츠 변환을 불변이게 하는 기하학으로 볼 수 있다고 주장했다.[183] 이 경우 ct는 어떤 물체가 시간 축 ct로 움직인다면 이것은 공간에서의 움직임이 아닌 시간을 통해 광속으로 움직이고 있다고 해석한다. 로런츠 변환에서 시간과 공간은 공존하지만, 특수상대성이론에서는 시간과 공간이 서로 대칭이다. 이제 대칭을 만

---

181) 로런츠 변환 공식에 따르면, 한 관성좌표계의 다른 관성좌표계에 대한 상대속도의 크기가 광속에 가까워지면 다른 관성좌표계의 시간은 점점 지연되고 길이는 점점 줄어들게 되며, 그 상대속도의 크기가 광속에 도달하게 되면 그 비율은 무한대가 되는 까닭에, 빛보다 빠른 상대속도의 크기가 허용되지 않는다.

182) 3차원 공간 안에 1차원 시간이 들어 있다는 의미에서 4차원 시공간은 우주에 실재하지만, 4차원 이상의 공간은 실재하지 않는다. 물론 수학적으로야 100차원 공간도 가능하지만 말이다. 따라서 하나의 1차원 시간을 포함한 (1+9)의 10차원 시공간을 가진 5개의 초끈이론을 통합한 (1+10)의 11차원 M 이론은 수학적일 것일 뿐, 우주의 실재와는 거리가 멀다.

183) 한편 민코프스키는 1908년 가을, 독일 물리학회에서 행한 "시간과 공간"에 관한 연설에서 아래와 같이 말하고 있다.—"움직이는 전하들 간의 상호작용에 관한 법칙에 대한 기존의 형식과 내용을 비교해보면 우리는 이 법칙들이 오직 4차원에서만 내적으로 완전히 단순한 형식을 갖게 되며, 선험적으로 우리에게 부여된 3차원 공간에서는 매우 복잡한 형태로 투사되어 있음을 받아들이지 않을 수 없다."

들었으므로 불변의 세계인 플라톤의 이상적 수학 세계를 구현할 수 있을 것인데, 그것은 기준계가 달라도 두 사건 사이의 거리(s)[184]의 제곱(s^2), 즉 빛이 그 시간(시간 간격) 동안 이동할 수 있는 거리의 제곱과 그 공간적 거리의 제곱의 차인, $s^2 = c^2t^2 - x^2 - y^2 - z^2$가 항상 일정하다는 것이다.

그런데 민코프스키 공간에 주어진 거리는 거리의 성질을 모두 가지지는 않는다. 두 사건이 각각 공간의 점 p와 q에서 시점 $t(p)$와 $t(q)$에 일어난다고 할 때, 불변인 것은 두 사건 사이의 시공 거리(s)의 제곱, 즉 $s^2 = c^2 \times \{t(p) - t(q)\}^2$-$(\sqrt{pq})^2$이다. 여기서 우리는 민코프스키 공간은 그의 의도와는 다르게 에너지로 이루어진 3차원 공간인 '전자기장'보다는 오히려 시점(하나의 질점)만 가지고 있는 암흑물질들이 형성하고 있는 기류 공간인 동적인 4차원 시공간으로서 중력장에서 그 시점들(암흑물질들) 사이, 즉 시점과 시점 사이가 시간을 형성하는 '동적인 4차원 시공간'의 표현과 관련이 있음을 알 수 있을 것이다. 따라서 민코프스키 시공간은 사실 그가 생각했던 움직이는 전하들이 있는 전자기장과는 아무런 관련이 없고, 중력장에 관한 일반상대성이론에서 활용될 수 있는 것이다.

184) 사건이 일어난 두 점 사이의 거리공간(metric space).

‖ 31. 시간팽창, 공간수축의 실체 물리적 원인

앞 절에서 살펴본 바와 같이, 서구 과학적 패러다임에 따라 플라톤의 이상적 수학 세계를 구현하고자 했던 아인슈타인은, 실재하는 우주가 형성하고 있는 불연속적인 3+(4+4)의 11차원 시공간 구조를 한 데 뭉뚱그려서 연속적인 4차원 시공간 구조로 보았고, 또 전자기력 장이나 중력장이 무한히 영향을 미치는 것으로 보아, 따듯한 암흑물질들이 형성하고 있는 동적인 4차원 시공간인 '중력장'에서 발생하는 갈릴레오의 상대성 원리와 아원자입자(원자핵)의 외부에너지나 우주 그 자체의 에너지가 형성하고 있는 3차원 공간인 '전자기장'이나 '진공'에서 광속이 일정한 상수($c= 1/\sqrt{\epsilon_0\mu_0}$)라는 사실 사이에 그 어떤 모순이 있는 것으로 그릇 인식한 상태에서, 특수상대성이론을 만들었다.

특수상대성이론에 따르면 빠르게 움직이는 물체는 움직이는 방향으로 수축하고, 질량은 증가하며, 시간이 느려진다. 그렇다면 뉴턴의 절대적인 시공간을 부정한 아인슈타인의 상대성이론에서 말하는 상대적인 시공간은 무엇인가? 아인슈타인은 빛 사고실험을 통해 시간의 상대성을 도출했다. 그의 사고실험을 따라가 보자. 그는 등속으로 움직이는 기차에 탄 사람과 기차 밖 관찰자를 생각했다. 이제 시속 100km로 달리는 기차에 기차의 이동 방향으로 전등을 켠다면 전등 불빛은 빛이므로 빛의 속도로 달린다. 기차 밖 정지한 관찰자에게 전등 빛의 속도는 얼마로 보일까? 갈릴레오의 상대성 원리에 따른 변환 공식에 따르면 전등 빛의 속도는 기차 속도에 광속을 더한 속도여야 하지만, 아인슈타인은 우주의 어떤 물체도 광속을 넘을 수 없으므로 그 속도(기차 속도+전등 빛 속도)는 전등 빛 속도, 즉 광속이 되어야 한다고 생각했다. 아인슈타인은 이 딜레마가 속도의 정의와 연관이 있다고 보았다. 속도는 변위를 시간으로 나눈 양이므로, 분자가 커졌는데 속도는 변함없다면 분모인 시간도 커졌을 것이다. 아인슈타인이 내놓은 답은 시간팽창(time dilation)이었다. 이를 기차 속 전등 빛에 적용하면 광속은 일정한데 거리가 늘어났으므로 시간도 늘어나야 한다. 결국 그는 달리는 기차 안에서는 시간이 늘어난다고 결론 내렸다.

한편 빠르게 운동하는 물질의 시간팽창 현상은 실제로 실험을 통해 검증되었다. 대표적으로 1972년 발표된 제트비행기 안에 있는 원자시계의 시간과 미국 해군 관측소의 기준 원자시계의 시간 간격을 측정하여 비교한 하펠과 키팅의 실험[185](Hafele-Keating experiment)과 1976년 제네바의 유럽 핵에너지협의회(CERN) 실험실에서 움직이는 뮤온(muon)의 수명 측정 실험이 그것이다. 그런데 운동하는 물체의 길이를 관측했을 때 이 물체의 길이가 줄어들게 관측되는 현상인 길이수축(length contraction)의 효과는 시간지연과 같은 역학적 효과가 아니고 시각의 결정이 상대적이어서 생기는 운동학적 효과에 불과하므로 객관적인 실험으로 검증하기는 곤란하다는 것이 현상 물리학의 설명이다.[186]

---

185) 리처드 키팅과 조지프 하펠은 세슘원자시계를 8개를 준비하여 4개는 지상에 두고 4개는 비행기에 태워 보냈다. 여행을 마친 후 시계들을 측정해 보니 지상에 있던 시계보다 비행기에 태운 시계가 10억 분의 59초가 느린 것으로 확인되었다.

186) 그래서 현상 물리학은 길이수축이 실제로 물체가 줄어드는 것으로 생각해서는 안 된다고 하면서, 그 이유는 이는 단지 자신과 다른 좌표계에서 측정했을 때 생겨나는 효과에 불과한 것이고 자기의 좌표계에서는 그 길이가 본연의 길이, 즉 고유길이(proper length) 그 자체로 남아있기 때문이라고 말한다. 한편 질량 증가에 대해서도 현상 물리학은 뮤온을 광속의 90% 이상 가속하면 원래 뮤온의 질량의 70,000배 이상으로 커진다고 하면서 이러한 일은 입자를 가속기에서 가속하는 경우 광속에 가까워짐에 따라서 무한의 에너지가 필요하기에 그 가속이 매우 곤란하다고 말하고 있다.

그렇다면 현대물리학에서 말하는 시간팽창 현상에 관한 대표적인 검증사례인 뮤온 사례에 대해서 자세히 살펴보자. 이에 대해 현상 물리학은 다음과 같이 이야기하고 있다.

지표면의 실험실에서 움직이는 뮤온의 평균 수명 시간은 2.2μs(약 200만 분의 1초)이다. 즉, 우리가 뮤온을 손에 놓고 뮤온을 관찰한다면 2.2μs 후에 뮤온은 사라진다. 뮤온은 먼 우주에서 오는 우주선(cosmic ray)이 지상 약 4,800m 상공의 지구 대기층의 원자와 충돌할 때 발생한다. 대기층에서 발생한 뮤온은 그 후 거의 광속(c)의 0.99c의 속력으로 달려 지표면의 검출기에서 검출됨과 동시에 사라졌다. 이에 대해 현상 물리학은 다음과 같이 해석하고 있다. 뮤온의 평균 수명 시간으로 이동한 거리를 계산하면 낙하한 거리는 600m밖에 안 된다. 그런데 대기층에서 지표면까지 달린 시간은 Δt= 4,800m/(0.994)(3× 10^8 m/s)= 16μs이다. 즉, 뮤온은 자기의 평균 수명 시간인 2.2μs보다 약 7배를 더 오래 살아 있는 셈이 된다. 이는 특수상대성이론의 시간지연 현상의 명백한 실험적 결과이다. 지상의 관측자를 기준으로 하였을 때 광속의 속도로 날아가고 있는 뮤온의 시간은 느리게 흘러 수명이 늘어난 것으로 관측되는 것이다.

나는 앞에서 시간팽창과 공간수축이 실제로 일어나는 현상이라고 했다. 그러나 결론부터 말하자면 자연에서 일어나는 시간지연 현상은 시간을 가진 물질이 놓인 위치나 운동 상태에 따라 그 보통 물질이 가진 시간이 상대적으로 더 빠르게 변천하는 현상인데, 이것은 암흑물질들이 형성하고 있는 중력장 안에서만 일어날 수 있는 것이다. 상대성이론은 동시성의 상대성을 발견한 데서 나왔다. 그런데 이에 대해 아인슈타인과 현상 물리학은 동시성의 상대성 또는 시간의 상대성을 다음과 같이 이야기하고 있다.

광속에 가깝게 날아가는 우주선 가운데 위치한 전구에서 빛을 깜박일 때, 빛이 전구로부터 같은 거리에 있는 검출기에 도달하는 두 사건이 있다고 하자. 한 관찰자는 우주선 내부에 있고, 다른 관찰자는 정지한 지구에서 우주선을 관찰한다. 빛이 우주선 앞과 뒤의 검출기에 닿는 사건을 각각 A, B라고 하면, 아인슈타인이 가정한 광속 불변 원리는 매우 이상해 보이는 결론에 도달한다. 우주선 내부의 관찰자와 지구의 관찰자는 모두 같은 광속을 측정하게 된다. 우주선 내부의 관찰자는 빛이 같은 거리를 이동하므로 두 사건 A, B가 동시에 일어나는 것으로 본다. 하지만 지구의 관찰자가 보았을 때 빛의 속도는 변함이 없는데 빛이 이동하는 동안 우주선이 이동하므로 사건 B가 사건 A보다 먼저 발생하게 된다. 일반적으로 두 사건이 발생한 시간 차이는 좌표계에 따라 다르게 측정된다. 이것을 동시성의 상대성 또는 시간의 상대성이라고 한다.

그러나 자연현상을 관측하는 모든 관성계에서 물리법칙이 같다는 갈릴레오의 상대성 원리가 말하는 서로 다른 관성 기준계에 따라 속도가 다르게 관측되는 '속도의 상대성'과는 달리, 시공간의 상대성은 서로 다른 관성 기준계에서 상대방의 시계가 느리게 관찰되는 것과 같이 관찰자에 대한 상대적인 것이 아니다. 앞서도 언급했다시피 동시성의 상대성과 상대적인 시공간을 최초로 발견한 사람은 앙리 푸앵카레였고, 그 의미도 위와 같은 아인슈타인의 해석과는 달리했다.[187)]

앞의 Ⅱ08. 절에서 소개한 바와 같이 아인슈타인은 "철로 둑을 기준으로 볼 때 동시에 일어나는 두 사건(긴 기차의 앞과 뒤 각각에 두 개의 번개 A와 B가 동시에 치는 것)은 철로 위를 달리는 기차를 기준으로 볼 때도 동시에 일어나는가?"라는 질문을 하면서, "둑을 기준으로 보면 동시에 일어나는 두 개의 사건이 기차를 기준으로 보면 동시에 일어나지 않으며, 거꾸로 기차를 기준으로 보면 동시에 일어나는 두 개의 사건이 둑을 기준으로 보면 동시에 일어나지 않는다.""[188)]고 말하고 있다. 이처럼 아

187) Poincaré, Henri (1900), "La théorie de Lorentz et le principe de réaction", Archives Néerlandaises des Sciences Exactes et Naturelles, 5: 252 - 278.

인슈타인은 동시성의 상대성이나 시간의 상대성을 관찰과 관련한 겉보기 현상으로 보고 있다. 그러나 관찰과 관련된 속도의 상대성(갈릴레오의 상대성 원리)과 달리 '시공간의 상대성'은 둑을 기준으로 관찰하는 경우와 기차를 기준으로 관찰하는 경우와 같은 관찰과 관련된 문제가 아니다. 푸앵카레는 이를 지적하였으며[189] 아인슈타인의 상대성이론은 단순한 겉보기 현상에 대한 것이라며 맹렬히 비판했다.

다만, 푸앵카레는 동시성의 상대성이나 시공간의 상대성이 관찰과 무관한 사실을 분명히 알았고, 그것이 에테르(중력장을 형성하고 있는 따듯한 암흑물질)와 관련이 있다고 생각했지만, 그것을 물리적으로 설명할 수는 없었다. 하지만 동시성의 상대성이나 시공간의 상대성을 '물리적으로 설명'하려면, 물 그 자체의 내재적 속성을 알아야 하고, 중력장의 실체 물리적 구조를 알아야 하며, 또 그 중력장을 형성하고 있는 물리적 실체인 따듯한 암흑물질에 대해서도 알아야만 하므로[190], 서구 과학적 패러다임에서는 그것을 결코 물리적으로 설명할 수 없게 되어 있다.

있는 그대로의 세계인 물 그 자체의 운동 변화하는 원리에 따르면, 시공간의 상대성은 중력장에 있는 상대적인 시공간을 가진 보통 물질이 그 중력장을 형성하고 있는 암흑물질들과 상호작용으로 인하여 발생하는 것이다. 이 경우 보통 물질들이

188) 아인슈타인 『상대성: 특수이론과 일반이론, Relativity: The Special and General Theory』(1916 초판, 1920 개정판, 1952 추가), 우리말 번역본, P.42

189) 역사가들은 많은 유사점에도 불구하고 아인슈타인과 푸앵카레 두 사람은 작업에 관한 연구 의제와 해석이 매우 다르다고 강조한다(Galison 2003 및 Kragh 1999, 상대성이론에 대한 2차 자료). 푸앵카레는 아인슈타인과는 반대로 그의 논문에서 에테르 개념을 계속 사용했으며 에테르에 있는 시계가 진정한 시간을 보여 주고 움직이고 있다고 주장했다. 그래서 역사가들은 Poincaré는 고전적 개념에 따라 상대성 원리를 유지하려고 노력했지만, 반면에 Einstein은 새로운 물리적 개념을 기반으로 수학적으로 동등한 운동학을 개발했다고 말한다(Katzir (2005), 286 - 288).

190) 다만 서구 물리학에서는 중력장을 형성하고 있는 따듯한 암흑물질들을 어렴풋이 인식하고 있었다고 말할 수 있는데, 그것은 바로 매질로서의 에테르(서양의 4원소설(흙, 물, 공기, 불)에 첨가한 제5 원소이다. 다만 아인슈타인은 이를 부정했다.

가진 시간의 상대성은 그 보통 물질들이 중력장을 형성하고 있는 암흑물질들과의 상호작용의 양이 많거나 그 상호작용의 세기가 강한 곳에서는 그 상대적인 시공간을 가진 보통 물질의 시간(time)이 상대적으로 더 빨리 변천했다는 것을 의미한다.

이상의 설명 내용을 토대로 뮤온 사례를 구체적으로 검토해보자. 있는 그대로의 세계인 물 그 자체의 운동·변화하는 원리로서 물리를 설명하는 실체 물리학을 공부하고 있는 우리는 위 뮤온 사례가 일어나는 지구 중력장의 실체 물리적 구조를 떠올릴 수 있을 것이다. 지구의 기류 공간인 중력장을 형성한 암흑물질들은 그 중력장 안에 있는 보통 물질인 뮤온과 상호작용을 할 것이다. 이 경우 그 뮤온과의 상호작용의 세기와 관계된 암흑물질들 자체의 회전하는 기류력의 세기는 지표면에서 더 강할 뿐 아니라 뮤온과 접촉하여 상호작용하는 암흑물질들의 개수도 지표면에서 더 많다(모든 것의 이론 명제 7-4. 참조).

따라서 지표면의 실험실에 있는 상대적인 시공간을 가진 보통 물질인 뮤온은 상대적으로 그 회전하는 기류력의 세기가 더 크고, 또 더 많은 암흑물질과 상호작용하기 때문에, 자연법칙인 열역학 제2 법칙에 따른 엔트로피 증가, 즉 뮤온이 가진 시간의 변천이 더 빠르게 일어나서, 그 뮤온의 평균 수명 시간인 $2.2\mu s$(약 200만 분의 1초)가 지나면 보통 물질인 뮤온이 가진 시간이 시점만 가진 암흑물질(엔트로피)로 변하여 그 수명을 다하게 되지만, 대기층에서 발생한 뮤온은 그만큼 그 뮤온과 상호작용하는 암흑물질들의 개수도 적고 또 그 상호작용의 세기도 약하기 때문에 시간의 변천에 의한 엔트로피 증가가 천천히 일어나서 지표면에 도달할 때까지 $16\mu s$동안 살아 있게 된 것이다.

그러면 이제 우리의 실생활에 직접 관련되기도 한 GPS 위성 사례를 살펴보자. 오늘날 현상 물리학은 이에 관해 다음과 같이 설명하고 있다.

> GPS 위성은 대략 지상 약 2만 km 고도에서 공전주기 12시간으로 움직이고 그 속력은 초속 3,900m에 달한다. 특수상대성이론에 따르면 움직이는 시계는 느리게 간다. 지표면의 GPS 수신기에 비해 엄청나게 빠른 속력으로 움직이는 GPS 위성에 있는 시계는, 특수상대성이론에 따라 계산해보면 하루에 약 100만분의 7초 정도씩 느려진다. 그런데 문제는 인공위성의 시간은 실제 느리게 가지 않고 100만분의 38초나 더 빠르게 움직인다는 것이다. 그 이유는 빠른 공전에 의한 속력 효과보다 지구 중력에 의한 감속 효과가 더 크게 작용하기 때문이다. 중력에 의한 시간지연 효과를 계산해보면, GPS 인공위성이 위치한 고도의 중력이 지표면의 중력보다 작아서 하루에 약 100만분의 45초 정도 빨라진다. 따라서 빠른 속력으로 움직이는 특수상대성 효과보다 중력의 효과가 크게 작용해서 특수상대성과 일반상대성 효과를 모두 합해 매일 100만분의 38초의 차이가 생기는 것이다.

여기서 우리는 우선 실체 물리학에서 말하는 물 그 자체가 가진 내재적 속성으로의 시간(time)과 현상 물리학이 말하는 시간의 측정 도구로서의 시계(clock)를 구별할 수 있어야 한다. 생각해 보라. 아인슈타인은 동시성의 상대성을 이야기하면서 "모든 기준계는 각각 그 자신의 특수한 시간을 지니고 있다."[191]라고 했다. 그런데 모든 기준계가 각각 그 자신의 특수한 시간을 지니고 있다는 것은 물리현상을 관측하는 기준계인 사람을 비롯한 모든 국소적인 보통 물질이 상대적인 시공간을 가졌다는 것이다. 그래야 빠르게 움직이거나 중력이 강한 곳에 있는 그 4차원 시공간으로 이루어진 보통 물질이 상대적으로 그것이 가진 시간이 팽창하거나 그것이 가진 공간이 수축하는 일이 발생할 수 있다. 그렇지 않은가?

그러나 상대성이론에는 있는 그대로의 세계인 물질 그 자체

---

191) 아인슈타인 〈상대성: 특수이론과 일반이론, Relativity: The Special and General Theory〉 (1916 초판, 1920 개정판, 1952 추가), 우리말 번역본, P. 42.

가 가진 시간과 공간이 없다. 보통 물질인 모든 기준계가 자신의 시간과 공간이 결합한 4차원 시공간을 이루고 있음에도 불구하고 그것은 살아 움직여 운동 변화하고 있는 '물질 그 자체'이므로, 불변의 세계인 플라톤의 이상적 수학 세계를 추구하는 서구 과학의 대상이 아니어서 현상 물리학의 지식체계에서 그것은 무시될 수밖에 없고, 그 대신 현상 물리학에서는 아인슈타인 말대로 측량 도구인 시간을 재는 시계(clock)와 공간을 재는 자(ruler), 그리고 수량을 계산하는 도구인 수학(mathematics)과 머릿속 사고실험만 있다. 현상 물리학은 시간(time)이 무엇인지 알지 못하는 이유가 바로 여기에 있다.

한편 원자 내의 진동을 이용하는 원자시계는 있는 그대로의 물 그 자체를 이용한 시계이다. 따라서 원자시계의 진동수는 보통 물질인 '원자 그 자체'의 내재적 성질에 좌우되기 때문에 같은 진동수를 갖는 동기화된 원자시계를 가지고 위와 같은 실험을 할 수 있다. 이 경우 물 그 자체의 내재적 속성을 이용하는 세슘원자는 보통 물질이고, 시간은 그 보통 물질 내부에 존재하는 부피가 없는 질점들이 형성하고 있는 것이며, 보통 물질이 가지고 있는 시간의 변천은 지구 중력장을 형성하고 있는 암흑물질들과 시간을 가진 보통 물질인 세슘원자 사이의 상호작용에 따라 그 세슘 원자핵 속에서 일어나는 핵력의 작용으로 인하여 불연속적으로 일어난다. 따라서 같은 진동수를 가졌던 동기화된 세슘원자의 진동수가 상대적으로 작아지고 그 주기가 짙어진 물리적 원인은 그 원자시계가 중력장 안에 있는 암흑물질들과 상호작용을 더 많이 더 강하게 해서 그만큼 더 빨리 시간의 변천이 일어나서 엔트로피가 더 많이 증가했다는 것을 뜻한다.

이를 실체 물리학적으로 좀더 자세히 설명하자면 이렇다. 자연법칙인 시간의 변천에 의한 열역학 제2 법칙에 따라 고립계인 세슘원자 내부에서 흩어져 나온 암흑물질들에 의해서 형성된 그 원자 자체의 기륜 공간이 확대돼서 그 세슘원자의 외부 에너지의 회전반경이 커졌으므로 그 세슘원자가 일으킬 수 있는 파동의 파장이 길어지고 진동수가 작아져서 '그 주기(시간?)가 길어졌기 때문에' 상대적으로 그 시계가 느리게 가는 것으로 해석할 수 있다는 것이다. 이것이 바로 시간이 무엇인지 물리적으로 알지 못하는 현상 물리학의 해석이다.

> 예를 들어 우리 인간도 국소적이고 상대적인 4차원 시공간을 가진 보통 물질이므로, 같은 보통 물질인 세슘원자 대신 인간을 생각해 보자. 살아 움직여 운동 변화하고 있는 인간이라는 물 그 자체가 가진 맥박수는 시간의 변천에 따라(나이가 들수록) 줄어든다. 그런데 물질 그 자체가 가진 진동수(맥박수)와 주기(시간?)는 서로 반비례하므로 보통 물질이 가진 시간이 변천함에 따라 진동수가 줄어들어 느리게 움직이면 주기가 길어진다. 이를 두고 시간이 뭔지 알지 못하는 현상 물리학은 '시간팽창(time dilation)'이라고 해석하는 것이다.

정리하자면, 상대적인 시공간을 가진 보통 물질인 세슘원자가 중력장에 놓이면 그 중력장을 형성하고 있는 암흑물질들과 상호작용을 더 많이 더 강하게 할수록 상대적으로 그 세슘원자가 가진 '시간(time)'이 더 빨리 변천하여 그 원자 내부에서 흩어져 나온 암흑물질들이 그 원자 주위를 겹겹이 둘러싸고 회전하여 형성한 관측할 수 없는 기륜 공간이 확대되고, 관측 가능한 공간(보통 물질 부분)은 축소되는데, 이 경우 관측 가능한 보통 물질 공간의 축소비율보다 그 주위의 관측 불가능한 암흑물질들이 형성한 기륜 공간이 확장이 더 커서 고립계를 이루고 있는 세슘원자의 전체 공간은 확대192)되어 보통 물질로서 축

192) 왜냐하면 고립계인 보통 물질(세슘원자) 주위에 기륜 공간을 형성하는 암흑물질들은 보통 물질의 내부에 있을 때는 서로 결합해 있었지만, 시간의 변천에 의한 열

대칭 회전 운동하는 세슘원자의 진동수가 느려지고 주기가 길어진다. 이를 두고 현상 물리학은 세슘원자시계(clock)가 느려진 것으로 관측되며 시간팽창이라고 해석하는 것이다. 물론 이 경우 현상 물리학은 세슘원자의 관측 가능한 부분만 생각하므로, 현상 물리학의 관점에서는 공간은 수축한다고 말할 것이다.

이상에서 살펴본 바와 같이, 동기화된 같은 진동수를 가진 원자시계의 상대적 느려짐(주기의 길어짐)이라는 현상은 실제로 일어나는 현상이지만, 그러한 현상의 물리적 원인은 그 보통 물질인 세슘원자가 지구 중력장에 놓이는 장소나 그 운동 상태에 따라 그 중력장을 형성하고 있는 암흑물질들과의 상호작용의 양이나 그 세기가 상대적으로 다른 까닭에 발생하는 현상이다. 따라서 GPS 위성에 있는 세슘원자가 일정한 절대시간이 흐른 뒤에 상대적으로 더 빠르게 움직이는 물리적 이유는, 지표면의 수신기에 있는 세슘원자보다 상대적으로 그 시간(time)의 변천이 더 천천히 일어나서 지표면에 있는 세슘원자보다 그 시계(clock)가 상대적으로 더 빠르게 진동하는 것을 시간이 빠르게 간다고 해석한 것이다.

한편 지구 주위를 겹겹이 둘러싸고 층을 이루어 공전하고 있는 암흑물질들이 형성한 기류 공간인 지구 중력장에서 궤도 운동하고 있는 달이나 인공위성은 그 각운동량이 보존되는 일련의 암흑물질들이 형성하고 있는 궤도(기류선, 측지선) 위에 올라타서 운동하고 있는 것이므로, 인공위성의 고도와 달리 그 속도를 시간지연 현상의 영향에 다시 고려해서는 안 된다. 그러나 궤도 운동하는 인공위성과 달리, 자체 동력으로 비행하는 제트비행기의 경우에는 그 비행기의 운동 속도가 상대적으로

역학 제2 법칙에 따라 그 결합이 붕괴해서 흩어져 나와 독립적으로 회전하고 있기 때문이다. 나중에 자세히 논하겠지만, 이러한 기류 원리는 바로 우주의 가속 팽창을 일으키는 물리적 원인이다.

더 빠를수록 더 많은 암흑물질과 상호작용을 하게 되고 그 비행기 안에 있는 세슘원자의 '시간의 변천'이 더 빨리 일어나서 그 비행기에 있는 원자시계는 더 느리게 가게 된다. 앞서 소개한 하펠-키팅 실험은 이에 따른 것이다.

이상에서 살펴보았듯이, 따듯한 암흑물질들이 형성하고 있는 중력장에서 상대적인 시공간을 가진 서로 다른 두 보통 물질들 사이에 그것이 놓인 위치나 운동 상태에 따라 발생하는 현상 물리학적 표현으로서 상대적인 시간팽창이나 공간수축 현상으로서 '시공간의 상대성'은 관측을 전제로 하는 속도의 상대성과 달리 '누가 관측하는지와는 무관하게' 실제로 일어나는 것이고, 따라서 특수상대성이론이 말하는 관측과 관련된 두 가지 가설과는 아무런 관계가 없다.

‖ 32. 광속은 불변의 상수인가?

현상 물리학에 따르면 파동이 전달되는 공간이나 물질을 일반적으로 매질이라고 하는데, 예를 들어 음파는 공기를 통해서 전달되며 지진파는 지각을 통해서 전달된다. 19세기 말까지 진공 속의 빛에 대하여 에테르(ether)라는 탄성을 가진 물질이 매질로 존재한다고 믿었으나, 아인슈타인이 특수상대성이론을 주장하면서 그 존재를 부정함으로써 현재는 공간 자체가 매질로 여겨지고 있는데, 이에 대해 실체 물리학적으로 말하자면 이렇다.

어떤 매체 속을 이동하는 물질 그 자체는 국소적인 덩어리 형태의 입자성을 가져야 하므로 반드시 질량과 에너지로 이루어진 물질(物質)이어야 하지만, 그 물질이 이동하는 배경 공간은 반드시 물질, 즉 매질(媒質)일 필요는 없고 암흑에너지로 이루어진 비국소적인 3차원 절대공간(진공, vacuum), 즉 질량이 없는 물체로서 매체(媒體, medium)여도 무방하다. 물론 이 경우 이 3차원 절대공간을 형성하고 있는 암흑에너지는 우주의 모든 국소적인 물질들의 질량을 총체적으로 파악한 질량(절대시간)과 양적 등가로서 하나의 커다란 물질인 '우주 그 자체'를 이루고 있다.

한편 빛은 서로 다른 내재적 속성을 가진 매체의 경계면에서 반사나 굴절 등의 현상을 일으킨다. 그런데 아인슈타인은 일반상대성이론에서 태양 뒤편에 있는 별에서 지구로 오는 광선이 태양 중력장 근처에서 휘어진다고 말한다. 이 말을 우주의 시공간 구조를 불연속적인 3+(4+4)의 11차원 시공간으로 보는 실체 물리학의 관점에서 풀이하자면, 서로 다른 물리적 실체가 이루고 있는 3차원 절대공간과 태양 중력장인 동적인 4차원 시공간의 경계면에서 그 빛의 이동속도가 변한다는 것이고, 이는 곧 서로 다른 매체의 경계면에서 빛이 굴절한다는 말이다. 그러나 이에 대해 아인슈타인은 다음과 같이 이야기하고 있다.

> "우리의 결과는 상대성의 특수이론이 전제하는 두 개의 기본적인 가정 가운데 하나로서 우리가 앞에서 여러 차례 언급한 '진공 속 빛의 속도가 일정하다'라는 법칙이 상대성의 일반이론에 따르면 무제한으로 타당하다는 주장을 더는 할 수 없음을 보여 준다. 광선의 구부러짐은 빛이 전파되는 속도가 위치에 따라 달라져야만 일어날 수 있다. 그 결과로 상대성의 특수이론은 폐기될 처지가 됐고, 그와 함께하는 이론 전부[193]도 폐기될 것이라고 이제 우리는 생각할 수 있다. 그러나 사실은 그렇지 않다. 우리는 단지 '상대성의 특수이론이 타당하게 성립하는 영역이 무제한 하다'고 주장할 수 없다는 결론만을 내릴 수 있다. 상대성의 특수이론에 따라 얻은 결과는 우리가 현상, 예컨대 빛이라는 현상에 대한 중력장의 영향을 무시할 수 있는 영역에서만 타당하게 성립한다."[194]

위 인용문에서 아인슈타인은 특수상대성이론이 적용되는 공간은 "중력장의 영향을 무시할 수 있는 영역"이라고 말하는 이유는 플라톤의 이상적 수학 세계를 추구하는 현상 물리학은 수학적인 연속범위의 개념에 따라 중력장을 '연속 장'으로 보아 그 영향이 무한히 미친다고 인식하고 있기 때문이다. 이러한 사유와 인식 아래 아인슈타인은 일반상대성이론은 특수상대성이론을 포괄하는 것이라고 말하면서, 다음과 같이 상대성의 특

---

193) 여기서 특수상대성이론과 함께 하는 이론이란 3월 논문인 광양자설과 9월 논문인 $E = mc^2$에 따른 질량-에너지 등가원리를 말한다.

194) Albert Einstein, 〈특수 그리고 일반 상대성이론에 관하여; Über die spezielle und die allgemeine Relativitiätstheorie〉(1916, 1920 개정, 1924, 1952 추가), 우리말 번역본, p. 96.

수이론과 일반이론을 각각 정전기학과 전기역학에 비유하여 설명하면서 당시 사람들을 설득했다.

> “전기역학이 발전하기 전에는 정전기학의 법칙을 곧 전기의 법칙으로 간주했다. 지금은 우리가 전기질량들이 서로에 대해, 그리고 좌표계에 대해 완전한 정지 상태에 있는 경우에만 정전기학에 입각한 고찰로부터 전기장이 정확하게 도출될 수 있음을 알고 있다. 그런데 이런 경우 엄밀하게는 결코 실현될 수 없다. 이런 이유에서 우리가 정전기학은 전기역학에서 맥스웰이 수립한 장의 연립방정식에 의해서 전복됐다고 말하는 것이 정당화될 수 있을까? 전혀 그렇지 않다. 정전기학은 전기역학의 한 극한의 경우로 그 안에 포함된다. 즉, 장이 시간에 대해 ‘불변’인 경우에는 전기역학의 법칙이 곧바로 정전기학의 법칙이 된다. 어떤 물리 이론에 대해서든 그것이 스스로 더 포괄적인 이론으로 나아가는 길을 보여 준 뒤에 그 포괄적인 이론 안에서 그 한 극한의 경우로 존속하게 되는 것보다 더 공정한 운명을 부여할 수는 없을 것이다.”[195]

그러나 중력의 영향이 무시되고 시간에 대해 불변인 영역(특수상대성이론 적용영역)과 중력의 영향이 무한하고 시간에 따라 변화하는 영역(일반상대성이론 적용영역)의 구분을 수학적 극한을 써서 이야기할 문제가 결코 아니다. 서구 과학적 패러다임이 추구하는 불변의 세계인 ‘플라톤의 이상적 수학 세계’를 구현하기 위하여 고대 그리스인들에게 익숙했던 수학적 극한과 연속범위의 개념을 사용하는 것은 ‘물리적 세계’에 실재하는 유형의 물리적 실체를 한 데 뭉뚱그려서 생각하는 터무니 없는 추론이다. 결국 이 문제는 나중에 아인슈타인 자신이 ‘일생일대의 최대의 실수’라고 인정했던 우주상수 항을 추가했던 문제를 낳고 말았다.

생각해 보라. 위 인용문에서 말하는 중력의 영향을 무시할

195) 같은 책. p. 97.

수 있는 영역이나 시간에 대해 불변인 영역은 1917년 아인슈타인 자신이 우주론적 관점에서 생각했던 가설인 "그 크기가 시간과 무관한 공간"[196], 즉 시간(질량)과 무관한 비국소적인 3차원 절대공간이고, 시간에 따라 변화하는 영역은 암흑물질들이 형성한 동적인 4차원 시공간인 중력장이다. 그런데 아인슈타인은 이를 한 데 뭉뚱그려서 중력장의 영향이 무한히 미치고, 그 극한으로 가면 중력의 영향을 무시할 수 있어서 특수상대성이론이 적용된다고 생각했다. 그 결과 어떻게 되었는가?

1917년 논문 〈일반상대성이론의 우주론적 고찰〉을 통해 전체 우주의 관점에서 정적(靜的)인 우주로 만들기 위해 자신의 중력장 방정식에 우주상수 항을 추가했지만, 천문관측 결과 우주가 팽창하고 있으므로, 그것이 자신의 일생 최대의 실수라고 인정했다. 그렇다면 여기서도 자신의 최대 실수였음을 인정해야 한다. 왜냐하면 아인슈타인이 자신의 방정식에 우주상수 항을 추가한 실수는 애당초 중력의 영향이 무시되고 시간에 대해 불변인 영역과 중력의 영향이 무한하고 시간에 따라 변화하는 영역을 이루는 있는 물리적 실체가 서로 다른 것임에도 불구하고 수학적 극한을 써서 한 데 뭉뚱그렸던 데서 비롯된 것이기 때문이다.

한편 현대물리학에는 광속불변의 상수(c)처럼 이른바 미세구조상수(α; fine structure constant)라는 게 있다. 아놀드 조머펠트(A. Sommerfeld)가 발견한 이 수는 시간이나 공간에 따라 변하지 않는 수, 즉 불변의 보편상수다. 이 수는 광자를 방출하거나 흡수하는 방식을 아주 미세하게 조절한다. 전자기력이 발생하여 관측할 수 있는 보통 물질만을 다루어 온 현상 물리학에서 미세구조상수(α)는 전자기력의 세기를 결정하는 상수인

196) 같은 책, p. 164.

데, 그 값은 1/137이다. 미세구조상수는 $\alpha = e^2/\hbar c \approx 1/137$로 표현되는데, 각 상수의 단위가 서로 절묘하게 상쇄되어 단위를 갖지 않는다. 여기서 e는 전자의 전하량을 나타내고, c는 빛의 속도, $\hbar$는 플랑크 상수다. 정확하게는 1/137.03599908로 물리학의 모든 분야를 통틀어 가장 정확하게 알려진 값이다.

이것은 다른 상수들과는 그 특성이 완전히 다른 것이다. 대칭의 개념을 이용하면 물리법칙의 형태를 유추할 수 있지만, 대칭만으로는 그 물리법칙에 등장하는 숫자(예컨대 전자의 질량)까지 알아낼 수는 없다. 물리상수가 변하면 법칙도 달라질까? 만약에 물리상수가 법칙 자체와 무관하다면 그 물리상수[197] 값들은 생명체가 탄생하기 위해 얼마나 정교하게 조정되어야 할까? 미세구조상수 α값이 0.1 정도만 커져도 탄소를 비롯하여 이보다 무거운 원소들은 별의 내부에서 만들어질 수 없다. 그런데 지구상의 모든 생명체는 탄소에 기반을 두고 있으므로 이런 우주에서는 생명체가 탄생할 수 없다. 이처럼 물리적 기본상수가 만들어내는 기적 같은 상황을 어떻게 설명해야 할까?

이 물음이 답을 이미 담고 있다는 것이 1973년 브랜던 카터(B. Carter)가 처음 주장한 인간중심의 원리 또는 인류원리(人類原理, anthropic principle)다. 우리가 관찰할 수 있는 것은 관찰자로서의 우리가 존재하는데 필요한 것으로 제한되며, 물리법칙이 인간의 생존에 걸맞도록 조정되어 있다는 것이다. 그러나 많은 물리학자는 너무나 인위적인 인류원리에 입각한 논리보다는, 미래의 어느 날 하나의 기본원리로 모든 것을 설명하는 만물의 이론이 발견될 것이라고 기대하고 있다.

그런데 미세구조상수 $\alpha = e^2/\hbar c$의 구성요소 중 광속 c는 특

197) 입자 물리학의 표준모형과 우주론에 등장하는 단위 없는 상수는 최소한 25개이며, 이들 사이에는 아무런 관련도 없다.

별하다. 광속이 특별한 상수인 이유는 모든 물리량은 항상 근사적인 값을 가지는데, 유독 빛의 속도만 초속 299,792,458m로 정수의 값을 가지기 때문이다. 진공에서의 광속은 왜 하필 초속 299,792,458m일까? 광속은 진공에서의 투자율(μ_0)과 유전율(ϵ_0)에 의한 $1/\sqrt{\mu_0\epsilon_0}$의 값인데, 진공에서의 투자율과 유전율은 측정된 상수이고, 그것들이 어디서 왔는지 설명할 현상 물리학의 이론은 없다. 게다가 광속 c는 수학에 등장하는 다른 상수들과는 그 특성이 완전히 다르다. 예를 들어 원주율 π는 원을 한 번도 보지 못한 사람이라도 수학적 원리로부터 값을 유추할 수 있지만, 미세구조상수를 유추하는 원리는 적어도 우리가 아는 한 존재하지 않는다. 그래서 리처드 파인먼은 다음과 같이 말했다.

> "우리는 실험을 통해 미세구조상수를 측정할 때 어떤 장단에 춤을 춰야 할지 잘 알고 있지만, 컴퓨터가 이 값을 내놓게 하려면 어떤 춤을 춰야 하는지 전혀 모르고 있다. 유일한 방법은 아무도 모르게 컴퓨터에 미세구조상수 값을 슬쩍 입력해 놓는 것뿐이다."198)

198) Dave Goldberg, 〈백미러 속의 우주〉 우리말 번역본. pp. 159~163.

Ⅱ 33. 일반상대성이론의 전제인 등가원리의 오류

아인슈타인은 새로운 중력이론인 일반상대성이론을 통해서 지구와 같은 천체는 중력이라는 힘으로 인해 휘어진 궤도를 움직이는 것이 아니라, 휘어진 4차원 시공간 속에서 직선 경로인 측지선(geodesic)을 따라 직선 운동하지만, 우리에게는 그 물체가 3차원 공간 속에서 휘어진 경로를 따라 움직이는 것처럼 보이는 것이라고 주장했다. 그렇다면 이러한 주장은 어떻게 해서 나온 것일까? 물론 서구 과학적 패러다임에서는 있는 그대로의 세계인 물 그 자체는 과학의 대상이 아니므로 '사고실험'을 통해 머릿속에서 생각해내는 이론의 제1 원리, 즉 물리적 원리로부터 나온다. 그리고 중력에 관한 일반상대성이론의 대전제이자 기본 공리는 바로 "물체의 중력은 가속에 의한 관성력과 같다"라는 이른바 등가원리(equivalence principle)다.

아인슈타인은 그의 책 〈특수 그리고 일반 상대성이론에 관하여〉에서 중력을 패러데이가 발견한 장(場, field)으로 다루어야 한다고 하면서, 일반상대성이론의 기본원리를 뒷받침하는 것으로서 다음과 같이 관성질량과 중력질량이 등가라고 해석하고 있다.

> 뉴턴의 운동법칙에 따라 우리는 다음과 같음을 알고 있다. 힘=관성질량× 가속도. 여기서 '관성질량'은 가속되는 물체의 특성을 나타내는 상수다. 중력이 가속도의 원인이라면 이 식은 다음과 같다. 힘= 중력질량× 중력장의 세기. 여기서 '중력질량'도 마찬가지로 가속되는 물체의 특성을 나타내는 상수다. 이 두 개의 관계식으로부터 우리는 다음과 같은 관계식을 얻는다. 가속도= $\frac{\text{중력질량}}{\text{관성질량}}$ × 중력장의 세기. 이제

우리가 경험으로부터 알게 된 바대로 가속도가 가속되는 물체의 성질이나 상태와 무관하고 일정하게 주어진 중력장에 대해 항상 똑같아야 한다면 관성질량에 대한 중력질량의 비율도 마찬가지로 모든 물체에 대해 똑같아야 한다. 따라서 단위를 적절하게 선택하는 것에 의해 우리는 그 비율을 1과 같게 만들 수 있다. 그러므로 우리는 다음과 같은 법칙을 얻게 된다. 물체의 중력질량은 그 관성질량과 같다(동등하다). 역학에서 이 중요한 법칙에 대한 기록이 그동안에도 있었던 것은 사실이지만, 그것이 해석된 적은 없다. 이 법칙에 대한 만족스러운 해석은 다음과 같은 사실을 인식해야만 얻어질 수 있다. 물체의 일정한 성질이 상황에 따라 관성으로 나타나기도 하고 중력(말 그대로 '무게')으로 나타나기도 한다."[199]

그리고 아인슈타인은 이러한 자신의 새로운 해석이 어느 정도나 실제로 들어맞는지, 그리고 이 문제가 특수상대성이론을 포괄하는 일반상대성이론의 공리인 등가원리와 어떻게 연결되는지를 보이기 위해, 다음과 같은 가속되는 상자에 관한 사고실험을 이야기한다.

"항성을 비롯해 감지되는 다른 질량으로부터 아주 멀리 떨어진 중력을 무시할 수 있는 커다란 하나의 빈 공간을 상상해보자. 그러면 기본적인 갈릴레이 법칙이 요구하는 상태와 거의 비슷한 상태가 우리 눈앞에 펼쳐져 있게 된다. (……) 가속될 수 있는 상자를 타고 이 자유공간을 여행한다고 가정할 때, 자유공간을 여행하는 상자가 가속되면 상자 안의 사람은 상자 뒤쪽으로 힘을 받게 된다. 이때 상자 안에서는 무슨 실험을 해도 상자 뒤쪽으로 받는 힘이 물체의 중력에 의한 것인지 상자의 가속에 의한 것인지 구별할 수 없다. 따라서 중력과 가속에 의한 관성력은 같다. (……) 우리는 가속되는 상자에 대한 고찰로부터 상대성의 일반이론은 중력에 관한 중요한 결과를 낳아주는 게 틀림없음을 알게 되었다. (……) 애초에 선택된 좌표계에는 중력장 같은 것이 없었다는 사실에도 불구하고 상자 안의 사람에게는 중력장이 존재한다."[200]

---

199) Albert Einstein, 〈특수 그리고 일반 상대성이론에 관하여; Über die spezielle und die allgemeine Relativitiätstheorie〉(1916, 1920 개정, 1924, 1952 추가), 우리말 번역본, pp. 83~86.

그러나 결론부터 말하자면, 아인슈타인이 사고실험을 통해서 주장하는 일반상대성이론의 기본 공리인 등가원리는 옳지 않다. 무엇보다도 아인슈타인이 생각하는 자유공간(중력장의 영향을 무시할 수 있는 3차원 절대공간)을 여행하고 있다면, 그 상자가 아무리 가속하더라도 그 상자의 뒤쪽으로 받는 힘인 관성력이 나타나지 않는다. 위 인용문에서 아인슈타인은 "애초에 선택된 좌표계에는 중력장 같은 것이 없었다는 사실에도 불구하고 상자 안의 사람에게는 중력장이 존재한다"라고 말한다. 이 말은 곧 중력장에서 벗어난 자유공간에서 가속하면 그 상자 안에 있는 사람은 뒤쪽으로 받는 힘인 관성력을 느껴서 그것이 중력인지 구별할 수 없으므로 중력과 가속에 의한 관성력은 같다는 것인데, 이러한 사유와 인식이야말로 자연 그 자체를 무시하고 사고실험을 통해 머릿속에서 상상해내는 수학적 공리 형식의 물리적 원리로부터 출발하는 서구 과학적 지식체계의 한계를 여실히 보여 주는 것이다.

생각해 보라. 앞의 ∥29. 절에서 살펴보았듯이, 아인슈타인이 위 인용문에서 말하는 "갈릴레이 법칙이 요구하는 상태", 즉 관성(정지 또는 등속운동 상태를 유지하려는 속성)이나 가속했을 때 그 반대 방향으로 생기는 관성력은 중력장(동적인 4차원 시공간)을 형성하고 있는 암흑물질들 자체의 회전운동 때문에 생기는 것이다. 따라서 갈릴레이 법칙이 적용된다고 생각한 중력장을 벗어난 자유공간(평평한 3차원 절대공간)에서는 상자(우주선)가 아무리 가속하더라도 관성력은 생기지 않는다.

결국 아인슈타인은 그 내재적 속성이 전혀 다른 맥스웰 전자기 방정식이 적용되는 전자기장과 갈릴레오의 상대성 원리가 적용되는 중력장을 한데 뭉뚱그려서 둘 사이에 모순이 있다고

---

200) 같은 책, pp. 87~90.

착각하여 특수상대성이론을 만들었고, 이런 특수상대성이론을 포괄하는 일반상대성이론을 만든다고 하면서, 다시 한번 서구 과학적 패러다임에 따른 사유와 인식의 한계를 드러낸 것이다. 물론 지금까지의 현상 물리학은 관성이나 관성력이 생기는 '물리적 원인'을 알지 못하고, 또 그 지식 체계상 알고 싶어도 알 수도 없다. 그것은 서구 과학의 대상이 아닌 '있는 그대로의 세계'로서 자연 그 자체(중력장을 형성하고 있는 암흑물질들 그 자체)의 운동 변화로 인하여 발생하는 일이기 때문이다.

여기서 혹자는 다음과 같은 질문을 할 수 있을 것이다. 그렇다면 자유공간(3차원 절대공간)이 아닌 중력장에서 가속하면 생기는 관성력과 중력은 같은 것인가? 답부터 말하자면, 이 경우에도 "NO"이다. 왜냐하면 관성이나 관성력과 중력은 모두 중력장을 형성하고 있는 암흑물질들 때문에 생기는 것이지만, 그 성질이 전혀 다르기 때문이다. 흔히 중력장에서의 등가원리와 관련해서 아인슈타인이 자신이 가장 행복한 순간이었다고 말하는 "지붕 위에서 자유낙하와 무중력" 또는 엘리베이터 추락 사고실험을 이야기하고 있는데, 이 사고실험 내용을 현상 물리학은 다음과 같이 이야기한다.

> 줄이 끊어지고 엘리베이터가 자유낙하를 시작하면 승객은 중력을 느끼지 못한다(무중력). 지상에서 보면 엘리베이터는 등가속도운동을 하고 있는데, 승객은 관성계처럼 느끼는 것이다. 엘리베이터 안에서 물리법칙은 어떻게 나타낼 수 있을까? 아인슈타인의 결론은 이렇다. 엘리베이터 안에서 물리법칙은 관성계와 똑같다. 다시 말해 무중력 상태, 즉 중력이 없어지는 것이다. 중력은 바라보는 위치에 따라 사라져 버리는 관성력 그 자체라고 이해할 수 있다. 이렇게 중력과 관성력이 일치한다는 생각을 등가원리라고 한다. 따라서 특수상대성이론에서 물리법칙은 '모든 관성계'에서 같은 형태를 가지지만, 일반상대성이론에서 물리법칙은 관성계와 비관성계를 불문하고 '모든 좌표계'에서 같은 형태를 가진다.

그러나 아인슈타인의 엘리베이터(상자) 사고실험 내용은 옳지 않다. 왜냐하면 위 사고실험에서 이야기하는 “줄이 끊어지고 엘리베이터가 자유낙하를 시작하면 승객은 중력을 느끼지 못하여 중력이 없는 관성계처럼 느낀다”라고 하는 사고 그 자체가 이미 그릇된 사유와 인식을 보여 주고 있기 때문이다. 타고난 정상적인 사유 능력을 잃지 않는 사람이라면, 저 이야기는 오히려 “줄이 끊어지고 엘리베이터가 자유낙하를 시작하면 승객은 중력만 느끼고 관성을 느끼지 못하여 관성이 없는 비관성계라고 느낀다”라고 고쳐 말할 것이다.

관성계란 무엇인가? 정지 또는 등속운동 상태에 있는 계로서 그 운동 상태를 계속 유지하려는 성질을 가진 계이다. 따라서 줄이 끊어지기 전에 줄에 매달려 정지 상태에 있는 엘리베이터 안에 있는 사람은 관성과 중력을 함께 느끼다가, 줄이 끊어지고 엘리베이터가 자유낙하를 시작하면 승객은 중력만 느끼고 관성을 느끼지 못하여 관성이 없는 비관성계라고 느낀다. 생각해 보라. 정지해 있던 엘리베이터가 갑자기 줄이 끊어지고 자유낙하를 시작하면 순간적으로 관성저항(정지 관성)으로 인하여 중력의 반대 방향으로 관성력이 생겨서 몸이 위로 뜨는 것처럼 느껴지지만, 이내 관성은 사라지고 중력이 지배하게 되므로 승객도 그에 따라 낙하하는 것이다. 따라서 엘리베이터 안에 정지해 있다가 줄이 끊어져 구면인 지표면에 수직 방향으로 중력가속도로 ‘자유낙하’하면 —무중력이어서 관성계가 아니라— 그것이 바로 중력이고 관성(정지 관성)을 잃어서 더는 관성계가 아닌 비관성계이다.

요컨대 중력장에서 자연 운동은 구면인 지표면에 수평 방향으로는 등속 운동하는 ‘관성’이 작용하고, 구면인 지표면에 수직 방향으로는 가속 운동하는 ‘중력’이 작용한다. 따라서 일정한 고도에서 구면인 지표면에 수평인 일정한 방향으로 지구 주위를 공전궤도 운동하는 인공위성 안에서는 관성만 작용하고 중력은 작용하지 않으므로 무중력이고 중력을 느끼지 못한다.[201] 그러므로 천상의 운동인 지구 주위를 도는 달의 공전궤도 운동은 '등속'원운동[202]을 하는 까닭에 지구로 낙하하지 않고 계속해서 공전하지만, 지상의 운동인 사과의 자유낙하(엘리베이터의 낙하)는 구면에 수직 방향으로 '가속'운동을 하므로 지표면으로 낙하한다.

한편 일반상대성이론에 따르면 중력이란 휘어진 시공간에서 직선운동을 만드는 힘이다. 그런데 뉴턴의 관성의 법칙에 의하면 직선운동은 힘을 받지 않는 물체가 하는 운동이다. 따라서 아인슈타인에게 중력이란 휘어진 시공간에서 관성을 기술하는 힘, 즉 없는 힘이고, 여기서 '없는 힘'이란 실제로 물체에 가해지는 힘은 없지만, 공간의 기하학적 구조인 곡률에 의해 직선이 곡선처럼 보이는 현상이라고 아인슈타인은 말한다. 다시 말해, 지구가 태양 주위를 돌고 있는 이유에 대해서, 뉴턴은 중력 때문이라고 말하지만, 아인슈타인은 그런 힘은 허구이고 지구는 힘이 필요 없는 직선운동을 하는데 그 직선이 휘어진 시공간의 곡률로 인하여 원으로 보이는 현상이며, 이 시공간의 곡률은 태양의 질량에 의해 생긴다는 것이다.

나는 앞의 ‖28. ‖29. 절에 말하기를, 뉴턴은 지상의 운동(사과의 낙하)과 천상의 운동(달의 공전궤도 운동)을 통일한답시고 지구와 달 사이에 존재하지도 않는 구심력(중력)을 창조해내다 보니 그에 대응하는 또 다른 가상의 힘으로서 원심력인 관성력

201) 물론 앞의 ‖27. ‖28. ‖29. 절에서 살펴본 바와 같이, 이러한 관성 또는 관성력 그리고 중력이 발생하는 물리적 원인은 중력장을 형성하고 있는 암흑물질들 자체의 회전하는 기류력 때문이다.

202) 이 경우 각운동량이 보존되므로 타원운동을 해도 무방하다.

을 창조해냈다고 비판했다. 아인슈타인이 뉴턴의 중력이 허구라고 말한 것은 바로 여기서 말하는 지구와 달 사이에 존재하는 구심력(중력)이 실제로는 없는 힘으로서 허구라는 것이고, 이 점에서 나는 아인슈타인의 중력이론이 뉴턴의 중력이론보다는 낫다고 말했었다. 앞서 얘기했듯이, 구면인 지표면에 수평방향으로의 공전궤도 운동하는 달에는 중력이 작용하지 않고(무중력) 관성만 작용한다.

그런데 이제 아인슈타인은 지상의 운동(사과의 낙하)과 천상의 운동(달의 공전궤도 운동)을 통일하기 위하여 뉴턴과는 정반대로 중력이 작용하는 사과의 자유낙하를 관성계로 만들어서 중력이라는 힘이 작용하지 않는 것으로 설명해야 하는 상황에 놓이게 된 것이다. 바로 여기서 그가 억측해낸 오류가 관성질량과 중력질량이 같고 중력과 가속에 의한 관성력이 같다는 등가원리이며, 지붕 위에서 자유낙하와 무중력 및 줄이 끊어진 엘리베이터 사고실험이다.

한편 일반상대성이론과 관련하여 또 하나 우리가 주지해야 할 것은 중력을 기하학으로 표현한 아인슈타인이 말하는 것처럼 중력장이라는 휘어진 시공간 때문에 빛이 곡선으로 전파되는 것이 아니라는 점이다. 그러나 아인슈타인은 다음과 같이 말하고 있다.

> "우리가 광선에 대해 고찰을 한다면 근본적으로 중요한 새로운 결과를 얻게 된다. 갈릴레오 기준계 K를 기준으로 광선은 속도 c로 직선으로 전파된다. 그런데 우리가 가속되는 기준계 K′를 기준으로 광선을 고찰한다면 그 광선의 경로가 더는 직선이 아님을 쉽게 증명할 수 있다. 이로부터 우리는 일반적으로 광선은 중력장 속에서 곡선으로 전파된다는 결론을 얻게 된다."[203)]

---

203) 아인슈타인 『상대성: 특수이론과 일반이론, Relativity: The Special and General Theory』(1916, 1920 개정, 1924, 1952 추가), 우리말 번역본, pp. 95~96.

위 인용문과 같은 생각에서 아인슈타인은 태양처럼 큰 중력장을 가진 물체 옆을 지나갈 때는 그 경로가 구부러져야 하고, 빛이 지나가는 경로 가까이에 있는 물질은 빛의 경로를 구부러지게 만든다고 주장했다.[204)]

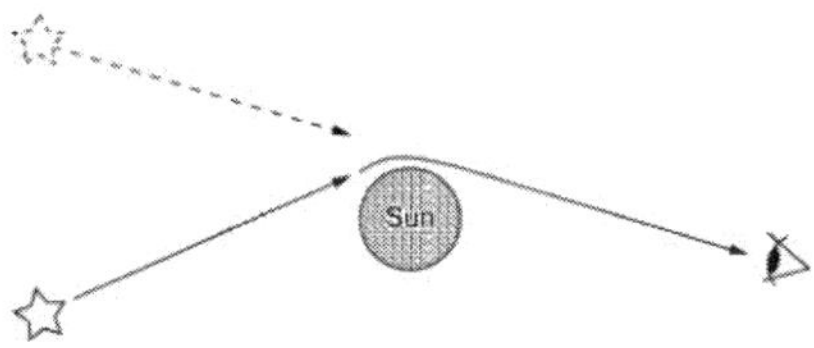

[휘어진 시공간을 지나는 빛의 휘어짐?]

그러나 광선은 중력장 속에서 곡선으로 전파된다는 아인슈타인의 주장은 옳지 않고, 서로 다른 매체인 암흑에너지로 이루어진 3차원 절대공간과 따듯한 암흑물질들이 형성하고 있는 태양의 중력장의 경계면에서 굴절한(그 속도가 변한) 것이다. 아래 그림처럼 서로 다른 매체인 공기와 물의 경계면에서 빛이 굴절하는 것처럼 말이다.

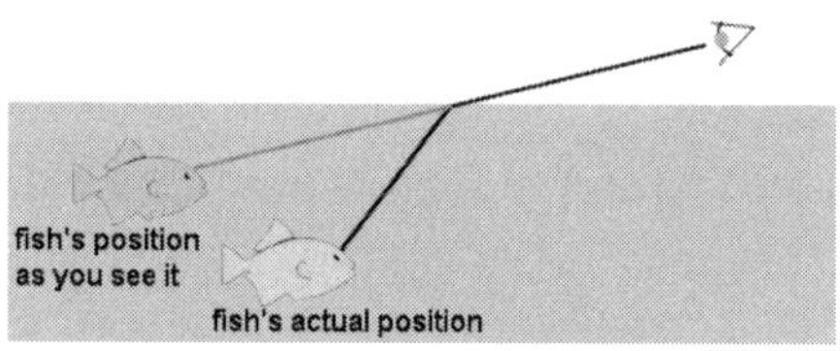

[공기와 물의 경계면에서 빛의 굴절]

그런데 사실 아인슈타인이 '빛이 굴절한다'라고 말하지 못하고 질량이 있는 물체가 있으면 시공간이 휘어지고 그에 따라

204) 1919년 5월 29일 영국의 천문학자 아서 에딩턴이 이끄는 탐사대가 서아프리카와 브라질에서 개기일식 때 태양 근처를 지나는 빛의 휘어짐을 실제로 확인하였고, 이 사실이 당시 언론에 대대적으로 보도되면서 아인슈타인은 세계적인 명성을 얻게 되었다.

‘빛이 휘어진다’라고 말하는 이유는 상대론이론에서는 불연속적인 3+(4+4)의 11차원 시공간을 이루고 있는 실재하는 우주의 시공간을 한데 뭉뚱그려서 연속적인 4차원 시공간으로 보기 때문이다. 여기서 우리가 주지해야 할 것은 상대성이론에는 서로 다른 매체(媒體, medium)로 이루어진 불연속적인 시공간의 경계가 존재하지 않는다는 점이다. 사정이 이러하므로, 아인슈타인의 상대성이론에서는 공기 속을 지나던 빛이 물속 지날 때와 같은 서로 다른 두 매체의 경계면에서 일어나는 빛의 굴절의 법칙을 적용하여 ‘빛이 굴절한다’라는 말을 사용할 수 없고, 빛이 휘어진다고 말할 수박에 없는 안타까운 처지에 놓이게 된 것이다.

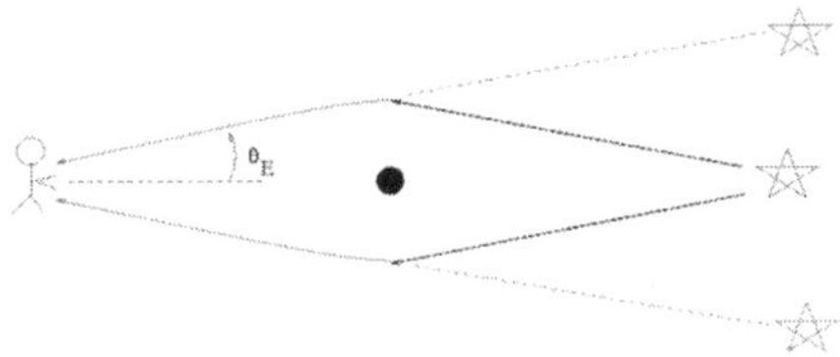

[빛의 굴절과 중력 렌즈 현상[205]]

한편 예전에는 일식 때만 빛의 굴절을 관측했지만, 지금은 중력 렌즈라는 현상으로 빛이 굴절하는 현상을 관측할 수 있다. 그런데 현상 물리학에는 태양 뒤쪽에 있는 별에서 나온 빛이 태양 근처에서 1.75″(초, 1″= 3,600분의 1의 1°) 정도 휘어진다며, 일반상대성이론이 이것을 정확하게 예측했다고 알려져 있다. 그러나 최근 중력 렌즈 현상에서 빛의 굴절 정도를 관측한 결과, 빛의 굴절 정도가 일반상대성이론으로 빛이 휘어지는 곡률을 계산한 값보다 훨씬 더 크다는 사실이 발견되었다. 이

205) 먼 곳의 별에서 나온 빛이 중간에 있는 천체의 중력장 근처에서 굴절하고, 이로 인해 지구에서 별이 두 개로 보이는 현상을 말한다.

것은 중력 렌즈 현상을 일으키는 천체의 질량이 일반상대성이론이 예측하는 값보다 크다는 것으로, 현대물리학과 우주론자들은 암흑물질이 존재한다는 증거로 중력 렌즈 현상을 들고 있다. 물론 아인슈타인은 일반상대성이론을 만들 당시 암흑물질의 존재 자체를 애당초 몰랐다.

이상에서 살펴본 바와 같이 결론적으로 이 절을 통해서 내가 말하고자 하는 바는 다음과 같이 정리할 수 있다.

일반상대성이론의 대전제인 관성질량과 중력질량이 같다거나 가속에 의한 관성력과 중력이 같다는 등가원리는 틀렸다. 뉴턴이나 아인슈타인의 중력이론은 중력에 대한 제대로 된 이론이 아니다. 다만, 서로에 대하여 경우마다 좀 더 나은 측면이 있다고는 말할 수는 있다. 관측 가능한 보통 물질들 사이, 즉 태양과 행성 사이 또는 행성과 위성 사이에는 중력이 작용하지 않으므로 뉴턴이 창조해낸 구심력이나 원심력은 허구다. 따라서 이 점에서 아인슈타인의 중력이론이 낫다고 말할 수 있다. 그러나 사과가 낙하하는 이유는 바로 중력 때문이다. 따라서 이 점에서는 중력은 실재하는 힘이므로 뉴턴의 중력이론이 낫다고 말할 수 있다.

한편 암흑에너지가 이루고 있는 3차원 절대공간 속을 운동하던 빛이 따듯한 암흑물질들이 형성하고 있는 동적인 4차원 시공간인 중력장과의 경계면을 지날 때 그 매체(媒體, medium)의 내재적 속성이 서로 달라서 광속이 변하고 굴절하지만, 우주를 연속적인 4차원 시공간으로 보는 상대성이론에는 서로 다른 시공간의 경계가 없으므로 빛이 굴절한다는 말을 사용할 수 없다.

뉴턴이나 아인슈타인이 중력이론으로 지상의 운동과 천상의 운동을 통일했다고 믿고 있는 오늘날 현상 물리학자들은 행성이나 위성이 태양이나 행성으로 떨어지고 있다고 말하지만, 자연에 실재하는 행성이나 위성은 태양이나 행성으로 낙하하기는 커녕 오히려 시간의 변천에 의한 열역학 제2 법칙에 따라 그 고립계의 엔트로피(따듯한 암흑물질)가 증가함으로 인해 행성이나 위성은 태양이나 행성으로부터 조금씩 멀어지고 있다.

‖ 34. 불연속적 11차원 시공간 구조의 구체적인 모습

나는 앞에서 전체 우주(universe)의 관점에서 물 그 자체의 운동 변화를 물리적으로 설명하는 실체 물리학적으로 중요한 것은 태양과 같은 항성인 별이고, 잠정적인 별 무리인 성단이나 은하, 은하단 등이 아니라고 했다. 여기서 자연법칙인 열역학 법칙이 적용되는 고립계(isolated system)인 태양계는, 관측 가능한 4차원 시공간을 이루고 있는 시간을 가진 보통 물질인 '태양'과 열역학 제2 법칙인 엔트로피 증가법칙에 따라 태양이 가진 시간이 변천(變遷)하여 태양에서 흩어져 나온 시점만 가진 따듯한 암흑물질들(엔트로피)이 열역학 제1 법칙인 질량-에너지 보존법칙에 따라 3차원 절대공간으로 흩어지지 않고, 태양 주위를 겹겹이 둘러싸고 층을 이루어 서로를 맞대고 질서정연하게 공전하면서 형성한 기류 공간으로서 동적인 4차원 시공간인 '태양 중력장'이 불연속적인 (4+4)의 시공간 구조를 이루고 있다.

이 경우 관측 가능한 보통 물질인 4차원 시공간을 이루고 있는 태양은 닫힌계(closed system)로서 그 주위에 암흑물질들이 형성하고 있는 태양 중력장인 동적인 4차원 시공간과 불연속적인 시공간의 경계를 이루고 있다. 그리고 태양계의 행성인 지구 중력장 안에서 지표면에 발을 딛고 태양 빛의 온기를 받으며 살아가는 지구 생명체들은 물질대사를 하며 살아가는 열린계(open system)이다.

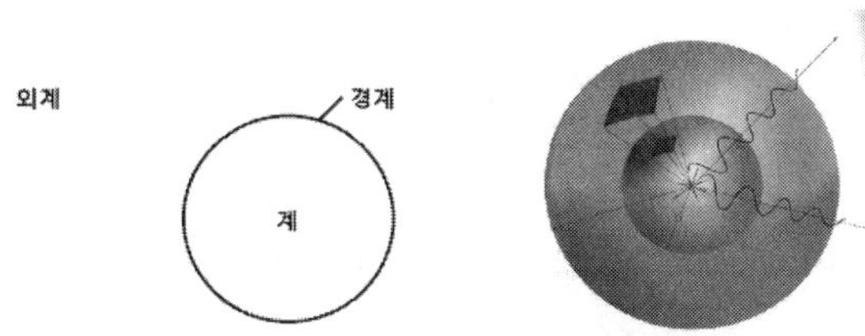

[열역학적 계와 시공간의 경계]

한편 암흑물질들이 형성하고 있는 태양의 중력장은, 암흑에너지로 이루어져서 시간과는 무관한 비국소적인 3차원 절대공간과 구별된다. 태양 뒤편에 있는 별에서 나온 빛이 지구로 달려올 때 태양의 중력장과 3차원 절대공간이 만나는 시공간의 경계에서 굴절되는 이유는 이처럼 두 매체의 속성이 서로 다르기 때문이다.

다른 한편 시간을 가진 보통 물질인 태양은 그 시간의 변천에 따라 그 내부에서 흩어져 나온 암흑물질들이 가시적인 태양 주위를 겹겹이 둘러싸고 회전(공전)하면서 형성하는 기륜 공간(중력장)의 회전하는 기륜력을 통해 그 중력장 안에 있는 행성들의 운동을 관장하지만, 그 행성들의 독자적인 중력지배권을 허용하고 있다.

어떤 물체가 지구에서 우주공간으로 날아가는 데 필요한 속도를 우주속도(space speed)라고 한다. 이 경우 인공위성처럼 지구로 떨어지지 않고 지구 주위를 공전하게 하는 속도를 제1 우주속도(약 7.9km/초)라고 하고[206], 행성인 지구의 중력지배권을 벗어날 수 있는 속도를 제2 우주속도(약 11.2km/초)라고 한다. 그리고 항성인 태양의 중력지배권을 벗어날 수 있는 속도를 제3 우주속도(약 16.65km/초)라고 한다. 일반적으로 질량이 M이고 그 반지름이 R인 구체(球體)인 천체의

206) 이 속도는 공기 저항을 무시하고 지표면에 닿을 정도로 수평으로 발사되어 원 궤도를 도는 인공위성이 되기 위한 이론적인 초속도(初速度)이다. 발사되는 지상 고도가 높을수록 원 궤도에 올라타는 데 필요한 초속도는 적게 된다.

중력장을 벗어날 수 있는 그 천체 표면에서의 탈출 속력(v_e)은 그 중력장에서의 역학적 에너지 보존 법칙에 따라 $v_e = \sqrt{2GM/R}$ (여기서 G는 중력 상수)이다.

어떤 물질을 구체인 지구 표면에서 수평 방향으로 초속 7.9km(제1 우주속도) 이상으로 던질 수 있으면, 그 물체는 인공위성처럼 지구 주위를 겹겹이 둘러싸고 층을 이루어 공전하면서 형성하는 기륜 공간의 어느 하나의 층(기륜선)에 올라타서 지구 주위를 공전하게 될 것이다. 이때 그 물질의 공전 속도와 각운동량은 그 물체가 올라탄 어느 하나의 층(궤도, 측지선)에서 서로를 맞대고 공전하고 있는 일련의 암흑물질들의 운동 속도나 각운동량과 같다. 이처럼 공전궤도 운동하는 물체는 그 운동 속도에만 관계되고 그 질량과는 무관하다. 따라서 아무리 무거운 물체라도 우주 제1 속도로 던질 수 있으면 그 물체를 인공위성처럼 지구 주위를 공전하게 할 수 있다.

그러므로 지구로부터 흩어져 나온 암흑물질들이 지구 주위를 겹겹이 둘러싸고 층을 이루어 공전하면서 형성한 기륜 공간인 지구 중력장 안에 있는 지구계의 위성인 달은 자신의 운동량과 같은 속도나 운동량으로 지구 주위를 공전하는 일련의 자전하는 암흑물질들[207]이 이루고 있는 공전궤도(기륜선) 위에 올라타서 공전하는 것이다.

이 경우, 두 보통 물질인 지구와 달 사이의 상호작용은 모든 것의 이론 명제 7-12.에서 말하고 있는 것처럼, 지구의 중력장인 기륜 공간 안에서 공전하고 있는 달의 궤도인 기륜선 아래층들이 이루는 지구의 기륜과 달 자체의 중력장인 기륜 공간이 상호작용한다. 이러한 원리는 태양과 그 행성 사이, 별들

207) 겹겹이 이루어진 층마다 암흑물질들의 운동 속도가 다르지만, 그 어느 하나의 층을 이루고 있는 암흑물질들의 운동 속도는 같다.

사이, 행성들 사이처럼 모든 관측 가능한 '보통 물질들 사이'에 그대로 적용된다.

따라서 우리는 우주 그 자체가 불연속적인 3+(4+4)의 11차원 시공간 구조를 이루고 있다고 말할 수 있다. 우주의 시공간 구조는 (4+4)의 시공간을 가진 국소적인 태양과 같은 항성계인 고립계로서의 별이 존재할 수 있게 하는 비국소적인 3차원 절대공간을 고려하면 충분하다. 항성인 별은 블랙홀이 될 수 있고 3차원 절대공간 안에 있는 국소적인 물질들(차가운 암흑물질들 포함)을 흡수 · 병합을 계속하여 최종적으로 코스모스에 어느 하나의 블랙홀만 존재할 때까지 커질 수 있기 때문이다. 물론 여기서 절대적 시공간을 이루고 있는 '우주 그 자체'가 가지는 절대시간은 3차원 절대공간 안에 존재하는 모든 국소적인 물질들이 가진 시간을 총체적으로 파악한 것이다.

Ⅱ 35. 수성의 근일점 이동의 진정한 원인

행성들의 궤도는 태양을 하나의 초점으로 하는 타원궤도이다. 근일점 이동이란 이 근일점의 위치가 계속 변하는 운동을 말한다. 1846년 프랑스의 천문학자 위르뱅 르베리에(U. Le Verrier)는 천왕성 궤도 바깥에 또 다른 행성이 있어서 이 행성이 천왕성의 궤도 운동에 영향을 주고 있는 것으로 생각하고 그 행성의 위치를 계산한 후, 그 내용을 담은 편지를 베를린 천문대에 있는 독일의 천문학자 요한 갈레(J. Galle)에게 보냈다. 그리고 요한 갈레는 그날 밤 르베리에가 예측한 위치와 거의 같은 곳에서 해왕성을 발견했다. 이처럼 행성은 태양뿐만 아니라 주변의 다른 행성으로부터도 영향을 받으므로 그 공전궤도가 조금씩 틀어진다.

그런데 수성의 근일점은 100년에 574초(=574/3600도=0.16도) 정도 이동한다는 사실이 발견되었다. 수성의 공전궤도는 이심률이 크기 때문에 근일점 위치를 정확히 측정할 수 있었는데, 뉴턴의 공식으로 계산해보면 574초 중 531초를 제외한 43초는 설명할 수 없었다.[208] 르베리에는 수성 궤도의 근일점 이동이 수성과 태양 사이에 있는 다른 행성의 중력 때문이라고 생각하였고, 그 가상의 소규모 행성을 불칸(Vulcan)이라고 명명했다. 르베리에는 천왕성 궤도의 섭동을 기초로 해왕성의 존재를 성공적으로 예측하였기 때문에, 천문학자들은 그 주장을 따라 새로운 행성을 찾으려고 시도했지만 성공한 사람은 없었다.[209]

---

208) 이러한 사실은 1859년 르베리에에 의해서, 그리고 1895년에는 사이먼 뉴컴(Simon Newcomb)에 의해서 각각 확인되었다.

한편 오늘날 현상 물리학에 따르면 아인슈타인이 일반상대성이론을 만들면서 뉴턴의 중력이론으로는 설명할 수 없었던 바로 이 43초 값을 정확하게 계산해냈다고 알려져 있다. 그런데 여기서 아인슈타인의 설명은 태양의 중력장이 순수한 에너지인데 $E=mc^2$에 따라 에너지는 질량으로 변환될 수 있으므로 이 질량이 공간을 더욱 휘게 해서 수성의 근일점을 태양 쪽으로 좀더 이동시켰다는 것이다. 다시 말해 중력장이 순수한 에너지인데 이 에너지를 질량으로 환산하면 이 질량이 다른 중력장을 만든다는 것으로, 결국 중력장이 중력장을 만든다는 것이다.

그러나 이러한 설명은 옳지 않다. 앞에서 살펴본 바와 같이 $E=mc^2$에 의해서 질량과 에너지가 서로 변환된다고 하는 아인슈타인식 질량-에너지 등가원리 자체도 부당하지만, 왜 유독 수성의 경우에만 뉴턴의 공식과 다르게 근일점이 이동하는지에 대한 답을 해야 하는데, 아인슈타인의 위 설명은 태양에 가까이 있다는 이유만으로 수성의 경우에만 그 영향을 미친다는 것이기 때문이다. 앞 절에서 살펴본 바와 같이 태양은 자신의 중력장을 통해 수성만이 아니라 태양계의 모든 행성의 운동을 관장한다. 따라서 아인슈타인의 생각처럼 순수에너지장인 태양 중력장의 에너지가 $E=mc^2$에 따라 질량으로 변환되어 그 질량이 공간을 더 휘게 해서 수성의 근일점을 태양 쪽으로 더 이동시켰다면, 그런 일은 다른 모든 태양계 행성에도 똑같이 발생해야만 한다. 특히 태양의 질량이 늘어나서 수성에 영향을 미쳤다면 그 늘어난 태양질량으로 인한 시공간 곡률의 증가는 특히 수성에 이웃하는 금성 등에도 영향을 미쳐야만 한다.

---

209) Baum, Richard; Sheehan, William (1997). 〈In Search of Planet Vulcan, The Ghost in Newton's Clockwork Machine〉. New York: Plenum Press. ISBN 0-306-45567-6.

그런데 해왕성의 발견에서도 알 수 있듯이 보통 물질들 사이에 작용하는 기륜력의 상호작용은 이웃하는 두 행성 사이에서도 일어난다. 우리가 알고 싶은 것은 도대체 왜 유독 수성의 근일점 이동은 뉴턴의 만유인력 법칙으로 설명할 수 없는지에 관한 것이다. 만약 태양계 행성이 하나의 수성(Mercury)만 있어서 그 행성만 태양 주위를 돈다면 행성의 궤도는 일정할 것이다. 그러나 태양계에는 다른 행성들도 있고, 특히 이웃하는 행성이 주는 힘 때문에 궤도가 변하게 되는 것이다.

여기서 우리는 만유인력 법칙으로 해왕성의 존재를 예측했던 '르베리에의 생각'으로부터 문제 해결의 실마리를 찾을 수 있다. 그는 뉴턴의 만유인력 법칙으로 설명할 수 없는 수성의 근일점 이동의 경우에도 수성보다 태양에 더 가까이 있는 소규모 행성(불칸)으로 인한 섭동 현상 때문일 것으로 생각했다. 섭동이란 글자 그대로 끌어당겨서(攝) 움직인다(動)는 뜻이므로 르베리에가 말하는 바는 만유인력 법칙에 따라 미지의 소행성 불칸이 수성을 태양 쪽으로 조금만 끌어당겨 준다면 근일점 이동을 설명할 수 있다는 취지다. 물론 르베리에의 이런 생각은 천왕성 궤도 바깥에 미지의 행성이 있어서 그 행성이 천왕성의 궤도 운동에 영향을 주고 있는 것으로 생각해서 그 미지의 행성인 해왕성을 발견했던 자신의 경험으로부터 나온 것이다.

여기서 우리는 실재하지 않는 상상 속의 가상 행성인 불칸을 생각할 것이 아니라 수성에 이웃하는 행성인 금성에 주목할 필요가 있다. 물론 수성에 이웃하는 행성인 금성을 주목하는 것은 아인슈타인의 생각처럼 태양계의 모든 행성의 운동을 관장하는 태양이 수성 가까이에 있다는 이유만으로 수성의 근일점 이동을 설명하는 것과는 차원이 다른 이야기이다. 그리고 이 경우 우리가 주목해야 할 것은 태양계 행성들의 공전 방향과 자전 방향이 금성과 천왕성의 자전 방향을 제외하고는 모두 반시계 방향이라는 사실이다. 여기서 우리는 실체 물리학의 기륜 원리를 배웠으므로 다음과 같은 두 가지 질문과 답을 할 수 있을 것이다.

그 첫째는, 태양계 행성들의 공전 방향은 그 자전 방향과는 달리 왜 모두 반시계 방향인가? 그 둘째는, 왜 행성들 자체의 기륜의 회전 방향, 즉 행성들의 자전 방향은 일률적이지 않고 서로 다른가? 첫 번째 자연현상의 물리적 원인은 시간의 변천에 의한 열역학 제2 법칙에 따라 보통 물질인 태양에서 흩어져 나온 암흑물질들이 태양 주위를 겹겹이 둘러싸고 층을 이루어 공전하면서 형성한 기륜 공간의 회전하는 기륜력의 방향이 반시계 방향인데, 태양계 행성들은 이러한 태양 중력장인 기륜의 어느 한 층(기륜선, 측지선)이 이루고 있는 궤도에 올라타서 공전하고 있기 때문이다. 그리고 두 번째 자연현상의 물리적 원인은 행성들 그 자체가 보통 물질이고 축 대칭 회전운동을 하고 있기 때문이다. 따라서 행성들은 시계방향 또는 반시계 방향 두 방향 중 어느 하나의 자전 방향을 가질 수 있다.

한편 우리는 보통 물질들인 태양과 행성 사이 또는 행성들 사이에는 —뉴턴이 생각했던 중력이론에서의 구심력이나 아인슈타인의 중력이론에서의 곡률처럼, 서로 끌어당기거나 단순한 기하학적 곡률에 의한 것이 아니라— 그 보통 물질들의 기륜 공간의 회전하는 기륜력이 상호작용한다는 것을 안다. 그리고 이 경우 기륜력의 상호작용은 그 기륜의 회전 방향이 서로 같으면 서로 얽혀 끌어당기는 기륜력의 섭력(攝力, seop force)으로 작용하고, 기륜의 회전 방향이 서로 다르면 서로 문질러 밀치는 기륜력의 절력(切力, jeol force)으로 작용한다.

그러므로 두 행성인 수성과 금성 사이의 상호작용에 대하여 아인슈타인의 중력이론에 따르면 수성의 질량으로 생긴 휘어진 공간을 따라 금성이 운동하거나 반대로 금성의 질량으로 생긴 휘어진 시공간을 따라 수성이 운동한다고 보아 그 곡률을 계산해야 하고, 뉴턴의 만유인력 법칙에 의하면 수성과 금성은 서로 끌어당기는 것으로 보아 그 힘을 계산해야 할 것이지만— 실체 물리학에 따르면 두 천제의 회전하는 기륜력은 그 회전 방향이 서로 다르므로(수성은 반시계 방향, 금성은 시계방향) 두 행성이 공전 중에 서로 가까이서 만날 때 서로 끌어당기는 게 아니라 오히려 서로 문질러 밀치는 절력으로 작용할 것이다.

물론 이러한 기륜 원리는 르베리에가 해왕성을 발견했던 사실에도 그대로 적용된다. 해왕성을 발견하기 전에는 태양계 행성 중 천왕성이 가장 바깥에 있었다. 천왕성에 이웃한 행성은 토성이다. 그런데 뉴턴의 만유인력 법칙에 따르면 공전 중에 토성과 천왕성이 가까이서 만나면 서로 끌어당겨야 하지만, 두 천제의 회전하는 기륜력은 그 회전 방향이 서로 다르므로(토성은 반시계 방향, 천왕성은 시계방향) 오히려 서로 문질러 밀치는 절력으로 상호작용하고, 이 경우 두 행성이 공전 중에 가까이서 만나 상호작용할 때 토성 질량보다 7배 정도 작은 질량을 가진 천왕성이 바깥쪽으로 밀릴 것이다. 이를 두고, 뉴턴의 만유인력 법칙만 아는 르베리에가 생각할 때는 천왕성 바깥에 어떤 행성이 있어서 끌어당긴다고 생각했을 것이다. 한편 천왕성과 해왕성의 질량은 거의 같아서 공전 중에 서로 가까이서 만나 서로 문질러 밀치더라도 어느 하나가 일방적으로 밀리지 않는다.

이러한 기륜 원리는 자전 방향이 서로 다른 금성과 지구 사이(지구의 자전 방향은 반시계 방향)에도 그대로 적용된다. 그러나 지구는 금성과 거의 같은 질량을 가지고 있어서 두 천체의 상호작용하는 회전하는 기륜력이 거의 대등하므로 공전 중에 가까이서 만나더라도 서로의 기륜을 문지르며 돌뿐 어느 하나가 일방적으로 밀리지 않는다. 하지만 수성의 질량은 금성이나 지구 질량의 0.05배에 불과하므로 수성이 공전 중에 이웃하는 금성과 가까이서 만나 서로를 문질러 밀치는 기륜력의 절력으로 상호작용을 할 경우, 수성이 태양 쪽으로 밀리게 될 것이고, 이 경우 수성의 근일점이 되는데, 수성과 금성은 공전 속도가 달라서 서로 가까이서 만나는 주기가 조금씩 변하므로 수성의 근일점은 일정하지 않고 조금씩 '이동'하게 되는 것이다.

사실, 이러한 수성의 근일점 이동의 물리적 원인은 이미 19세기 중반 실체 물리학의 창시자 혜강 최한기가 해명한 것이기도 하다. 한편 태양계 행성 중 금성은 자전주기(243일)가 공전주기(224일)보다 더 긴 유일한 행성이다. 도대체 왜 태양계 행성 중 유독 금성의 자전주기는 이토록 느린 것일까? 그 물리적 원인은 이렇다. 우선 수성과 금성과 지구의 공전궤도 사이의 거리는 다른 행성 간 거리에 비에 매우 가깝다. 그런데 수성과 지구 사이에 있는 금성은 공전 중에 서로 다른 방향으로 회전(자전)하는 수성과 지구를 가까이서 만날 때마다 이들 행성과 서로 문질러 밀치는 절력으로 상호작용하고 있다. 따라서 금성의 자전 속도는 조금씩 점점 느려지게 되었을 것이고, 그것이 오랜 세월에 걸쳐 행해지다 보니 위와 같이 되었다고 우리는 말할 수 있을 것이다.

‖ 36. 조석 현상의 실체 물리적 원인

앞서 살펴본 바와 같이 관측 가능한 보통 물질들인 지구와 달 사이에는 중력이 발생하지 않는다. 따라서 뉴턴의 만유인력에 의한 조석 현상의 설명은 옳지 않다. 지구 중력은 지구 주위에 중력장을 형성한 암흑물질들 자체의 회전하는 기류력의 작용에 의한 것이므로 지구 내부에는 중력이 작용하지 않는다. 두 보통 물질인 지구와 달 사이에 유령 같은 원격작용으로 서로 끌어당기지도 않는다. 게다가 실제로 조수가 불어나는 밀물(Tidal bulge)은 아래 그림에서 보는 바와 같이, 뉴턴이 수학적으로 꿰맞춘 만유인력 법칙이 말하는 것처럼 그 인력이 지구와 달 사이 일직선상에 생기는 것도 아니다. 실제 지구 해수의 밀물은 달의 공전 방향으로 약 10도 앞쪽과 그에 대응하는 지구의 반대쪽에 생긴다.

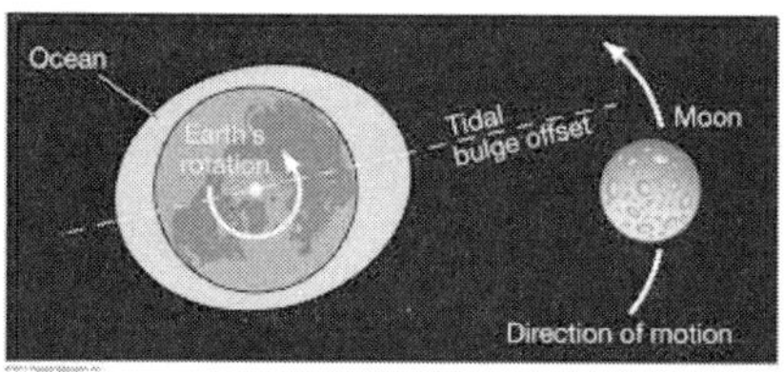

[조석 현상/출처: 2005 Pearson Prentice Hall, inc.]

사정이 이러하므로, 뉴턴의 중력이론인 만유인력 법칙을 부분 지식에 불과하다(즉, 사과의 자유낙하의 경우에만 옳다는 취지)고 비판한 최한기는, 앞 절에서 설명한 수성의 근일점 이동의 물리적 원인과 같이, 관측 가능한 보통 물질인 지구와 달의 회전하는 기륜력이 상호작용하여 나타나는 조석 현상을 일으키는 힘(潮汐力, tidal force)을 기륜력의 절력(切力, Jeol force)으로 설명했다. 최한기는 천체의 운동·변화를 다룬 〈성기운화(星氣運化)〉(1867) 기륜섭동(氣輪攝動)에서 "이 책을 읽는 사람은 마땅히 여러 움직이는 천체들의 기륜을 위주로 하여 물질들의 운동·변화를 증거하고 증험함에 다다라야 한다"라고 하면서, "뉴턴의 만유인력을 버릴지언정 이 기륜의 실제 자취를 폐하여서는 아니 된다"라고 당부하고 있다. 그러면 여기서 우선 이와 관련한 최한기의 이야기를 직접 들어보자.

> i) "하늘과 땅 사이에는 사실 텅 빈 공간이 없어서 기와 물이 운동하는 데는 빈틈이 없다(주: 여기서 말하는 '기'는 하늘과 땅 사이에 있는 지구 중력장을 형성하고 있는 암흑물질들을 말한다). 가령 빨대로 물을 빨아들일 때 빨대 속의 기가 줄어드는 것을 따라 물이 올라온다. 또 조석이 나아가고 물러나거나 날리는 빗방울이 공중으로 날아오르는 것[210]에 이르기까지 기가 움직이면 물이 따라 움직이며 기가 올라가면 물도 따라 올라가는 것을 볼 수 있다."[211]
>
> ii) 지구와 달이 상호작용하는 모습은 "달의 '방기(傍氣 : 달의 주위를 둘러싼 기인 암흑물질들이 형성한 기륜)'가 바퀴처럼 감싸고 돌고 지구의 방기가 바퀴처럼 감싸고 도는 것이 어우러져 서로 문질러 밀치며 좌로는 부딪치고 우로는 옮기는 형세를 이룬다."[212]

그렇다. 지구 기륜의 회전 방향은 반시계 방향이고 달의 기륜의 회전 방향은 시계방향이다. 따라서 지구와 달 사이 기륜력의 상호작용은 지구의 기륜과 달의 기륜이 서로 문질러 밀치

---

210) 상승기류의 속력이 물방울의 종단속력(10 마이크로미터 크기의 물방울의 종단 속력은 초속 1cm에 불과하다)보다 크기만 하면 물방울은 쉽게 날아오른다.

211) 최한기, 『추측록(推測錄)(1836)』 권 2, 「氣水無間」, "天地之間, 實無空際, 氣水二物, 運動無間. 如以管吸水, 待氣盡而水繼之. 至於潮汐之進退 驟雨之飛騰 可見氣動而水亦動, 氣升而水繼之升."

212) 최한기, 『운화측험(運化測驗)(1860)』권 1, 「用器驗試」, "太陰傍氣之輪轉, 與地傍氣之輪轉, 相切而成左挈右推之勢乎."

는 기륜력의 절력으로 상호작용한다. 물론 여기서 말하는 지구의 기륜은 모든 것의 이론 명제 7-12.가 말하고 있듯이 지구의 기륜 공간인 중력장 안에서 공전하고 있는 달의 공전궤도 아래층까지의 지구의 기륜 공간을 말한다.

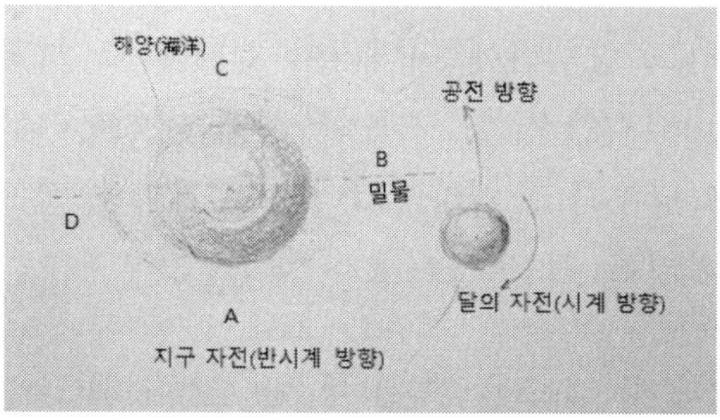

[지구와 달 사이 기륜력의 절력의 작용]

지구와 달 사이 기륜력의 상호작용은 기륜력의 절력으로 작용하므로, 그림의 A 부분에서는 시계방향으로 회전하는 달의 기륜이 반시계 방향으로 회전하는 지구의 기륜과 서로 부딪쳐 밀칠 것이다. 하지만 B 부분에서는 시계방향으로 자전하는 달의 기륜이 수렴하므로 지구의 기륜과 해수도 이에 응하여 달의 공전 방향 쪽으로 빨려 들어갈 것이다. 따라서 이 경우 지구의 해수는 A 부분에서 썰물이 되고, B 부분에서는 밀물이 된다. 여기서 천체의 기륜 공간이 신축적으로 팽창하거나 수렴하는 이유는 고립계를 이루고 있는 천체의 기륜 공간인 중력장을 형성하고 있는 점 대칭 회전하는 암흑물질들이 서로를 맞대고 질서정연하게 천체 주위를 겹겹이 둘러싸고 층을 이루어 공전하고 있기 때문이다. 동적(動的)인 4차원 시공간으로서의 중력장이 물질의 움직임에 따라 변형되는 이유도 바로 여기에 있다.

그리고 그림의 C 부분에서는 시계방향으로 회전하는 달의 기류력이 약해지며 팽창하는 동시에 반시계 방향으로 자전하는 지구의 기류력이 상대적으로 강하게 작용하므로, 지구의 해수도 이에 응하여 D 부분으로 몰리게 될 것이다. 그런데 이 경우 앞서 살펴본 바와 같이 A 부분에서는 달의 기류이 지구의 해수를 밀치고 있다. 따라서 결국 지구와 달 사이 기류력의 상호작용으로 인하여 지구의 해수는 위 그림과 같은 조석 현상이 일어나게 된다.

한편 서로 다른 방향으로 회전하는 지구의 기류과 달의 기류 사이에 서로 문질러 밀치는 기류력의 절력으로 작용하는 상호작용으로 인하여 지구의 기류의 회전운동이 방해를 받아 지구의 자전 속도가 조금씩 느려지게 되는데, 대체로 하루 길이가 1세기에 1.5~2.3 밀리초씩 늘어나고 있다.

‖ 37. 우주 팽창과 우리 은하와 안드로메다은하 접근

우주는 가속 팽창하고 있다. 현상 물리학의 관점에서 관측 가능한 우주가 팽창하고 있다는 것은 은하와 은하 사이가 멀어지고 있다는 것을 의미한다. 그런데 우리 은하(Milky Way)와 안드로메다(Andromeda)은하는 점점 가까워지고 있다. 위 두 사실은 서로 모순된다. 우리 은하의 이웃 은하인 안드로메다은하는 우리 은하로부터 약 250만 광년 거리에 있지만, 시속 약 40만 km의 속도로 우리 은하와 가까워지고 있다. 약 40억 년 후에 우리 은하는 안드로메다은하와 병합될 것으로 예측된다. 두 은하는 병합하여 하나의 거대 타원은하나 거대한 원반 은하가 될 것이다. 이러한 일은 우리 은하와 안드로메다은하의 경우에만 그런 것이 아니라 은하군의 속한 은하 중에 흔한 편이다.

그렇다면 이러한 사실들과 은하와 은하 사이가 점점 더 빨리 멀어지고 있다는 우주 가속팽창의 사실 사이의 모순을 어떻게 설명해야 할까? 천체의 회전하는 기륜력을 알지 못하는 지금까지의 과학적 패러다임에 의한 현상 물리학적 지식체계에서는 이 모순을 물리적으로 설명할 수 없다. 우리 은하와 안드로메다은하는 사이에는 서로 끌어당기는 중력이 작용한다고 말할 것인가? 아니면 아인슈타인의 일반상대성이론에 따라 우리 은하는 안드로메다은하로 인한 휘어진 공간 속에서 곡선 운동하면서 안드로메다은하로 떨어지고 있다거나 아니면 그 반대로 안드로메다은하가 우리 은하로 떨어지고 있다고 말할 것인가?

그러나 앞서 살펴본 바와 같이 중력은 중력장에 놓인 보통물질과 그 중력장을 형성한 암흑물질들 사이의 상호작용에 의한 것이므로, 관측 가능한 두 보통 물질인 은하들 사이에는 중력이 작용하지 않는다. 게다가 다음 절에서 논하겠지만, 은하단 속 은하들의 운동 속도나 은하 속 별들의 운동 속도는 중력장 안에서 적용되는 역제곱 법칙이나 케플러의 행성운동의 법칙이 적용되지 않는다. 물론 새로운 물리학인 실체 물리학을 공부한 우리는 보통 물질들 사이, 즉 항성들 사이의 상호작용으로 별 무리인 성단이나 은하, 그리고 은하단을 이루는 경우나 그 성단들이나 은하들 사이의 상호작용은 그 천체들의 회전하는 기륜력이 상호작용한다는 사실을 안다.

이 경우 천체의 회전하는 기륜이 서로 같은 방향으로 회전할 때는 그 기륜들이 서로 얽혀 끌어당기는 섭력으로 작용하고, 그 방향이 서로 다를 때에는 서로 문질러 밀치는 절력으로 작용한다. 따라서 우리 은하와 안드로메다은하가 서로 가까워지고 있는 이유는 두 천체의 회전 방향이 같아서 그 회전하는 기륜들이 서로 얽혀 끌어당기는 섭력으로 작용하고 있기 때문이다. 이처럼 우리 은하는 이웃하는 다른 은하가 이루고 있는 기륜의 회전 방향이 우리 은하와 같은 방향인지 다른 방향인지에 따라 기륜력의 섭력 또는 절력으로 작용한다.

한편 지금까지 천체물리학자들은 막연하게 우주공간의 밀도가 조밀한 곳에서 우리 은하를 당기고 있다고 가정했다. 그래서 우리 은하로부터 약 1억 5천만 광년 떨어진 곳에 존재하는 다섯 개의 은하군(銀河群)에서 우리 은하를 끌어당긴다고 생각했다. 마치 뉴턴의 사과가 중력으로 인해 땅으로 떨어지듯이 말이다. 그러다가 천체물리학은 거대 인력체(引力體) 너머 6억 광년 더 멀리 있는 섀플리 밀집 지역(Shapley Concentration)에 관심을 가지게 되었다. 섀플리 밀집 지역은 20개 이상의 은하군이 밀집된 곳이다. 그런데 최근 이 지역을 연구한 예후다 호프만(Y. Hoffman) 연구팀은 우리 은하가 당겨지고 있는 것이 아니라 밀쳐지고 있다는 연구 결과를 내놓았다.[213)]

이들의 새로운 연구 결과는 은하계가 존재하지 않는 텅 빈 공동이 국부은하군(局部銀河群, local group of galaxies)[214)]을 밀쳐내는 힘이 된다는 것이다. 호프만은 이 지역을 쌍극자 밀개(Dipole Repeller)라고 불렀는데, 끌어당기는 것이 아니라 밀쳐내기 때문이다. 연구팀은 우리 은하 주변의 우주 팽창 속도를 넘어서는 흐름에 대해서 엄격한 통계적 분석을 통한 연구를 진행하여 암흑물질과 함께 빛나는 은하로 구성된 질량 분포를 통해 끌개 역할을 하는 과밀지역과 밀개 역할을 하는 소밀 지역을 찾아낼 수 있었다. 그리고 쌍극자 밀개를 확인함으로써 우리 은하의 움직임의 방향과 움직임의 크기를 조화시킬 수 있었다.

이처럼 은하들 사이에는 서로 끌어당기는 섭력과 서로 문질러 밀치는 절력을 동시에 받고 있다. 왜냐하면 관측 가능한 보통 물질인 천체들의 회전하는 기륜력의 상호작용은 그 기륜력의 회전 방향이 서로 같은 천체들 사이에는 회전하는 기륜들이 서로 얽혀 끌어당기는 섭력(攝力, seop force)으로 작용하고, 그 회전 방향이 서로 다른 천체들 사이에는 회전하는 기륜들이 서로 문질러 밀치는 절력(切力, jeol force)으로 작용하기 때문이다. 따라서 이러한 천체의 회전하는 기륜력의 상호작용 원리는 3개 이상의 천체들 사이에서도 그대로 적용된다. 예컨대 3개의 은하가 무리를 이루고 있는 은하단에서 그 은하들의 기륜력의 회전 방향이 2개는 서로 같고 1개는 그들과 반대 방향인 경우,

213) Materials provided by The Hebrew University of Jerusalem. Note: Content may be edited for style and length. *Journal Reference: Yehuda Hoffman, Daniel Pomarède, R. Brent Tully, Hélène M. Courtois. The dipole repeller. Nature Astronomy, 2017; 1 (2): 0036 DOI: 10.1038/s41550-016-0036.

214) 국부은하군은 우리 은하가 포함된 은하군으로 안드로메다은하를 포함하여 마젤란은하 등 크고 작은 40개 이상의 은하들로 이루어져 있다.

그 2개의 은하 사이에는 서로 끌어당기는 섭력으로 작용하지만, 그 두 은하는 그 기류력의 회전 방향이 서로 다른 은하와는 서로를 문질러 밀치는 절력으로 작용한다.

그렇다면 우주가 가속 팽창한다는 것은 무엇인가? 나중에 자세히 논하겠지만, 우주의 가속 팽창은 자연법칙인 열역학 법칙이 적용되는 고립계를 이루고 있는 물질계에 있는 보통 물질이 가진 시간의 변천에 의한 열역학 제2 법칙에 따라 관측할 수 있는 보통 물질이 감소하고 관측할 수 없는 따듯한 암흑물질들(엔트로피)이 증가하여 은하중심의 블랙홀의 중력장이 확대됨으로 인하여 관측할 수 있는 은하들 사이가 서로 멀어지는 것으로 관측되는 현상으로서, 은하들 사이 기류력의 상호작용과는 전혀 별개의 문제다.

‖ 38. 은하 형성의 원리와 암흑물질 없는 은하

지구와 같은 행성들이 태양 주위를 돌고 있는 것처럼 은하계를 이루는 은하에 속한 별들도 은하를 중심으로 돈다고 생각할 수 있다. 그렇다면 은하계도 태양계와 비슷하게 중력장에서 적용되는 케플러 행성운동 법칙이나 역제곱 법칙에 따라 은하의 중심에서 멀리 있는 별일수록 그 회전속도가 점점 느려지게 될 것이다(아래 그림의 A 곡선). 그러나 은하 속 별들의 회전속도는 은하중심으로부터 멀어져도 일정하게 유지되고 있었다(아래 그림의 B 곡선).

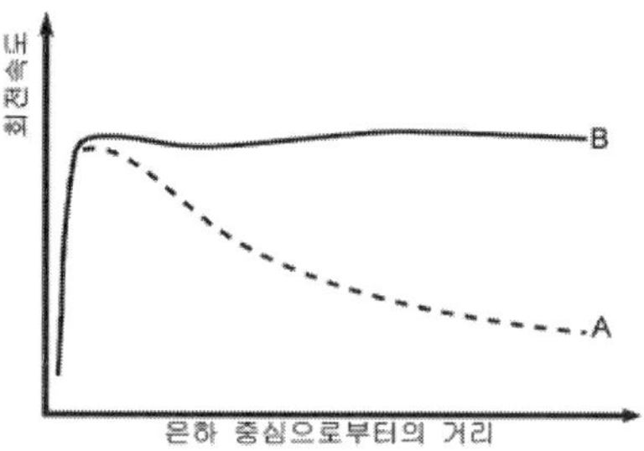

[은하 회전 속도 곡선]

이것을 어떻게 설명해야 할까? 지금까지의 중력 법칙에 어긋나는 이 현상은 눈에 보이지 않는 질량을 가진 암흑물질이 은하 전체에 골고루 분포해 있어 전체적인 질량이 중심 부분에 집중되어 있지 않다고 가정하면 설명할 수 있었다. 그러나 문제는 현상 물리학은 물 그 자체를 과학의 대상의 대상으로 하고 있지 않고, 또 전자기력을 발생하지 않는 암흑물질은 관측할 수 없어서 그 정체를 알 수 없게 되어 있을뿐더러, 실재하는 우주의 불연속적인 3+(4+4)의 11차원 시공간을 한 데 뭉뚱그려서 연속적인 4차원 시공간으로 보고 있다는 점이다. 사정이 이렇다 보니 암흑물질의 존재를 부정하면서 보편상수라고 알고 있었던 중력 상수(*G*)가 거리 제곱이 아닌 거리함수가 아닐까 하는 의심하는 등 기존의 중력이론을 수정하려는 견해(수정 뉴턴 중력이론 (Modified Newtonian Dynamics, MOND)도 등장했다.[215)]

은하 속 별들의 회전속도가 은하중심으로부터 멀어져도 일정하게 유지되고 있는 이유는 무엇일까? 이 문제를 해결하기 위해서는, 케플러 행성운동 법칙이나 역제곱 법칙이 성립하는 물리적 원인은 무엇인지부터 알아야 한다. 그러나 자연현상의 물리적 원인은 감히 묻지 않는다는 전제에서 성립된 서구 과학적 패러다임에 따른 현상 물리학은 이에 대해 답할 수 없다. 물론 실체 물리학을 공부한 우리는 그 물리적 원인을 안다. 우선 우리는 다음과 같은 두 가지 내용을 상기할 수 있을 것이다.

모든 것의 이론 Ⅲ에서 말하고 있듯이 케플러 행성운동 법칙이나 역제곱 법칙이 성립하는 물리적 원인은 중력장의 실체물리적 구조, 즉 자연법칙인 시간의 변천에 의한 열역학 제2법칙에 따라 시간을 가진 보통 물질인 태양과 같은 항성에서 흩어져 나온 따듯한 암흑물질들이 그 별 주위를 겹겹이 둘러싸고 층을 이루어 서로를 맞대고 질서정연하게 공전하면서 기륜공간인 그 별의 중력장을 형성하고 있기 때문이다(앞의 Ⅱ27. 절

215) 은하단의 크기 이상의 거리(또는 매우 짧은 거리)에서도 중력 법칙이 정확히 맞는가 하는 것에 대한 검증은 아직 제대로 이루어지지 않았다. 따라서 은하 회전속도 문제를 해결하기 위해 암흑물질을 도입하는 대신 암흑물질처럼 보이는 현상을 순수하게 중력적인 효과로 설명하려 시도하고 있는바, 이를 수정 뉴턴 중력이론이라 한다.

참조). 그리고 하나의 커다란 물질인 우주 그 자체(universe)의 관점에서 실체 물리적으로 중요한 것은 태양과 같은 항성인 별이지, 잠정적인 별 무리인 성단이나 은하나 은하단 등이 아니다. 왜냐하면 항성은 블랙홀이 될 수 있고, 블랙홀은 주변의 물질들을 흡수하거나 병합을 통해 계속해서 성장하여 은하보다 더 커질 수 있기 때문이다.

별들이 모인 성단은 태양과 같은 공 모양의 형체를 가진 구상성단뿐만 아니라 산개성단도 있다. 수천억 개의 별들이 모인 은하나 은하단 역시 타원형이나 나선형뿐만 아니라 렌즈형, 전파형, 불규칙형 등 그 형태가 다양하다. 이렇게 별들이 모여서 다양한 형태의 성단이 되고 은하가 되고 은하단이 된다. 이 경우 예컨대 우리 은하나 안드로메다은하와 같은 나선은하는 은하중심에 있는 거대 블랙홀의 중력장이 점점 커짐에 따라 은하 전체를 그 은하중심 블랙홀의 중력장이 지배하게 되면(현상 물리학은 이를 초거대 블랙홀이라 한다) 타원이나 구형의 은하가 된다. 이 경우 나선은하는 은하의 중심에 있는 블랙홀의 중력장이 미치지 못하는 은하의 가장자리에 차가운 암흑물질들이 관여하여 형성된 은하로서 역제곱 법칙이나 케플러의 행성운동 법칙이 적용되지 않는다.[216]

왜 그런가? 우선 은하 회전속도에 관한 그림 B와 같은 곡선이 나타나는 데 관여하는 암흑물질들은, 앞의 Ⅱ14. 절에서 얘기한 바와 같이, 우주 대폭발 당시 3차원 절대공간에 흩뿌려진 것들로서 현재 우주에서 일정한 방향 없이 점대칭 회전운동을 하면서 홀로 정처 없이 떠돌아다니고 있는 차가운 암흑물질들

216) 물론 중력장의 영향이 무한하다고 보는 현상 물리학의 지식체계에서는 이러한 물리적 설명이 불가능하다. 따라서 은하 형성의 원리를 알기 위해서도 실재하는 우주가 불연속적인 3+(4+4)의 11차원 시공간 구조를 이루고 있음을 반드시 알아야만 한다.

이다. 그런데 모든 것의 이론 명제 7-3.이 말하고 있듯이 일정한 방향 없이 점 대칭 회전운동을 하는 암흑물질들은 축 대칭 회전운동을 하여 일정한 방향으로 운동하는 보통 물질을 만나면 그 보통 물질의 운동 방향과 같은 방향으로 운동하게 된다. 이 경우 관측 가능한 보통 물질인 별들이 무리를 형성하는 과정에서 3차원 절대공간에서 홀로 자유롭게 떠돌아다니는 암흑물질들을 에워싸게 되면 이 차가운 암흑물질들도 그 별 무리의 회전속도에 상응하여 같은 속도로 회전하게 되고, 결국 그 별 무리와 한 몸처럼 행동하게 된다.

이 상황은 좀 더 자세한 설명이 필요할 것 같다. 우리는 여기서 앞의 ‖29. 절에서 살펴보았던 지구 중력장 속에서 달리는 기차 안을 가득 채우고 있는 암흑물질들이 보통 물질인 기차의 속도(속력과 방향)에 상응하여 기차의 속도와 같은 속도로 운동한다는 사실을 떠올릴 수 있을 것이다. 그런데 여기서 문제는 기차 안을 가득 채우고 있는 암흑물질들은 고립계를 이루고 있는 지구계에서 지구 중력장을 형성하고 있는 따듯한 암흑물질들이 서로를 맞대고 질서정연하게 회전하고 있지만, 3차원 절대공간에 존재하는 차가운 암흑물질들은 홀로 점대칭 회전운동을 하며 일정한 방향 없이 자유롭게 떠돌아다니고 있었다는 점이다.

그런데 3차원 절대공간에서 일정한 방향 없이 홀로 떠돌아다니는 차가운 암흑물질들을 에워싸고 있는 별 무리를 이룬 각각의 별들은 시간의 변천에 의한 열역학 제2 법칙에 따라 그 항성 내부에서 흩어져 나온 따듯한 암흑물질들이 형성하는 기류 공간인 중력장이 점점 확대되어 간다. 이런 식으로 무리를 이룬 항성들의 기류 공간인 중력장이 시간의 변천과 함께 점점 확장됨에 따라 그 별 무리에 의해 가두어진 차가운 암흑물질들은 점점 응집될 것이고, 그러다 보면 홀로 자유롭게 떠돌아다니던 암흑물질들 사이가 점점 가까워지면서 서로를 맞대고 회전하게 되어, 결국 차가운 암흑물질들은 그것들을 에워싼 무리를 이룬 별들의 운동 속도와 같은 속도로 운동하게 된다. 그리고 이렇게 형성된 별 무리인 성단이 블랙홀을 이루고 있는 별의 중력장의 회전하는 기류에 접근하여 얽히면 나선은하를 형성하게 되는데, 이 경우 그 블랙홀은 은하의 중심이 되므로 위 그림의 은하 회전 속도 곡선 B처럼 은하 속 별들이 은하중심으로부터 거리에 무관하게 일정한 속도로 회전하게 된다.

한편 2018년 3월 예일대 피터 반 도쿰(P. van Dokkum) 연구팀이 약 6천만 광년 떨어진 NGC 1052-DF2 은하에 암흑물질이 거의 없는 것으로 관측됐다는 연구 결과를 발표하면서 학계가 떠들썩했다.[217] 관측 결과, 이 은하 내 오래된 별이 모여 있는 10개의 구상성단이 일반물질의 질량과 일치하는 속도로 움직이는 것을 확인했다. 이는 예상치보다 3배나 느리게 움직이는 것으로 암흑물질을 사실상 갖고 있지 않다는 것을 의미하는 것으로 해석됐다. DF2 은하에 암흑물질이 존재한다면 구상성단이 더 빨리 움직여야 하는데 그렇지 않았다는 것이다. 그로부터 1년 후 연구팀은 또 DF2처럼 암흑물질이 거의 없는 NGC 1052-DF4 은하도 발견했다.[218]

NGC 1052-DF2 은하는 암흑물질이 예상보다 400배 적은 것으로 나타났으며, 이 은하는 우리 은하와 비슷한 크기이지만 포함된 별이 우리 은하의 1/200밖에 안 됐다. 이 정도 크기의 은하에 전형적인 암흑물질이 포함돼 있다면 이 암흑물질의 중

---

217) 2018년 3월 29일 '네이처', 'A galaxy lacking dark matter' ; NASA, ESA, P. van Dokkum, YaleNews.

218) DF2와 DF4는 은하 팔이 없는 거대한 타원은하인 NGC 1052가 장악한 은하군의 일부로 크기나 밝기, 거리, 형태가 유사한 것으로 관측됐다.

력은 주변의 별 무리의 운동을 가속할 것이라 예상했지만, 연구팀은 이 은하계의 성단들이 느리게 움직이고 있다는 사실을 발견한 것이다.

[NGC 1052-DF2/출처 NASA, ESA]

이러한 천문관측 결과를 어떻게 설명할 수 있을까? 연구팀을 이끈 피터 반 도쿰은 "그동안 학계에서는 대부분 풍부한 암흑물질에 의해 은하가 형성된다고 믿어 왔다. 하지만 이번 연구 결과는 다른 방식으로 은하가 생성될 수 있다는 점을 보여주는 단서"라고 말하면서 다음과 같이 이야기했다.

> "우리는 모든 은하가 암흑물질을 가지고 있으며 암흑물질이 은하의 시작을 만든다고 생각하고 있다. 눈에 보이지 않는 이 수수께끼의 물질은 은하의 주요 구성물질이기도 하다. 그리고 암흑물질 역시 은하의 다른 요소들과 완전히 떨어진 독립체로 있을 수 있다. 따라서 암흑물질이 없는 은하를 발견하게 되리라곤 상상조차 하지 못했다. 결국 이 은하는 은하가 어떻게 작용하는지에 대한 우리의 일반적인 생각을 뒤집고 있다. 이번 결과는 또한 은하가 형성되는 과정이 최소 하나 이상은 존재하리라는 것을 암시해 주고 있다."

그렇다. 지금까지의 은하 형성에 관한 이론은 암흑물질의 중력이 보통 물질을 끌어들여 은하를 형성한다고 생각한다. 이러한 사유와 인식에 따를 때 암흑물질이 없다면 어떻게 NGC 1052-DF2 은하가 형성됐는지 새로운 모델을 찾아야 한다. 여기서 우리가 생각해야 할 것은 지금까지의 은하 형성이론은 우주론의 표준모델(LCDM)인 우주상수를 가진 차가운 암흑물질 우주론을 바탕으로 하고 있다는 점이다. 그래서 반 도쿰은 "기존의 은하 형성이론으로는 이런 모양의 은하를 만들 수가 없다" 라고 라고 말하는 것이다.

실체 물리학자로서 내가 여기서 하고 싶은 말은 이렇다. 현상 물리학이 진정으로 은하 형성의 원리를 알고 물리적으로 설명할 수 있기를 바란다면, 가장 먼저 해야 할 일은 실재하는 우주가 불연속적인 3+(4+4)의 11차원 시공간 구조를 이루고 있음을 인식할 수 있어야 한다. 그리고 중력은 고립계를 이루고 있는 구형의 천체인 별의 기륜 공간인 중력장 안에서 그 중력장을 형성한 '따듯한 암흑물실들' 자체의 회전하는 기륜력에 의한 것이고, 따라서 중력은 무한히 영향을 미치지 않으며, 별들이 상호작용하여 성단이나 은하, 은하 무리를 형성하는 힘은 그 별들의 회전하는 기륜력의 상호작용에 의한 것이다.

우리는 차가운 암흑물질들이 관여하여 은하를 형성하는 원리에 대해서는 앞에서 살펴보았다. 그리고 이 차가운 암흑물질들이 형성한 은하의 회전속도가 위 그림의 B처럼 은하중심으로부터 거리에 따라 일정하게 되는 것은 우리 은하나 안드로메다 은하와 같은 나선은하의 경우이다. 물론 이 나선은하의 중심에도 거대한 블랙홀이 있다. 그런데 앞서 설명한 바와 같이 시간의 흐름과 함께 은하중심 블랙홀은 그 회전하는 기륜 공간인 중력장 주변의 비국소적인 3차원 절대공간에 있는 국소적인 물질들, 즉 차가운 암흑물질들이나 별이나 블랙홀들을 흡수 또는 병합함으로써 점점 그 중력장의 크기가 커진다. 물론 여기서 말하는 '시간의 흐름'이란 우주의 모든 국소적인 물질들이 가진 시간을 총체적으로 파악한 '우주 그 자체'가 가진 시간인 비국소적인 절대시간을 말한다.

이 경우 은하중심에 있는 거대한 블랙홀은 별(항성)이므로, 그것이 3차원 절대공간에 있는 차가운 암흑물질들이나 다른 별이나 블랙홀을 흡수 또는 병합하는 과정에서 생긴 따듯한 암흑물질들(엔트로피)이 그 은하중심 블랙홀의 중력장을 점점 더 크게 성장시켜 나갈 것[219]이고, 이런 과정이 계속되면 그 나선은하는 결국에는 중심에 초거대 블랙홀을 가진 거대한 타원이나 구형의 은하가 된다. 이렇게 타원은하나 구형의 은하는 그 중심에 초거대 블랙홀이 있는데, 그것은 따듯한 암흑물질들이 형성한 블랙홀의 기륜 공간인 중력장이 매우 커져서 형성된 것이므로, 역제곱 법칙과 케플러 행성운동의 법칙이 적용되어 은하중심에서 멀어질수록 그 회전속도가 느려지게 된다.

그렇다면 은하 NGC 1052-DF2의 가장자리의 성단들이 느리게 움직이고 있다는 사실은 무엇을 의미하는 것일까? 이것은 이 은하중심에 있는 블랙홀의 크기가 매우 커서 '따듯한 암흑물질들'이 형성하고 있는 그 은하중심 블랙홀의 중력장이 우리은하 정도의 크기를 가졌다는 것을 의미한다. 이런 경우에는 나선은하의 경우처럼 '차가운 암흑물질들'이 필요 없다. 이 은하를 발견한 연구진을 비롯한 현상 물리학자들은 이 은하 안에는 암흑물질이 거의 없거나 아예 없다고 말하면서 암흑물질 없는 은하가 발견됐다며 놀라고 있는데, 그 이유는 현대우주론의 표준모형에 따른 그동안의 은하 형성이론이 은하의 형성에 관여하는 암흑물질로 차가운 암흑물질만을 상정하고 있기 때문이

219) 나중에 자세히 논하겠지만, 이것은 블랙홀 열역학, 즉 시간의 변천에 의한 엔트로피 증가법칙에 따라 블랙홀 중력장의 크기(표면적) 점점 증가한다.

다. 그러나 은하의 형성은 차가운 암흑물질들에 의한 경우뿐만 아니라 따듯한 암흑물질들에 의한 경우에도 가능하다.

이 경우 차가운 암흑물질들은 비국소적인 3차원 절대공간을 떠돌아다니는 것들로서 은하와 분리된 물질들이므로 은하중심에 있는 거대 블랙홀의 중력장 외곽에서 관여하게 되지만, 따듯한 암흑물질들은 은하중심에 있는 거대 블랙홀의 중력장을 형성하는 것들이고 이 경우 은하중심 블랙홀의 중력장이 확대되어 은하가 형성되는 것이므로 은하와 분리되지 않는다. 따라서 결국 이번에 발견된 은하 NGC 1052-DF2를 두고 '암흑물질 없는 은하'라고 말할 때, 그 부재한 암흑물질은 현대우주론의 우주상수가 있는 차가운 암흑물질 모델(ΛCDM 모형)이 생각하고 있는 '차가운 암흑물질'이 없다는 것이다.

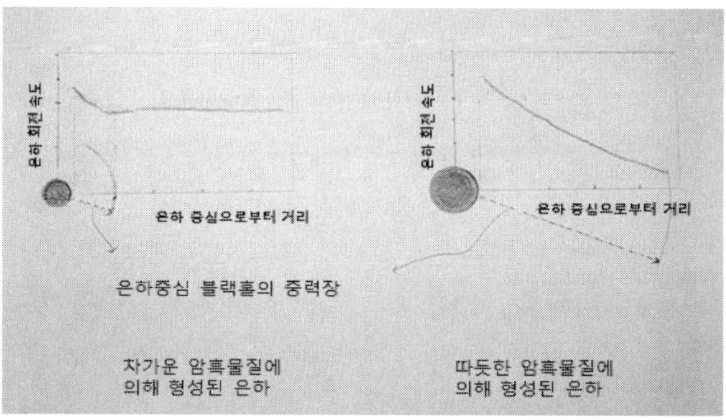

[은하중심의 블랙홀 중력장과 은하의 형성]

그런데 사실, 은하의 형성에 서로 다른 양태로 존재하는 두 종류의 암흑물질이 모두 관여한다는 것은 이미 은하단 충돌사례에 관한 기존의 천문관측자료에도 드러나 있었다. 예컨대 아벨 520 은하단(Abell 520-cluster) 충돌사건에서는 은하와 암흑물질들이 분리되었지만, 총알 은하단(Bullet-cluster) 충돌사건에서는 은하와 암흑물질들이 분리되지 않은 것으로 관측된 바 있다. 여기서 아벨 520 은하단의 경우에는 3차원 절대공간에 있던 차가운 암흑물질들이 은하 형성에 작용하였기에 은하단 충돌에서 은하와 분리되었던 것이고, 이와 달리 중력 렌즈 효과로도 작용했던 총알 은하단의 경우에는 열역학 제2 법칙에 따라 별들에서 흩어져 나온 따듯한 암흑물질들이 은하중심에 있는 거대 블랙홀의 중력장의 크기를 성장시켜 은하를 형성한 경우이므로 그 암흑물질들은 은하와 분리되어 있지 않은 것이다.

‖ 39. 우주 가속 팽창의 실체 물리적 원인

1998년 천문학자 아담 리스(A. Riess), 사울 펄무터(S. Perlmutter), 브라이언 슈미트(B. Schmit)가 주축이 된 두 연구팀에서는 1a형 초신성을 활용해 먼 은하들의 거리와 스펙트럼을 분석한 결과를 발표했다. 우주가 가속 팽창하고 있었다. 이들은 70년 전의 허블-르메트르의 연구 결과에 따라 수십억 년 동안 우주가 팽창해 왔다는 것을 알고 있었고, 우주의 팽창이 은하들과 다른 물질 사이에 중력의 잡아당김으로 인해 점점 느려질 것으로 생각했다. 하지만 이들의 데이터들은 우주의 팽창이 가속하고 있음을 보여 주었다. 기존의 이론이 완전히 뒤집힌 것이다. 이 연구 결과는 과학계의 새로운 패러다임을 만들었다. 시공간을 밀어냄으로써 중력을 중화시키는 보이지 않는 물체가 제안되었고, 그것을 우리는 암흑에너지(dark energy)라고 부른다.

그런데 오늘날 천체 물리학과 우주론자들은 우주의 가속 팽창을 일으키는 암흑에너지를 1917년에 아인슈타인이 정적(static)인 우주 모형을 만들기 위해 도입했다가 철회했던 우주상수(Λ)라고 생각하고 있다. 우주론의 표준모형인 ΛCDM 모형에 따르면 우주상수(cosmological constant)는 진공의 에너지밀도를 의미하고, 우주 전체에 어떤 일정한 에너지가 가득 차 있으면 우주를 가속 팽창시킬 수 있다고 본다. 이에 따르면 암흑에너지인 우주상수(Λ)는 우주의 팽창을 이끄는 척력으로 작용하고, 차가운 암흑물질(CDM)은 우주의 팽창을 억제하는 중력으로 작용한다.

그러나 결론부터 말하자면, 우주의 가속 팽창을 이끄는 암흑에너지는 변하지 않는 상수인 우주상수(Λ)가 아니라 시간의 변천에 따라 점점 증가하는 에너지이며, 그 물리적 실체는 따듯한 암흑물질(엔트로피)의 구성요소로서의 암흑에너지다.[220)]

그런데 우주가 가속 팽창하고 있는 이유를 물리적으로 설명할 수 있으려면, 다음과 같은 세 가지 사실을 반드시 알아야 한다. 그 첫째는 우주가 불연속적인 3+(4+4)의 11차원 시공간 구조를 이루고 있다는 것을 인식할 수 있어야 하고, 그 둘째는 고립계로서 관측 가능한 보통 물질인 별에서 흩어져 나온 따듯한 암흑물질들이 형성하고 있는 그 별의 중력장의 실체 물리적 구조를 알아야만 한다. 그리고 마지막 셋째는 가속 팽창하고 있는 우주는 —비국소적인 절대 시공간을 포함하는 전체 우주(universe)가 아니라— 현상 물리학적 세계관에서 생각하는 관찰 가능한 우주인 코스모스, 즉 국소적인 물질들로 이루어진 (4+4)의 시공간의 국소적인 우주라는 점이다. 생각해 보라. 우주가 팽창하려면 그 팽창할 바깥 공간이 있어야 한다. 이 경우 상대성이론에 따른 상대적 시공간을 가진 국소적인 우주의 바깥 공간이 바로 —현상 물리학에서는 이론상 존재할 수 없는, 그러나— 실체 물리학에서 말하는 비국소적인 3차원 절대공간이다.

한편 나는 앞에서 있는 그대로의 세계로서 전체 우주(universe)를 논할 때, 물 그 자체의 운동·변화로서 다루어야 할 실질적인 단위는 현상 물리학이 생각하는 것처럼 은하나 은하단과 같은 별 무리가 아니라 태양과 같은 항성계인 별이라고 말했다. 실제로 현상 물리학적 세계관에 따른 우주인 코스모스가 사라질 때까지 계속해서 커질 수 있는 천체는 항성계로서

---

220) 물론 우리는 암흑물질은 필수적 두 구성요소인 질량과 에너지가 양적 등가로 이루어졌음을 안다.

블랙홀이 된 별의 중력장이다. 그렇다면 이제 상대적인 시공간을 가진 국소적인 물질로서 항성인 별을 주목하면서 그 별들의 무리인 은하를 생각해 보자.

국소적인 물질로서 고립계인 항성계는 자신의 시간을 가지고 관측 가능한 보통 물질로서 4차원 시공간을 이루고 있는 별과 열역학 제2 법칙인 엔트로피 증가법칙에 따라 그 별이 가진 시간이 변천하여 흩어져 나온 시점만 가진 따듯한 암흑물질들이 그 별 주위를 겹겹이 둘러싸고 층을 이루어 돌면서 형성하고 있는 기류 공간인 그 중력장으로 이루어졌다. 이 경우 4차원 시공간을 이루고 있는 별은 닫힌계이고, 그 별의 중력장인 동적인 4차원 시공간을 합한 (4+4)의 시공간이 자연법칙으로서 열역학 제1 법칙인 질량-에너지 보존법칙인 적용되는 고립계이다. 물론 이 경우 시간을 가지지 않아서 전자기력이 발생하지 않는 암흑물질들이 형성하고 있는 별의 중력장인 동적인 4차원 시공간은 현상 물리학적으로 관측할 수 없다.

그런데 은하는 이러한 별들이 수천억 개가 모여서 이루어진 잠정적인 별 무리이다. 은하를 이루는 수천억 개의 별들은 시간의 변천에 따라 그 별들의 중력장이 점점 확장될 것이다. 그리고 그 은하의 중심에는 거대한 중력장을 가진 블랙홀이 있고, 이 거대한 중력장을 가진 블랙홀은 시간의 흐름에 따라 비국소적인 3차원 절대공간에 있는 주변의 차가운 암흑물질들이나 별이나 블랙홀들을 흡수·병합하여 초거대 블랙홀로 성장해 갈 것이다. 물론 여기서 말하는 '시간의 흐름'이란 우주에 존재하는 모든 국소적인 물질들이 가진 상대적인 시간을 총체적으로 파악한 시간으로서, 하나의 커다란 물질로서의 '우주 그 자체'가 가진 절대시간의 변화를 말한다.

이 경우 현상 물리학은 은하계와 비국소적인 3차원 절대공간을 한 데 뭉뚱그려서 생각하고 있음을 고려하라. 그리고 은하계 안에서는, 백색 왜성이나 중성자별의 탄생을 알리는 초신성 폭발, 새로운 블랙홀의 탄생 등의 사건들이 일어나고, 은하를 이루고 있는 시간(時間)을 가져서 관측 가능한 보통 물질 부분인 별들의 크기가 점점 감소하면서 시점(時點)만 가져서 관측할 수 없는 암흑물질들이 형성하고 있는 별이나 블랙홀들의 중력장인 동적인 4차원 시공간은 점점 확대될 것이다. 또 은하계 안에 있는 별이나 블랙홀들이 병합하는 과정에서 떨어져 나간 암흑물질들은 은하중심에 있는 초거대 블랙홀의 중력장인 동적인 4차원 시공간을 이루게 될 것이므로, 결국 증가하는 엔트로피인 따듯한 암흑물질들에 의해 은하계를 이루고 있는 보이지 않는 공간은 계속해서 점점 더 확대될 것이다.

[은하를 둘러싸고 있는 암흑헤일로]

이렇게 은하중심에 있는 초거대 블랙홀의 중력장이 확장되어 은하계를 이루고 있는 보이지 않는 공간은 계속해서 확대되면 암흑물질들은 은하를 공 모양으로 둘러싸서 은하보다도 훨씬 더 큰 암흑헤일로(halo)를 형성하므로 이에 따라 관측 가능한 은하들 사이는 점점 더 멀어지는 것으로 보일 것이다. 이 경우 태양질량의 수십만에서 수십억 배에 달하는 거대질량 블랙홀의 질량은 그 은하를 둘러싸고 있는 암흑헤일로를 포함하는 질량을 말한다.

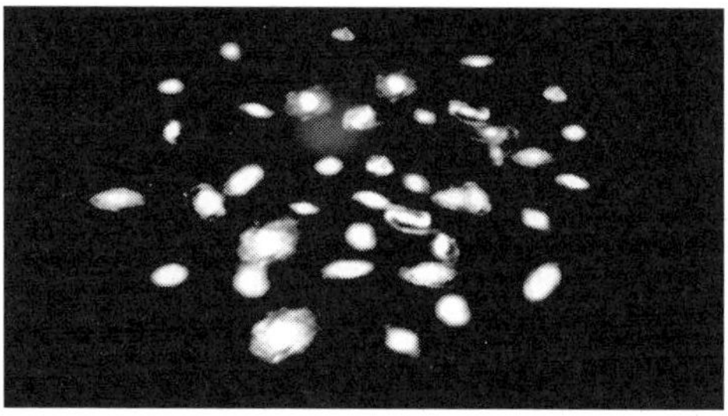

[관측 가능한 우주의 팽창]

한편 관측 가능한 우주의 거대구조가 실제 관측된 것과 같은 모습이 되려면 관측 가능한 우주가 팽창할 바깥 공간이 있어서 평탄하여야 하고(비국소적인 3차원 절대공간) 상대적인 시공간을 가진 국소적인 우주(코스모스)의 나이가 100억 년 이상이 되려면 그 국소적인 관측 가능한 우주는 가속 팽창해야 한다. 이 경우 우주 가속 팽창의 물리적 원인은 관측 가능한 보통 물질이 가진 시간의 변천에 의한 열역학 제2 법칙에 따라 엔트로피(따듯한 암흑물질)가 증가하기 때문이고, 이 증가하는 관측할 수 없는 따듯한 암흑물질들은 그것들이 형성하고 있는 은하중심에 있는 초거대 블랙홀 중력장인 동적인 4차원 시공간을 점점 확장 시킨다는 것을 의미한다.

결론적으로, 현상 물리학의 대상으로서 관측 가능한 우주인 국소적인 우주의 가속 팽창은 시간의 변천에 의한 열역학 제2 법칙인 엔트로피 증가법칙에 따라 따듯한 암흑물질들이 증가함으로 인해, 은하계의 보통 물질로 이루어진 4차원 시공간이 축

소되면서(이를 현상 물리학은 흔히 '중력수축'이라고 말한다) 관측할 수 없는 따듯한 암흑물질들이 형성하고 있는 동적인 4차원 시공간이 더 큰 비율로 확대됨에 따라 발생하는 현상이다.[221] 결국 이 절의 서두에서 말한 바와 같이, 서구 과학적 패러다임에 따른 현상 물리학적 세계관에서 말하는 국소적인 물질들로 이루어진 우주(cosmos)가 전체 우주 그 자체(universe)가 가진 절대시간의 흐름에 따라 가속 팽창하게 하는 물리적 원인은 자연법칙인 시간의 변천에 의한 열역학 제2 법칙인 엔트로피 증가 법칙이고, 그 물리적 실체는 시간의 변천에 따라 증가하는 따듯한 암흑물질(엔트로피)이다. 물론 이 경우 암흑물질은 그 필수적 두 구성요소인 암흑질량과 암흑에너지로 이루어져 있다.

---

221) 한편 실체 물리학에서는 미시세계 거시세계를 불문하고 있는 그대로의 세계인 물그 자체의 운동 변화하는 원리인 기륜 원리에 따라 모든 것을 설명하므로, 이러한 상대적인 시공간을 가진 국소적인 우주의 공간이 팽창하는 원리는 앞의 Ⅱ31. 절에서 이야기했던 바와 같이, 상대적인 시공간을 가진 국소적인 보통 물질인 세슘원자와 같은 상대적인 시공간을 가진 원자 이상의 보통 물질에도 그대로 적용된다.

‖ 40. 블랙홀 논쟁의 종결—블랙홀 실체 규명

현상 물리학에서 블랙홀(black hole)은 강력한 중력으로 인해 그 무엇도 빠져나올 수 없는 시공간 영역이라고 정의되며, 블랙홀로부터 빛조차 탈출할 수 없는 시공간의 경계를 사건 지평선(event horizon)이라고 한다. 아인슈타인이 일반상대성이론에 대한 최종 논문을 제출하고 나서 채 한 달도 지나기 전에 칼 슈바르츠실트(K. Schwarzschild)는 일반상대성이론 방정식들의 완전한 최초의 해를 구했다. 슈바르츠실트는 문제와 관련된 수학을 더 간단하게 만드는 체계로서 반지름이 R인 구면좌표계를 고안했다. 그런데 그는 자신이 고려한 별이 있는 장소인 시공간의 중심을 들여다보는 순간 이 새로운 좌표계는 심각한 위기를 맞이하게 된다는 것을 깨달았다. 그 별의 모든 질량이 아주 작은 크기로 압축되었을 때 그 가상의 점 주위에 어떤 물질도 어떤 신호나 빛도 탈출할 수 없는 구형(球形)의 공간 지역이 생겨났다. 이 슈바르츠실트 구(Schwarzschild's sphere)는 지금은 사건 지평선이라고 부른다. 그 시공간의 경계 안에서 일어나는 사건은 그것이 어떤 것이건 밖에서 관찰할 수 없는 까닭에 붙여진 이름이다.

이 경우 그 시공간의 경계 안쪽은 단순한 굴곡에 지나지 않는 것이 아니라 바닥이 없는 구덩이가 된다. 로버트 오펜하이머(R. Oppenheimer)와 하틀랜드 스나이더(H. Snyder)는 1939년 9월 1일 자 피지컬 리뷰에 발표한 논문 "연속적인 중력수축에 관하여"에서 질량이 한계에 도달한 별은 끝없이 수축을 계속하여(연속적인 중력수축) 하나의 점, 즉 밀도가 무한대이고 부피가 0

으로 압축된 특이점(singularity)으로 붕괴한다는 사실을 밝혔다. 이것은 극단적인 조건에 맞닥뜨린 일반상대성이론에 뭔가 잘못된 것이 있고, 계산에 사용한 수학이 물리학을 더는 유효하게 기술하지 못하는 영역에 들어섰다는 신호였다. 그것은 마치 어떤 수를 0으로 나누려고 하는 것처럼 난처한 상황이었다. 이 블랙홀 특이점에서는 모든 수학적 물리법칙이 완전히 무너지고 만다.[222] 일반상대성에 따르면 특이점은 시공간 곡률이 무한하게 커져 더는 시공간이 존재하지 않게 되는 지역이다. 펜로즈 정리에 따르면 블랙홀 안에는 특이점을 가져야 한다.

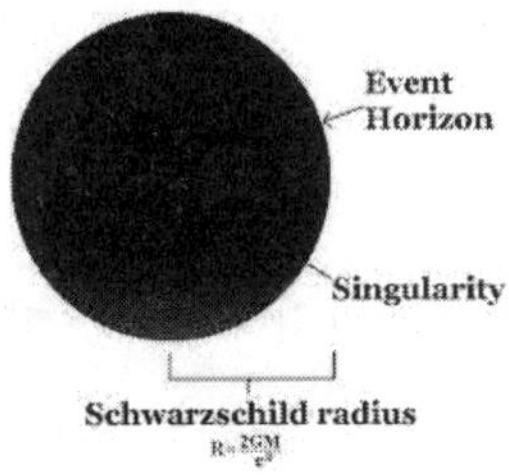

[이론적 블랙홀 구조]

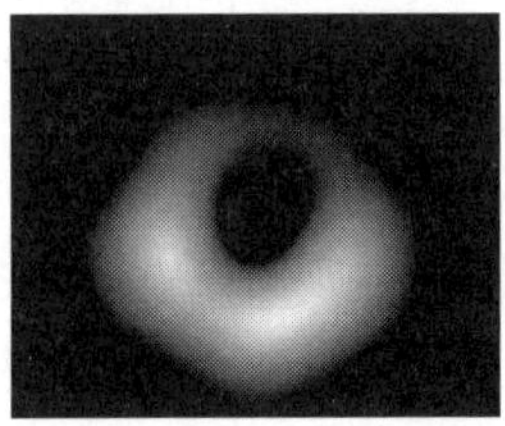

[M87 블랙홀 그림자[223]]

한편 앞서 살펴본 바와 같이 아인슈타인은 상대성이론을 통해 '시공간의 상대성'을 갈릴레오의 상대성 원리인 '속도의 상대성'에서처럼 관측과 관련된 겉보기 현상으로 생각했다. 이러한 상대성이론에 따르면 강한 중력장인 시공간의 곡률이 커지는 곳에서는 시계가 느려지는 것으로 관측된다. 우주에서 강력

222) 하지만 블랙홀 바깥의 관찰자는 물리법칙 붕괴의 영향을 받지 않는데, 빛을 포함한 어떠한 것도 특이점에서 관찰자에게 도달하지 않기 때문이다. 이러한 사실을 바탕으로 로저 펜로즈는 '우주 검열관' 가설을 제안했다. 누군가가 검열을 하는 것처럼, 특이점은 사건의 지평선에 의해서 항상 가려진다는 것이다.

223) 2019년 4월 10일 EHT(Event Horizon Telescope)팀이 인류역사상 최초로 촬영한 M87의 중앙에 있는 태양질량의 65억 배의 거대질량 블랙홀 사진을 공개했다. 블랙홀 뒤나 주변에서 온 빛이 블랙홀을 둥글게 휘감기며 형성한 고리 모양으로 촬영되었다. 이 공간은 내부의 빛이 빠져나오지 못해 형성되어 '블랙홀의 그림자'라고 불린다.

한 싱크홀인 블랙홀에서는 이 효과가 극단적으로 나타난다. 이에 대해 현상 물리학은 다음과 같이 이야기한다.

> 여기서 만약 당신이 붕괴가 시작되어 사건의 지평선 안으로 짜부라들어 블랙홀이 되기 직전에 있는 별의 표면에 기적적으로 앉아 있다고 가정해보자. 시계를 내려다보니 시간은 평소와 다름없이 정상적으로 흘러가고 있다. 하지만 바깥에 있는 우주를 바라보면, 그 사이에 수십억 년의 시간이 지나가고 있다. 블랙홀의 막강한 중력장에서 멀리 벗어나 있는 외부 관찰자에게는 당신이 사건의 지평선을 건너가는데 영원의 시간이 걸리는 것으로 보인다. 물론 당사자인 당신이 느끼는 시간 좌표계에서는 당신은 즉시 죽고 만다. 하지만 외부 관찰자가 볼 때, 당신은 사건의 지평선 가장자리에서 멈춰서서 꼼짝도 하지 않는 것으로 보인다. 외부 관찰자의 관점에서는 블랙홀 부근의 시간은 사실상 멈춘 것 같이 보인다. 블랙홀을 '얼어붙은 별'이라고 부른 것은 놀라운 일이 아니다.

상대성이론에 따르면 외부 관찰자의 관점에서 볼 때 그 별은 사실상 돌로 변한 물체나 다름없는 얼어붙은 별(frozen star)이었다. 이처럼 블랙홀을 '얼어붙은 별'로 보는 관념은 한동안 천체물리학자들의 믿음에 큰 영향을 미쳤다. 이 개념은 천체물리학자들에게 블랙홀은 현재의 우주에 아무 영향도 미치지 않는다고 가정하게 했다. 그러나 이에 대해 리처드 프라이스(R. Price)와 킵 손(Kip S. Thorne)은 "이러한 견해가 지배하는 한, 물리학자들은 블랙홀이 역동적이고 진화하며 에너지를 저장하거나 방출하는 천체라는 사실을 인식할 수가 없었다"[224]라고 말했다. 그렇다. 앞의 ‖31. 절에서 살펴보았듯이, 갈릴레오의 상대성 원리에 따른 '속도의 상대성'은 서로 다른 관성 기준계의 '관측'과 관련된 것이지만, '시공간의 상대성'에 따른 시간팽창과 공간수축은 서로 다른 관성 기준계의 관측과 관련된 겉보

---

224) 마샤 바투시액(Marcia Bartusiak) 〈블랙홀(BLACK HOLE), 블랙홀의 사생활〉, 우리말 번역본, p. 260.

기 현상이 아니다.

한편 스티븐 호킹은 물질이 블랙홀 속으로 떨어지면 블랙홀의 사건의 지평선이 항상 커진다는 것을 증명했다. 호킹은 여기서 말하기를 “블랙홀은 사건 지평선으로 알려진 경계로 특이점을 숨긴다. 사건 지평선을 넘어가면 외부로 돌아올 수 있는 것은 아무것도 없다. 더욱이 물질이 블랙홀에 빠지면 사건 지평선이 넓어진다”라면서 “시공간의 어떤 점들이 블랙홀 내부에 있고 어떤 점들이 외부에 있는지 명확한 정의가 없다”라고 했다. 블랙홀의 표면적이 증가해야 한다는 사실은 열역학 제2 법칙인 엔트로피 증가법칙과 비슷한 점이 많았다. 하지만 호킹과 그 동료들은 엔트로피와 블랙홀의 크기 사이의 유사성을 단순히 좋은 비유로만 생각했지 실제로 이 둘 사이에 어떤 연결 관계가 있다고는 생각하지 않았다. 그러나 존 휠러의 제자였던 제이콥 베켄슈타인(J. Bekenstein)은 과감하게 그 연결 관계가 실재한다는 결론을 내렸다. 그는 다음과 같이 생각했다.

> 블랙홀은 강한 중력장을 가지고 있어서 아무것도 심지어 빛조차도 벗어날 수 없다. 블랙홀에 빠진 모든 물질은 영원히 외부 세계로부터 유실된다. 그러나 이것은 열역학 법칙을 위협한다. 열역학 제2 법칙은 가장 잘 정립된 자연법칙 중 하나다. 이것은 시스템에서 엔트로피 또는 무질서 수준이 항상 증가한다고 말한다. 모든 물질은 엔트로피를 포함하기 때문에 물질이 블랙홀에 떨어질 때 무슨 일이 일어날까? 엔트로피도 물질과 함께 손실될까? 만약 그렇다면 우주의 총 엔트로피는 감소하고, 따라서 블랙홀은 열역학 제2 법칙을 위배하게 될 것이다.

베켄슈타인은 “블랙홀의 사건 지평선 넓이 자체가 엔트로피의 양”이라고 제안했다.[225] 사건의 지평선 표면적이 실제로 블랙홀 엔트로피를 직접 나타내는 척도라는 것이다. 이것은 기이

225) Bekenstein, Jacob D. (1973년 4월). “Black holes and entropy”. Physical Review D.

한 주장처럼 보였다. 고전 물리학의 관점에서 볼 때 블랙홀은 질서가 매우 높은 존재다. 블랙홀은 자신의 영향권 안에 있는 것이면 모두 중력으로 끌어당기고 절대로 밖으로 내보내지 않는다. 그래서 당시 블랙홀의 엔트로피가 '0'이 아닐까 생각한 사람들이 많았다. 블랙홀 속으로 들어간 물질은 모두 무한히 작은 점으로 압축되지 않는가? 이러한 사실 때문에 사람들은 베켄슈타인의 연구가 방향을 잘못 잡았다고 경고했다.

호킹도 처음에는 이렇게 생각했다. 호킹은 베켄슈타인의 제안에 즉각 거부감을 느꼈고, 자신의 연구가 결함투성이의 개념을 지원하는 데 사용되었다고 화를 냈다. 그리고 호킹은 베켄슈타인이 틀렸음을 증명하는 작업에 착수했다. 그러나 의도와는 다르게 그의 제안을 파괴하기보다 오히려 옳다고 확인해주게 되었다. 호킹은 자신의 유명한 책 〈시간의 역사〉에서 "베켄슈타인의 주장에 대한 분노가 일부 동기가 되었다"라고 하면서, "결국에는 그가 기본적으로 옳은 것으로 밝혀졌다"라고 썼다. 호킹이 처음에 크게 의심했던 이유는 큰 엔트로피를 가진 물체는 모두 복사를 방출해야 하기 때문이었다. 하지만 블랙홀에서는 정의상 아무것도 빠져나올 수가 없다. 그게 아니라면 혹시 빠져나오는 게 있을까? 호킹은 이 질문으로부터 자신의 이름이 들어간 이론적 업적을 이루게 된다.

호킹은 1973년 가을에 모스크바를 방문해 야코프 젤도비치와 대학원생 알렉세이 스타로빈스키(A. Starobinsky)와 대화를 나눴는데, 이 두 사람은 "특별한 상황, 즉 블랙홀이 회전할 때 회전에너지가 복사로 바뀌며 입자가 생겨난다"라고 말했다. 이러한 복사 방출은 회전하는 블랙홀이 회전을 멈출 때까지 계속 일어난다는 것이다. 호킹은 이들의 이야기에 주목하여 고민한 끝에 그전까지 도저히 양립할 수 없어 보였던 중력과 양자역학

사이에서 중요한 연결 관계가 있다고 보고, 회전하는 것이건 아니건 모든 블랙홀은 이 복사를 방출한다고 하면서, 이를 "블랙홀은 그다지 검지 않다"라고 표현했다. 이러한 내용의 그의 논문은 1974년 3월 1일 자 네이처에 실렸고, 이는 오늘날 호킹 복사(Hawking Radiation)라고 불린다.[226]

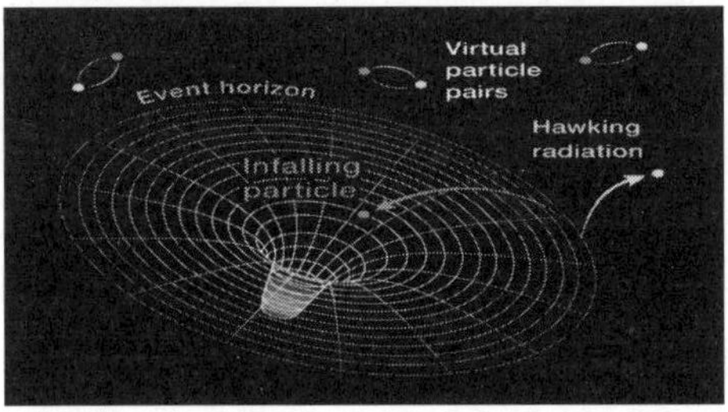

[호킹 복사 개념도/출처 S&T, Gregg Dindermann]

호킹의 블랙홀 복사이론의 요지는 이렇다. 블랙홀은 엔트로피를 가졌으므로 온도를 가진 열적 물체이며 따라서 복사를 방출해야 하는데, 일반상대성이론에 양자역학 효과인 양자 요동의 쌍생성 쌍소멸의 원리를 접목했을 때 사건 지평선 근처에서 가상입자 쌍이 생성되어 반입자는 블랙홀에 빨려들어 가고 입자는 탈출하게 된다는 것이다. 입자가 탈출하면 에너지가 방출되고 질량은 감소하므로 복사를 방출하는 블랙홀은 수축하며, 수축하면 온도는 올라가고, 이에 따라 더 빠르게 복사를 방출한다는 것이다. 그렇다면 블랙홀이 자신의 모든 에너지를 방출하면 어떻게 될까? 그것은 증발(evaporation), 곧 블랙홀의 소멸이다.

이 논문은 이전에 알고 있던 블랙홀에 대한 개념을 근본적으로 뒤흔드는 것이어서 물리학자들을 충격에 빠뜨렸다. 기존

226) Hawking, Stephen W. (1974년 3월 1일). "Black hole explosions?". Nature.

의 관점에서 블랙홀은 빛조차도 빠져나갈 수 없으므로 완벽하게 차갑고 영원히 침묵해야 했다. 그러나 이제 블랙홀은 '얼어붙은 별'에서 살아 있는 존재로 다시 태어났고 동시에 그 대가로 죽음을 맞을 수도 있게 된 것이다. 이러한 호킹의 복사이론은 현대물리학의 새 지평을 열었다.

한편 현상 물리학에 따르면 블랙홀 안으로 들어간 물질의 종류가 무엇인지 관계없이 그 물질에 대해 보존되는 정보는 질량, 전하량, 각운동량뿐이다. 이 셋을 제외한 나머지 정보들이 계속 소실된 상태로 유지되는지는 수수께끼다. 그 정보가 블랙홀 내부에 남아있다고 생각할 수도 있지만, 그 내부를 들여다보는 것은 불가능하기 때문이다. 그러나 블랙홀은 호킹 복사를 방출하면서 서서히 증발한다. 이 복사는 블랙홀을 형성한 물질에 대한 추가적인 정보를 가진 것으로 보이지는 않으며, 이는 곧 소실된 정보는 영영 사라진다는 사실을 의미한다.

이에 따라 호킹은 1976년 "중력 붕괴의 예측 가능성의 실패"라는 논쟁적인 글을 통해 비록 양자역학은 명시적으로 정보손실을 금지하지만 블랙홀이 그 질량을 방출할 때 정보도 함께 방출한다면서 "신은 우주에 주사위를 던질 뿐 아니라 때로는 그 주사위를 전혀 볼 수 없도록 던져 사라지게 만든다"라며 자신만만해했다.[227] 하지만 이런 일은 모든 정보는 보존된다는 양자역학의 근본 교리(tenet)에 반한다(블랙홀 정보 역설).

사정이 이렇게 되자, 물리학자들은 호킹의 견해에 찬성하는 쪽과 반대하는 쪽으로 나뉘어 논쟁이 시작되었고, 블랙홀 논쟁은 오늘날까지 계속되고 있다. 예컨대 로저 펜로즈와 함께 찬성파에 속하는 라파엘 부소(R. Bousso)는 "블랙홀이 정보를 잃는다는 호킹의 주장은 괄목할 만한 성과이며, 아마도 그 주제가

227) Hawking, S. W. "Does God Play Dice?". www.hawking.org.uk.

발명된 이래 물리학의 이론적 측면에서 가장 중요한 결과 중 하나"라고 말했지만, 1990년대 후반 끈 이론을 중심으로 하는 이론물리학자들은 호킹의 정보손실이 틀렸다고 주장했다. 이들은 특히 블랙홀 상보성(black hole complementarity)이라는 개념으로 블랙홀 정보 역설을 주장했는데, 이에 따라 2004년 7월 호킹은 아일랜드 더블린에서 열린 회의에서 패배를 인정했다.

그러나 지금은 많은 물리학자가 호킹이 너무 성급하게 승복했다고 말하고 있다. 왜냐하면 2012년 조셉 폴친스키(J. Polchinski) 연구팀[228]에 의해 블랙홀 방화벽 역설(Black hole Firewall Paradox)이라는 새로운 주장이 제기되어, 지금까지 알려진 물리학 법칙들이 서로 상충하며 그들 사이에 심각한 모순이 존재한다는 사실이 밝혀졌기 때문이다. 이에 따르면 i) 정보가 완전히 사라질 수 있거나 ii) 아인슈타인의 일반상대성이론의 기본 공리인 등가원리가 틀렸거나 iii) 기본 입자들과 힘의 상호작용을 설명하는 양자장론이 틀렸다는 결론이 나온다. 현대물리학의 핵심 아이디어 3개 중 적어도 한 개는 틀릴 수밖에 없게 된 것이다.

폴친스키 연구팀은 사고실험을 통해 불행히도 블랙홀 속으로 떨어지는 우주비행사에게 무슨 일이 일어날지를 질문했다. 이 상황에서 비행사는 자신의 임박한 운명을 모르고 즐겁게 사건지평선을 통과한 뒤, 점차 안쪽으로 당겨지면서 스파게티처럼 늘어날 것이고, 결국에는 무한히 밀도가 높다고 가정되는 블랙홀의 핵인 특이점(singularity)에서 짓뭉개진다는 것이 일반상대성이론에 따른 물리학자들의 오랜 생각이었다. 그러나 연구팀은

---

228) 이 연구팀은 산타바바라에서 연구하던 4명의 연구원(Ahmed Almheiri, Donald Marolf, and James Sully, all from the University of California, Santa Barbara, and Dr. Polchinski of the Kavli Institute)의 이니셜을 따서 AMPS라는 이름이 붙여졌다.

그 상황을 자세히 분석하는 과정에서 작은 규모에서 입자들을 지배하는 양자역학적 효과가 그런 상황을 완전히 바꾼다는 놀라운 사실을 깨닫게 되었다. 즉, 블랙홀의 사건 지평선이 실제로는 비행사를 바삭바삭하게 태울 에너지가 매우 높은 영역, 즉 방화벽(firewall)으로 바뀌어야 했다.

이러한 결론은 아인슈타인의 일반상대성이론과 정면으로 상충한다. 왜냐하면 일반상대성이론의 기본 전제인 등가원리에 따르면 블랙홀 속으로 떨어지든지, 텅 빈 은하계 사이의 공간을 떠다니든지, 자유낙하를 하든지 간에 우주의 어느 곳이든지 똑같은 물리법칙이 적용되므로, 사건 지평선은 특별하지 않은 장소여야 하고, 따라서 우주비행사는 사건 지평선을 통과하면서도 특별한 느낌을 받지 못한다. 그러나 양자역학적 효과를 고려하면 우주비행사는 블랙홀로 들어가면서 방화벽에 의해 구워져 소각(燒却)된다. 이것이 사실이라면 번지점프를 하면서 바닥과 충돌하기 한참 전에 이미 죽는다는 이야기가 된다. 아인슈타인의 상대성이론에 의하면 블랙홀의 핵인 특이점까지 매끄러워야 할 공간이지만, 방화벽의 존재는 사건 지평선을 특별하게 만드는 것이다.229)

블랙홀 방화벽 역설이 제기된 후, 지금까지 수많은 논문과 논쟁이 양산되고 있다. 이 논쟁으로 상대성이론 혹은 다른 오랫동안 받아들여 왔던 물리학 원리들이 버려져야 할지도 모른

229) physics.aps.org - Highlights of the year 2013 - What's Inside a Black hole?; In 2012, a group of physicists at the University of California, Santa Barbara, proposed that an observer falling into a black hole would be destroyed by a firewall at the event horizon. If such a firewall existed, they argued, it would solve certain inconsistencies in black hole theory, but the idea sparked a heated debate among theoretical physicists: firewalls violate Einstein's well-established equivalence principle, which says that an observer can't distinguish between inertial motion and free fall and therefore shouldn't be able to tell if he has passed the event horizon.

다. 물론 아직 어떤 원리를 버려야 하는지에 대해서 물리학자들 간에 일치가 이루어지지는 않았다. 또한 그들 각자의 입장도 계속 바뀌고 우왕좌왕하고 있다. 예컨대 레너드 서스킨드(L. Susskind)는 "나도 이 문제에 관한 판단이 매번 바뀐다. 이 논의들은 매우 명확하다. 하지만 아무도 어떻게 판단하고 풀어나가야 할지 모른다"라고 했고, 라파엘 부소는 "이렇게 혼란스러운 적이 없었다. 이것은 지옥으로부터 온 메뉴(menu from hell)다. 무엇을 예상해야 할지 모르겠다"라고 말한다. 그리고 방화벽 역설을 제안한 당사자인 폴친스키는 "중력에 대한 우리의 이해에 무언가 놓치거나 빠진 것이 있다는 걸 의미한다"라고 말하고 있다.[230]

한편, 2014년 호킹은 방화벽 역설을 풀기 위한 시도로, "블랙홀을 위한 정보 보존 및 일기예보"라는 제목의 논문[231]에서, "블랙홀 주변에 중력 붕괴로 인한 겉보기 지평선(apparent horizon)은 존재하지만, 탈출이 완전히 불가능하고 정보가 완전히 소실되는 사건 지평선은 존재하지 않는다"라고 주장했다. 이에 대해, 1970년대 호킹과 함께 연구했던 블랙홀 전문가 돈 패이지(D. Page)는 이러한 호킹의 생각을 이해한다면서도 "사건 지평선으로 표시될 수 있는 명확한 영역이 있는지는 말할 것도 없고, 시공간이 무엇인지에 대해서도 모호한 점이 있다"라고 말하면서, "사건 지평선이 없이도 블랙홀이 존재할 수 있다는 호킹의 제안은 수긍이 가지만, 그것만으로 방화벽 역설을 해결하기에 충분한지는 의문"이라고 덧붙였다.

230) The New York Times - A Black Hole Mystery Wrapped in a Firewall Paradox, 2013-08-13, by Dennis Overbye; Nature - Astrophysics: Fire in the hole!, 2013-04-03 (corrected 2013-04-05), by Zeeya Merali.; See references there-in. There are links of the related papers (or the preprints in ArXiv).

231) http://arxiv.org/abs/1401.5761.

자, 그렇다면, 위에서 제시된 현대물리학의 3가지 핵심 아이디어 중 어떤 것을 버려야 할까? 이 책을 여기까지 성실하게 읽은 독자라면 먼저 그 하나를 분명하게 지적할 수 있을 것이다. 그렇다. 앞의 ‖33. 절에서 살펴본 바와 같이, 일반상대성이론의 기본 공리인 등가원리가 오류이므로, 우선 그것을 버려야 한다. 아인슈타인의 등가원리는 앞에서 돈 페이지가 지적하고 있는 바와 같이 근본적으로 우주의 시공간에 대한 몰이해에서 비롯된 것이었다. 우리가 이제라도 제대로 된 물리학을 하고자 한다면, 있는 그대로의 세계로서 우주는 —연속적인 4차원 시공간이 아니라— 불연속적인 3+(4+4)의 11차원 시공간 구조를 이루어 있다는 사실을 인식할 수 있어야 한다. 그런데 그러기 위해서는 먼저 지난 2,500년 동안 지속되어온 서구식 지적 패러다임을 전복해야만 한다.

생각해 보라. 불변의 세계인 플라톤의 이상적 수학 세계를 추구하는 서구 과학적 패러다임에 따른 현상 물리학의 지식체계에서 시간과 공간을 잘 기술하고 있다는 상대성이론에 따르면, 우주는 고대 그리스인들이 사용했던 극한과 연속범위에 따라 실재하는 우주의 불연속적인 시공간들을 한 데 뭉뚱그려서 연속적인 4차원 시공간 구조를 이루고 있다. 사정이 이러하므로 앞에서 폴친스키가 말하는 "중력에 대한 우리의 이해"로서 일반상대성이론이 그리는 우주에는 사실상 이상적 수학 세계인 장방정식이 적용되는 휘어진 4차원 시공간만 존재한다. 그 시공간을 휘어지게 만든 국소적인 4차원 시공간을 가진 보통 물질은 '물 그 자체'이므로 서구 과학의 대상이 아니고 단지 형체가 없는 무형의 수학적인 부피가 없는 질량으로만 평가되며, 연속 장인 따듯한 암흑물질들이 형성하고 있는 중력장은 무한히 그 영향을 미쳐서 그 영향을 무시할 수 있는 시간에 대해 불변인 영역(비국소적인 3차원 절대공간)에서는 갈릴레오의 상대성 원리와 맥스웰의 전자기학이 적용되는 전자기장이 한데 뭉뚱그려진다.

그렇다면 이제 우리는 어떻게 해야 할까? 있는 그대로의 세계를 물리적으로 설명하는 실체 물리학을 하는 우리가 블랙홀에 관한 모든 논쟁을 말끔히 종결하기 위해서 해야 할 일은 현상 물리학이 말하는 '블랙홀(black hole)'이라고 하는 것의 물리적 실체가 무엇인지부터 살펴보아야 한다. 구체적인 이야기를 시작하기에 앞서 미리 한마디 하자면, 현대물리학은 아인슈타인의 상대성이론 덕분에 블랙홀을 알게 됐다고 떠벌리지만, 사실은 그와 정반대다. 블랙홀을 이제야 발견하게 된 이유는 아인슈타인의 상대성이론 때문이었다. 만약 아인슈타인의 상대성이론이 없었더라면 우리 인류는 블랙홀이라고 부르는 이 별의 그림자를 2019년이 아니라 적어도 100년 전에 이미 찾았을지도 모른다.[232]

블랙홀은 왜, 그리고 어떻게 생기는 것인가? 전체 우주의 관점에서 실체 물리학적 고찰 대상으로서의 물 그 자체, 즉 자연법칙인 열역학 법칙이 적용되는 태양과 같은 항성계로서 국소적인 고립계를 이루고 있는 별과 그 별의 중력장과 관련해서 지금까지 공부한 다음과 같은 내용을 상기해 보자.

> 우리는 중력은 시간의 변천에 의한 열역학 제2 법칙에 따라 구체인 항성에서 흩어져 나온 암흑물질들이 그 항성을 겹겹이 둘러싸고 층을 이루어 공전하면서 형성한 기류 공간인 중력장 안에서 발생하고, 이 경우 중력은 그 구체의 표면에 수직 방향으로 구면인 지표면에 가까울수록 암흑물질 자체의 회전하는 기류력의 세기가 커짐에 따라 발생하

---

232) 앞의 Ⅱ07. 절에서 말했듯이, 지난 2,500년 동안 지속되어온 서구식 지적 패러다임에 매몰되어 있는 한, 토머스 쿤이 말했듯 과학혁명은 결코 지식의 성장이나 진보를 보장하지 못하고 오히려 퇴보할 수도 있다.

는 것이라는 사실을 안다. 한편 모든 것의 이론 명제 7-9.에서 보듯이, 천체의 구면인 표면에 수평 방향으로 그 천체를 겹겹이 둘러싸고 층을 이루어 공전하는 암흑물질들의 그 각각의 층들이 천체의 구면인 표면에 가까울수록 그 운동량이나 운동 속도는 점점 커진다. 그리고 앞의 ‖34. 절에서 살펴본 바와 같이, 질량이 M이고 반지름이 R인 천체의 표면에서의 탈출 속력(v_e)은 $v_e = \sqrt{2GM/R}$(여기서 G는 중력 상수)이다.

한편 앞의 ‖39. 절에서 살펴본 우주의 가속 팽창의 원리에 따르면, 우주에 존재하는 모든 국소적인 보통 물질들은 그것이 가진 시간의 변천에 따른 열역학 제2 법칙의 지배를 받는다. 이 경우 열역학 제1 법칙인 질량-에너지 보존법칙이 적용되는 고립계인 항성계는 시간의 변천에 의한 보통 물질의 암흑물질화에 따라 흩어져 나온 자전하는 암흑물질들이 이루는 기류 공간인 중력장의 크기는 점점 확대되어 가고, 이에 따라 천체의 관측 가능한 보통 물질 부분은 점점 축소된다(이를 현상 물리학은 '중력수축'이라고 말한다). 이 경우 시간의 변천에 따라 그 천체를 겹겹이 둘러싸고 층을 이루어 회전하고 있는 암흑물질들의 구체 표면에서의 운동 속도는 점점 증가하게 될 것이다.

여기서 우리는 다음과 같은 질문을 할 수 있을 것이다. 그렇다면 만약에 자연법칙인 시간의 변천에 의한 열역학 제2 법칙에 따라 엔트로피 증가가 계속되고, 이에 따라 중력장을 형성하고 있는 구체인 천체의 표면에서의 공전하는 암흑물질들의 운동 속도가 점점 증가하여 빛의 속도 c를 능가하게 된다면 어떻게 될까?

그런데 문제는 아인슈타인의 광양자설과 특수상대성이론 및 아인슈타인식 질량-에너지 등가원리를 믿는다면, '광속의 극한성'을 믿어야 하고, 질서를 갖는 체계로서의 우주인 코스모스만을 다룰 수 있는 현상 물리학적 패러다임에서는 광속이 한계가 되어야 하므로, 현상 물리학을 믿는 사람들에게는 이런 질문 자체가 원천 봉쇄된다. 실제로 아인슈타인은 중력장 방정식의 해를 최초로 구한 슈바르츠실트가 처음 블랙홀의 존재를 얘기했을 때, 위와 같은 이유로 블랙홀의 존재를 부정했다.

그러나 우리는 우주의 기본 단위 물질인 암흑물질의 운동 속도가 광자의 운동 속도보다 더 빠를 수 있다는 사실을 안다. 물론 물리학의 수학적 경향이 극에 달한 20세기 이전, 그러니까 특수상대성이론이 나오기 이전에는 로런츠 변환 공식에 따른 '광속의 극한성' 따위의 이야기는 존재하지 않았다. 사실 빛조차 탈출할 수 없는 구형의 천체에 대한 개념은 이미 존 미첼(J. Michell)이 1783년 영국왕립학회의 헨리 캐번디시에게 쓴 편지에서도 발견된다. 미첼은 그 편지에 다음과 같이 썼다.

> "만약 태양과 같은 밀도를 가진 어떤 구체(球體)의 반지름이 태양의 500분의 1로 줄어든다면, 무한한 높이에서 그 구체로 낙하하는 물체는 표면에서 빛의 속도보다 빠른 속도를 얻게 될 것입니다."[233]

위 인용문에서, 우선 "어떤 구체의 반지름이 태양의 500분의 1로 줄어든다면"이라고 말하고 있는 부분은, 앞의 ‖39. 절에서 이야기한 우주 가속 팽창의 원리와 관련된 것으로서, 자연법칙인 시간의 변천에 의한 열역학 제2 법칙에 따라 항성인 별의 중력장의 크기가 점점 확대되고 그에 대응하여 관측 가능한 보통 물질 부분인 별의 크기가 점점 감소한다는 사실(현상물리학의 표현으로 '중력수축')을 말한다. 그런데 여기서 우리는 "그 구체로 낙하하는 물체는 표면에서 빛의 속도보다 빠른 속도를 얻게 될 것입니다"라고 서술하고 있는 부분에 주목할 필요가 있다. 이 말은 곧 실체 물리학적으로 구체인 천체의 표면에서의 암흑물질들의 공전하는 운동 속도가 광자의 운동 속도 c보다 빠르다는 것을 의미한다. 그렇다면 시간의 변천에 의한 열

233) Michell, J. (1784).Philosophical Transactions of the Royal Society 74 (0): 35–57.

역학 제2 법칙에 따라 항성의 표면에서의 암흑물질들의 공전하는 운동 속도가 점점 증가하여 실제로 빛의 속도 c를 능가하게 된다면 어떤 일이 벌어질까?

답부터 말하자면, 항성인 별로부터 방사되는 빛은 탈출할 수 없게 될 것이고, 따라서 그 천체는 더는 관측할 수 없게 될 것이다. 로저 펜로즈가 '우주 검열관' 가설에서 말한 바와 같이 더는 빛이 관찰자에게 도달하지 않기 때문이다. 왜 그런가? 그 물리적 원인은 무엇인가? 이 질문은 블랙홀의 '사건 지평선'에서 말하는 '사건'이 무엇이냐를 묻는 것인데, 이에 대해서는 뒤에서 설명하기로 하고, 여기서 우선 말하고 싶은 것은, 존 미첼은 이렇게 빛을 내지 않는 별을 '어두운 별(dark star)'이라고 불렀다는 점이다. 사실 관측할 수 없는 별이라는 점에서 암흑별(dark star)이라는 이름이 물리적 실체에 부합한다. 그런데 이러한 어두운 별이 아인슈타인의 상대성이론에서는 검은 구멍, 즉 '블랙홀(black hole)'이 되어버렸다. 20세기 물리학에 와서 도대체 왜 이렇게 암흑 별이 검은 구멍이 돼버렸을까?

그 근본적인 이유는 바로 현대물리학이 아인슈타인이 창조해낸 아인슈타인 광자, 즉 질량은 없고 에너지만 있어서 시간이 흐르지 않는 영생불멸의 광자를 믿고 신봉하는 데 있다. 물론 아인슈타인의 상대성이론은 바로 광양자설로부터 발원했다. 이는 곧 자연과학의 수학적 경향이 극단으로 치달아 20세기 물리학에 이르러서는 만물의 근원인 수(數) 속에 자연의 이치가 반영되어 있으며 자연은 수학적 구조로 되어 있다는 믿음이 지나쳐서 '물리학'을 위한 도구로 사용돼야 할 '수학'의 지위가 정반대로 역전되어버렸다는 것을 의미한다. 다시 말해 플라톤의 이상적 수학 세계를 구현하기 위해 물리적 세계에서의 모든 운동은 광속이 그 한계가 돼야 한다는 신념 아래 자연을 재단해서 광속보다 빠르게 운동하는 '있는 그대로의 세계'로서의 물그 자체를 실재하는 우주에서 제거해버렸다. 그 결과 우주에 구멍(hole)이 생기게 된 것이다. 그리고 그것이 바로 블랙홀(black hole)이다.

한편 구체인 별의 표면에서의 탈출 속력이 광속 c인 경우를 임계반지름이라고 하는데, 이 임계반지름이 바로 앞서 말한 일반상대성이론에 따르면 블랙홀이 형성될 수밖에 없는, 즉 우주에 구멍에 생길 수밖에 없는 슈바르츠실트 반지름($R=2GM/c^2$)이다. 여기서 슈바르츠실트 반지름이 가지는 '가상의 구(球)'의 표면을 사건의 지평선(event horizon)이라고 하는데, 사건의 지평선 내부는 관측할 수 없어서 검게 보이는 것일 뿐, 사실 아무것도 없는 빈 구멍(hole)이 아니다. 현상 물리학에서 말하는 블랙홀에서 슈바르츠실트 반지름을 가진 '가상의 구'를 실체 물리학의 관점에서 보면, 그것은 단지 광자가 그 블랙홀의 표면을 통해서 탈출할 수 없어서 우리가 그 블랙홀이라는 물리적 실체를 관측할 수 없다는, 즉 'dark'하다는 것일 뿐이다.

하지만 그 물리적 실체는 열역학 제2 법칙인 시간의 변천에 따라 그 암흑 별을 이루고 있는 시간을 가진 보통 물질을 이루는 원자핵들이 모두 붕괴하여 따듯한 암흑물질(열, 엔트로피)로 변해버리기까지는 여전히 시간을 가진 보통 물질인 별이다. 요컨대 블랙홀은 단지 외부에서 관측할 수 없는 보통 물질인 별이고, 따라서 빅뱅 이전의 특이점과는 달리, 블랙홀 특이점은 우주에 실재하지 않는다. 그리고 보통 물질인 암흑 별이 가진 시간이 모두 붕괴하여 그 수명을 다하면 그 별은 증발해버린다. 물론 이 경우 흩어져 방사되는 암흑물질들은 주위에 있는 다른 블랙홀에 포섭될 것이다.

그동안에는 일반상대성이론 전문가만이 블랙홀을 연구했지

만, 지금은 양자물리학자들도 블랙홀에 큰 관심을 보인다. 이들은 모든 힘의 통일이론에 대한 단서가 바로 양자역학의 미시 우주가 일반상대성이론의 거시 우주와 직접 맞닥뜨리는 핵심 경계인 사건의 지평선에서 발견될지 모른다고 생각하기 때문이다. 그렇다면 '사건의 지평선'에서 그 '사건(event)', 즉 관측할 수 없어서 현상 물리학적으로는 무슨 일이 벌어졌는지조차 알 수 없는 '사건'이란 도대체 무엇을 말하는 것일까?

그것은 바로 블랙홀이라고 불리는 암흑별의 표면을 통해서 방출되는 광자[234]들이 그 빛의 운동 속도보다 더 빠르게 운동하여 그 회전하는 기류력의 세기가 매우 큰 암흑물질들과 부딪쳐 충돌함으로써 시간 1개를 가진 광자가 붕괴, 즉 그 시간이 변천하여 시점만 가진 두 개의 따듯한 암흑물질(열, 엔트로피)로 변화하는 일을 말한다. 이 경우 블랙홀이라는 암흑별의 표면은 사건의 지평선을 말하고, 이 사건에 의해서 빛이 붕괴하여 암흑물질로 변해서 소멸해버린 까닭에 그 빛이 우리 눈에까지 오지 못하여 그 사건 지평선 안쪽을 볼 수 없게 되는 것이다. 이것이 바로 블랙홀의 사건 지평선에서 일어나는 사건의 진상(眞相)이다. 그리고 이 사건은 곧 2012년에 제안된 방화벽 역설에서 말하는 바로 그 '방화벽(firewall)'이 발생하는 실체 물리적 원인이기도 하다.

그러나 아인슈타인이 창조해낸 질량(시간)은 없고 에너지만 있는 광자는 시간이 없어서 시간이 흐르지 않는 영생불멸의 존재임을 굳게 믿고, 이에 기초하여 만들어진 상대론적 양자역학의 양자장론에서 암흑별을 표현하기 위해서는, 우주를 이루고 있는 시공간에 구멍(hole)을 낼 수밖에 없다. 왜냐하면 질량이 없고

---

234) 우리는 광자가 암흑물질 2개가 결합하여 이루어져서 전자기력을 발생하여 관측할 수 있는 1개의 시간을 가진 보통 물질임을 안다.

시간이 없어서 영생불멸하는 광자는 우주 어디에도 존재하지 않고 또 존재할 수도 없는 것이기 때문이다. 또한 블랙홀의 사건 지평선에서의 '사건(event)'은 시간(time)을 가진 보통 물질인 광자가 시점(timing)만 가진 암흑물질로 변화하는 사실을 말하는 것이므로, 관측할 수 있는 시간을 가진 보통 물질만을 시간 안에서 기술할 수 있는 수학적 형식 물리학을 추구해 온 지금까지의 현상 물리학의 지식체계가 붕괴한다는 것을 의미한다.

여기서 이제 우리는 다음과 같은 질문을 할 수 있을 것이다. 그렇다면 빛조차 탈출할 수 없는 시공간의 경계인사건 지평선이 말하는 '시공간의 경계'란 무엇인가? 사건의 지평선인 시공간의 경계란 실체 물리학에서 말하는 열역학 법칙이 적용되는 고립계를 이루고 있는 4+4의 시공간의 경계, 다시 말해 현대물리학에서 블랙홀이라고 일컬어지고 있는 보통 물질인 암흑별이 이루는 '4차원 시공간'과 그 암흑별 주위를 겹겹이 둘러싸고 층을 이루어 공전하는 따듯한 암흑물질들이 형성하고 있는 기류 공간인 그 암흑별의 중력장으로서 '동적인 4차원 시공간'의 경계를 말한다.

그렇다면 여기서 우리는 다음과 같은 질문을 할 수 있을 것이다. 베켄슈타인과 호킹이 주장한 블랙홀 열역학, 즉 블랙홀의 사건의 지평선 면적은 증가하기만 하고 줄어들지는 않으며 그것은 엔트로피를 나타낸다는 말은 타당한가? 타당하다. 하지만 문제가 있다. 여기서 우리가 주목해야 할 점은 블랙홀의 사건 지평선은 "빛조차 빠져나오지 못하는" 시공간의 경계를 말하는데, 블랙홀 열역학과 관련해서 베켄슈타인과 호킹이 말하는 것은 거꾸로 "블랙홀에 물질이 빠졌을 때" 엔트로피가 증가하고 사건 지평선 면적이 넓어진다는 것이다. 바로 여기서 매우 중대한 문제가 발생하게 된다. 그리고 이 문제는 바로

2014년에 호킹이 겉보기 지평선(apparent horizon) 운운하면서 겉보기 지평선은 존재하지만 사건 지평선은 존재하지 않는다는 주장과 관련된 것이기도 하다.

잘 알려져 있다시피, 호킹은 일반상대성이론과 그에 따른 블랙홀 전문가다. 그런데 그가 왜 아인슈타인의 상대성이론이 잘 정립했다는 시공간에 대해서 이렇게 우왕좌왕하는 것일까? 그 이유는 바로 아인슈타인의 상대성이론 자체에 있다. 일반상대성이론은 질량이 큰 물체가 평평한 공간에 놓이면 그 공간을 휘어지게 하고 이 휘어진 공간이 중력 현상을 발생시킨다고 말한다. 그리고 이 휘어진 시공간을 기술하는 기하학인 리만 기하학으로 중력을 기술한 것이 아인슈타인의 중력이론인 일반상대성이론의 중력장 방정식이다. 이처럼 상대적인 시공간을 기술하는 아인슈타인의 상대성이론에서 시공간은 휘어진 시공간인 4차원 시공간만 등장한다.

평평한 공간을 휘어지게 만든 질량이 있는 물질은 그 자체가 4차원 시공간을 이루고 있음에도 불구하고 그것은 물 그 자체이므로 서구 과학의 대상이 아니고 단지 그 관측량인 부피가 없는 0차원의 질량이라는 물리량으로만 평가되며, 그 질량이 있는 물질이 놓이는 비국소적 3차원 절대공간인 평평한 공간은 수학자들에게 익숙한 연속범위의 개념에 따라 휘어진 시공간인 중력장의 영향이 무한히 미치고 그 영향이 무시되는 영역에 불과하다. 따라서 일반상대성이론의 시공간에는 사건의 지평선이 될 수 있는 '시공간의 경계', 즉 불연속적인 시공간이 존재하지 않는다. 특수상대성이론을 포괄한다는 일반상대성이론의 기본 전제인 등가원리에 따르면, 블랙홀 속으로 떨어지든지, 텅 빈 은하계 사이의 공간을 떠다니든지, 자유낙하를 하든지 간에 우주의 어느 곳에서나 물리법칙은 똑같다.

여기서 우리가 주지해야 할 것은 우주의 시공간 구조를 지금까지의 서구 과학적 패러다임에서처럼 연속적인 4차원 시공간으로 보는 한, 그 연속적인 4차원 시공간에는 불연속적인 '시공간의 경계'가 존재할 수 없으므로 현상 물리학의 이론으로는 시공간의 경계인 사건 지평선이 존재할 수 없다는 사실이다. 앞에서 1970년대부터 호킹과 함께 블랙홀을 연구해왔던 돈 패이지(D. Page)가 상대성이론에 따르면 "사건 지평선으로 표시될 수 있는 명확한 영역이 있는지는 말할 것도 없고, 시공간이 무엇인지에 대해서도 모호한 점이 있다"라고 말하는 이유가 바로 여기에 있다.

그러나 우리가 공부하고 있는 실체 물리학의 모든 것의 이론에 따르면, 실재하는 우주는 '암흑에너지'로 이루어져서 시간과 무관한 비국소적인 3차원 절대공간 안에, 시간을 가져서 관측 가능한 4차원 시공간을 이루고 있는 국소적인 '보통 물질'인 별은 그 시간의 변천에 의한 엔트로피 증가 법칙에 따라 그 보통 물질 내부에서 흩어져 나온 시점만 가진 '따듯한 암흑물질들'이 서로를 맞대고 질서정연하게 운동하여 기류 공간인 동적인 4차원 시공간으로서 중력장을 형성하고 있어서, 불연속적인 3+(4+4)의 11차원 시공간 구조를 이루고 있다. 따라서 실체 물리학에 따르면 우주를 이루고 있는 시공간은 구조적으로 '시공간의 경계'가 두 개 존재한다. 여기서 이제 여러분은 '빛조차 빠져나오지 못하는' 시공간의 경계로서 블랙홀의 사건 지평선(4+4, 즉 4차원 시공간의 닫힌계와 중력장인 동적인 4차원 시공간의 경계)과 '블랙홀에 물질이 빠졌을 때' 엔트로피가 증가하여 사건 지평선의 면적이 증가한다는 블랙홀 엔트로피 법칙에서 말하는 시공간의 경계인 사건 지평선(3과 (4+4), 즉 비국소적인 3차원 절대공간과 국소적인 물질의 고립계인 4+4의 시공간의 경계)이 서로 다르다는 것을 분명히 인식할 수 있을 것이다.

한편 현상 물리학에 따르면 블랙홀은 매우 높은 밀도와 강력한 중력을 가져서 빛조차도 탈출할 수 없는 시공간 영역이라고 정의된다. 그런데 앞서 살펴본 바와 같이 블랙홀은 그 중력장을 형성하고 있는 따듯한 암흑물질(엔트로피)들의 회전하는 기류력의 세기가 그 별의 표면에서 광속보다 더 빠르게 운동하고 있을 때 생긴다. 따라서 블랙홀의 기류 공간인 중력장을 형성하고 있는 암흑물질들 자체의 회전하는 기류력은 엄청나다. 이러한 블랙홀은 그 중력장을 이루고 있는 회전하는 기류에 얽혀든 물질들을 빨아들일 수 있는데, 빨려 들어간 물질들이 블랙홀의 중력장을 형성하고 있는 따듯한 암흑물질들의 회전하는 기류력에 의해 블랙홀을 이루고 있는 별의 표면에 도착하면 광속보다 더 빠르게 운동하고 있는 회전하는 암흑물질들과 충돌하여 붕괴하면서 따듯한 암흑물질(엔트로피)로 변해버린다.

이 경우 블랙홀의 중력장 주변의 물질이 블랙홀의 회전하는 기류에 얽혀 빨려 들어가 블랙홀의 표면인 사건 지평선으로 가까이 갈수록 그 물질과 상호작용하는 암흑물질들 자체의 회전하는 기류력의 세기가 점점 커지므로, 암흑물질들과의 상호작용으로 붕괴하는 보통 물질로부터 방출되는 빛은 블랙홀의 사건 지평선에 다가가면서 그 광자 자체의 회전반경이 점점 작아져서 일으키는 파장이 점점 짧아지는, 즉 광자의 운동에너지와 진동수가 점점 커지면서 다양한 파장의 광선(전파, 적외선, 가시광선, 자외선, 엑스선, 감마선 등)들이 만들어지는데, 이 경우 서로 다른 운동량을 가진 광자들이 블랙홀의 기류 공간을 궤도 운동을 하여 형성된 이른바 '광자포획 반지름'이라 불리는 거리 바깥에서 발생한 빛들은 도망칠 수 있어서 밝게 빛나게 된다. 그리고 블랙홀의 사건 지평선에 다다른 매우 높은 운동에너지를 가진 감마선 이상의 광자는 결국 매우 강한 암흑물질들의 회전하는 기류력과 상호작용으로 인해 두 개의 암흑물질들로 붕괴하게 되고, 이렇게 생긴 암흑물질들이 형성하는 그 블랙홀의 중력장의 표면적은 점점 커지게 된다.

정리하자면, 블랙홀이라고 불리고 있는 암흑별은 그 중력장과 함께 열역학 법칙이 적용되는 고립계인 항성계를 이루고 있으므로, 블랙홀의 중력장 안으로 빨려 들어간 물질들이 사건 지평선에 이르는 동안 붕괴하여 발생한 따듯한 암흑물질들(엔트로피)로 인하여 블랙홀의 중력장을 이루고 있는 구면은 점점 확대된다(우주 가속 팽창의 원리, 블랙홀 열역학 제2 법칙). 그리고 이 경우 블랙홀 중력장은 동적인 4차원 시공간으로서 항성계 밖의 비국소적 3차원 절대공간과 구별되어 시공간의 경계를 이루는 바, 바로 이 시공간의 경계가 블랙홀 열역학의 엔트로피 법칙에서 말하는 사건 지평선이다.

그러나 안타깝게도 상대성이론의 전문가로서 상대성이론에 따른 연속적인 4차원 시공간의 우주 구조를 믿고 신봉할 수밖에 없었던 호킹은 평생을 서구 과학적 패러다임에 매몰되어 있을 수밖에 없었고, 따라서 블랙홀과 그 블랙홀의 중력장에 관한 실체 물리학적 구조를 알 수 없었다. 다만, 그가 생각할 때 열역학 제2 법칙이 적용됨은 분명해 보이므로 블랙홀의 중력장인 휘어진 4차원 시공간과 3차원 절대공간 사이의 시공간 경계를 블랙홀의 사건 지평선이라고 잘못 인식할 수밖에 없었고, 이러한 오인 아래 나온 것이 '호킹 복사'라고 알려진 그의 블랙홀 복사이론이다. 그가 블랙홀 복사이론에서 양자 요동, 즉 3차원 절대공간에 떠돌아다니는 가상의 입자들인 차가운 암흑물질들이 서로 만나 충돌할 때 적용되는 쌍생성·쌍소멸의 법리를 사용한 이유도 바로 이 때문이다.

사정이 이러하므로, 블랙홀 열복사의 결론 자체는 맞지만, 그것을 설명하기 위해 쌍생성·쌍소멸의 법리를 사용한 것은 잘못이다. 그래서 어떻게 되었는가? 호킹은 2014년 논문에서, 방화벽 역설을 제기한 방화벽이 진정한 블랙홀의 사건 지평선을 가리키는 듯한 상황이 되자, 그동안의 잘못을 깨닫고 옛날에 잘못 사용했던 '사건 지평선' 이름을 그대로 두고 그것은 존재하지 않으며, 따로 '겉보기 지평선' 운운하게 된 것이다. 어쨌든, 호킹은 상대성이론에 따른 연속적인 4차원 시공간 구조 아래서는 존재할 수 없는 두 개의 시공간 경계를 오랜 세월 고민하다 생을 마감하고 말았다고 우리는 말할 수 있을 것이다.

한편 블랙홀 방화벽 역설을 제기한 이론이 블랙홀의 사건 지평선이 불연속적인 시공간의 경계를 이루고 그것이 운동에너지가 매우 높은 영역으로서 우주비행사를 태워버려서 열(따듯한 암흑물질=엔트로피)만 남기는 방화벽(firewall)이 되어야 한다는 사실을 깨닫게 된 것은, 앞서 설명한 블랙홀의 사건 지평선에서의 '그 사건의 진상'을 현상 물리학자들에게 알리는데 단서를 제공했다는 점에서 매우 높이 평가해야 할만하다. 하지만 그렇다고 해서 양자물리학이 옳다거나 일반상대성이론보다 더 낫다는 것은 아니다. 양자역학은 시간이 무엇이고 공간이 무엇이며 장이 무엇인지 알지 못한다. 게다가 앞의 여러 절을 통해 설명한 바와 같이, 광양자설과 아인슈타인식 질량-에너지 등가원리에 대한 굳은 믿음에서 출발한 상대론적 양자역학에 따른 양자장론은 너무나 문제가 많다. 특히 방화벽 역설의 이론에 의해 버려야 할 현대물리학의 핵심 아이디어 중 정보 보존 문제도 여기에 해당한다. 20세기 양자역학을 믿는 사람들은 이에 관하여 다음과 같은 이야기를 한다.

예를 들어 톨스토이의 안나 카레니나 책이 블랙홀 속에 빨려 들어 갔다고 하자. 그 책은 산산이 부서져 블랙홀 일부로 있다가, 호킹 복사 현상에 의해 에너지(열)로 방출될 것이다. 그 책의 질량은 방출하는 복사 에너지와 똑같다. 즉, 에너지는 보존된다. 하지만 블랙홀이 방출하는 복사(열)에는 특정 물질의 정보가 들어 있지 않다. 그렇다면 책의 정보, 즉 책에 담긴 '안나 카레니나'의 내용은 어디로 갔을까? 정보손실은 양자역학의 근본적인 신조에 반한다. 양자물리학은 모든 입자의 모든 미래와 과거가 인과적으로 파악될 수 있어야 한다고 요구한다. 다른 말로 현재가 과거에 대한 정보를 항상 보존한다는 단일성(unitarity)의 원리가 지켜져야 한다. 그러나 블랙홀의 증발은 '안나 카레니나'가 인쇄된 책을 수프처럼 만들어버리고 '안나 카레니나'의 내용을 복구 불가능하게 지워버린다.

이를 블랙홀 정보 역설(Blackhole Information Paradox)이라 한다. 그러나 아인슈타인이 플랑크의 양자가설을 오해하여 창조해낸 우주에는 실재하지 않고 실재할 수도 없는 '질량이 없고 에너지만 있는' 영생불멸의 광자를 믿는 상대론적 양자역학과 양자장론은 관측 가능한 보통 물질만을 다루는데, 그 최소 보통 물질은 광자다. 상대론적 양자역학에 기반한 입자 물리학의 표준모형이 중력이나 우주의 기본 단위 물질인 암흑물질에 대해서 알지 못하는 이유가 바로 여기에 있다. 정보가 구체적으로 무엇인지에 대해서는 나중에 자세히 논하겠지만, 정보 보존은 시간을 가져서 관측할 수 있는 보통 물질들 내에서만 가능하다. 그래서 현상 물리학은 가장 빠른 정보 전달 속도를 보통 물질 중 가장 작은 질량을 가진 광자의 운동 속도인 광속이라고 말하는 것이다.

그러나 그러한 정보는 빛조차 탈출할 수 없는 블랙홀의 사건 지평선에서의 사건, 즉 관측 가능한 보통 물질인 빛이 암흑물질로 변화하는 엔트로피 증가 과정에서 사라진다. 광자는 영생불멸의 존재가 아니다. 지금까지의 양자역학은 불변의 세계인 플라톤의 이상적인 수학 세계에서 바라본 물리적 세계상, 즉 피타고라스의 우주 개념인 질서를 갖는 체계로서의 우주를 기술하기 위하여 시간과 정보를 가질 수 있는 관측 가능한 '보통 물질'만을 다루어 온 까닭에 정보가 보존된다는 것이 하나의 신념체계로서 교리가 되었을 뿐이다.

‖ 41. 중력파의 물리적 실체—따뜻한 암흑물질

현상 물리학은 중력파(重力波, gravitational waves)에 대해 다음과 같이 말한다. 질량이 있는 물체가 가속운동을 하면 주변의 시공간을 휘어지게 하고, 이때 발생한 시공간의 일렁임이 그 가속하는 물체의 계로부터 바깥쪽으로 파동의 형태로 전파되며, 그 전파속도는 빛의 속도와 같다. 중력파는 전자기파처럼 파동을 전달하는 매질이 없으며 물질과도 거의 상호작용하지 않는다. 먼 거리까지 방해 없이 전파될 수 있지만, 그만큼 측정이 어렵다. 중력파의 존재는 1905년에 앙리 푸앵카레가 처음 제안[235]했고 1916년 아인슈타인의 일반상대성이론에서 중력파의 존재가 예측된 이래로 간접적으로만 그 존재가 확인되었으나, 최근에 그 존재를 직접 관측하는 데 성공하였다.

중력파는 빛의 속도로 1년 가야 하는 거리(1광년)에서 겨우 머리카락 1개 굵기만큼 변화하는 정도로 미세하게 시공간을 요동시키기 때문에 관측하기가 거의 불가능하다. 하지만 두 블랙홀의 충돌사건처럼 거대중력에 격동이 일어날 때 엄청난 에너지와 함께 생성돼 날아온 중력장의 파동이 지구를 지나가는 경우 지구의 시공간도 아주 미세하게라도 영향을 미칠 것이라 예상되었다. 그리고 마침내 2016년 이 신호를 레이저 간섭계 중력파 관측소(LIGO)[236]에서 관측하는 데 성공했고, 이후 계속해

---

235) Membres de l'Académie des sciences depuis sa création : Henri Poincaré. Sur la dynamique de l' électron. Note de H. Poincaré. C. R. T. 140(1905) 1504-1508.

236) 라이고는 양성자 크기의 1,000분의 1(즉 10^{-22}m)의 변화도 측정 가능한 정도의 정밀도를 가진다.

서 두 블랙홀의 충돌에 의한 중력파의 관측과 검출이 있었으며, 특히 2017년 8월에 관측한 중력파는 최초로 두 중성자별[237]의 충돌에 의한 것이었다.

여기서 실체 물리학을 공부하는 우리는 다음과 같은 의문을 제기할 수 있을 것이다. 그렇다면 두 블랙홀이나 중성자별들의 충돌에서 중력파가 발생하는 물리적 원인은 무엇이고 중력파의 물리적 실체는 무엇일까? 중력파 발생 현상에 대해 현상 물리학은 다음과 같이 이야기하고 있다.

> 두 개의 블랙홀이 쌍을 이루어 서로를 공전하게 되면 그로 인해 중력파가 발생하면서 에너지를 상실한다. 두 블랙홀은 긴 시간 동안 가까워지다가 서로 충돌해서 더 무거운 하나의 블랙홀이 된다. 이때 블랙홀의 질량 일부는 에너지로 바뀌어 충돌 마지막 순간에 강력한 중력파를 방출한다. 중력파는 빛의 속도로 전달되는 횡파로서 중력파원(GW sources)이 되는 움직이는 물체나 계(界)로부터 바깥쪽으로 이동하며 퍼져나간다.

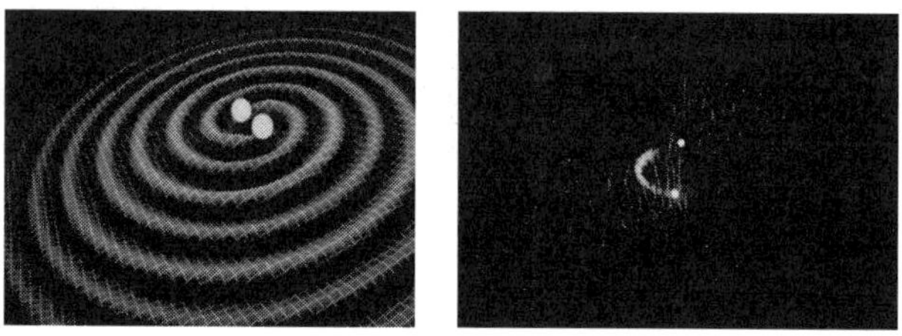

[블랙홀 충돌과 중력파 개념도/출처: NASA, ESA]

그러나 중력파에 대한 이러한 현상 물리학의 설명에 대해서는, 실체 물리학을 공부하는 우리는 적어도 세 가지 점에서 의문을 제기할 수 있을 것이다.

---

237) 중성자별은 초신성 폭발 후에 남은 잔해가 뭉쳐서 형성되는 천체로, 전체가 중성자로 구성된 하나의 원자핵이나 마찬가지다. 작은 크기에도 불구하고 질량은 태양보다 커서 그 표면 중력은 빛의 속도로만 겨우 탈출할 수 있는 수준이다. 만약 이보다 더 질량이 커지면 그때는 빛조차도 빠져나오지 못하는 블랙홀이 된다.

그 첫째는, 두 개의 블랙홀이 쌍을 이루어 서로 공전하면서 서로 가까워지다가 서로 충돌해서 중력파를 방출하고 하나의 무거운 블랙홀로 병합된다는데, 도대체 왜, 어떻게, 무슨 힘이 작용해서 두 블랙홀이 쌍을 이루어 서로를 공전하다가 더 무거운 하나의 블랙홀로 병합되는 것일까? 지금까지의 현상 물리학은 이에 대하여 그 어떤 물리적 설명도 없다. 두 블랙홀 사이에 중력이 작용하는 것인가? 아니다. 뉴턴 이래 지금까지의 현상 물리학이 생각하는 것처럼 두 블랙홀 사이에 '인력으로서의 중력'이 작용한다면 서로를 일직선으로 끌어당겨서 병합해야지 그 전에 두 블랙홀이 쌍을 이루어 서로를 공전할 필요가 없다. 도대체 왜 두 블랙홀이 병합하기 전에 쌍을 이루어 서로를 공전하는 것으로 관측될까?

우리는 실체 물리학을 공부했으므로 위 질문에 대해 다음과 같은 물리적인 설명을 할 수 있다. 그 물리적 이유는 두 블랙홀의 중력장, 즉 관측할 수 없는 따듯한 암흑물질들이 형성하고 있는 기륜 공간의 회전 방향이 서로 같아서 그 기륜들이 서로 얽혀 끌어당기는 기륜력의 섭력으로 상호작용하고 있기 때문이다. 두 블랙홀의 기륜이 서로 얽혀 끌어당기고 있는 까닭에 쌍성계를 이루어 서로를 공전하고 있는 것처럼 보이는 것이며, 블랙홀들의 회전하는 기륜 공간이 서로 얽혀 끌어당겨 병합되는 과정에서 그 두 블랙홀의 중력장인 기륜 공간을 형성하고 있는 암흑물질들이 일부 떨어져 나가 3차원 절대공간에 방사되는바, 이것들이 중력파의 물리적 실체이다.[238)]

중력파에 관한 현상 물리학의 설명에서 두 번째 문제는 "블랙홀의 질량 일부가 에너지로 바뀌어 중력파를 방출한다"라고

238) 예컨대 2017년에 네 번째로 검출된 중력파의 경우, 각각 태양질량의 31배와 25배인 두 블랙홀이 태양질량 53배인 블랙홀로 병합한 사건에서, 태양질량의 3배 질량을 가진 암흑물질들이 중력파로 떨어져 나간 것이다.

해석은 옳지 않다는 점이다. 모든 물질은 두 필수적 구성요소인 질량과 에너지가 양적 등가로 이루어져 있다. 이 경우 우주의 근본 물질로서 암흑물질은 암흑질량과 암흑에너지로 이루어져 있다. 따라서 두 블랙홀이 병합하는 과정에서 손실되는 질량은 두 블랙홀의 기류 공간인 중력장을 형성하고 있던 암흑물질의 구성요소로서의 질량이고, 그 변환되었다는 에너지 역시 그 손실된 질량을 가지고 있는 암흑물질을 구성하고 있는 에너지다. 그러므로 결국 중력파의 물리적 실체는 우주의 기본 단위 물질인 암흑물질이다.

마지막으로 중력파에 관한 현상 물리학의 설명에 대해 제기할 수 있는 문제점은 다음과 같다. 앞의 중력파의 개념도에서 보듯이, 현상 물리학은 흔히 중력파는 호수에 돌을 던지면 일어나는 파문과 유사해서 "중력의 잔물결(gravitational ripples)" 또는 "시공간의 일렁임"이라고 이야기한다. 그렇다면 생각해 보자. 가령 직육면체의 모양의 돌을 잔잔한 호수에 던지면, 수면파가 동심원을 그리며 퍼져나간다. 이 경우 현상 물리학은 물은 이동하지 않고 에너지만 이동한다고 말한다. 현상 물리학에서 파동은 한 지점의 에너지가 매질의 진동을 통해 전달되는 현상이다. 그러나 이러한 현상 물리학적 지식에도 불구하고 타고난 정상적인 사유 능력을 잃지 않은 사람이나 있는 그대로의 세계를 알고 싶은 사람이라면, 다음과 같은 두 가지 질문을 할 수 있을 것이다.

i) 직육면체의 돌을 호수에 던졌는데, 왜 수면파는 동심원을 그리면서 퍼져나가는가?
ii) 수면을 따라 이동하는 국소적인 에너지의 물리적 실체는 무엇인가?

수면파는 다음과 같은 물 그 자체의 내재적 속성에 따른 운동·변화하는 기륜 원리에 따라 나타나는 현상이다. 물 그 자체의 운동 변화를 물리적으로 설명하기 위해서는 먼저 '물 그 자체'를 있는 그대로 통찰할 수 있어야 하는데, 잔잔한 호수에 돌을 던질 때, 그 '돌'은 국소적인 보통 물질인 고립계로서 자연법칙인 열역학 법칙이 적용된다. 따라서 돌이라는 고립계는 자연 상태에서 그 돌이 지닌 시간의 변천에 의한 열역학 제2법칙인 엔트로피(따듯한 암흑물질들) 증가 법칙에 따라 그 보통 물질에서 흩어져 나온 관측할 수 없는 암흑물질들이 열역학 제1법칙인 질량-에너지 보존법칙에 따라 그 닫힌계인 보통 물질(돌) 주위를 겹겹이 둘러싸고 회전하면서 형성한 기륜 공간인 중력장을 포함한다. 물론 우리는 모든 것의 이론 명제 7-2.가 말하고 있듯이, 원자 이상의 모든 보통 물질의 외부 주위에는 중력장이 형성된다는 사실을 안다. 관측 가능한 보통 물질인 사람도 주위에 중력장이 형성돼 있다. 예컨대 피겨스케이팅 선수가 회전할 때, 손발을 움츠리면 빠르게 회전할 수 있는 물리적 이유는, 보통 물질인 사람의 몸 주위에 중력장이 형성돼 있어서 각운동량이 보존되는 까닭에(모든 것의 이론 명제 7-9. 참조) 손발을 움츠리면 빠르게 회전할 수 있다.

그렇다면 이제 위 질문에 답해보자. 먼저 질문 ⅰ)과 관련하여, 잔잔한 호수에 정육면체의 돌멩이를 던졌을 때, 관측할 수 있는 두 보통 물질인 돌멩이와 물이 서로 충돌해서 퍼져나가는 수면파는 사각형이 아닌 동심원을 그리며 퍼져나간다. 왜 그럴까? 그 물리적인 이유는 시간(질량, 수명)을 가진 보통 물질인 돌멩이가 가진 내부질량수만큼의 외부에너지가 그 돌멩이를 겹겹이 둘러싸고 층을 이루어 회전하면서 형성한 기륜 공간의 회전하는 기륜력 때문이다. 여기서 우리가 주지해야 할 사실은 모든 물질은 입자성과 파동성을 동시에 가지고 있는데, 내부에 질량(입자성)을 가진 물질의 외부에너지의 회전하는 기류력으로 인해 주위에 파동을 일으키는 내재적 속성이 바로 '물질의 파동성'이라는 점이다. 그리고 이 경우 '첨벙~' 소리(음파)가 우리 귀에 들리는 것은 지구 중력장이라는 동적인 시공간을 형성하고 있는 암흑물질들을 매질로 하여 우리 귀에 전달된 것이며, 동심원을 그리며 퍼져나가는 물결은 그 물이라는 보통 물질인 속한 지구라는 시공간과 함께 지구 중력장이라는 암흑물질들이 형성하고 있는 동적(動的, dynamic)인 시공간의 일렁임이다.

호수의 수면(水面)은 실체 물리학적으로 말하자면, 관측 가능한 보통 물질인 지구라는 닫힌계를 이루고 있는 4차원 시공간과 암흑물질들이 형성하고 있는 지구 중력장이라는 동적인 4차원 시공간의 경계, 즉 서로 다른 속성을 가진 물리적 실체가 이루고 있는 두 4차원 시공간을 나누는 시공간의 경계다. 지구가 공 모양의 구체임에도 바닷물이 우주공간으로 흩어지지 않고 지구에 붙어 있는 이유는 지구 중력장을 형성하고 있는 암흑물질들이 지구 주위를 겹겹이 둘러싸서 서로를 맞대고 질서 정연하게 회전하면서 기류 공간인 중력장을 형성하고 있기 때문이다. 이것은 곧 지구 중력장을 형성하고 있는 암흑물질들이 빽빽하게, 적어도 물 샐 틈 없이 견고하게 서로를 맞대고 지구 주위를 공전하고 있다는 사실을 알려주는 증거이기도 하다.

그렇다면 이제 질문 ii)와 관련하여, 동심원을 그리며 국소적으로 이동하는 에너지의 물리적 실체는 무엇일까? 이는 곧 내가 돌멩이를 손에 쥐고 호수에 던질 때, 열역학 제2 법칙인 엔트로피 증가 법칙에 따라 보통 물질인 나의 몸에서 흩어져 나온 암흑물질들이 나의 몸을 겹겹이 둘러싸고 공전하면서 형성한 기류 공간을 거쳐 보통 물질인 돌멩이의 기류 공간에 일시 포섭되었다가, 수면과 부딪쳐 충돌하면서 그 돌멩이의 기륜 공간을 이루고 있는 암흑물질들 일부와 함께 떨어져 나간 수많은[239] 암흑물질들이 지구의 수면 위로 방사되어 퍼져나가는 것이다. 수면을 따라 이동하는 국소적인 에너지(암흑물질들)가 생긴 원천은 어디에 있는가? 내가 힘을 써서 돌멩이를 던졌기 때문이다. 내가 돌멩이를 손에 쥐고 얼마나 세게 던지느냐에 따라 파동을 이루는 암흑물질들의 양(내가 돌멩이를 던지면서 소모되어 나온 엔트로피의 양과 그 돌멩이에서 떨어져 나간 엔트로피 양)이 달라진다.

요컨대 수면을 따라 이동하는 것은 비국소적인 순수한'에너지'가 아니라 국소적인 '암흑물질들'이다. 우주에 실재하는 것은 물질이고, 물질의 필수적 두 구성요소인 질량이나 에너지는 따로 존재할 수 없다. 매체(medium)를 통해 이동하는 것은 언제나 국소적이어야 하고 그것은 필수적 두 구성요소인 질량과 에너지가 양적 등가로 이루어진 국소적인 '물질(matter)'이어야만 한다. 따라서 현상 물리학에서 수면을 따라 이동하는 '에너지'라고 말하는 것의 물리적 실체는 우주의 근본 물질인 1개의 암흑질량과 등가인 1개의 암흑에너지로 이루어진 암흑물질들이다.

한편 이러한 원리는 두 보통 물질인 블랙홀이나 중성자별들의 병합과정에서 발생하는 중력파의 경우에 그대로 적용된다. 그리고 이 경우 비국소적인 3차원 절대공간 등 일정한 매체(媒體, medium) 속을 이동하는 국소적인 물질의 이동속도는 그 물질의 질량에 반비례하는데, 광자는 우주의 기본 단위 물질인 암흑물질 두 개가 결합하여 이루어진 것이므로 암흑물질의 2배의 질량을 가졌고, 따라서 현상 물리학이 중력파라고 말하는 물리적 실체인 암흑물질의 운동 속도는 빛의 운동 속도보다 빨

239) 예컨대 태양으로부터 쏟아져 나오고 있는 중성미자들(암흑물질들)만 해도 지표면 1cm²에 초당 650억 개나 된다.

라야 한다.

실제로 지난 2017년 10월 16일 라이고(LIGO)와 비르고(Virgo) 과학 협력단의 발표에 따르면, 국제 공동연구팀이 중성자별 충돌에 의한 중력파(GW170817)를 검출함은 물론, 이후 감마선, 엑스선, 가시광선의 전자기파를 통해서 이 중력파를 발생한 천체를 포착하는 데 성공했다. 이를 통해 중성자별 충돌의 증거로 예측되었던 킬로노바(Kilonova) 현상[240]과 그 진행 과정도 규명할 수 있었다. 그런데 이 중성자별 충돌 현상에 의한 중력파를 3곳에 있는 검출기에서 관측했는바, 이 중력파는 약 100초간 지속되었고, 중력파가 종료하고 약 2초 후(즉 최초 중력파 검출 후 102초 경과 후)에는 2초간의 짧은 감마선 폭발 현상이 두 개의 서로 다른 우주 전파망원경에 포착됐으며, 이어 중력파가 종료하고 약 11시간 후에는 칠레에 있는 천문대 등에 의해 GW170817 사건이 일어난 은하 NGC 4993이 발견되면서, 중력파를 발생한 천체의 위치(지구에서 약 1억 3,000만 광년 떨어진 은하)를 정확히 파악할 수 있게 되었다.[241]

중성자별 충돌에 의한 중력파 검출사건에서 우리가 주목해야 할 것은 지구에서 중력파 관측 후 얼마의 시간이 지난 다음에야 전자기파를 관측하여 중력파를 방출한 은하(NGC 4993)를 포착할 수 있었다는 사실은 곧 우주공간에서 광자(전자기파)의 운동 속도가 암흑물질(중력파)의 운동 속도보다 더 느리다는 것을 보여 주는 천문학적인 관측의 증거라고 말할 수 있다. 따라서 앞으로 천문학자들이 중성자별 충돌사건에 따른 중력파를 검출할 경우, 광속의 극한성이라는 그릇된 고정 관념에 얽매이지

240) 초신성 폭발 후 그 중심에 중성자별이 생겨난다. 신성(nova)의 1,000배 정도의 에너지를 내는 현상이란 뜻의 킬로노바는 신성과 초신성 사이에 해당하는 에너지를 내는 현상이다. 이제까지 이론적으로만 알려졌던 킬로노바가 관측으로 설득력 있게 증명된 것은 이번이 처음이다. 주 에너지원은 중성자를 빠른 속도로 포획해 만들어지는 무거운 원소(금이나 백금)가 붕괴하는 과정에서 나오는 것으로 알려져 있다. 한편 신성보다 100만 배 밝은 천체를 '초신성 또는 메가노바(Meganova)'라 한다.

241) 이 사건은 중력파를 통해 GW170817이 중성자별 수준 질량의 천체임을 확인했고, 중성자별 충돌 결과로 예측됐던 킬로노바 현상과 특이한 감마선 폭발 현상을 전자기파 신호 관측으로 확인함으로써 중성자별 충돌 현상에 대한 관측증거를 확보한 데 그 의의가 있다.

않고, 그 측정 결과를 기존 과학적 패러다임에 구애됨이 없이 사실대로 말한다면, 전자기파를 일으키는 광자의 운동 속도와 중력파를 일으키는 암흑물질의 운동 속도 중 어느 쪽이 진정 더 빠르게 운동하는지 알 수 있는 날이 올 것이다. 그리고 그 날은 곧 현상 물리학이 우주의 기본 단위 물질인 암흑물질의 실체를 발견한 날이 될 것이다.

∥42. 이중슬릿 실험 결과와 현대물리학의 한계

현상 물리학은 물체가 운동방정식을 따라서 움직이면 입자이고, 좁은 틈을 통과할 때 회절하는 현상을 보이면 파동이라 한다. 이 경우 입자는 두 개의 입자가 동시에 한자리에 있는 것이 불가능하고, 파동은 동시에 한자리에 있으면서 보강되어 커지기도 하고 상쇄되어 없어지기도 하는 간섭현상을 보인다. 그렇다면 빛은 입자일까 파동일까? 현상 물리학에서는 뉴턴의 입자설이 지배적이었으나 1801~1803년 토머스 영(T. Young)은 이중슬릿 실험을 통해 빛의 파동성을 입증했고, 1923년 아서 콤프턴은 전자산란 실험을 통해 빛의 입자성을 증명했다. 그러자 1924년 드브로이는 파동이라고 여겼던 빛이 입자가 될 수 있음에 착안하여 전자와 같은 입자도 파동일 수 있다는 물질파를 주장하였고, 이는 1927년 클린턴 데이비슨과 레스터 거머가 실험을 통해 증명되었다.

입자인 전자가 파동일 수 있다는 이 실험 결과는 입자와 파동을 서로 대립적이어서 양립할 수 없는 것으로 여겼던 기존의 물리학적 상식을 뒤흔들어 놓았고, 이것은 아직도 풀리지 않은 수수께끼가 되었다. 한편 미시세계를 다루는 양자역학에서 쿼크, 전자, 뮤온, W 보손 등 소립자들은 질량이 없는 에너지 덩어리인 광자와 마찬가지로 모두 파동함수로 기술된다. 그런데 토머스 영이 빛을 가지고 했던 이중슬릿 실험을 이 입자들을 가지고도 할 수 있다. 물질의 이중성을 나타내는 이중슬릿 실험은 양자역학의 핵심이다. 20세기 양자역학은 이 실험 결과에 대한 해석으로부터 탄생했다. 그래서 리처드 파인먼은 "양자역학의 모든 것이 이중슬릿 실험 속에 들어 있다"라고 했다.

전자의 이중슬릿 실험은 전자의 원천인 전자총으로 전자를 인접한 위치에 설치한 두 개의 슬릿(slit, 갈라진 틈)이 있는 차단벽에 쏘아 슬릿을 통과하고 형광 센서 스크린에 어떤 흔적이 나타나는지 관찰하는 실험이다. 이러한 전자의 이중슬릿 실험 결과와 그에 대한 현상 물리학의 해석은 다음과 같다.

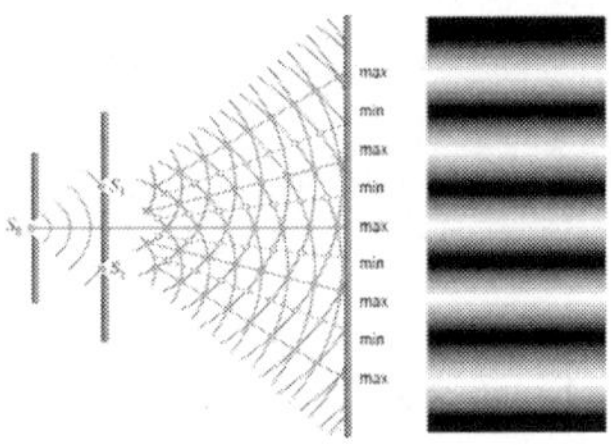

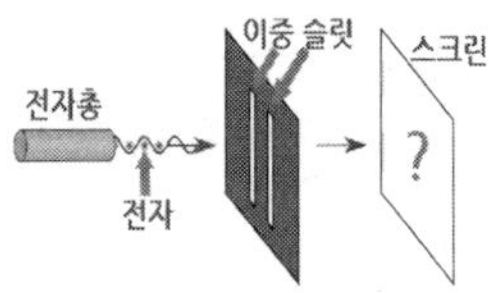

[영의 빛의 이중슬릿 실험] [전자의 이중슬릿 실험]

i) 전자총으로 한 번에 대량의 전자를 연속적으로 발사할 때, 슬릿을 한 개만 열면 센서 스크린에 가우스의 종 모양의 전자 분포가 나타났지만, 두 개의 슬릿을 모두 열면 센서 스크린에 여러 줄의 간섭무늬(밝은 부분과 어두운 부분의 무늬)가 나타났다. — 이러한 결과는 파동의 간섭 속성들과 정확히 일치하는 현상이다. 이는 전자를 파동이라고 생각하면 설명할 수 있었다.

ii) 이번에는 전자를 한 번에 한 개씩 계속해서 발사했다. 여기서 기묘한 현상이 발생했다. 이 실험을 오랫동안 계속하면서 개별 전자들이 도달한 위치에 관한 데이터를 모두 종합하면 파동에서 나타나는 것과 같은 간섭무늬가 나타난 것이다. 센서를 이용한 측정 결과 전자는 어느 하나의 슬릿만 통과했다. 즉, 1,000개의 전자를 발사했을 때 1,000개의 점을 관찰할 수 있었지만, 그 형태는 간섭무늬를 이루고 있었다. 개별적으로 날아간 전자가 어디에서 관찰될지는 변덕스러워서 예측할 수 없었다. — 이 경우 기존의 물리학적 상식으로는 점 덩어리나 두 슬릿에 의한 두 줄의 무늬가 나타나야 했다. 그러나 간섭무늬가 나타난 것은 하나의 전자가 입자이자 파동처럼 행동하는 것인데, 이는 도저히 이해할 수 없는 현상이다.

물리학자들은 기존의 이론과 해석을 모두 동원하여 머리를 맞댔지만, 이 실험 결과를 설명할 수 없었다. 실험 결과는 파동이라 하기에도 입자라고 하기에도 애매했다. 간섭이 생기기 위해서는 복수의 전자가 두 개의 슬릿 모두를 동시에 통과해야만 가능했다. 하지만 한 번에 하나씩 발사되는 전자는 어느 한 슬릿만 지난다. 한 개의 전자만으로 간섭현상을 발생시키는 것은 불가능하다. 전자를 입자인 것으로 생각하면 입자인 하나의 전자는 둘 중 하나의 슬릿만 통과하므로 설명할 수 없다. 전자가 파동으로 나아간다고 생각할 수 있지만, 센서를 이용한 관측 결과 전자는 어느 하나의 슬릿만 통과했으므로 전자는 입자여야 했다. 그렇다면 전자가 어느 슬릿을 통과하고 어떻게 움직이는지는 직접 관찰함으로써 알 수 있을 것이므로, 전자의 이동 경로를 관찰하기로 했다.

iii) 하지만 관찰 장비를 갖추고 전자를 관찰했더니 더는 간섭무늬가 나타나지 않았다.

이 실험 결과를 어떻게 설명해야 할까? 관찰이라는 행위 자체가 전자의 운동을 확정해버린 것이다. 이에 대한 양자역학의 표준해석인 코펜하겐 해석의 기본적인 사유와 인식은 다음과 같다. 개별 전자는 두 슬릿이 모두 열려 있는지 아닌지를 아는 듯하다. 그러나 우리는 개별 전자가 어느 슬릿을 통과했는지 모른다. 이 불명확성 또는 불가지성(不可知性)에서 간섭무늬가 비롯된다. 만일 슬릿 하나가 막히면 간섭무늬가 나타나지 않고 심지어 우리가 탐지기로 전자들이 어느 슬릿을 통과하는지 측정하기만 해도 간섭무늬는 나타나지 않는다. 간섭무늬는 개개의 전자가 어느 슬릿을 통과했는지를 우리가 모를 때에만 나타난다.

이러한 사유와 인식 아래 코펜하겐 해석은 전자의 이중슬릿 실험 결과를 다음과 같이 해석했다. 전자는 파동과 같아야 한다. 간섭무늬라는 것은 두 개의 슬릿을 동시에 빠져나간 파동에 의해 만들어진다. 따라서 하나의 전자는 두 슬릿을 동시에 통과해야 한다(상태의 공존, 중첩상태). 전자를 하나 쐈을 때 어디서 관측될 것인지는 간섭무늬의 형태에 따른다. 즉, 전자 한 개를 쏴서 관측되는 위치는 파동의 간섭무늬 형태를 따른다. 그러므로 센서 스크린의 간섭무늬는 입자가 발견될 위치를 알려주는 확률파동이다. 이것은 수면파와 같이 에너지를 전달하는 파동의 의미와는 전혀 다르고, 전자가 어디 있을지의 확률이 수면파처럼 파동의 형태를 이루고 있다.

원천에서 임의의 단일 전자는 하나의 양자 파동인 파동함수(ψ)에 대응한다. 그 양자 파동은 파동의 수학을 따르며 평범한 파동처럼 두 슬릿 모두를 통과하고 간섭한다. 그러므로 슬릿 두 개가 다 열렸을 경우, 탐지 스크린에서의 파동함수는 두 성분의 합, 즉 슬릿 1에서의 파동함수와 슬릿 2에서의 파동함수의 합이 된다. 여기서 슬릿 1 또는 슬릿 2에서의 파동함수는 각각 슬릿 1과 슬릿 2를 통과하는 전자에 대응하는 파동함수이고, 센서 스크린의 특정 지점 P에서 전자를 탐지할 확률은 위 센서 스크린에서의 파동함수의 절댓값 제곱이다. 이러한 코펜하겐 해석의 주요 내용을 정리하면 다음과 같다.

i) 양자계의 상태는 파동함수 Ψ(프사이)로 기술된다. 이는 관측자가 가진 양자계에 대한 정보를 의미한다.

ii) 양자계의 상태에 관한 서술은 근본적으로 확률적이다. 파동함수의 절댓값 제곱($|\Psi|^2$)은 입자가 발견될 확률이며 측정값에 대한 확률밀도함수이다.

iii) 측정할 수 없는 것은 존재하지 않는 것이다. 모든 물리량은 측정할 때만 의미가 있다. 즉, 물리량은 객관적인 양이 아니라 측정 행위와의 상호작용의 결과여서 측정과 분리된 물리량은 존재할 수 없다. 그리고 비가환적(교환법칙이 성립하지 않는) 관계에 있는 물리량들(위치와 운동량, 시간과 에너지)은 하이젠베르크의 불확정성 원리(不確定性原理, uncertainty principle)에 따라 동시에 정확히 측정될 수 없으며 그 한계는 정량적으로 존재한다.

iv) 양자계에서 물질은 파동-입자 이중성을 보인다. 실험적으로 물질이 파동의 성질과 입자의 성질을 모두 가지는 것으로 밝혀졌다. 하지만 동시에 두 가지 성질을 가지는 것은 아니며, 입자처럼 행동할 때는 파동의 성질이 사라지고 파동처럼 행동할 때는 입자의 성질이 사라진다. 이를 상보성 원리(相補性原理, complementarity principle)라 한다.

v) 측정이 파동함수의 붕괴로 표현되는 불연속적인 양자 도약(quantum jump)을 가능케 한다. 양자물리학적으로 허용된 상태들은 불연속적인 특정한 물리량만 가질 수 있다. 따라서 한 상태에서 다른 상태로 변하기 위해서는 한 상태에서 사라지고 동시에 다른 상태에서 나타나야 한다.

vi) 상태에 대한 양자역학적 서술은 대상의 계가 거시적인 계로 갈수록 그에 대한 고전 역학적 서술과 가까워진다. 이를 대응원리(對應原理, correspondence principle)라 한다.

결국 양자역학의 표준해석인 코펜하겐 해석에 따르면, 파동이 보강되는 곳에서는 전자가 발견될 확률이 높고 상쇄되는 곳에서는 전자가 발견될 확률이 낮다. 전자가 어디에서 발견될 것인지는 우연에 의해서 정해진다. 아무도 전자가 어디에 위치하는지 어떻게 운동하고 있는지 정확하게 예측할 수 없다. 관측 전에는 전자 한 개가 확률파동으로서 여러 공간에 퍼져 있는 중첩상태에 있다가 관측하면 전자는 하나의 파동으로 수축하고 이 하나의 파동이 입자가 된다. 이것이 20세기 양자 이론에서 말하는 '양자상태'라고 하는 개념이다. 이 개념에 따르면 개별 전자는 이 상태에 있는 것도 아니고 저 상태에 있는 것도 아닌 혼합 상태, 즉 양자상태의 중첩(重疊, superposition)에 있다. 양자역학의 괴기스러움의 본질은 개별 전자가 슬릿을 통과하면서 파동처럼 간섭한다는 사실에 있다.

사정이 이러하므로, 코펜하겐 해석의 창시자 닐스 보어조차 "양자역학을 연구하면서 머리가 어지럽지 않은 사람은 양자역학을 제대로 이해하지 못한 것이다"라고 말했고, 리처드 파인먼은 "양자역학을 이해한 사람은 아무도 없다고 자신 있게 말할 수 있다"라고 하면서 "우리는 고전적인 방법으로는 해석할 수 없는 절대로 불가능한 현상을 연구하려고 하고 있고, 이 현상은 양자역학의 핵심을 담고 있다. 사실 이 현상에는 수수께끼만이 있을 뿐이다. 우리가 이 현상의 원리를 설명한다고 해서 그 수수께끼를 사라지게 할 수는 없다"라고 했다. 특히 로저 펜로즈는 "이론이 실험과 믿을 수 없을 만큼 일치하고 동시에 심오한 수학적 아름다움을 가졌지만, 그것은 전혀 말이 되지 않는다"[242]라고 갈파했다. 물론 양자역학의 해석이 언어 논리적으로 모순이 없는 명제의 지위를 획득했더라면, 그것은 말이 되어서 '말할 수 있는 것'이 되었을 것이고, 그것을 말하면 세상 사람들 모두가 이해하고 수긍하며 감복했을 것이다.

242) "While the theory agrees incredibly with experiment and while it is of profound mathematical beauty, it makes absolutely no sense."

‖ 43. 불확정성 원리와 파동함수 붕괴의 물리적 원인

양자화된 물리량을 파동함수를 이용하여 다루는 양자역학은 물리량의 양자화와 물질의 이중성이라는 두 가지 사실의 발견 위에 성립되었다. 입자인 전자가 파동의 성질을 가진다는 드브로이의 물질파이론이 실험적으로 증명되었을 때, 입자인 전자를 파동으로 다루면 어떨까 하는 생각으로 파동함수를 이용하여 전자와 같은 입자들이 가지는 물리량을 분석하는 방법을 연구했던 에르빈 슈뢰딩거는, 1926년 전자를 파동으로 다루어 전자의 상태를 나타내는 파동함수[243]를 구할 수 있는 방정식을 만들었다. 슈뢰딩거 방정식[244]은 전자와 같은 입자들이 가지는 물리량에 대한 정보를 가지고 있는 파동함수를 구할 수 있는 미분방정식이며[245] 뉴턴의 운동방정식 $F=ma$의 양자 버전이라고 할 수 있다. 하지만 슈뢰딩거 방정식을 풀어서 얻을 수 있는 것은 입자의 위치와 속도가 아니다. 어떤 조건 아래에서 전자가 운동하고 있을 때 슈뢰딩거 방정식에 이 조건을 대입하여 해를 구하면 전자가 어떤 물리량을 가지고 어떻게 운동하고 있는지에 대한 정보를 가지고 있는 파동함수를 구할 수 있다.

---

243) 입자는 위치를 시간에 대한 함수로 나타낼 수 있고, 파동은 주기적으로 변하는 어떤 양을 시간과 공간에 대한 함수로 나타낸다. 물결파는 주기적으로 변하는 양이 수면의 높이이며, 전자기파는 전기장과 자기장이 주기적으로 변하는 양이다. 물질파에서 주기적으로 변하는 양을 Ψ(프사이)로 표현하며, 파동함수(wave function)라고 한다.

244) $-\frac{\hbar^2}{2m}\frac{d^2\psi(x)}{dx^2}+V(x)\psi(x)=E\,\psi(x)$.

245) 슈뢰딩거의 역학은 빛을 전자기장으로 기술하는 것과 비슷하게, '전자'라는 입자를 파동으로 표현한다. 이 점을 제외하면, 슈뢰딩거의 이론은 다른 물리학 이론과 비슷하게 미분방정식으로 되어 있었으므로 하이젠베르크의 행렬 역학보다 훨씬 더 환영을 받았다.

그런데 문제는 그리스어 Ψ(프사이)로 표기되는 이 파동함수가 나타내는 것이 무엇이냐 하는 것이다. 슈뢰딩거는 방정식을 풀어서 구한 파동함수는 말 그대로 전자의 파동을 나타내는 파동함수라고 생각했다. 전자가 파동의 성질도 가지고 있다면 전자 파동을 나타내는 파동함수가 있다는 것은 이상할 것이 조금도 없었다. 그러나 막스 보른(M. Born)은 파동함수를 확률함수라고 해석했다.

예를 들어 슈뢰딩거 방정식을 풀어서 e_1이라는 에너지를 가지는 상태를 나타내는 파동함수 ψ_1, e_2의 에너지 상태를 나타내는 파동함수 ψ_2의 해를 구할 수 있다고 할 때, 슈뢰딩거는 ψ_1은 e_1의 에너지를 가지는 전자의 파동을, 그리고 ψ_2는 e_2의 에너지를 가지는 전자의 파동을 나타낸다고 생각했다. 그러나 보른은 ψ_1은 전자가 e_1의 에너지를 가질 확률을 나타내고, ψ_2는 전자가 e_2의 에너지를 가질 확률을 나타내는 확률함수라고 새롭게 해석한 것이다. 보른에 해석에 의하면 실제 전자의 위치는 알 수 없고 확률로만 존재한다. 양자역학의 표준 해석인 코펜하겐 해석은 이러한 보른의 해석을 따른다.

사정이 이러하므로, 코펜하겐 해석에 따른 양자역학은 양자 현상을 수학적으로 계산하고 실험적으로 예측하는 데에는 성공했으나, 양자 현상을 개념적으로 이해하는 일은 막연하고 때로는 절망적이었다. 덴마크의 코펜하겐에서 보어와 하이젠베르크는 이 문제의 해결을 위해 집중적인 논의를 계속했지만 뚜렷한 결과를 얻지 못했다. 그리고 1927년 마침내 들고나온 것이 바로 베르너 하이젠베르크의 불확정성 원리(uncertainty principle)와 닐스 보어의 상보성 원리(complementarity principle)다.

보어가 코펜하겐 해석에 따른 양자역학의 이해를 도모하기 위해 제시한 상보성 원리는 양자 현상의 입자와 파동의 이중성 및 위치와 운동량의 불확정성을 이해하는 인식론적 토대를 제시한 것이다. 그는 상보성을 자연법칙에서 요구되는 필수 불가결의 논리적 도구가 된다고 보았다. 상호모순이면 둘 중 하나만 참이고 다른 것은 거짓으로 버려야 하는 것이 보편적 논리인데, 미시세계에서는 이러한 보편논리가 맞지 않는다는 것이다. 이러한 상보성 원리에 따라 대립적인 입자적 성질과 파동적 성질은 서로 상보적이어서 이 둘은 서로를 배제하므로 물질이 입자처럼 행동할 때는 파동의 성질이 사라지고 파동처럼 행동할 때는 입자의 성질이 사라진다는 것이다.

한편 보어와 함께 코펜하겐 해석의 공동창시자인 하이젠베르크가 제안한 불확정성 원리는 양자역학의 표준해석인 코펜하겐 해석의 확률적 해석으로부터 얻어지는 근본적인 결과다. 불확정성 원리는 어떤 물체의 위치와 운동량을 동시에 정확하게 측정하는 것은 불가능하다는 주장으로서, 위치가 정확하게 측정될수록 운동량의 불확정도는 커지게 되고 반대로 운동량이 정확하게 측정될수록 위치의 불확정도가 커지게 되므로 입자의 위치와 운동량은 동시에 정확히 측정할 수 없다는 것이다. 이것을 수식으로 표현하면 다음과 같다.

$$\Delta x \bullet \Delta p \geq \frac{\hbar}{2}$$

이 식에서 Δx는 위치의 오차를 나타내고 Δp는 운동량의 오차를 나타내며, $\hbar$(에이치 바)는 플랑크 상수 h를 2π로 나눈 값이다. 불확정성 원리는 입자의 위치와 운동량뿐 아니라 시간과 에너지 사이에서도 적용되며, 관측행위의 순서가 관측하고자 하는 행위에 영향을 주는 양자 현상의 특징을 함축한다. 교환관계가 성립하지 않는 두 연산자에 의한 관측을 연속적으로 수행하는 경우, 즉 한 번의 관측을 수행한 후 다른 관측을 수행할 때 두 관측 순서를 바꾸면 각각은 다른 결과가 얻어지게 된다. 이것은 처음 관측으로 인해 상태가 변화하게 되어 다음 관측에서는 처음과 같지 않은 상태에 대해 측정을 수행하기 때문에 발생하는 현상인데, 이렇게 초기 상태가 관측으로 인해 다른 상태로 바뀌는 것을 '파동함수의 붕괴(wave function collapse)'라 한다.

하이젠베르크가 이러한 불확정성 원리를 설명하기 위해 고안했던 방법은 이른바 하이젠베르크의 현미경이라고 불리는 다음과 같은 사고실험이었다.

> 현미경으로 전자를 관측하기 위해서는 전자에 충돌한 빛이 현미경으로 들어와야 한다. 전자를 관측하기 위해 진동수가 큰 광자, 즉 운동량이 큰 빛을 쏠 경우, 전자의 위치는 정확히 측정할 수 있지만, 광자와 충돌한 전자의 속도가 큰 폭으로 변하게 되어 전자의 운동량 측정이 부정확해진다. 반대로 전자를 관측하기 위해 진동수가 작은 광자를 쏠 경우, 광자의 충돌이 전자의 운동량에 큰 영향을 주지 않지만, 광자는 관측자에게 전자의 위치를 정확히 전달해 줄 수 없다. 즉 현미경에 사용하는 빛의 진동수가 클수록 해상도가 높은데, 작은 진동수를 가진 빛을 사용했기 때문에 전자의 위치에 대한 해상도가 그만큼 떨어진다. 이와 같은 서로 다른 두 상황에 의해 전자의 위치와 운동량을 동시에 정확히 아는 것은 불가능하다.

한편 하이젠베르크는 1927년 불확정성 원리에 관한 논문[246]에서, 불변의 세계인 플라톤의 이상적 수학 세계를 구현하는 서구 과학적 패러다임에 기반한 현상 물리학적 사유와 인식에 따라 "물리학은 눈에 보이는 요소, 곧 관측량 사이의 관계를 형식적으로 서술하는 일만을 담당하며 이 형식적인 관계가 바로 가시적인 내용의 전부"라고 말하고 있다. 이 말의 취지를

---

246) Heisenberg, Werner (1927). "Über den anschaulichen Inhalt der quantentheoretischen Kinematik und Mechanik". 〈Zeitschrift für Physik〉 43 (3): 172–198. doi:10.1007/BF01397280.

온전히 파악하기 위해서는, 1926년 10월 슈뢰딩거와 보어 사이에 벌어진 이른바 '이론의 가시성 논쟁'을 알 필요가 있는데, 여기서 슈뢰딩거가 말하고자 하는 '이론의 가시성'이란 물리 이론이라면 반드시 그 물리적 과정을 가시적인 형태로 표현할 수 있어야 한다는 것이다.[247]

앞의 ‖42. 절에서 살펴본 바와 같이, 코펜하겐 해석은 측정할 수 없는 것은 존재하지 않는 것이고, 모든 물리량은 측정할 때만 의미가 있다고 말한다. 물리량은 객관적인 양이 아니라 측정 행위와의 상호작용의 결과여서 측정과 분리된 물리량은 존재할 수 없다. 따라서 코펜하겐 해석에 따르면 거시세계와 미시세계를 나누는 관점을 기반으로 양자상태는 측정 여부에 따라서 사후에 결정된다. 따라서 오늘날 양자역학은 미시세계를 기술하기 위해서는 연산자가 필요하다고 본다. 거시세계에서는 물리법칙이 직접 객관적인 물리량들의 관계를 표현하지만, 미시세계에서는 객관적인 물리량이 아닌 추상적인 양을 상태벡터와 연산자로써 표현한다.

잘 알려져 있다시피, 양자역학의 성립에 상당한 공헌을 한 막스 플랑크, 아인슈타인, 드브로이, 슈뢰딩거 등은 이러한 코펜하겐 해석을 죽을 때까지 받아들이지 않았다. 이들은 무작위적인 것처럼 보이는 것들은 우리가 아직 그것들 사이의 인과관계를 이해하지 못하기 때문에 그렇게 보이는 것일 뿐이라고 생각했다. 이들은 자연법칙에 확률을 개입시키는 것을 싫어했다. 코펜하겐 해석에 동의할 수 없었던 슈뢰딩거와 아인슈타인은 오랫동안 편지를 주고받으며 양자물리학에 대한 의견을 교환했고, 마침내 1935년 그 둘은 코펜하겐 해석을 반박하는 아주

247) 나중에 자세히 논하겠지만, 여기서 말하는 슈뢰딩거의 '이론의 가시성'은 최한기가 말하는 "앎은 유형의 물리적 실체를 이루어야 한다"라는 '앎의 형체 이론'과 비슷하다고 말할 수 있다.

중요한 사고실험을 각각 제안했다. 슈뢰딩거가 제안한 고양이 역설과 아인슈타인이 그의 동료 포돌스키, 로젠과 함께 제안한 것으로, 이들의 이름 머리글자를 딴 EPR 역설이 그것이다.

여기서 우선 슈뢰딩거의 고양이 역설에 관한 사고실험부터 살펴보자. 슈뢰딩거는 1935년 독일에서 발간된 "자연과학"이라는 잡지에 다음과 같은 내용이 포함된 글을 실었다.

> "다음과 같이 우스꽝스러운 경우를 생각해 보자. 고양이 한 마리가 철로 만들어진 상자 안에 갇혀있다. 이 상자 안에는 방사선을 검출할 수 있는 가이거 계수관과 미량의 방사성 원소가 들어 있다. 방사성 원소의 양은 아주 적어서 한 시간 동안에 한 개의 원자가 붕괴할 확률과 한 개도 붕괴하지 않을 확률이 각각 50%이다. 만약 방사성 원소가 붕괴하면 가이거 계수관이 방사선을 감지하게 되고, 그렇게 되면 스위치가 작동되어 연결된 망치가 시안화수소(HCN)산이 들어있는 병을 깨트려서 고양이에게 치명적인 시안화수소산이 흘러나오도록 하는 장치가 되어 있다. 이 상자를 한 시간 동안 방치한 후에 고양이의 상태에 대해서 어떤 이야기를 할 수 있을까?"

[슈뢰딩거의 고양이 사고실험]

위 실험에는 방사성 원자와 고양이 한 마리가 등장한다. 고양이는 밖에서 보이지 않는 상자 속에 들어 있고, 원자는 A 상태일 수도 있고 B 상태일 수도 있다. 원자가 A 상태라면 그림 속 기계장치는 움직이지 않지만, 원자가 B 상태라면 기계가 움직여 독약(HCN)이 든 병을 깬다. 그리고 고양이는 숨을 거둘 것이다. 그렇다면 원자가 현재 A, B로 결정되지 않은 중첩상태라고 가정한다면, 상자 속 고양이는 살아있는 것인가 아니면 죽어 있는 것인가? 슈뢰딩거는 이 고양이 사고실험을 통해, 코펜하겐 해석이 주장하는 미시세계의 현상은 거시세계에서는 일어나지 않고 거시세계에서 일어날 수 없는 현상은 미시세계에서도 일어날 수 없다고 비판하면서 보른이 제시한 확률해석에 따른 양자상태의 중첩을 부정했다.

이 경우 코펜하겐 해석에 따르면, 고양이의 상태를 나타내는 파동함수는 살아있는 고양이의 상태를 나타내는 파동함수와 죽어 있는 고양이의 상태를 나타내는 파동함수의 중첩으로 나타난다. 다만 상자를 열어 고양이의 상태를 확인하는 순간 파동함수가 붕괴하면서 고양이는 살아 있는 상태나 죽어 있는 상태 중의 한 상태로 확정된다. 이러한 양자 중첩(量子 重疊, quantum superposition)의 개념은 코펜하겐 해석에서 시작됐는데, 거시세계와 미시세계를 나누는 관점을 기반으로 양자의 상태는 관찰 또는 측정 여부에 따라서 사후에 결정된다. 하지만 슈뢰딩거는 그런 일은 있을 수 없다고 하면서 위와 같은 실험을 상상해보라고 제안한 것이다.

그런데 여기서 이것보다 더 궁금한 것은 아마도 다음과 같은 의문일 것이다. 도대체 말이 안 되고 도저히 이해할 수 없는 코펜하겐 해석을 과학자들이 받아들이게 된 이유는 무엇일까? 이에 대한 답은 보어가 과학자들을 설득한 방법에서 찾을 수 있다. 보어가 과학자들을 설득할 때는, 왜 그러한 양자 현상이 일어나는가 하는 물리적인 설명이 아니라 실험을 가지고 이야기했다. 즉, 실험 결과를 설명할 수 있고 새로운 실험 결과를 예측할 수 있으면 그것이 옳은 이론이라고 설득했다.[248)]

248) 그러나 앞서도 언급했지만, 어떤 주장이나 해석이 실험증거가 있거나 실험 결과를 설명할 수 있다고 하여 그것을 우주의 실재에 부합하는 이론이라고 말할 수는 없다. 실험 결과에 대해서는 해석이 필요하고, 실험 결과에 대한 어떤 해석은 실험

이와 같은 보어의 설득에 따라 과학자들은 양자역학 해석 논쟁에서 벗어나 오로지 방정식을 풀고 그것을 확인하기 위한 실험만을 수행하게 되었다. 그 결과, 이론이 실험 결과를 설명할 수 있으면 아무 의문 없이 옳은 이론이라고 받아들여졌다. 20세기 양자역학은 이렇게 만들어졌다. 이제 더는 물리학 강의 시간에 양자상태의 해석 문제를 다루지 않게 되었다. 그 결과, 오늘날 물리학자들은 양자역학을 익히기는 했으나 그것을 사람들이 이해하고 알아들을 수 있게 얘기해 보라고 하면 말문을 잃는다. 양자역학을 계산하고 사용하고 있지만, 양자역학을 이해하는 물리학자는 아직 지구상에 단 한 명도 없게 된 이유가 바로 여기에 있다.

결국, 양자역학의 이해와 그 해석 문제는 완전히 결론이 나지 않은 상태로 머물게 되었고, 슈뢰딩거 고양이는 아직도 상자 속에서 자신의 문제가 완전히 해결되기만을 기다리고 있다. 그리고 양자역학의 불가사의한 양자 현상과 불확정성 원리에 대한 다양한 해석들은 오늘도 생겨나고 있다. 요컨대 아직 양자역학은 신비롭고 불가사의한 양자 현상을 우리가 이해할 수 있도록 인과적으로 설명해주지는 못하고 있다.

사정이 이러하므로, 입자 물리학의 표준모형의 창시자로서 노벨물리학상 수상자이기도 한 스티븐 와인버그(S. Weinberg)는 2016년 10월 30일 미국 샌안토니오에서 열린 과학저술평의회에서 "나는 이제 양자역학을 확신할 수 없다"라고 선언했다. 이제 더는 양자역학을 믿을 수 없다는 것이다. 여기서 그는 말하기를 "세상 모든 것이 17개의 입자로 구성돼 있다고 주장하는 입자 물리학의 표준모형의 출발점이 바로 양자역학이다. 양

결과 나타나는 현상에 관한 다양한 설명 중 하나일 뿐이다. 그러함에도 불구하고 보어는 과학이론은 실험할 때 어떤 결과가 나오는가를 설명할 수 있으면 충분하다고 하면서 실험 사실을 설명하는 이상의 것은, 과학이 아니라고 했다.

자역학의 불확실성을 만들어내는 원인을 설명할 수 있는 근본적인 이론을 찾아야 한다. 양자역학이 고전 물리학의 틀을 깬 것처럼 과학혁명을 일으킬 수 있는 완전히 다른 이론이 등장할 수 있다"라고 했다.

그렇다면 새로운 물리학인 실체 물리학의 모든 것의 이론은 이 상황에서 어떤 이야기를 할 수 있을까? 우리는 여기서 보어나 하이젠베르크가 논리적인 인식론의 철학적 체계 안에서 상보성 원리나 하이젠베르크의 불확정성 원리를 설명했다는 점에 주목할 필요가 있다. 논리적인 인식론에서는 어떤 계의 물리적 성질은 측정 가능한 가장 정확한 측정값에 의해 나타나는 것이라고 본다. 만약 어떤 측정값이 이론적으로 어떤 오차보다 더 작아질 수 없다면, 이러한 한계는 그 물리적 성질 때문이지 측정 장치나 측정 기술 때문이 아니다. 따라서 불확정성 원리나 상보성 원리는 측정 때문에 생기는 것이 아니라 측정하고자 하는 입자 자체의 물리적 성질에 기인한다는 것이다.

여기서 우리는 다음과 같은 생각을 할 수 있을 것이다. 슈뢰딩거나 아인슈타인이 고양이 역설이나 EPR 역설을 통해 제기한 문제들을 해결하고 그들이 살아있다면 수긍할 수 있는 설명은 과연 무엇일까? 물론 이에 대한 해답은 보어와 하이젠베르크도 동의할 수 있는 내용이어야만 할 것이다. 그런데 보어와 하이젠베르크가 말하는 "불확정성 원리와 상보성 원리는 측정 때문이 아니라 측정하고자 하는 입자 자체가 가지고 있는 물리적 성질에 기인한다"라는 주장을, 말이 실체를 이루는 실체 물리학의 관점에서 보면, 그것은 사실상 슈뢰딩거나 아인슈타인이 말하는 "우리가 보지 않는 순간에도 달이 떠 있듯이 사물은 관찰 여부와 관계없이 그 자신의 내재적 속성에 따라 존재해야 한다"라는 주장과 상통하는 것이다. 왜냐하면 이들 모두가 공통으로 알고 싶은 것은, 비록 서구 과학적 패러다임에 따른 현상 물리학으로는 그 지식 체계상 결코 알 수 없지만, 측정하고자 하는 "물질 그 자체의 내재적 속성 또는 그 물리적 성질"이기 때문이다.

결국 양자역학을 제대로 이해하기 위해서는, 대상 물질 그 자체가 가지고 있는 내재적 속성 또는 그 물리적 성질이 무엇이고, 그에 따라 운동 · 변화하는 원리를 들어서 해명할 수 있어야만 한다. 이것만이 오늘날의 현상 물리학자들뿐만 아니라 세상 사람 모두에게 양자역학의 진실을 이해할 수 있게 이야기해 줄 수 있는 유일한 방법이다. 그러나 문제는, 서구 과학적 패러다임에 따른 현상 물리학에서는 '물 그 자체'는 과학의 대상이 아니라는 점이다. 닐스 보어가 "실험 사실을 설명하는 이상은 과학이 아니다"라고 말하고, 베르너 하이젠베르크가 "물리학은 눈에 보이는 요소, 곧 관측량 사이의 관계를 형식적으로 서술하는 일만을 담당한다"라고 말하는 이유가 바로 여기에 있다. 따라서 양자역학을 이해하기 위해서는 서구 과학적 패러다임에 따른 현상 물리학이 아닌 새로운 물리학이 필요하고, 그것이 바로 이 책을 통해 세상에 공표하고 있는 나의 실체 물리학이다.

앞의 Ⅱ03. 절에서 살펴본 바와 같이, 새로운 물리학인 실체 물리학은 있는 그대로의 세계인 '물 그 자체'의 내재적 속성이 살아 움직여 운동 · 변화한다는 것을 발견한 데서 탄생한 물리학이다. 그리고 우리는 이러한 실체 물리학에 따르면 모든 물질은 그 자체의 내재적 속성에 따라 운동 변화하는 원리인 기륜 원리, 즉 내부에 질량을 가진(입자성) 물질의 외부에너지가 그 물질 주위를 겹겹이 둘러싸고 회전하면서 형성하고 있는 기륜 공간의 회전하는 기륜력(파동성)에 의해 운동 · 변화하고 있다는 것을 안다. 그렇다면 여기서 앞서 소개한 불확정성 원리를 설명한 하이젠베르크의 현미경 사고실험을 실체 물리학의 관점에서 물 그 자체의 내재적 속성에 따라 고찰해보자.

우리가 어떤 물체를 보려면 빛이 그 물체에 부딪혀 그 물체에서 반사되어 나오는 빛(광자)이 우리 눈에 도달해야 한다. 그런데 질점 2개를 가진 최소 보통 물질로서 내부질량을 가진 광자 자체의 외부에너지가 회전하여 형성하고 있는 기륜 공간의 경우, 그 회전반경이 짧을수록(그 크기가 작을수록) 진동수가 크고 광자 자체의 회전하는 기륜력의 세기가 크다. 따라서 광자의 외부에너지가 회전하여 형성하고 있는 기륜 공간의 회전반경이 짧은 빛(예컨대 감마선)의 경우에는 회전하는 기륜력의 세기가 커서 그것이 일으킬 수 있는 파동의 파장이 짧고 진동수가 크지만, 기륜 공간의 회전반경이 긴 광자(예컨대 가시광선이나 적외선)의 경우에는 회전하는 기륜력의 세기가 작아서 진동수가 작고 그것이 일으킬 수 있는 파동의 파장이 길다. 그러면 이제 이상의 내용을 기초로 하여, 불확정성 원리가 생기게 되는 실체 물리적 원인이 무엇인지를 살펴보자.

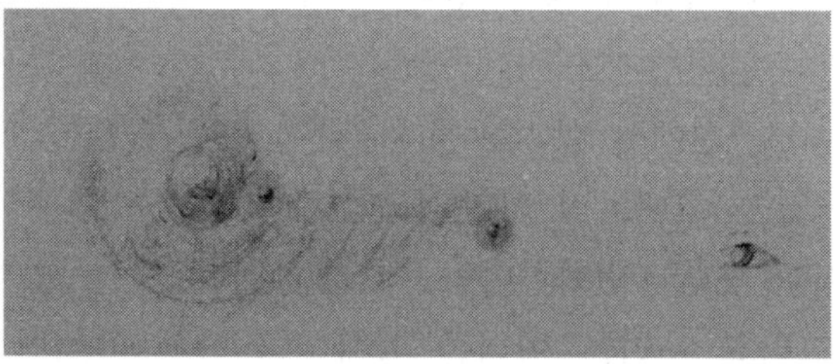

[진동수가 큰 빛을 이용한 전자의 관측]

보통 물질인 전자는 그 외부에너지가 내부형질을 겹겹이 둘러싸고 회전하면서 형성한 기륜 공간을 가지고 있다. 이러한 전자를 관측하기 위해 위 그림과 같이 그 회전반경이 짧고 빠르게 회전하는 진동수가 큰 광자(예컨대 감마선)를 이용하면, 그 광자가 전자의 외부에너지가 회전하면서 형성한 기류 공간(그림의 경우 전자의 회전 방향은 반시계 방향)을 뚫고 들어가 전자의 관측 가능한 부분인 내부형질에 가까워지므로 전자의 위치를 정확히 측정할 수 있지만, 이 경우 전자의 외부에너지가 회전하여 형성하고 있는 기류 공간이 크게 변화하면서 전자의 회전운동을 방해하므로 전자의 운동량 측정이 부정확해질 것이다.

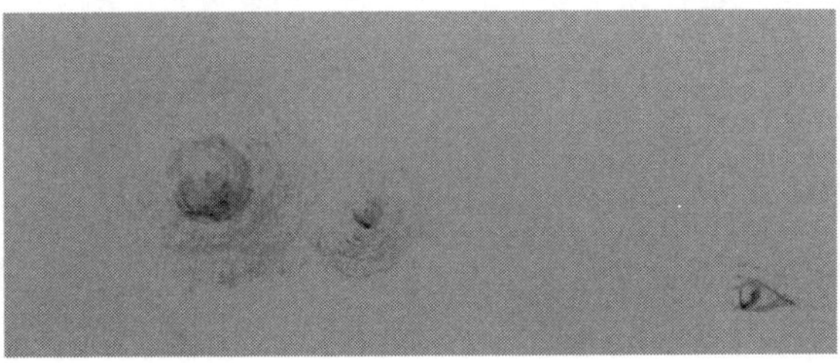

[진동수가 작은 빛을 이용한 전자의 관측]

한편 전자를 관측하기 위해 회전반경이 길고 느리게 회전하는 진동수가 작은 빛(예컨대 가시광선이나 적외선)을 이용한다면, 전자의 외부에너지가 회전하여 형성하고 있는 기류 공간을 뚫고 들어가기 어려우므로 광자와의 충돌이 전자의 운동량에 큰 영향을 주지 않지만, 전자기력을 발생하여 관측 가능한 내부형질에서 멀어서 전자의 위치에 대한 해상도가 그만큼 떨어질 것이다. 따라서 이 경우에는 전자의 운동량 측정은 정확할 수 있지만, 전자의 위치 측정은 부정확해질 것이다.

이상에서 살펴본 바와 같이, 우리는 양자역학의 불확정성을 만들어내는 물리적 원인이, 측정하고자 하는 물질(전자)과 관측을 위해 사용하는 물질인 빛(광자)이라는 '물 그 자체'의 내재적 속성에 의해 운동 변화하는 원리인 기류 원리에 따라 내부에 질량을 가진(입자성) 물질의 외부에너지가 그 물질을 겹겹이 둘러싸고 회전하면서 형성하고 있는 기류 공간의 회전하는 기류력(파동성)에 의한 상호작용 때문이라는 사실을 알 수 있게 되었다. 양자역학에서 이른바 측정 문제(measurement problem)의 본질은 '측정으로부터 계 내부에서 어떤 일이 일어나는지 알 수 있을까?'에 관한 질문으로 이루어져 있는바, 있는 그대로의 세계인 자연 그 자체를 과학의 대상으로 하지 않고 자연현상을 관측하여 그 관측량 사이의 관계를 기술하는 양자역학에서는 측정이 무엇이며 측정이 실제로 어떻게 작용하는지 알지 못한다. 즉 양자역학은 측정 과정을 물리적으로 설명할 수 없다.

그렇다면 이제 이러한 우리의 앎을 토대로 전자의 이중슬릿 실험 결과에 대해 생각해 보자. 전자가 어느 슬릿을 통과하는지 관측했을 때는 간섭무늬가 나타나지 않고 입자처럼 행동하게 되는 물리적인 원인은 무엇일까? 전자가 어느 슬릿을 통과하는지 등 그 위치를 관측하려면 회전반경 짧고 진동수가 큰 광자를 사용해야 할 것이다. 그렇다면 회전반경이 짧고 진동수가 큰 광자를 사용하여 전자의 위치를 관측할 때, 그 전자의 외부에너지가 회전하여 형성하고 있는 기류 공간은 어떻게 될까? 전자를 관측하기 위해 사용된 광자가 전자의 기류 공간 깊숙이 들어갔다가 반사되어 나오는 과정에서 전자의 외부에너지가 회전하여 형성하고 있는 기류의 회전을 방해하게 될 것이다.

한편 모든 것의 이론 명제 3-5.가 말하고 있듯이, 모든 물질은 그 내재적 속성으로서 입자성과 파동성을 동시에 가지는 물질의 이중성에서 물질의 파동성이란 내부질량(입자성)을 가진 물질의 외부에너지가 형성한 기류 공간의 회전하는 기류력으로 인하여 주위에 파동을 일으키는 속성(파동성)을 가졌다는 것이지, 그 물질 자체가 '파동'이라는 의미가 아니다. 내부질량(입자성)을 가져서 국소적인 물질의 외부에너지의 회전하는 기륜력(파동성)이 방해받아 그 배경 공간에 파동을 일으킬 수 없는 경우 그 물질은 입자처럼 행동하게 되는 물리적 원인, 즉 파동함수 붕괴의 물리적 원인이 바로 여기에 있다.

그렇다면 전자의 이중슬릿 실험이 행해진 '배경 공간'은 어디이고, 실험에서 전자가 가진 내재적 속성으로서의 파동성을 발휘하여 파동을 일으켰을 때 생기는 '파동'의 물리적 실체는 무엇인가? 전자의 이중슬릿 실험은 지상의 실험실에서 공기 같은 보통 물질이 제거된 진공상태에서 행해졌다. 암흑물질들이 형성하고 있는 지구 중력장에서 공기와 같은 보통 물질을 하나도 없이 제거하면 지구 중력장을 형성하고 있는 암흑물질들만 있다.[249] 따라서 결국 전자의 이중슬릿 실험에서 전자가 가진 내재적 속성인 파동성에 의해 파동을 일으키는 배경 공간은 지구 중력장이고, 전자가 그 내재적 속성인 파동성을 발휘하여 일으키는 '파동'의 물리적 실체는 바로 지구 중력장을 형성하고 있는 암흑물질들이다.

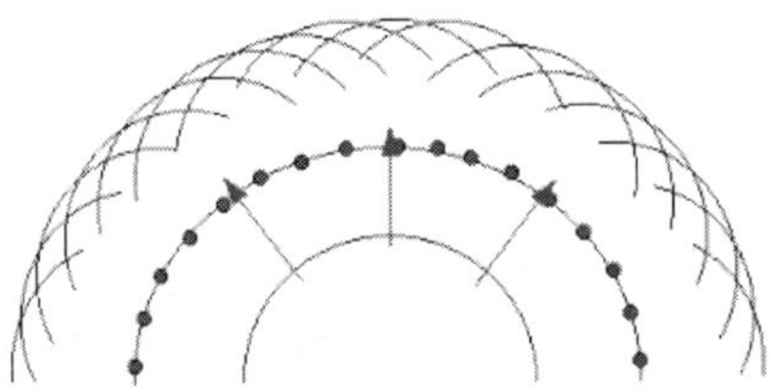

[하위헌스의 원리에 의한 구면파]

그렇다면 파동은 어떻게 형성될까? 우리는 지구 중력장을

249) 공기와 같은 보통 물질이 하나도 없이 제거된 상태를 현상 물리학은 진공(vacuum)이라고 한다. 물론 중력장을 형성하고 있는 암흑물질들은 인간의 힘으로 제거할 수 없을뿐더러 만약 암흑물질이 제거된다면 인간 자체가 존재할 수조차 없다.

형성하고 있는 암흑물질들은 지구 주위를 겹겹이 둘러싸서 서로를 맞대고 질서정연하게 점대칭 회전운동을 하고 있다는 사실을 안다. 한편 현상 물리학에서 파동을 설명하는 하위헌스의 원리(Huygens' principle)에 따르면 파면(波面, wavefront, 파동 앞의 선) 상의 모든 점은 다음 파면을 형성하는 점파원(點波源)이 되는데, 여기의 파원이 되는 점들의 물리적 실체가 바로 지구 중력장을 형성하고 있는 암흑물질들이고, 이에 의해 생긴 다음 파면의 점파원들도 암흑물질이다. 즉, 점대칭 회전 운동하는 암흑물질들이 서로를 맞대고 있는 이웃하는 암흑물질들에 연속적으로 영향을 미침으로써 파동을 형성하게 되는 것이다.

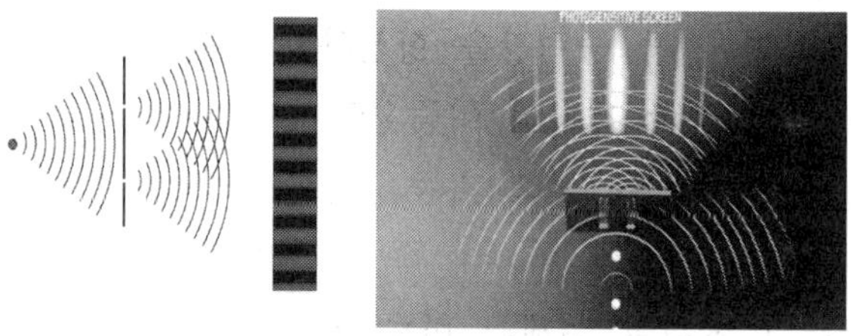

[전자의 이중슬릿 실험과 파동의 간섭무늬]

이 경우 전자는 자신의 파동성을 발휘하여 일으킨 파동의 경로를 따라 이동한다. 다시 말해 위 그림에서처럼 전자총으로 이중슬릿 벽을 향해 전자를 쏘면 전자가 이중슬릿이 있는 차단막을 향해 날아갈 때, 그 전자 앞에는 전자의 외부에너지의 회전하는 기류력(전자의 파동성)에 의해 암흑물질들이 파동을 형성하고 그 파동이 이중슬릿을 통과하면서 서로 간섭하여 경로를 만들게 되는바, 뒤따라가는 전자는 어느 하나의 슬릿을 지나 그 파동이 간섭하여 만든 보강된 경로를 따라가서 센서 스크린에 도달하여 여러 줄의 간섭무늬를 만드는 것이다. 그리고 이러한 있는 그대로의 세계인 자연 그 자체 또는 물 그 자체의 운동 변화하는 기류 원리는 전자 대신 광자를 쏴도 마찬가지다.

따라서 여기서 우리가 주지해야 할 사실은, 전자나 광자가 그 외부에너지의 회전하는 기류력에 의해 자신의 파동성을 발휘하여 만들어진 파동의 경로를 따라갈 때, 그 전자나 광자는 그 내부질량을 가져서 국소적인 입자성을 가지고 있는 까닭에 암흑물질들이 형성한 파동이 간섭무늬 형태를 이루는 광센서 스크린에서 '국소적인 입자'로서 발견할 수 있게 된다는 점이다. 그러므로 코펜하겐 해석처럼, 전자나 광자 그 자체가 두 슬릿을 동시에 통과하여 자체 간섭하는 것이 아니고, 또 파동처럼 행동할 때는 입자성은 사라지는 것이 아니다. 여기서 전자의 이중슬릿 실험에서 위 그림처럼 광센서 스크린에 간섭무늬가 나타났다는 것은 물질의 이중성 곧 전자가 파동성과 함께 입자성도 동시에 가지고 있다는 것을 증명해주는 것이다. 마찬가지로 빛을 가지고 한 토머스 영의 이중슬릿 실험 역시, 사실은 빛이 파동성과 함께 입자성도 가지고 있다는 것을 증명하는 실험이었다.

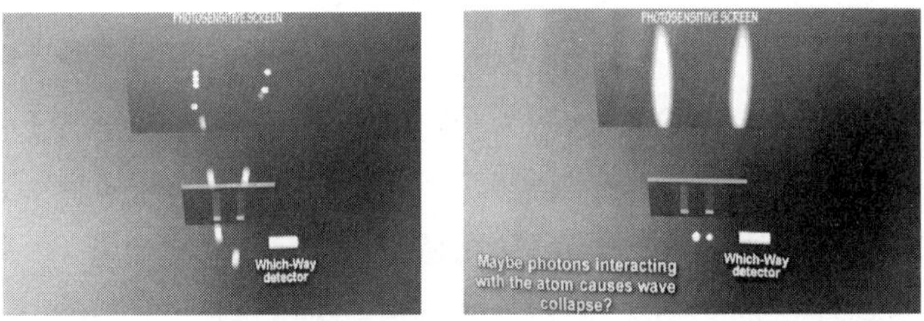

[전자의 이중슬릿 실험과 관측과 두 줄무늬]

그러나 이제 발사된 전자를 빛을 이용해 관측하면, 그 광자와 상호작용한 내부질량(입자성)을 가진 전자의 외부에너지가 회전하여 형성한 기륜 공간의 회전(파동성)운동이 방해받아 전자가 가진 내재적 속성인 파동성을 발휘하여 파동을 일으키지 못하게 되므로(측정에 의한 파동함수의 붕괴) 간섭무늬를 이루는 파동의 경로가 만들어지지 않아서 그냥 직진하는 까닭에 위 그림처럼 결국 광센서 스크린에 두 줄무늬를 형성하게 된다.

이상의 이야기가 물질의 이중슬릿 실험에 관한 실체 물리학의 유일한 원리인 물 그 자체의 내재적 속성에 의한 운동 변화하는 기륜 원리에 따른 물리적인 설명이다. 그리고 이것은 양자역학이 성립된 이래 지금까지 풀지 못했던 수수께끼를 해명한 것이다. 2020년 노벨물리학상 수상자로서 성실한 물리학자 로저 펜로즈는 "우리는 현재의 양자역학 이론을 넘어야 한다"라고 주장하면서 다음과 같이 말했다.

> "우리는 파동함수의 붕괴를 일으키는 원인을 찾아내야 한다. 그것은 우리가 아직 이해할 수 없고, 이론도 없는 비계산적 방식이어야 한다."

그렇다. 지금까지 설명한 내용이, 바로 위 인용문에서 펜로즈가 소망하는 "양자역학 이론을 넘어서는" 실체 물리학의 유일한 원리로서 있는 그대로의 세계인 물 그 자체의 운동 변화하는 원리인 기륜 원리에 따라 이야기하는 측정에 의한 "파동함수의 붕괴를 일으키는 원인"에 대한 물리적인 설명이다. 그리고 이것은 곧 스티븐 와인버그가 바라마지 않는 "과학혁명을 일으킬 수 있는 완전히 다른 이론"으로서 2021년 이후의 새로운 물리학으로서 실체 물리학의 모든 것의 이론이 말하는, 측정 자체가 대상을 훼손시켜 두 물리량을 동시에 정확히 알 수 없다는 "불확정성 원리를 만들어내는 원인"에 대한 물리적인 설명이기도 하다.

생각해 보라. 1999년 실험물리학의 대가 안톤 차일링거(A. Zeilinger)는 전자 대신 풀러렌(C_{60})이라는 거대분자를 사용하여 이중슬릿 실험을 했다. 이 경우에도 간섭무늬가 나타났다. 그런데 이 실험에서 간섭무늬가 나타나려면, 이 분자가 절대로 관측을 당하지 않거나 그 공간이 진공이어서 공기 분자와 부딪치지 말아야 했다. 왜 그럴까? 그렇다. 그 이유는 물질의 파동성은 물질의 내재적 속성으로서 그 물질의 외부에너지가 회전하여 형성하고 있는 기륜 공간의 회전하는 기륜력에 의해 생기는 것인데, 그 대상 물질을 관측하기 위해 사용한 광자나 공기 분자가 대상 물질과 충돌하여 그 대상물질의 기륜의 회전운동을 방해하면 대상 물질이 가진 파동성을 발휘하지 못하여 간섭을 일으키는 파동을 발생시키지 못하기 때문이다. 이 경우 차일링거는 이른바 결 어긋남(decoherence) 이론을 주장했는데, 그러한 결 어긋남이 발생하는 실체 물리학적 원인은 바로 대상 물질의 외부에너지가 회전하여 형성한 기륜의 회전운동이 방해되어 정상적인 파동을 일으키지 못한다는 데 있다.[250]

우리는 이 절을 통해 서구 과학적 패러다임에서 지난 100년 동안 결코 해결할 수 없는 양자역학의 최대 미스터리이자 난제였던 '불확정성 원리를 만들어내는 원인'과 '파동함수의 붕괴를 일으키는 원인'을 물리적으로 설명할 수 있게 되었다. 물론 코펜하겐 해석의 핵심인 확률파동 붕괴의 구체적인 과정을 알아낸 사람은 아직 아무도 없다. 다만, 양자역학이 예견하는 확률이 측정 결과와 잘 일치하기 때문에 '확률파동이 붕괴한다는 가정'을 믿고 신봉하고 있을 뿐이다. 이것은 인위적으로 도입된 개념이기 때문에 양자역학의 수학이나 실험적인 방법으로 확률파동의 붕괴를 설명할 수도 없다.

---

250) 차일링거는 결 어긋남 프로그램(decoherence program)을 통해 파동의 규칙적인 형태가 맞는 상태를 '결맞음'이라 하고 이 균형이 흐트러지는 것을 '결 어긋남'이라고 말하면서, 미시세계는 결맞음 상태에서 중첩상태로 존재하다가 주변 환경과의 상호작용을 통해 결 어긋남 상태로 돌입하고, 이 순간 고전 물리학적 서술이 가능한 거시세계가 된다고 하면서 슈뢰딩거 고양이에서 고양이는 스스로 거대한 거시세계인데다가 계속해서 주변 공기 등과 상호작용하고 있으므로 고전적으로 서술된다고 주장했다.

한편 대립적인 것은 상보적이라는 상보성 원리에 따라 대립적인 입자적 성질과 파동적 성질은 서로 상보적이어서 이 둘은 서로를 배제하므로 물질이 입자처럼 행동할 때는 파동의 성질이 사라지고 파동처럼 행동할 때는 입자의 성질이 사라진다는 코펜하겐 해석은, 양자 세계에서는 인과관계가 부정된다는 그릇된 인식 아래(양자 도약과 형식적 인과율의 부정에 대해 자세한 것은 앞의 Ⅱ17. 절을 참조하라) 현실의 세계에 존재하는 '물리적 실재'와 불변의 세계에 존재하는 '수학적 실재'를 역전시켜버렸다. 아무리 서구 과학적 패러다임에 따른 현상 물리학은 눈에 보이는 요소인 자연현상을 관측한 관측량 사이의 관계를 형식적으로 서술하는 일만을 담당한다지만, 그렇다고 해서 자연의 인과관계를 부정할 수는 없는 일이다.

사실 하이젠베르크의 불확정성 원리는 사물의 본질은 불변이라고 하는 플라톤의 본질주의(essentialism) 사상체계에서만 타당하다. 본질주의적 세계관에서는 움직이고 변화하는 것은 본질이 아니다. 측정하기 전에는 존재하지 않는 것이고 모든 물리량은 측정할 때만 의미가 있다고 말하는 이유가 바로 여기에 있다. 현실 세계에서 살아 움직여 운동 변화하고 있는 것은 사물의 본질인 이데아의 모사(模寫)에 불과하고, 측정하는 순간 비로소 고정되어 불변의 세계인 플라톤의 이상적 수학 세계에 존재하는 수학적 실재이자 본질적 존재가 되는 것이기 때문이다. 여기서 잠시 이와 관련한 코펜하겐 해석의 창시자 보어와 그것을 반대했던 아인슈타인 간에 있었던 논쟁의 한 대목을 들어보자.

보어 : 우주 어디에서든지 전자가 존재할 확률이 있다.

아인슈타인 : 전자를 측정하게 되면 우주에 퍼져 있는 전자에 대한 정보가 어느 한 곳에 모이게 된다고 하는데, 그러면 빛보다 빨리 정보

를 전달하는 것이다.

보어 : 애초에 전자는 관측되기 전에는 존재하지 않는 것이다.

아인슈타인 : 당신이 달을 보기 전에는 달이 존재하지 않는 것인가?

저 신비한 양자상태 또는 중첩상태라는 베일 속에 숨겨진 자연의 진실은 무엇인가? 그것은 다름 아닌 보어와 하이젠베르크가 주장한 "불확정성 원리와 상보성 원리는 측정 때문이 아니라 측정하고자 하는 입자 자체가 가지고 있는 물리적 성질에 기인한다"라는, 바로 그 서구 과학적 패러다임에서는 과학의 대상이 아닌, '물질 그 자체'가 가지는 내재적 성질로서 입자성과 파동성을 동시에 가지는 물질의 이중성에 따르면, 전자의 이중슬릿 실험 결과는 신비로울 것이 하나도 없고 또 이해하지 못할 것이 하나도 없다.

지구 중력장 안에서 이루어진 전자의 이중슬릿 실험 결과는 중력장의 실체 물리적 구조를 알고, 지구 중력장을 형성하고 있는 암흑물질들과 대상 물질인 전자, 그리고 대상을 관측을 위해 사용하는 물질인 광자 등의 '물 그 자체의 내재적 속성'을 아는 우리 같은 타고난 정상적인 사유 능력을 잃지 않은 사람들이 보기에는 지극히 당연하고 자연스러운 현상이다.

그러나 생각해 보라. 있는 그대로의 세계로서 살아 움직여 운동 변화하고 있는 물 그 자체를 과학의 대상으로 하지 않고, 불변의 세계인 플라톤의 이상적 수학 세계를 추구하는 서구 과학적 패러다임에 따른 현상 물리학에서의 코펜하겐 해석은, 질량과 에너지로 이루어진 물질의 내재적 속성으로서 입자성과 파동성을 동시에 가지는 물질의 이중성을 '입자와 파동'의 이중성[251]으로 왜곡하여 해석하면서, '파동(wave)'은 위아래로 흔들

251) 즉, 동시에 두 가지 성질을 가지는 것은 아니며, 입자처럼 행동할 때는 파동의 성질이 사라지고 파동처럼 행동할 때는 입자의 성질이 사라진다는 상보성 원리와 불확정성 원리.

리는 교란으로서 일반적으로 넓은 공간에 펼쳐져 있는 것이고, 그것이 어딘가에 국소화된 존재가 되면 '입자(particle)'라고 말한다. 이것이 장님 코끼리 만지기식의 이야기가 아니고 무엇이란 말인가?

물론 우리는 서구 과학적 패러다임에 따른 현상 물리학에서 물 그 자체는 과학의 대상이 아니어서 저와 같은 기이한 소리를 할 수밖에 없는 사정을 안다. 그러나 그렇다면 어떻게 넓은 공간에 펼쳐진 파동이 국소화된 입자와 같을 수 있을까? 현상 물리학은 그 답을, 만물의 근원인 수(數) 속에 자연의 이치가 들어 있고 자연이 수학적 구조로 되어 있다고 하는 확고한 믿음 체계에 따라 푸리에 해석이라는 '수학적 기법'에서 찾는다. 여기서 수학적 기법이란 국소화된 입자는 무한정 펼쳐진 파동들의 합으로 표현할 수 있다는 것이고, 그 표현 방법이 바로 푸리에 해석이다. 18세기 말에서 19세기 초에 활동했던 수학자 조제프 푸리에(J. Fourier)는 수많은 파동을 교묘하게 합해서 입자와 매우 유사하게 작은 공간 구역에 국소화된 결과를 얻는 수학적 기법을 개발했다. 푸리에 해석은 이런 식으로 수많은 파동이 포개져서(중첩) 새로운 파동을 형성하는 과정을 다루는 수학적 기법이다. 이 기법이 알려주듯이, 충분히 많은 파동을 적당히 조합하면 그 총합은 특정 장소에 국소화된 덩어리일 수 있다는 것이다. 결국 무한히 펼쳐지면 파동이고 특정 장소에 국소화되면 입자다. 이것이 20세기 현상 물리학에서 말하는 파동과 입자다.

하여튼, 이에 대한 더 자세한 이야기는 나중에 하기로 하고, 이중슬릿 실험과 관련하여 비국소적 숨은 변수 이론인 드브로이-봄 이론이 실체 물리학에 상당히 접근했다고 말할 수 있는데, 이에 대하여 살펴보면서 이 절을 마무리하도록 하겠다. 전자의 이중슬릿 실험에 관한 한, 실체 물리학에 상당히 접근했다고 말할 수 있는 파일럿 파동 이론(pilot wave theory)은 드브로이가 1927년 솔베이 회의에서 들고나온 것인데, 물질파가 보른의 해석처럼 확률파동이 아니라 슈뢰딩거가 생각한 바와 같이 실제적인 파동이라는 것이다. 파도가 배를 이동시키는 것처럼 파일럿 파동이 전자입자를 이동시킨다는 것이다. 한편 데이비드 봄(D. Bohm)은 이러한 드브로이의 파일럿 파동 이론을 다음과 같이 해석했다.

> "파일럿 파동은 전자의 움직임에 해당하는 운동량을 만든다. 그리고 전자 자체는 파도 위에 떠 있는 배의 위치처럼 정밀한 위치를 지니고 있다. 따라서 전자는 정밀한 운동량과 정밀한 위치가 있는 분명한 궤적을 가진다. 그러나 불확정성 원리에 의하면, 위치나 운동량 중 하나는 숨겨져야 한다. 그 결과 실험하는 사람은 숨겨진 값을 측정할 수는 없다."252)

표준해석인 코펜하겐 해석에 따른 양자역학에는 입자의 어떤 속성들(질량, 위치, 운동량 등)을 정확히 명시하는 방정식이 없다. 그것들은 슈뢰딩거 방정식의 일부인 파동함수로 표현된다. 이것은 파동처럼 보이는 것의 모양을 묘사한다. 그런데 이러한 파동과 입자의 이중성은 현상 물리학적 관찰과 맞지 않는다. 따라서 표준해석에서 파동함수는 실제 물리적 파동에 대한 것이 아니다. 그것은 단지 특정 상태에서 입자를 찾을 확률을 알아내는 수학적 방법일 뿐이다. 그러나 드브로이-봄 이론에서 파동함수는 실제의 입자를 이동시키는 실제의 파동을 표현하는 것이라고 해석한다. 이 경우 표준 양자역학에서 입자와 파동은 입자와 파동 이중성을 가진 같은 실체로 보지만, 드브로이-봄

252) 봄은 숨은 변수를 이용하여 양자역학을 설명할 수 있다면, 좀 더 완전한 이론을 만들 수 있을지도 모른다는 시도를 했다.

이론에서 입자와 파동은 모두 실제적이고 분리된 물리적 실체이다.

전자의 이중슬릿 실험의 경우, 파일럿 파동 이론에 따르면 전자들은 언제나 실제적이고 실제 이동하는 위치가 있으므로 원리적으로 확률이 아니고 인과율이 적용되며 결정론적이다. 파동은 일련의 잠재적인 궤적들을 형성하고 전자는 그들 중 어느 하나의 궤적을 따라 이동한다. 이를 실체 물리학의 기륜 원리에 따라 설명하자면, 전자는 그 외부에너지가 내부형질(입자성)을 겹겹이 둘러싸고 회전하면서 형성하고 있는 기륜 공간의 회전하는 기륜력(파동성)에 의해 배경 공간(지구 중력장)에 파동을 일으키고 그에 따라 생긴 파동(지구 중력장을 형성하고 있는 암흑물질들이 만든 파동)의 경로를 따라 이동하는 것이라는 점, 이 경우 파동(암흑물질들)과 입자(전자)는 서로 다른 물리적 실체라는 점에서 드브로이-봄 이론은 실체 물리학에 상당히 접근했다고 말할 수 있을 것이다.

그런데 문제는 우선 이러한 설명은 자연현상을 관측하여 그 관측량 사이의 관계를 수학적으로 표현하는 것만을 물리학(형식물리학)으로 생각하는 서구 과학적 패러다임에 따른 현상 물리학의 지식체계에서는 수용될 수 없다는 점이다. 왜냐하면 광자나 전자와 같은 물질의 이중슬릿 실험의 결과를 '물리적으로 설명'하기 위해서는 물질 그 자체의 내재적 속성에 따른 운동·변화하는 원리인 기륜 원리와 그 실험이 행해지는 공간인 지구 중력장의 실체 물리적 구조, 그리고 그 지구 중력장을 형성하고 있는 따듯한 암흑물질들 그 자체에 대해서 알아야 하는데, 자연현상이 아닌 자연 그 자체 또는 물질 그 자체는 서구 과학적 패러다임에 따른 과학의 대상이 아니기 때문이다.

결국 파일럿 파동 이론은 서구 과학적 지식체계에서는 물리적 설명이 가능하지 않은 숨은 변수 이론에 머물 수밖에 없다. 이 경우 파일럿 파동 이론은 비국소적(non-local) 숨은 변수 이론이다. 즉, 현상 물리학적으로 전자의 질량이나 위치나 속도 등을 알려면, 그 전자를 측정해야 하는데(국소적 숨은 변수), 그 주위의 배경 공간에 형성되는 파동, 즉 전자의 외부에너지의 회전하는 기륜력에 의해 배경 공간을 이루고 있는 암흑물질들이 만드는 파동(비국소적 숨은 변수)이기 때문이다. 그런데 숨은 변수 이론에 머물 수밖에 없는 파일럿 파동 이론의 가장 큰 문제점은 —비록 전자의 이중슬릿 실험을 현상 물리학으로서는 가장 잘 설명할 수 있다고 하더라도— 정작 물질파이론이 말하는 하나의 물질이 가지는 물질의 이중성을 물리적으로 설명할 수 없다는 점이다. 물질의 이중성이란 어떤 '하나의 물질'이 가지는 물질 그 자체의 내재적 속성으로서 입자성과 파동성을 동시에 가지는 것이다.

이상에서 살펴본 바와 같이, 결국 양자역학의 불확정성 원리를 만들어내고 파동함수의 붕괴를 일으키는 원인을 물리적으로 설명하기 위해서는, 새로운 물리학으로서의 실체 물리학이 필요하다. 슈뢰딩거가 예고했듯이 뉴턴 이래 그나마 유지해왔던 형식 물리학의 지위에서 가졌던 '형식적 인과율'마저 포기하고, 고대 그리스인들이나 했던 이럴 수도 있고 저럴 수도 있는 점술 복술 유사한 '확률'로 전락해버린 20세기 양자역학은 고대 말기처럼 2,000년 만에 다시 한번 서양 사유가 낳은 지식의 파산을 맞이하게 되었다. 이제 우리 인류도 물리학의 유아기에 있었던 동화 같은 불변의 이상적 수학 세계에 관한 이야기가 아니라 살아 움직여 운동 변화하고 있는 실재하는 현실로서의 '있는 그대로의 세계'인 자연 그 자체 또는 물 그 자체를 물리적으로 이야기할 때도 되었다.

∥44. 기존 현상 물리학 전반에 대한 비판적 고찰

물리학의 혁명이라던 양자물리학이 성립된 지 100년 이 다 되었음에도 도대체 왜 누구도 양자역학을 이해하지 못하게 되었을까? 그런데 실체 물리학자의 관점에서 서양 과학사를 가만히 들여다보면, 있는 그대로의 세계에 상당히 근접한 훌륭한 물리학자들이 고비마다 출현했다. 하지만 그때마다 그들의 주장은 서구식 지적 패러다임에 따라 불변의 세계인 플라톤의 이상적 수학 세계를 구현하려는 서구 과학적 패러다임의 규준에 의해 재단되어 버렸다. 앞의 ∥07. 절에서 살펴본 바와 같이, 이러한 서구 과학적 패러다임은 데카르트와 뉴턴에 의해서 성립되었다. 서구 과학적 패러다임에 따른 자연현상의 수학적 기술에는 필수적인 두 단계가 있다. 수학은 수와 기하학에 관한 정리를 담고 있고, 이런 정리는 현상 물리학에서 이론에 해당한다. 수학적 정리나 물리학적 이론은 미리 설정해 놓은 수학적 공리나 현상 물리학의 원리로부터 의심의 여지 없이 연역한 것이다. 현상 물리학자들은 자연현상에 대해 숙고하기만 하면 인간 정신이 그 가운데서 기본 진리를 곧바로 골라낼 수 있다고 본다. 그리고 이러한 정신 능력은 수학에서 분명하게 드러난다고 생각한다.

한편 현상 물리학자들은 정신이 근본원리를 제공한다는 믿음을 갖지만, 그러한 원리를 파악해내는 데 관찰이 도움이 된다고 믿는다. 왜 그럴까? 불변의 세계인 플라톤의 이상적 수학 세계를 구현하기 위해서는 관측을 통해 살아 움직여 운동·변화하는 대상을 '불변의 것'으로 포착할 필요가 있기 때문이다.

결국 현상 물리학에서는 수학의 공리에 해당하는 물리학의 원리(예컨대 상대성이론에서 광속불변의 원리나 양자역학에서 불확정성 원리 등)와 관찰이나 관측은 서로를 뒷받침한다. 불변의 세계인 플라톤의 이상적 수학 세계를 추구하는 서구 과학적 패러다임이 자연 그 자체나 물 그 자체가 아니라 자연현상을 관측하여 그 관측량 사이의 관계를 기술하는 현상 물리학일 수밖에 없는 이유가 바로 여기에 있다. 그래서 현상 물리학자들은 이미 머릿속에서 상정해 놓은 원리와 세계가 어떤 식으로 합치되는지 관찰이나 실험을 통해 나타나는 현상을 살펴보면 된다고 여긴다.

그러나 수학의 정리나 현상 물리학의 이론은 공리나 물리적 원리의 필연적 결과로서 공리나 원리를 좀 더 번지르르한 모습으로 반복하고 있는 것에 그친다. 정리나 이론은 연역한 것이기는 하지만 연역하는 명제는 이미 공리나 원리 안에 내포되어 있다. 서구 과학적 패러다임에서의 수학적 정리나 물리학적 이론은 애당초 세웠던 수학적 공리나 물리학적 원리의 동어반복일 뿐이다. 그리고 수학적 공리나 물리학적 원리와 수학적 정리나 물리학적 이론에는 진리, 즉 있는 그대로의 세계로서의 자연 그 자체나 물 그 자체의 운동 변화하는 원리이자 자연법칙인 물리가 담겨 있지 않다.

사정이 이러하므로, 갈릴레오는 올바른 기본원리를 얻는 방법은 수학적 공리와 같은 마음이 선호하는 바를 따르지 말고 자연이 이야기하는 소리에 귀를 기울여야 한다고 강조했다. 당시에 갈릴레오는 이미 상정해 놓은 생각(현상 물리학의 이론의 대전제인 원리, 즉 가설)에 합치되는 자연법칙을 받아들이는 과학자들을 공개적으로 비판했다. 하지만 데카르트는 이러한 갈릴레오의 생각을 인정하지 않았다. 불변의 세계인 플라톤의 이상적 수학 세계를 구현하고자 했던 데카르트는 감각에 의존하면 미망에 빠질 수 있다고 말했다. 반대로 이성은 그러한 미망을 깨뜨릴 수 있다고 여겼다.

데카르트는 마음이 제공하는 내적인 일반 원리에서 특정한 자연현상을 도출해낼 수 있으며, 그 현상을 이해할 수 있다고 주장했다. 오늘날 서양 과학사와 수학사에 찬연히 빛나는 보물이라고 일컬어지고 있는 데카르트는 과학에 관한 새로운 철학을 체계적이며 명확하게 수립했다. 그는 현상 물리학이 추구하는 불변의 세계인 플라톤의 이상적 수학 세계의 구현을 위한 구체적인 방법론을 철학적으로 제시했다. 그의 책, 〈이성의 올바른 사용과 과학적 진리를 발견하기 위한 방법서설〉(1637)(이하 '방법서설'이라 한다)에서 볼 수 있듯이, 그가 세운 주요 목표는 진리를 확증하는 방법을 찾는 일이었다.

데카르트는 〈방법서설〉에서 "하느님은 무한하고 영원불변의 실체로서 전지전능한 존재이며, 나 자신을 비롯한 만물이 그분에 의해서 창조되었다"라고 말하면서, 정신의 존재성과 정신이 소유하고 있는 지식의 확실성을 옹호했다. 그는 여기서 말하기를 "하느님이 자연 속에 법칙을 세워 놓고 또 우리 영혼 속에 여러 개념을 새겨 넣었다. 이러한 법칙과 개념에 대해 충분히 숙고하기만 하면 삼라만상의 본질을 분명하게 파악할 수 있을 것"이라며, 자연법칙은 이미 정해놓은 수학적 규칙 일부이므로 '불변'이라는 주장을 펼쳤다. 그는 또 이 책에서 "과학에서 진리를 얻고자 했던 사람들 가운데서 오로지 수학자만이 명백하고 확실한 결과를 얻을 수 있었다"라고 말하면서, 물질세계를 탐구하는데 수학이면 충분하다고 확신했다. 그는 〈성찰〉(1641)에서도 수학적 진리에 대해 다음과 같이 말하고 있다.

> 나는 도형 및 수, 그리고 산술과 기하학에서 다루고 있는 대상들,

또 순수 수학에 속하는 일반 대상들을 가장 확실한 진리라고 여겼다. 또 가장 쉽고 단순한 것에서 출발하기 때문에 수학자만이 유일하게 확실성과 명료함에 다다를 수 있다. 수학적 개념이나 수학적 진리는 감각으로부터 오지 않는다. 수학적 개념이나 진리는 태어날 때부터 우리 마음속에 내재해 있는데, 그것은 바로 하느님에 의해 우리 마음속에 심어진 것이다.

데카르트는 〈철학의 원리〉(1644)에서도 과학의 본질은 수학이라고 강조했는데, "나는 기하학이나 순수 수학에서 확증된 원리 이외의 물리적 원리를 받아들이지 않으며 또 그런 원리를 찾고 싶지도 않다"라고 말했다. 그는 수학으로 세계를 파악할 수 있는 이유에 대해 상세하게 설명했는데, "물체의 기본적이고 의심할 여지 없는 속성은 형태, 연장성(延長性), 그리고 시간 및 공간 안에서의 운동이며, 이 속성들은 수학적으로 기술될 수 있는바, 세계는 수학적으로 표현할 수 있는 운동의 총합이며 우주는 수학적으로 조화롭게 설계된 위대한 기계"라고 말했다. 나아가 "과학뿐만 아니라 질서와 수량을 다루는 모든 학문은 수학에 의지해야 한다"라고 주장했다.[253)]

그런데 서구 과학자들에게 뿌리 깊게 내재한 사유와 인식체계에서 또 하나 우리가 주목해야 할 것은, 플라톤의 이원론적 세계관이다. 플라톤이 내세운 이원론적 세계에서 이데아(idea)는 비물질적이고 영원불변하며 초월적이고 절대적인 실재이다. 이에 대하여 물질적·감각적 존재는 잠정적이고 상대적인 것으로서 감각에 호소하는 경험적인 사물의 세계이고 이데아의 그림자(模相)에 불과하다고 보았다. 그리고 그는 인간은 육체에 임시로 머무는 영혼에 의해 이데아 세계를 상기함으로써 진정한 인식을 얻을 수 있다고 했다.

---

253) 데카르트에 관한 이상의 내용은, Morris Kline. 『수학의 확실성, Mathematics : The Loss of Certainty』 우리말 번역본, pp. 79~84.

이러한 플라톤의 이원론적 세계관에 따라 데카르트는 사유를 본질로 하는 '정신'과 연장(延長)을 본질로 하는 '물질'을 구분하는 이원론적 체계로 구체화했다. 사유를 본질로 하는 인간 정신이 지식의 제1 원리인 수학적 공리나 물리적 원리를 만들어 낼 수 있다는 서구 과학적 패러다임은 데카르트가 과학적 방법론으로서 구축한 것이다. 데카르트는 방법론적 회의를 통해 모든 것이 의심되는 상황에서 믿음 체계의 구축을 시도했고, 그렇게 해서 탄생한 것이, 바로 그 유명한 "나는 생각한다. 고로 나는 존재한다(cogito ergo sum)"이다. 그는 나는 존재하지 않는다고 생각할 수 없다면서 그 이유를 다음과 같이 설명했다.

> "나는 지금 나 자신이 다른 사물들을 의심하고 있다고 생각한다. 그러나 만약 내가 생각하기를 멈춘다면 내가 이제껏 생각해 온 모든 것들이 참된 것이라 할지라도 내가 존재한다고 믿을 만한 어떠한 이유도 남지 않는다. 이로부터 나는 '나의 본질 또는 본성 전체가 단지 생각하는 것'이고, 나 자신을 위해서 어떤 장소가 필요하거나 어떤 물질적인 것에 의존하지 않는 실체라는 것을 깨달았다. 이 '나'는 영혼이며, 그것에 의해 나는 나일 수 있다. 따라서 이 나는 신체와 완전히 구별되고 지성에 의해서 이해할 때 과연 신체보다 더 알기 쉽고 신체가 존재하지 않더라도 여전히 자신만으로도 온전히 '나'로 남아있다."[254]

서구 과학은 이러한 이원론적 세계관, 즉 생각하는 인간 정신과 물질, 영혼과 신체, 생각하는 인간과 자연의 이원론에서 시작되었다. 인간 존재의 기반이 사유의 터전인 정신이나 영혼에 자리하자 신(God)은 설 자리를 잃었고, 신체로부터 분리되어 생각하는 인간 정신은 지식의 제1 원리인 수학적 공리나 물리적 원리를 창조해낼 수 있는 존재로서 플라톤의 이데아 세계에 자리했던 근대 이전의 신의 자리를 대신하게 되었다.

---

254) 데카르트 〈방법서설〉(1637), p.39.

이러한 이원론적 세계관에 따른 서구 과학적 패러다임에서는 있는 그대로의 세계로서 자연 그 자체나 물 그 자체가 살아 움직여 운동 변화하고 있는 세계(실체 물리학의 대상)는 이데아의 그림자에 불과한 것이고(따라서 이는 서구 과학의 대상이 아니다), 불변의 세계인 플라톤의 이상적 수학 세계를 구현하기 위해서는 자연현상을 관측함으로써 불변의 것으로 포착해서(현상 물리학) 그 관측량 사이의 관계를 대칭 형태의 수학 방정식으로 표현할 수 있어야(형식 물리학) 한다고 생각한다. 현상 물리학에서 '관측'이 중요한 의미를 지니는 이유가 바로 여기에 있다. 양자역학의 표준해석인 코펜하겐 해석에 따르면 대상을 관측했을 때 비로소 불변의 세계에 존재하는 수학적 실재가 되고, 관측하기 전에 살아 움직여 운동 변화하고 있는 현실의 실재는 이데아의 그림자에 불과하다. 베르너 하이젠베르크가 물리학은 눈에 보이는 요소, 즉 관측량 사이의 관계를 형식적으로 서술하는 일만을 담당한다고 하면서 양자역학적 지식의 제1 원리인 불확정성 원리를 만들어낸 이유가 바로 여기에 있다. 사실 하이젠베르크의 불확정성 원리나 보어의 상보성 원리는 근본적으로 플라톤의 이원론적 세계관에서 나올 수 있는 것이다.

생각해 보라. 모든 물질은 필수적 두 구성요소인 질량과 에너지가 양적 등가로 이루어져 내부질량을 가진 물질의 외부에너지가 그 물질을 겹겹이 둘러싸고 층을 이루어 회전하면서 형성한 기륜 공간의 회전하는 기륜력에 의해 살아 움직여 운동 변화하고 있다. 이 경우 물질의 내부질량은 그 물 자체의 시간을 형성하고 입자성을 가지며 위치와 관련되고, 그 물질의 외부에너지는 회전하여 그 물 자체의 공간을 형성하고 파동성을 가지며 속도나 운동량과 관련된다. 그런데 상보성 원리나 불확정성 원리에 따르면, 하나의 물질을 입자(질량, 위치, 시간)와 파동(에너지, 속도나 운동량, 공간)으로 이원화하여, 대립적인 것(비가환적인 것)은 서로를 배제하므로 입자로 행동할 때는(위치나 시간을 정확히 측정할 때는) 파동성이 사라지고(운동량이나 에너지의 정확성이 사라지고) 파동으로 행동할 때는(운동량이나 에너지를 정확히 측정할 때는) 입자성이 사라진다(위치나 시간의 정확성이 사라진다)는 것이다.

마찬가지로 양자장론에 따른 입자 물리학의 표준모형 역시 하나의 물질을 물질 구성 입자인 페르미온(fermion)과 힘을 매개하는 보손(boson)으로 이원화해서 수학적으로 기술하고 있다. 왜 그럴까? 있는 그대로의 세계로서 하나의 물질 그 자체는 살아 움직여 운동 변화하고 있는 세계이므로, 이를 대칭 형태의 수학 방정식으로 기술하여 불변의 세계인 플라톤의 이상적 수학 세계로 구현하기 위해 가장 먼저 해야 할 일은, 그 살아 움직여 운동 · 변화하고 있는 하나의 물질을 이원론적 세계관에 따라 둘로 찢어발겨서 죽임당한 시체, 즉 '불변의 것'으로 만들어야만 하기 때문이다.

그러나 하나의 보통 물질인 인간을 이원론적 세계관에 따라 연장(延長)을 본질로 하는 신체와 사유(思惟)를 본질로 하는 영혼으로 분리하는 이원론에서 신체와 분리된 "나의 본질 또는 본성 전체가 단지 생각하는 것"이라고 하는 사유를 본질로 하는 인간 정신은 사실상 '존재하지 않는 존재'로서 우주에 실재할 수 있는 것이 아닌 것처럼, 입자성과 분리된 파동성이나 페르미온과 분리된 보손은 현실의 우주에는 실재하지 않는 이데아(아리스토텔레스의 존재의 근본원리인 질료-형상 이론에 따르면 '순수 형상')로서 이상적 수학 세계에나 존재하는 것이다. 그리고 이 경우 근대 이후 신의 자리를 차지하게 된 서구의 자연철학자나 과학자들은 만물의 근원인 수(數) 속에 자연의 이치가 반영되어 있고 자연이 수학적 구조로 되어 있다는 믿음 체계 아래 수학적 물리법칙으로부터 만물을 창조해내기 위해서는 그들 자신이 서구 근대 이전의 신처럼 존재하지 않는 존재로서 우주 밖에 존재해야만 한다.

그렇다면, 다시 본론으로 돌아가 보자. 앞서 말했듯이 내가 이 절에서 말하고 싶은 것은 서양 과학사에서 있는 그대로의 세계인 자연에 근접했던 성실한 물리학자들이 출현했었지만, 그때마다 불변의 세계인 플라톤의 이상적 수학 세계를 구현하려는 현상 물리학의 규준에 따라 재단되어 버렸다는 점이다. 우선 서양 과학사에서 나의 실체 물리학에 근접했던 사유와 인식을 보여 주었던 성실한 물리학자를 내가 아는 한 나열해보자면, 갈릴레오 갈릴레이, 마이클 패러데이, 루돌프 클라우지우스, 에른스트 마흐, 막스 플랑크, 앙리 푸앵카레, 루이 드브로이, 에르빈 슈뢰딩거 등을 들 수 있다. 한편 아인슈타인은 코펜하겐 해석을 부정했다.

그런데 모든 일은 시작이 반이듯이, 현상 물리학의 시작에서부터 생긴 오류, 즉 앞의 Ⅱ07. 절에서 살펴본 바와 같이, 데카르트와 뉴턴은 '자연학의 기본 법칙'으로서 갈릴레오가 발견한 관성의 원리를 왜곡했다. 플라톤의 이원론(이데아론)을 체계화한 정신-물질 이원론의 기초위에서 근대철학을 창시한 데카르트는 고대 그리스 유클리드 기하학 원리에 따라 갈릴레오가 주장한 관성운동으로서 등속운동을 직선운동이라고 해석하였고[255], 뉴턴도 이러한 데카르트와 생각을 같이하여 그 직선운동이 원운동을 하도록 만들기 위해 구심력과 원심력이라는 우주에는 실재하지 않는 허구의 힘을 사유를 본질로 하는 인간정신, 즉 머릿속에서 창조해냈다.

한편 갈릴레오 이후 200여 년이 지나 또 한 명의 성실한 물

255) 데카르트는 '해석기하학'이라는 수학적 방법론을 최초로 만든 사람이기도 하다.

리학자가 서구 과학사에 등장하게 된다. 바로 마이클 패러데이다. 1820년대 외르스테드(H. C. Ørsted)는 도선을 흐르는 전류가 도선 주변에 자기장을 만드는 것을 발견했다. 한편 앙페르(A. M. Ampère)가 보인 그 자기력은 둥근 형태로서 도선 주위에 원통형의 자기 효과가 나타난다. 패러데이는 이들 사실이 함축하는 바를 처음으로 이해한 사람이었다. 만일 자기극을 분리해낼 수 있다면 이 자기극은 전류가 흐르는 도선 주위에서 계속 원형으로 움직이리라는 것이었다. 그러나 이 경우 앙페르의 이론에 의하면 자기력은 쌍을 이루는 전류 요소 사이에 존재하는 직선적인 힘의 단순한 산술적 합이었다.

하지만 수많은 실험을 통해 얻은 경험적 앎을 터득한 패러데이에게 자기력은 전류가 흐르는 도선의 둘레에 원을 그리는 것으로, 간접적 또는 직선적인 힘이 수학적으로 유도된 효과가 아니라 더 근본적인 것으로서 그 자체로 원형의 힘이었다. 하지만 '그 자체로 원형의 힘'이라는 것은 뉴턴의 힘의 원칙에 어긋나는 것이었다. 사람들은 패러데이는 전통적인 과학교육을 받지 못했기에 이런 견해를 가질 수 있었을 것이라고 말한다.[256] 그렇다. 맞는 말이다. 패러데이는 교육을 통해 세뇌되지 않고 타고난 정상적인 사유 능력을 잃지 않았던 까닭에 올바른 생각을 할 수 있었다.

1831년 패러데이는 불변의 세계를 구현하는 대칭 형태의 방정식이 하나도 없는 기념비적인 그의 책 〈전기에 대한 실험적 연구〉 1권 114번 항목에서 "철 가루에 의해 드러나는 것을 병렬로 배치하여 변형되는 자기 곡선을 자기력선(magnetic line of force)이라고 부른다"라고 하여 최초로 역선(力線, line of force)을

256) Nancy Forbes and Basil Mahon, 〈패러데이와 맥스웰, 그리고 전자기장〉 우리말 번역본, pp. 87~88.

제시했고, 이는 장(場, field)이론의 핵심적인 개념이 되었다. 패러데이에게 모든 전류는 그 둘레에 '원형의 자기적 힘'을 생산했고, 이 힘은 주변 공간 속에서 물리적 실체를 가진 것처럼 보였다. 마찬가지로 모든 자석은 주변 공간에서 휘어진 경로로 작용하는 힘의 무늬를 생산했다. 이 힘의 경로는 눈에 보이지 않았지만, 자석 위 종이에 철 가루를 뿌리면 쉽게 그 모습을 드러냈다. 이처럼 모든 수리 물리학자가 놓치고 있었던 물리적 사실을 단순한 실험과 명료한 추론으로 역선들로 이루어진 자기장을 발견했던 패러데이는, 리처드 필립스에게 다음과 같은 내용의 편지를 썼다.

> "실험이 수학 앞에서 움츠러들 필요가 없다는 사실을 아는 것은 대단히 기분 좋은 일이지만, 발견에 있어서 그것(수학)에 맞서는 것은 꽤 높은 능력이 필요하네. 하지만 흥미로웠던 것은 일류 수학자들이 주장하는 것들이 (……) 거의 아무런 기반도 없는 사실이었네. (……) 이 오만한 편지를 용서하게."[257]

그렇다면 패러데이가 실험에서 발견한 역선들(力線, lines of force)의 물리적 실체는 무엇이고, 패러데이가 생각한 장(場, field)의 물리적 실체는 무엇일까? 실체 물리학을 공부한 우리는 그것을 안다. 그렇다. 물질 그 자체의 내재적 속성에 의해 운동 변화하는 기륜 원리에 따라 물질의 내부에 들어있는 질량수만큼의 외부에너지가 그 물질을 겹겹이 둘러싸고 층을 이루어 돌(리)면서 기륜 공간(場, field)을 형성하고 있는데, 이때 물질의

257) 같은 책 p. 108. 편지 전문은 다음을 참조하라. Thompson. pp. 114~117. 전기와 자기에 대한 최초의 여러 수학적 물리법칙은 뉴턴의 중력 법칙을 모델로 한 것들이었다. 뉴턴에 따르면 두 물체 사이에 작용하는 중력은 두 질량의 곱을 거리의 제곱으로 나눈 값에 비례했다. 여기서 질량을 전하량으로(질량과 전하량의 물리적 실체는 사실상 같은 것이다) 또는 자극의 세기로 대체하기만 하면 전기와 자기의 기본 법칙을 얻을 수 있었다. 그런데 여기서 우리가 주의해야 하는 것은 쿨롱, 앙페르, 푸아송을 비롯한 이들의 연구는 이 힘들이 질량, 자극, 전하 사이의 원격적인 작용으로부터 생긴다는 물리적 가정을 기본 전제로 하고 있었다.

외부를 겹겹이 둘러싸고 층을 이루어 돌고 있는 그 각각의 층들이 바로 역선인 기륜선(lines of Giriun)이며, 그 물질의 외부에너지가 돌(리)고 있는 힘이 기륜력(Giriun force)이다. 이 경우 아래 그림처럼 물질 그 자체의 회전하는 기륜력(x)의 방향은 서로 수직을 이루고 있는 전기장(E)과 자기장(B) 방향 각각에 모두 수직인 방향이다.

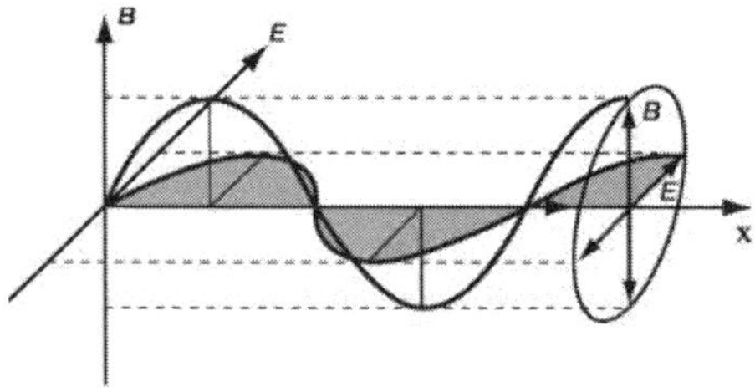

[전자기장을 가진 물질의 운동]

여기서 말하는 기륜력이 바로 있는 그대로의 세계인 자연 그 자체 또는 물 그 자체가 가지고 있는 자연의 유일한 힘이다. 세상의 모든 물질의 운동은 물질 그 자체가 가진 에너지에 의한 것이고, 따라서 어떤 힘도 가지지 않은 물질은 이 세상에 존재하지 않는다. 그러나 리처드 파인먼이 말했듯이 현상 물리학은 힘이 무엇인지 모른다. 왜 그럴까? 있는 그대로의 세계인 물 그 자체는 서구 과학의 대상이 아니기 때문이다. 그러나 실체 물리학을 공부한 우리는 이제 인류역사상 최초로 힘(力, force)이 무엇인지를 '물리적으로 설명'할 수 있게 되었다.

생각해 보라. 광자가 광속으로 진공 속을 이동하는 힘은 도대체 어디서 생기는 것일까? 광자 그 자체가 힘을 가지고 있기 때문이다. 다시 말해 내부 질점(전하)을 가져서 국소적인 광자 그 자체의 외부에너지가 회전하여 형성하고 있는 기륜 공간인 전자기장의 회전하는 기륜력이 있기 때문이다. 내부 질점(전하)이 있어 자체 전자기장을 가진 광자가 진공 속을 운동하는 물리적 원인은, 위 그림에서처럼 내부질량(전하)을 가진 국소적인 광자 그 자체의 외부에너지가 회전하여 형성하고 있는 기륜공간인 전자기장에서 서로 수직을 이루고 있는 전기장(E)과 자기장(B)의 방향에 모두 수직인 방향으로 작용하는 기륜력(x)이라는 힘이 있기 때문이다.

한편 여기서 우리는 갈릴레오가 발견한 등속의 '원운동'을 플라톤의 이상적 수학 세계에 맞게 등속 '직선운동'으로 왜곡한 데카르트와 뉴턴의 잘못을 패러데이가 다시 한번 바로잡고자 했다는 사실을 알 수 있을 것이다. 왜냐하면 패러데이가 실험을 통해 발견한 역선들이 이루는 힘은 뉴턴이 생각한 '직선적인 힘'이 아니라 물질의 외부에너지가 회전하여 형성하는 기륜공간의 회전하는 기륜력으로서 물질 그 자체가 가진 '원형의 힘'이었기 때문이다. 다만, 갈릴레오는 원자 이상의 보통 물질에서 흩어져 나온 암흑물질들이 형성하는 '중력장'에서의 등속 원운동과 그 운동을 가능하게 하는 자연의 힘으로서의 회전하는 기륜력을 말했고, 패러데이는 아원자입자(원자핵)의 외부에너지가 형성하는 '전자기력 장'에서의 등속원운동과 그것을 가능하게 하는 자연의 힘으로서의 회전하는 기륜력을 말한 것이다.

한편 맥스웰은 1861년 그의 논문 "물리적 역선에 관하여"의 제목에서 볼 수 있듯이, 패러데이의 이야기에 귀 기울였기에 어느 정도 성공적인 전자기이론을 만들 수 있었다. 하지만, 맥스웰은 패러데이의 역선을 불변의 세계인 플라톤의 이상적 수학 세계를 구현하기 위해 수학적으로 표현하는 과정에서, 패러데이가 생각한 역선들을 왜곡할 수밖에 없었다. 왜 그랬을까? 괴델의 불완전성정리를 들먹이지 않고 이 시대의 살아 있는 위

대한 수학자이자 물리학자인 펜로즈의 말로 대신하자면, 서구 과학적 패러다임에 따른 플라톤의 이상적 수학 세계와 물리적 세계 사이에는 심원한 미스터리가 있기 때문이다. 패러데이에게는 물질 주위에 전자기장을 형성하는 역선들, 즉 전기력선과 자기력선은 서로 수직으로 교차하여 '격자'를 이루고 있었다. 그러나 맥스웰은 자신의 전자기 모델에서 역선들을 일정한 유체의 흐름이라는 유추로 표현했지만[258], 그 격자들을 작은 '입자'의 운동이 내는 효과로 해석할 수밖에 없었다. 나중에 양자장론에 따른 20세기 입자 물리학에서 모든 장(field)을 입자(particle)로 해석하여 '힘을 매개하는 입자' 운운하게 된 근원이 바로 여기에 있다.

문제는 이로 인해 패러데이가 발견한 우주에 실재하는 물리적 실체로서의 역선들은 사라져버리게 되었다는 점이다. 서구 과학사상 최초의 실험물리학자였던 갈릴레오가 발견한 사실들이 불변의 세계인 플라톤의 이상적 수학 세계를 구현하려는 데카르트와 뉴턴에 의해서 왜곡되고 오도되어버렸듯이 말이다. 맥스웰의 전자기 모델에 영감을 제공한 것은 패러데이였지만, 정작 패러데이는 이 모델 안에서 물리적 실체에 대해 가지고 있던 자신의 견해를 알아보지 못했을 것이다. 패러데이가 보기에 전자기장을 형성하는 역선들은 매질이 필요 없이 스스로 운동하는 것이었기 때문이다. 여기서 매질은 전자기장이 아닌 '중력장을 형성하고 있는 암흑물질들[259]'을 일컫는 것[260]이다(모든

258) 이것은 중앙에 원천을 가진 임의의 닫힌 표면으로 둘러싸인 구에서 나가는 흐름의 양은 들어오는 흐름의 양과 같고, 이 경우 3차원 공간(기류 공간인 전자기장)에 퍼져나가는 어떠한 작용이라도 역제곱 법칙에 지배된다. 이에 대해 자세한 것은 앞의 Ⅱ27. 절을 참조하라.

259) 중력장을 형성하고 있는 바로 이 따듯한 암흑물질들을 어렴풋이 인식한 것이 바로 서구 과학적 패러다임의 현상 물리학에 등장하는 빛의 매질로서의 '에테르' 운운하는 것이다.

260) 물론 실체 물리학을 공부한 우리는 암흑물질들이 형성한 중력장(동적인 4차원 시

것의 이론 명제 7-7.을 참조하라).

그런데 여기서 우리가 주목해야 할 것은, 맥스웰은 스스로 말하기를 "블록 방식으로 짜 맞춘 자신의 전자기 모델은 자연의 실제 메커니즘을 표현하려는 목적이 아니라 오로지 수학적 관계를 발견하려는 목적으로 만들어진 것"이라고 명확히 밝히고 있다는 점이다.[261] 뉴턴 역시 자신이 제시한 중력에 관한 수학적 물리법칙은 수학적으로 꿰맞췄을 뿐 말이 안 되는 이야기여서 철학적 사고능력을 가진 사람이라면 절대 받아들이지 않을 것이라고 여겼었다. 그러나 결과적으로 갈릴레오의 주장이 플라톤의 이상적 수학 세계를 구현하려는 데카르트와 뉴턴에 의해서 좌절됐던 것과 마찬가지로, 또 한 명의 성실한 물리학자 패러데이의 주장이 맥스웰에 의해서 좌절되고 말았다.

한편 서양 과학사에서 세 번째 실체 물리학의 좌절은 앞의 Ⅱ02. 절에서 살펴보았듯이, 루돌프 클라우지우스가 제안한 열역학 법칙, 즉 비가역적인 자연법칙으로서 열역학 제2 법칙인 엔트로피(S) 증가법칙($S \geq 0$)을, 루트비히 볼츠만이 플라톤의 이상적 수학 세계를 구현하기 위해 엔트로피 개념을 통계적인 방법으로 새롭게 해석하고 개념 조작을 함으로써 대칭 형태의 방정식($S = k \ln W$)을 만들어낸 것이다. 이러한 볼츠만의 방법과 해석에 대해서는 최한기 사상의 계승자들인 에른스트 마흐와 앙리 푸앵카레의 거센 비판이 있었고 심지어 맥스웰도 역설을 제기하며 비판했지만, 결국 살아남아서 자연과학의 수학적 경향이 극에 달한 20세기 물리학, 특히 양자역학에 지대한 영향

공간)과 원자핵의 외부에너지가 형성한 전자기장(3차원 공간)에서 그것을 형성하는 물리적 실체가 서로 다르고 차원이 다르다는 것을 안다. 그리고 전자기장에서 중력장을 형성한 '암흑물질들'에 대응하는 것은 전기장과 자기장이 수직으로 교차하는 '격자점들'이라는 것을 안다.

261) Nancy Forbes and Basil Mahon, 〈패러데이와 맥스웰, 그리고 전자기장〉 우리말 번역본, p. 270.

을 미쳤다.262) 양자역학의 확률적 해석의 뿌리는 고대 그리스인들에게 있지만 가까이서는 바로 여기서 찾을 수 있다. 이에 따라 이후 물리학자들은 현상을 설명하는 데 동역학적 바탕이 필요 없다고 생각하게 되었다.

네 번째 우주의 실재에 부합하는 실체 물리학을 향한 좌절은 바로 막스 플랑크가 발견한 흑체의 불연속적인 에너지 양자($E=hf$)인 광자의 '운동에너지'를 아인슈타인이 광전효과를 설명하면서 창조해낸 질량이 없고 에너지만 가진 영생불멸의 광자의 '에너지'라고 왜곡 오도한 데 있다. 한편 앞의 ‖19. ‖20. 절에서 살펴본 바와 같이, 20세기 가장 유명한 고전 방정식 $E=mc^2$을 처음 만든 사람은 1900년 푸앵카레였고, 여기서 광자의 운동에너지에 관한 고전 방정식 $E=mc^2$는 곧 원자 안에서 원자핵 주위에 전자기장을 형성하고 있는 특정한 진동수를 가진 광자의 운동에너지로서 플랑크가 제안한 불연속적인 에너지 $E=hf$와 같은 것이었다.

그리고 아인슈타인이 "거대한 베일의 한 자락을 들췄다"라고 극찬했던 물질의 파장과 운동량 관계식으로서 광자에도 적용되는 드브로이의 물질파 공식 $\lambda=h/p$은 앞서 살펴본 것처럼 광자의 운동에너지의 양자적 표현인 $E=hf$와 그 고전적 표현인 $E=mc^2$이 서로 같다는 사실로부터 유도된 식이다. 이러한 물질파이론은 비록 광자가 보통 물질 중 최소질량을 가진 물질이지만, 광자도 질량을 가진 까닭에 물질의 이중성으로서 입자성(질량)과 파동성(에너지)을 동시에 가진다는 취지였다. 따라서 결국 실체 물리학의 관점에서 볼 때, 아인슈타인의 광양자설에

262) 파울 에렌페스트(P. Ehrenfest)는 그의 지도교수 루트비히 볼츠만이, "서로 관련된 운동, 힘, 반응의 혼잡이 하나씩 파악될 때까지 상상력을 마구 펼치면서 강한 미적 쾌감을 얻었다"라고 회상했다.

따라 잃어버린 광자의 질량을 드브로이가 물질파이론과 공식에 의해서 사실상 되찾은 셈이다. 그리고 이러한 드브로이의 물질파 공식에 관한 이야기는 디랙방정식에서도 마찬가지로 이야기할 수 있음을 우리는 안다(이에 대해 자세한 것은 앞의 ‖23. 절 등을 참조하라).

한편 전자의 행동을 물질파를 통해 설명하는 방정식인 슈뢰딩거 방정식은 등장하자마자 원자의 에너지 준위에 대해서 보어와 하이젠베르크의 연구와 일치하는 결과들을 산출하는 성과를 거뒀다. 게다가 슈뢰딩거 방정식은 원자의 에너지 상태들이 실제로 어떤 모습인지 '가시화'할 수 있게 해준다는 또 다른 장점이 있었다. 보어가 생각했던 원형 궤도들은 이제 궤도 상태를 나타내는 궤도함수 $\Psi(x,t)$가 되었다. 전자는 궤도함수 안에 속박되고, 궤도함수는 공간 속으로 흩어지지 않는다. 이처럼 보통 물질인 원자핵 주위에 형성된 기륜 공간인 전자기장에 속박된 임의의 입자로서 전자 역시 양자화된 에너지와 운동량을 가지며, 이때 그 전자가 운동하는 전자기장에서의 에너지 준위들은 불연속적인 특정한 값들만 취한다.

우리는 앞의 ‖17. 절에서 살펴본 바와 같이 원자핵 주위에 형성된 전자기장에서의 전자의 궤도 운동은, 원자핵을 구성하고 있는 물질들의 외부에너지가 원자핵 주위를 겹겹이 둘러싸고 층을 이루어 돌고 있는 어느 한 층(기륜선, 궤도) 위에 올라타서 편안하게 원자핵 주위를 돌고 있다는 사실을 안다. 광자의 운동에너지에 관한 $E=mc^2$ 공식을 처음 제안했던 푸앵카레가 전자기장의 에너지 보존법칙에 관한 포인팅정리를 질량-에너지 보존법칙으로 확장하면서, 전자기장 내의 전자의 운동량과 전자기장 자체의 운동량이 함께 보존된다면 포인팅정리는 전자기장이 $E=mc^2$을 만족하는 질량을 가진 가상의 유체처럼 행동할 것임을 알려준다고 말했던 이유도 바로 여기에 있다.

그러나 근본적인 문제는 우주에 실재하는 모든 물질은 필수적 두 구성요소인 질량(시간, 입자성)과 에너지(공간, 파동성)로 이루어져서 그 내재적 속성으로서 입자성과 파동성을 동시에 가짐(물질의 이중성)에도 불구하고, 불변의 세계인 플라톤의 이상적 수학 세계를 추구하는 서구 과학적 패러다임에 따른 현상 물리학은 자연현상을 관측하여 그 관측량 사이의 관계를 수학적으로 표현하는 형식 물리학을 추구할 뿐, 있는 그대로의 세계인 '물 그 자체'는 과학의 대상이 아니어서, 물질이 입자성과 파동성을 동시에 가지는 이유를 물리적으로 설명할 수 없게 되어 있다는 점이다.

만물의 근원인 수(數) 속에 자연의 이치가 반영되어 있고 자연은 수학적 구조로 되어 있다고 믿는 신념체계에서는 정의상 '파동'은 위아래로 흔들리는 교란으로서 넓은 공간에 펼쳐진 존재이고, '입자'는 어딘가에 국소화된 존재다. 그런데 어떻게 넓은 공간에 펼쳐진 파동이 국소화된 입자와 같을 수 있을까? 그것을 어떻게 수학적으로 기술하여 플라톤의 이상적 수학 세계를 구현할 수 있을까? 그런데 이미 현상 물리학에는 조제프 푸리에가 개발한 수학적 기법이 있었다. 앞서도 언급했지만 아주 많은 파동을 합해서 입자와 유사하게 작은 공간 구역에 국소화된 결과를 얻는 푸리에 해석이 그것이다. 그리고 이것은 순수한 수학적 사실이므로 어떤 유형의 교란에 대해서도 타당하게 사용할 수 있다고 생각했다.

이에 따라 i) 정의상 널리 퍼져 있는 파동을 국소화된 존재인 입자로 표현할 수 있는 수학적 기법(푸리에 해석)을 알고 있었던 맥스웰은 전기와 자기의 흐름으로 형성된 전자기장이 국소화한 것을 입자로 보고 공간 속으로 퍼져나가는 것을 파동으로 보아 빛을 '전자기파'라고 해석했고, ii) 양자역학의 코펜하겐 해석은 모든 물질이 '입자성과 파동성'을 동시에 가지는 물질의 이중성을 대립적인 것은 상보적이라는 원리에 따라 '입자-파동 이중성'으로 해석했으며, iii) 이에 따라 입자 물리학의 표준모형의 양자장론에서는 모든 장(field)을 입자(particle)로 재해석했다. 따라서 예컨대 전자기장에 해당하는 입자는 광자다.

이 경우 양자역학에서의 고민은 이렇다. 슈뢰딩거 방정식의 해인 파동함수가 어떻게 국소화된 입자를 흉내 낼 수 있을까? 여기서 파동함수에 대한 막스 보른의 확률적 해석인 코펜하겐 해석이 나오게 되는데, 보른의 생각은 다음과 같다.

> 불확정성 원리에 따르면 전자의 운동량을 정확히 알면 전자의 위치에 대해서는 전혀 모르고 전자의 위치를 정확히 알면 그 운동량은 전혀 모르게 된다. 우리가 전자의 위치를 안다면 우리는 푸리에 해석을 통해 그 전자를 '확률 펄스'로 간주할 수 있다. 전자의 위치가 알려졌다는 것은 위치의 불확정성이 작다는 뜻이다. 그런데 전자, 즉 좁은 확률 펄스를 푸리에 해석을 통해 파동들의 합으로 기술하려면, 파장의 범위가 넓은 파동들이 필요하다. 이 말은 전자의 운동량 불확정성이 커진다는 것을 의미한다.

그런데 위 i), ii), iii)에서 우리가 주목해야 할 것은 미시세계에서 불연속적인 에너지로 이루어진 장(예컨대 전자기장)이 넓은 공간에 펼쳐져 있으면 파동(예컨대 전자기파)이고 국소화 되면 입자(예컨대 광자)라는 것이므로, 여기서 말하는 장이나 파동, 그리고 입자는 모두 '에너지'라는 점이다. 양자장론을 기반으로 하는 입자 물리학의 표준모형에서 기본 입자들에 '질량'이 없는 이유가 바로 여기에 있다. 그래서 기본 입자들에 질량을 부여해주는 힉스 메커니즘이 필요하게 된 것이다.

그러나 생각해 보라. 현상 물리학이 사용하는 수학적 기법인

푸리에 해석에 따라 입자를 시간과 공간상의 한 점, 예컨대 $x=0, t=0$에 국소화 한다면, 이것은 연못에 돌을 던지는 것과 마찬가지다. 현상 물리학에서 파동은 한 지점의 에너지가 매질의 진동을 통해 전달되는 현상이다. 그 시간과 공간상의 한 점에서는 돌이 물을 교란하여 큰 물결이 일어난다. 그 특별한 점($x=0, t=0$)에서 커다란 덩어리를 이루는 $\Psi(x, t)$을 수많은 파동의 푸리에 합으로 얻을 수 있다고 치자. 그러나 시간이 흐르면 그 덩어리가 흩어지기 시작한다. 즉, 덩어리가 수많은 파동으로 분산되어 공간 속으로 퍼져나가는 것처럼 보인다. 그렇다면 입자는 어디로 간 것인가?

상대론적 양자역학과 양자장론 및 게이지이론에 따른 입자물리학의 표준모형에서 기본 입자들의 질량(입자성)이 사라져버린 이유가 바로 여기에 있다. 물론 자연 그 자체나 물 그 자체를 과학의 대상으로 하지 않는 서구 과학적 패러다임에 따른 현상 물리학으로서 양자역학은 그 지식 체계상 '물 그 자체의 내재적 속성'을 결코 알 수 없다. 따라서 그들은 모든 물질이 입자성과 파동성을 동시에 가지는 물질의 이중성을 두고 "자연은 자신에 관해서 무언가 심오하고 근본적인 것을 누설했다"라고 말하면서 그것은 "입자도 아니고 파동도 아니지만, 입자인 동시에 파동인 무언가"인 신비한 양자상태라고 이야기한다.

그렇다. 물 그 자체는 '실제로' 그들이 말하는 것처럼 입자도 아니고 파동도 아니며 또한 입자인 동시에 파동도 아니다. 왜냐하면 물질의 이중성은 —그들이 생각하는 것처럼 '입자와 파동'의 이중성이 아니고— 모든 물질은 '입자성과 파동성'이라는 내재적 속성을 '동시에 가진다'라는 것이고, 이 경우 물질의 파동성은 그 입자성(질량)을 가진 물질이 주위에 파동을 일으킬 수 있는 속성(에너지)을 가졌다는 것이지 그 물질 자체가 파동이라는 의미가 아니기 때문이다.

불변의 세계인 플라톤의 이상적 수학 세계가 아닌 있는 그대로의 세계를 있는 그대로 볼 수 있는 사유와 인식의 수준에 이르게 되고, 그래서 세상을 있는 그대로 통찰할 수 있어서 그 물리적 곡절을 알게 되면 더는 세상이 기이하거나 신비롭지 않을 것이다. 이제 모든 학문의 근본터전인 우리의 물리학도 2,500년 전 고대 그리스인들이나 했던 이럴 수도 있고 저럴 수도 있는 점술 복술 유사의 학문 수준에서 벗어나야 한다. 그리고 나는 그것이 문화국가를 지향하는 우리 대한민국에서부터 시작되어 전 인류에게 알려지기를 소망한다.

‖ 45. EPR 역설과 비국소적 얽힘

1935년 아인슈타인은 동료 물리학자 보리스 포돌스키(B. Podolsky)와 나단 로젠(N. Rosen)과 함께 발표한 "물리적 실재에 대한 양자역학적 기술은 완전한가?"라는 제목의 논문을 통해 양자역학은 불완전하다고 주장했다.[263] 아인슈타인과 저자들(EPR)은 완전한 이론은 물리적 실재의 모든 요소를 포함해야 한다면서 다음과 같이 주장했다. 만일 우리가 시스템을 어떤 식으로도 교란하지 않으면서 어떤 물리량의 값을 확실하게 예측할 수 있다면 그 물리량에 대응하는 물리적 실재의 요소가 존재한다. 그리고 두 시스템이 유한한 시간 안에 서로 소통할 수 없을 정도로 멀리 떨어져 있다면 한 시스템에 대한 측정은 멀리 떨어진 다른 시스템의 변화를 인과적으로 유발할 수 없다. 만일 변한다면 어떠한 물리적 영향력도 빛의 속도보다 빠르게 전달될 수 없으므로 국소성 원리에 반한다. 이를 EPR 역설이라고 한다.

예를 들어 상자에 동전 한 개를 넣고 밀폐한 후 상자를 흔들고 상자를 열면 동전은 앞면일까 뒷면일까? 이에 대해 우리는 동전은 50%의 확률로 앞면일 수도 뒷면일 수도 있다고 말할 수 있을 것이다. 이 경우, 상자를 열기 전에 이 동전은 이미 앞면 또는 뒷면이 정해진 상태이고, 상자를 여는 행위는 이미 앞면 또는 뒷면으로 결정된 동전을 확인하는 것에 불과하다(인과율, 결정론적).

그러나 코펜하겐 해석에 따르면, 상자를 열기 전에 동전은 앞면과

---

263) A. Einstein, B. Podolsky, and N. Rosen, "Can quantum-mechanical description of physical reality be considered complete?" Phys. Rev. 47 777 (1935)

뒷면이 포개져 있는 중첩(重疊, superposition) 상태에 있다. 즉, 앞면과 뒷면이 동시에 존재하는 기묘한 상태에 있다. 이 경우 동전은 앞면일 상태와 뒷면일 상태는 동시에 존재하며 측정 전에는 앞뒷면이 확률적으로 중첩되어 있다고 말한다(확률, 비결정론적). 동전은 앞뒷면이 중첩되어 있다가 관측하는 순간 즉시 중첩상태가 붕괴하여 어느 한 면의 상태로 결정된다. 즉, 관측행위가 동전의 상태를 결정한다.[264] 이처럼 코펜하겐 해석에서 양자상태는 측정 전에는 여러 상태가 확률적으로 동시에 존재하는 중첩상태에 있다가, 측정하는 순간 하나의 상태로 결정된다.

EPR 사고실험을 스핀으로 설명하면 이렇다. 멈춰 있으며 각운동량이 0인 방사성 물질 하나가 붕괴하여 두 입자 A와 B로 된다. 서로 반대 방향으로 날아가는 A와 B는 정반대의 운동량을 가져야 하며 각운동량 보존법칙에 따라서 정반대의 스핀을 가져야 한다. 이 경우 코펜하겐 해석에 따르면 A가 특정 스핀을 가질 필요가 없다. 오히려 A의 스핀이 측정될 때까지 확정되지 않아야 한다. 입자 A의 스핀을 측정하면 A는 정해진 스핀을 갖게 되고, A로부터 몇 광년 떨어진 입자 B는 각운동량 보존법칙에 따라서 반대 방향의 스핀을 갖게 된다. 그리고 A를 측정하면 그 즉시 몇 광년 떨어진 B의 스핀이 결정된다.

바로 여기서 EPR은 A에 대한 측정이 몇 광년 떨어진 B에 즉시 영향을 끼칠 길이 없다고 주장한 것이다. 왜냐하면 A에 대한 측정으로 인해 B가 특정 속성을 얻으려면 B가 있는 장소로 어떤 식으로든 정보가 전달되어야 하는데, A와 B는 아주 멀리 떨어져 있으므로 그 정보는 광속보다 훨씬 더 빠른 속도

---

264) 이 경우 위 상자 안에 전자 하나가 들어 있다고 해도 마찬가지다. 전자는 상자 속 어디에 있을까? 코펜하겐 해석에 따르면, 전자는 파동처럼 행동하면서 모든 곳에 존재하다가 관측하는 순간 입자처럼 행동하면서 한점에 존재하는 것이 된다. 그리고 이러한 해석은 전자의 이중슬릿 실험에서도 마찬가지다. 전자가 파동처럼 행동하여 스크린에 간섭무늬를 형성하는 경우, 전자는 두 개의 슬릿을 동시에 통과한다고 해석한다. 그러나 전자를 관측하는 순간 전자는 어느 한 슬릿만 통과하여 스크린에 두 줄의 무늬를 나타낸다.

로 보내져야 하기 때문이다. 아인슈타인은 "물리학자로서 나의 본능이 격노한다"라면서 그런 도깨비 같은 비인과적 소통은 일어날 수 없다고 주장했다[265].

EPR의 주장은 B의 속성들이 A에 대한 측정으로 인해 변화할 수 없다는 것이고, B의 속성이 A에 대한 측정으로 인해 변하면 국소성 원리에 반하며, 따라서 B는 A에 대한 측정 이전에도 확정된 속성을 가져야 한다는 것이다. 그런데 코펜하겐 해석은 입자의 속성들이 측정 이전에 불확정 상태에 머무는 것을 허용하면서 A를 측정함으로써 B의 속성을 알게 되므로, 양자역학은 불완전하고, 더 심층적인 숨은 변수들이 있다고 주장한 것이다. EPR은 우리가 아직 알지 못하는 물리적 실재의 요소들이 더 있고, 입자에 관여하는 그런 요소들이 확률의 이면에 숨어 있다고 믿었다.

그러나 코펜하겐 해석을 믿는 20세기 물리학자들은 그런 심층적인 이론은 존재하지 않고 양자역학으로 완전하며 양자역학이 기괴하다면 자연이 본래 그런 것이라고 믿는다. 결국 EPR의 주장대로 불확정성 원리를 포함하는 양자역학이 불완전하거나 아니면 A에 대한 측정이 즉시 B에 영향을 끼치거나 둘 중 하나이다. 만약 후자가 옳다면 비인과적 소통이라는 원격작용, 즉 비국소적인 교란이 존재한다는 것인데, EPR이 보기에 그런 일은 국소성 원리에 반하므로 불가능했다.

한편 하이젠베르크의 불확정성 원리에 따르면 입자의 위치를 측정하면 불가피하게 입자의 운동량을 교란한다. 위치 측정이 정확할수록 운동량은 더 많이 교란된다. 그 역도 마찬가지다.

---

265) Nathan, et al., eds., The Dilemma of Einstein, Podolsky and Rosen— 60 years Latter: An International Symposium in Honour of Nathan Rosen, Haifa, March 1995, Annals of the Israel Physical Society (Institute of Physics Publishing, 1996).

따라서 코펜하겐 해석은 입자의 위치와 운동량을 알아낼 수 없다면 입자가 위치와 운동량을 지녔다는 믿음은 쓸모없다는 것이다. 이에 대해 아인슈타인의 응수는 이렇다. 좋다. 입자의 위치와 운동량을 동시에 정확하게 알아내는 것은 절대로 불가능하다는 것에 동의한다. 하지만 입자가 일정한 위치와 운동량을 동시에 가졌다고 믿으면 안 될 이유가 무엇인가?[266] 이에 따라 EPR은 교란을 제거함으로써, 즉 B를 건드리지 않고도 B의 운동량을 알아낼 수 있음을 보임으로써 코펜하겐 해석의 불완전함을 지적한 것이다.

이에 대해서 닐스 보어의 반응은 (A에 대한 측정을 통해) B의 속도를 예측할 수 있다는 것은 B가 그 속도를 가졌다는 것을 뜻하지 않는다고 반박했다. B를 측정할 때까지 B가 속도를 가졌다는 생각은 무의미하고, 따라서 국소성 원리 위반이 아니라는 것이다. 미시세계에서 얽힌 두 입자는 서로 몇 광년 떨어져 있더라도 A를 측정하면 A와 B 모두가 속한 상태에 영향을 끼친다는 것이다. 즉, B가 아무리 멀리 떨어져 있다 하더라도 A의 스핀을 측정하면 B의 스핀이 확정된다는 것이다. 그러나 아인슈타인은 바로 이 점을 못마땅하게 여겨서 유령 같은 비인과적 소통이 일어나는 비국소적 원격작용을 비판한 것이다. 하지만 보어의 입장은 모호했다.

그리고 이러한 상태로 30년이 지난 1964년, 존 스튜어트 벨(J. S. Bell)은 EPR 역설과 관련해서 몇 가지 심오한 통찰을 제시했다. 여기서 핵심어로 부상한 것은 아인슈타인이 1935년 논문에서 '유령 같은 원격작용(spooky action at a distance)'이라는 상관관계를 언급했고, 같은 해 슈뢰딩거가 얽힘(entanglement)이

266) 물론 우리는 물질의 이중성인 입자성과 파동성은 하나의 물질이 동시에 가지는 물질 그 자체의 내재적 속성이고, 따라서 위치(입자성)와 운동량(파동성)은 하나의 물질 그 자체가 동시에 가지고 있다는 사실을 안다.

라고 이름 붙인 상관관계의 '비국소성(non-locality)'이었다. 벨은 한편으로 양자 이론의 예측들과 다른 한편으로 결정론을 복구하려는 이론들을 구별해주는 실험을 최초로 고안했다. 즉, 숨은 변수들이 존재한다면 이들의 관측값이 만족해야 할 부등식과 실행 가능한 실험을 제시한 것이다. 벨 부등식을 포함하는 벨의 정리는 벨이 아인슈타인과 보른 그리고 양자 이론을 다른 방식으로 정식화한 데이비드 봄의 글도 검토해서 나온 것이다.

벨의 정리는 대상 a와 b가 아주 멀리 떨어져 있더라도 a에 대한 측정이 실제로 b에 대한 측정에 모종의 즉각적인 영향을 끼침을 입증함으로써 EPR 역설에 대응한다. 예를 들어 상자 안에 전자 하나를 집어넣고 밀폐한 후 상자를 두 부분으로 나누어 분리했는데, 우리는 전자가 어느 부분에 들어 있는지 모른다고 가정해보자. 이제 우리는 한 부분을 달로 운반하고 나머지는 지상의 일정한 곳 P에 놔둔다. 이때 우리가 파동함수에서 알아낼 수 있는 것은 전자가 달에 있을 확률이 50%, P에 있을 확률이 50%라는 것이다. 이 상황에서 우리가 P에 있는 상자를 열어보고 전자를 발견하면 파동함수는 즉시 붕괴하고, 전자가 P에 있을 확률은 100%로 바뀐다. 우리는 달에 있는 상자를 건드리지 않고도 그것의 상태를 '전자 없음'으로 바꾸어 놓은 것이다. 벨이 실험적으로 확립하려는 것이, 바로 이러한 '비국소적인 원격작용'이었다.

그리고 1979년경부터 실제 실험들이 이루어졌다. 그런데 그 실험 결과들은 비국소적인 효과들이 존재한다는 것을 보였다. 즉, 실험 결과들은 EPR이 주장한 국소적인 실재론에 어긋났다. 충격적인 '비국소성' 때문에 벨은 유명해졌고, 일부 사람들은 벨의 정리는 모든 것이 연결돼 있다는 증명이라고 결론짓기도 했다. 그러나 벨은 1990년 사망할 때까지 이러한 결론에 동의하지 않았다. 그가 확신한 것은 자신의 정리가 우리가 실재를 제대로 이해하지 못했음을 의미한다는 것뿐이라고 했다. 우리가 아는 모든 힘(중력, 전자기력, 강한 핵력, 약한 핵력)은 국소적인 힘이다. 그 힘들은 힘을 발휘하는 대상에서 멀리 떨어질수록 점점 더 약해지며, 관측할 수 있는 보통 물질의 경우 광속 이하의 한정된 속도로만 전달된다. 그런데 벨은 "우리에게 거리가 아무리 멀어져도 전혀 줄어들지 않는 새로운 비국소적인 영향을 숙고하라"라고 이야기했다. 오늘날 대다수 현상 물리학자는 "우리가 말 그대로 수식 이전에 '실재(reality)와 같은 철학적이고 개념적인 문제들의 수렁에 빠졌다"라고 말한다. 이처럼 EPR 역설과 벨의 부등식은 이후 양자역학의 해석에 관한 연구를 풍부하게 만드는 중요한 계기가 되었으며 논쟁은 21세기 현재까지도 이어지고 있다.

나중에 ‖48. 절에서 자세히 논하겠지만, 실체 물리학의 모든 것의 이론에 따르면 우리가 양자 얽힘(quantum entanglement)이나 비국소적(非局所的, non-local) 상관(correlation)을 제대로 이해하기 위해서는 반드시 알아야 할 두 가지가 있다. 그 첫째는 우주가 연속적인 4차원 시공간이 아니라 불연속적인 3+(4+4)의 11차원 시공간 구조를 이루고 있음을 알아야 하고, 그 둘째는 우리의 앎과 관련된 보통 물질의 내부형질의 물리적 속성에 대해서 알아야만 한다. 왜냐하면 양자 얽힘 현상은 우리의 앎의 문제와 직결되고, 우리의 앎의 문제는 곧 실재(實在, reality)와 정보(情報, information)를 포괄하는 앎의 본질과 관련된 문제이기 때문이다. 그런데 이에 대해서는 다시 책을 한 권 써야 할 정도로 할 이야기가 많으므로 절을 바꾸어 논의를 전개해 나가기로 하겠다.

‖46. 물리적 세계, 정신적 세계, 수학적 세계의 통일

양자역학의 기본원리는 하이젠베르크의 불확정성 원리와 보어의 상보성 원리다. 그런데 불확정성 원리는 왜 특정한 두 가지 물리량 사이에 성립할까? 보어는 위치와 운동량, 시간과 에너지처럼 서로 불확실성 관계를 맺는 두 양의 경우, 한 양에 대한 앎이 다른 양에 대한 앎을 제한한다는 의미에서 서로 대립적이지만 상호보완적인 변수(complementary variables)라고 했다. 따라서 불확정성은 사실상 불가지성(不可知性)이라는 것이다. 왜냐하면 물체의 위치와 운동량(속도)을 알면 미분방정식에 따라 그 물체의 과거 또는 미래의 상태를 알 수 있는데, 불확정성 원리는 원리적으로 알 수 없는 것을 일깨우고 우리의 앎을 제한하기 때문이다.

한편 아인슈타인이 드브로이의 물질파이론에 관한 논문에 대하여 거대한 베일의 한 자락을 벗겼다고 말했을 때, 그 베일은 현실의 실재인 있는 그대로의 세계인 자연 그 자체 또는 물그 자체를 가리는 장막이었다. 그런데 다양한 물질들에 대한 이중슬릿 실험을 실행하는 등 실험물리학의 대가이자 양자 정보이론가인 안톤 차일링거(A. Zeilinger)는 그의 책 〈아인슈타인의 베일〉(2004)에서 양자역학의 주요 개념들이 어떻게 철학적 질문들로 이어지는지, 그리고 정보가 물질세계의 근본이라면 우리의 세계관은 어떻게 변할 것인지 등의 문제를 제기하면서 다음과 같이 말한다.

"우리는 많은 것이 아직 불분명하고 몇 가지 매우 중요한 질문이 아직 대답을 기다리고 있는 영역에 발을 들여놓기 시작했다. 실재와 정보를 포괄하는 개념의 본성에 관한 질문, 즉 앎의 본질에 관한 질문도 그런 질문 중 하나이다."

여기서 우리가 주목해야 할 것은 '앎의 본질'을 실재와 정보를 포괄하는 개념의 본성이라고 이야기하고 있다는 점이다. 그런데 앞에서도 언급했었지만, 성실한 물리학자이자 수학자인 로저 펜로즈(R. Penrose)는 그의 저서 〈실체에 이르는 길〉에서 "우주에는 세 가지 세계와 세 개의 미스터리가 존재한다"라고 말한다. 세 가지 세계란 플라톤의 이상적 수학 세계와 물리적 세계, 그리고 정신적 세계를 말하고, 이들 사이를 잇는 과정에서 일어나는 심원한 세 개의 미스터리가 존재한다는 것이다. 그런데 여기서 그는 "정신적 세계는 물리적 세계에 뿌리를 두고 있다"라고 말하면서 "물리적 세계에 대한 이해가 깊어져서 혁명적인 진보가 이루어진다면, 언젠가 정신적 세계에 대한 이해도 자연스럽게 따라올 것이다"라고 이야기하고 있다.[267]

그렇다. 2021년 이후 인류에게 통용될 새로운 물리학이 되려면, 펜로즈가 말하고 있는 플라톤의 이상적 수학 세계와 물리적 세계, 그리고 정신적 세계 사이를 잇는 과정에서 일어나는 심원한 미스터리를 반드시 규명해야만 한다. 그리고 물리적 세계에 대한 이해가 깊어져 혁명적인 진보가 이루어진 모든 것의 이론(theory of everything)이 존재한다면 그것은 기존의 현상 물리학이 추구하는 플라톤의 이상적 수학 세계뿐 아니라, 있는 그대로의 세계로서 물 그 자체의 세계인 물리적 세계, 더 나아가 정신적 세계에 이르기까지 논리 일관하게 아우를 수 있는 물리적 설명을 포함해야 한다. 왜냐하면 정신적 세계는 '물리적 세계'에 뿌리를 두고 있기 때문이다.

---

267) Roger Penrose, 『The road of Reality』, 권1, 우리말 번역본, pp. 60~65.

차차 자세히 논하겠지만, 실체 물리학에서 정신적 세계에 해당하는 물리적 실체는 우주에 존재하는 사람을 비롯한 모든 보통 물질의 내부 형질(形質)이 살아 움직여 운동 변화하는 것을 말한다. 그리고 실재와 정보를 포괄하는 앎의 본질은 있는 그대로의 세계인 자연 그 자체, 즉 살아 움직여 운동 변화하고 있는 물 그 자체(실재)의 내재적 속성이나 물리적 성질을 아는 것(정보)이다. 그런데 이와 관련하여, 양자역학의 기본원리인 불확정성 원리를 제안한 베르너 하이젠베르크는 다음과 같이 이야기하고 있다.

> "일부 사람들이 희망한 기본 입자의 객관적 실재성은 실제 사태를 너무 거칠게 단순화한 것이며, 훨씬 더 추상적인 개념에 자리를 양보해야 한다는 사실이 드러났다. 기본 입자들의 존재 방식을 이해하려면, 기본 입자들에 관한 정보를 얻기 위해 수단으로 이용한 물리적 과정들을 간과해서는 안 된다. (……) 물질의 가장 작은 구성요소를 관찰하는 모든 과정은 관찰 대상을 거칠게 방해한다. 관찰 과정과는 별개로 입자의 행동을 이야기하는 것은 전적으로 불가능하다. 그러므로 우리가 양자 이론에서 수학적으로 구성하는 자연법칙들은 기본 입자 그 자체에 관한 것이 아니라 기본 입자에 대한 우리의 앎에 관한 것이다. (……) 기본 입자의 실재성은 기묘하게 증발해버렸다. 기본 입자의 행동에 대한 우리의 앎을 서술하는 명확한 수학 속으로 증발해버린 것이다."[268]

위 인용문에는 '객관적 실재성'과 '정보', 그리고 '앎'이라는 용어가 등장한다. 여기서 주목해야 할 것은 "우리가 양자 이론에서 수학적으로 구성하는 자연법칙들은 기본 '입자 그 자체'에 관한 것이 아니라 기본 '입자에 대한 우리의 앎'에 관한 것"이라고 말하는 내용이다. 우리는 흔히 대상에 관한 실험증거가 있으면 어떤 이론이 맞고 그에 대한 앎이 보장되는 것처럼 생

268) 게르하르트 뵈르너(Gerhard Börner), 『경이로운 우주, 창조자 없는 창조? Schöpfung ohne Schöpfer?』, 우리말 번역본, p. 189.

각하지만, 전자의 이중슬릿 실험사례에서 보았듯이, 자연현상의 관측이나 실험 결과 나타난 현상 자체는 결코 대상 '물질 그 자체에 관한 우리의 앎'을 보장하지 않는다. 우주에 실재하는 유형의 물리적 실체의 일부 드러난 현상이나 실험 결과 나타난 현상은 물리적으로 왜 그러한 현상이 나타나는지에 대해 다양한 해석이 가능할 뿐이다. 위 인용문에서 "기본 입자에 대한 우리의 앎에 관한 것"이라고 표현하고 있는 그 '앎'이라고 하는 것은, 그가 말하고 있는 것처럼 기본 입자에 대한 현상 물리학적 앎, 즉 사물의 드러난 현상을 관측하거나 실험 결과 외부적으로 나타난 현상에 대한 해석과 그것을 설명하는 불확정성(不可知性) 원리뿐이다. 물론 이것은 앞서 소개한 불확정성 원리에 관한 그의 1927년 논문에 기술된 "물리학은 눈에 보이는 요소, 즉 관측량 사이의 관계를 형식적으로 서술하는 일만 담당한다"라는 취지에도 그대로 부합한다.

실험 결과로부터 얻을 수 있는 정보나 지식은 비록 그 분야의 권위자나 다수의 동의에 따른 세(勢)를 얻어서 한 시대를 풍미하는 유행가(지식)로서 통용될 수 있을지는 몰라도, 실험증거가 있는 지식을 있는 그대로의 세계에 관한 앎이거나 우주에 실재하는 물질 그 자체의 운동·변화하는 원리로서의 물리나 진리라고 말할 수는 없다. 그러한 앎은 불확실하고(불확정성 원리, 불가지성 원리) 그것만으로는 제대로 된 앎의 지각(知覺)이 될 수도 없다. 그가 위 인용문에서 말하고 있듯이, 기본 입자의 객관적 실재성이 기본 입자의 행동에 대한 우리의 앎을 서술하는 형식으로서의 수학, 즉 관측량 사이의 관계를 서술하는 명확한 수학적 물리법칙 속으로 기묘하게 증발해버리게 된 이유가 바로 여기에 있다. 일찍이 앙리 푸앵카레는 이러한 사실을 간파하고 다음과 같이 말했다.

"겉만 보는 관찰자가 생각하기에 과학의 진리는 의심의 여지가 없는 것이다. 과학상의 논리는 잘못이 없고, 학자가 가끔 잘못 생각하는 일이 있어도 그것은 논리의 규칙을 잘못 본 데 지나지 않는다."269)

한편 기본 입자의 행동에 대한 우리의 앎은 우리의 인식 작용을 통해서 얻어지는 것이다. 인식론(認識論)을 의미하는 epistemology는 '지식'이라는 뜻의 그리스어 epistēmē에서 유래한다. 인식론은 일반적으로 인식의 기원, 본질, 한계 등을 연구하는 학문의 한 분야를 말한다. 인식론은 구체적으로, 인간이 안다는 것은 무엇인가? 인간은 어떻게 알 수 있는가? 인간이 인식언어로서 말할 수 있는 것은 무엇인가? 등을 탐구하는 학문이다. 인간의 탐구대상이 인간이라면 인식론은 그 탐구의 중요한 부분이 될 것이다. 앎이란 시간(수명)을 가진 보통 물질인 인간의 삶에서 가장 중요한 핵심을 구성하는 것이기 때문이다. 우주에 실재하는 보통 물질의 하나로서의 인간이 자신에게 주어진 시간 동안 자연법칙인 진리에 따라 현명하게 살아가기 위해서는 나를 알고 바깥 세계를 알고 나와 바깥 세계의 관계를 알아야 한다. 이러한 점에서 인식론은 지식에 관한 지식을 목표로 한다.

서구의 지적 패러다임에 따른 사유와 인식체계에서는 인식의 기원에 관해서 경험론과 합리론이, 인식의 대상에 대해서 실재론(유물론)과 관념론이 대립해 왔다. 아인슈타인은 인식론에 큰 관심을 기울였는데, 인식의 대상에 관해 실재론적 견해를 고수했던 그는 다음과 같이 이야기했다.

"인식론과 과학의 상호관계는 주목할 가치가 있다. 그것들은 서로 의존한다. 과학과 접촉 없는 인식론은 공허한 것이 되지만, 인식론이

269) Henri Poincaré, 『과학과 가설』 서문, pp. 13~14.

빠진 과학은 지리멸렬하여 갈피를 잡기 어렵다"

그렇다면 인식론적으로 올바른 인식은 무엇이고 인간의 참된 앎이란 무엇일까? 이에 대해 답하기 위해서 우리는 우주에서 인간이라는 존재의 위상부터 '있는 그대로' 인식할 수 있어야 한다. 이 경우 우리가 가장 먼저 해야 할 일은 "사유를 본질로 하는 인간 정신이 지식의 제1 원리인 수학적 공리나 물리적 원리(가설)를 만들어낼 수 있다"라는 신념체계를 가진 지난 2,500년 동안 지속되어 온 서구식 지적 패러다임에 따른 서구 과학적 패러다임에서 벗어나는 것이다. 이원론적 세계관에 따라 신체와는 분리된 인간 정신이 고안해낸 지식의 제1 원리인 수학적 공리나 물리적 원리(가설)로부터 출발하여 얻은 수학적 물리법칙으로부터 물질을 생성해내는 유치한 사유와 인식 수준에 머물러있는 한, 인간은 결코 진정한 앎에 도달할 수 없다.

우주에 실재하는 인간은 다른 모든 보통 물질과 마찬가지로 그 내부형질에 시간(수명)을 가져서 전자기력이 발생하여 관측할 수 있는 보통 물질의 하나일 뿐이다. 다시 말해 우리가 알고자 하는 자연이나 자연법칙에서 인간은 특별한 존재여서는 안 된다. 특히 자연을 탐구하고 자연법칙을 터득하는 과정에서도 인간은 물 그 자체로서 보통 물질이어야만 한다. 인간이라는 보통 물질 그 자체를 있는 그대로 인식하는 것이야말로 인간의 앎의 첫걸음이자 진정한 앎의 제1 원리이다. 우리 인간이 바로 자연과학으로서 탐구해야 할 자연 그 자체 또는 물 그 자체로서 각자의 몸 안에 잠시 머물러있는 수(數, 즉 질량수와 질량수-1개의 시간 수)를 가진 보통 물질들의 하나임을 인식할 수 있을 때, 우리 인간에게는 비로소 자기를 만물의 척도로 하여 세계를 있는 그대로 통찰할 수 있는 길이 열린다.

일찍이 혜강 최한기는 실체 물리학을 창시하기에 앞서 인간의 앎이란 무엇이고, 앎을 어떻게 얻을 수 있는지 등에 관한 실체 물리학적 인식론을 서술한 대작 〈기측체의(氣測體義)〉(1836)를 세상에 공표했다. 이 책은 「신기통(神氣通)」과 「추측록(推測錄)」으로 구성되어 있다. 우주의 근본 물질인 암흑물질들이 모여서 이루어진 시간(수명)을 가진 보통 물질은 그 내부 질점(전하)들이 그 외부에너지가 회전하여 형성하고 있는 기륜의 회전 방향과 반대 방향으로 회전하여 전자기력을 발생한다.

이 경우 보통 물질 내부에는 전하(질점)들의 회전으로 인하여 공간이 생기는바, 이를 일컬어 물질의 내부 형질(形質)이라고 한다(모든 것의 이론 명제 3-9.). 여기서 형(形)은 내부에너지(공간)를 의미하고, 질(質)은 질점들인 질량(시간)을 의미한다. 따라서 보통 물질의 외부에너지가 회전하여 형성한 기륜 공간이 '장(場, field)'이라면, 이러한 기륜 원리에 따라 그 보통 물질의 내부에 형성된 공간이 바로 '형질(形質, heoung-zil)'인 것이다. 이 경우 보통 물질 내부의 형질을 신기(神氣)라 부르고, 그 외부의 기륜 공간을 방기(傍氣)라고 부를 수 있다.

오늘날 우리나라 사람들이 무심코 말하는 '신기 · 방기'라고 하는 말의 어원은 실체 물리학의 창시자 혜강 최한기가 처음 사용한 말이다. 그러나 안타깝게도 그동안 우리나라의 학문의 풍토가 서구학문만 좇다 보니 국립국어원조차 이 말의 어원을 아직 알지 못한다.

모든 보통 물질은 그 내부형질인 신기(神氣)와 그 외부에너지가 형성한 기륜 공간인 방기(傍氣)로 이루어져 있다. 이 경우 시간을 가져서 관측 가능한 보통 물질의 내부형질인 신기의 작용은 인간을 포함한 모든 보통 물질이 앎을 얻고 그 앎을 확장해 나가는 인식 작용과 관련된 것으로서 실체 물리학적 인식론의 핵심 내용을 이룬다. 존 아치볼드 휠러(J. A. Wheeler)는 "우리가 물리학을 공부해감에 따라 만물은 입자(粒子, particle)에서 장(場, field)으로, 다시 장에서 정보(情報, information)로 돼 있다는 생각의 변천을 거쳤다"라고 했다. 이 경우 실체 물리학에 따르면, 물질 주위에 형성된 '장'은 '방기'와 관련된 것이고, '정보'는 그 물질의 내부형질인 '신기'의 작용과 관련된 것이다.

최근에는 정보를 우주의 근본 요소로 생각하는 양자정보이론이 물리학자들의 세를 얻고 있는데, 여기서 정보란 무엇인가? 그것은 바로 실재와 정보를 포괄하는 앎의 본질을 구성하는 요소이고 보통 물질로서 인간의 인식(認識)과 관련된 문제이다. 그런데 보통 물질의 내부형질인 신기의 작용은 그 활동운화(活動運化)가 보통 물질의 내부에서 이루어지므로 우리가 외부적으로 관찰할 수 없다.

그러나 이러한 신기의 작용은 양자역학에서 아직 이해하지 못하고 있는 양자 얽힘 현상이나 관찰과 무관한 실재성 문제, 비국소성 문제, 그리고 양자 정보 등과 같은 현상 물리학적으로 불가사의한 난제들을 제대로 이해하기 위해서 반드시 섭렵해야만 하는 내용이다. 여기서 우리가 주지해야 할 것은 펜로즈가 잘 지적하고 있듯이, 정신적 세계는 물리적 세계에 그 뿌리를 두고 있다는 점이다. 왜냐하면 정신적 세계는 우주를 구성하는 보통 물질의 내부형질인 신기가 작용하는 세계이기 때문이다. 그러므로 보통 물질의 내부형질을 신기(神氣)라고 부른다고 해서 그것을 지금까지의 서구식 지적 패러다임에 따라 흔히 생각하는 실체가 없는 무형(無形)의 마음이나 영혼 또는 생각하는 존재이자 존재하지 않는 존재 따위를 의미하는 개념으로 생각하면 안 된다. 형체도 있고 방향도 있는 유형(有形) 유방(有方)의 학문으로서 말이 실체를 이루는 실체 물리학에서 말하는 신기는 어디까지나 보통 물질의 내부형질로서 4차원 시공간을 이루는 있는 물리적 실체다.

그렇다면 데카르트가 말했던, 인간의 신체와 분리되어 존재하는 생각하는 존재로서 사유를 본질로 하는 인간 정신, 즉 인간의 머릿속에서 상상하는 무형의 추상적 세계는 무엇인가? 그것은 바로 펜로즈가 말하는 우주의 세 가지 세계 중 '플라톤의 이상적 수학 세계'에 해당하는 것이다. 실체 물리학적 인식론은 '신기통'과 '추측록'으로 구성되어 있는데, 플라톤의 이상적 수학 세계는 추측록과 관련된 것이다.

그러면 이제 보통 물질의 하나로서 인간이, 있는 그대로의 세계를 인식하여 앎을 얻는 지각(知覺)으로서의 신기통에 대해서 좀 더 자세히 살펴보자. 최한기는 다음과 같이 말한다.

> "무릇 일에 있어서 세부적인 사정을 알지 못하고, 단지 그 발현되는 단서만을 보고서 그것을 신통(神通)하다거나 신기(神奇), 신이(神異), 신묘(神妙)하다고 말한다. 하지만 만약 그 곡절을 알게 되면 신통, 신묘 등의 용어는 모두 없어질 것이다."[270]

나는 이 말이 오늘날의 현상 물리학자들에게 하는 소리로 들린다. 왜냐하면 지난 100년 동안 양자역학에서 양자 현상을 이해하지 못하는 물리학자들은 '입자 그 자체'의 세부적인 사정이나 곡절을 알지 못하는 까닭에 양자상태를 신비한 현상이라거나 불가사의한 현상이라고 말하고 있기 때문이다. 아무튼, 신기에서 '신'은 보통 물질의 하나인 인간의 정신(情神)과 관련된 것이기는 하지만, '신(神)'의 의미는 기의 능한(能) 것이나 기의 밝은(明) 것을 뜻한다. 이에 따라 사람들이 그 영험한 능력을 찬양하므로 물질의 내부형질인 '기'에다가 형용사 '신'이라는

270) 최한기, 『기학(氣學)』 권 2-91, "凡事不知其曲折, 但見其發現之端, 謂之神通神奇神異神妙. 若知其曲折, 幷無神通神妙等稱號."

칭호를 억지로 붙인 것이다.[271)]

그렇다면 이제 신기의 '신'에 관한 이상과 같은 인식을 바탕으로, 보통 물질의 내부형질인 '신기'가 구체적으로 어떻게 작용하는지에 대하여 최한기의 말을 좀 더 들어보자. 우리 인간도 시간을 가져서 관측 가능한 보통 물질이므로 우리의 신기, 즉 우리 몸의 껍질 내부를 생각하면서 들어보라. 우리 몸은 내부형질(形質), 즉 내부에너지(공간, 몸체, 形)와 질량(시간, 수명, 質)이 4차원 시공간을 이루고 있음을 생각하면 된다.

i) "신기는 다른 능력이 있는 것이 아니고, '신'에서는 밝음이 생겨나고, '기'에서는 힘이 생겨난다. 오직 이 밝음과 힘이 어우러진 곳에서 한없이 묘한 작용이 말미암아 나온다. 사람이 태어나서 처음으로 움직이고 울부짖는 것이 힘이니, 힘은 근육과 골격이 굳세지는 데 따라 점점 강해지고, 음식을 공급받아 왕성해진다. '분별하여 통하고 미루어 헤아려 판단하는 것'이 밝음이니, 밝음은 이것저것 겪는 것이 많아짐에 따라 닦이어 빛나고, 보고 듣는 것이 넓어짐에 따라 잘잘못을 살필 줄 알게 된다."[272)]

ii) "신기는 지각(앎)의 터전이요, 지각은 신기의 경험이니, 신기를 지각이라고 말할 수 없고, 또 지각을 신기라고 말할 수도 없다. 경험이 없으면 한갓 신기만 있을 따름이니, 경험이 있어야만 신기가 지각을 얻게 된다. 경험이 적은 사람은 지각도 적고, 경험이 많은 사람은 지각 또한 많다."[273)]

iii) "사람의 신기라는 것은 아홉 개의 구멍과 팔다리의 사지를 가진 신체를 모아 거느려 생성하는 것이다. 비록 잠깐이라도 정지하거나 막히면 어두워져 어지럽고, 날아 달아나면 혼몽하여 졸도하게 되며, 몸에

271) 최한기, 『기학(氣學)』 권 2-92, "活動運化氣之靈, 强名曰神. …神之稱號適爲氣之贊襄."

272) 최한기, 『신기통(神氣通)』 권1, 體通, 「明生於神力生於氣」, "神氣無他能 而明生於神, 力生於氣. 惟明與力, 乃無限妙用所由出也. 人之始生 運動啼號, 力也, 力隨筋骨之壯而漸進, 飮食之灌而條達矣. 分開量度 明也, 明隨閱歷之多而磨光, 見聞之博而照察矣"

273) 최한기, 『신기통(神氣通)』 권1, 體通, 「經驗乃知覺」, "神氣者 知覺之根基也, 知覺者 神氣之經驗也, 不可以神氣謂知覺也, 又不可以知覺謂神氣也. 無經驗則徒有神氣而已, 有經驗則神氣自有知覺耳. 經驗少者 知覺亦少, 經驗多者 知覺亦多.

서 떠나면 수명이 끊어진다. 그 질이 쇠퇴하고 혈액이 고갈되면 신기도 따라 다하고 만다. 이것으로 신기는 처음부터 끝까지 몸을 주재하고 아직 밖으로 나가지 않는 것임을 알 수 있다."[274]

iv) "비록 크기가 다르나 그것들이 형체 밖의 운동·변화를 받아서 제각기 스스로 몸 안의 운동·변화를 이루는 것은 만물이 모두 그러하다. 사람의 몸의 운동·변화는 간혹 무더위를 만나도 추워서 움츠러들거나 엄혹한 추위를 만나도 신열이 나기도 하는데, 이것으로 몸 안의 운동·변화가 몸 밖의 운동·변화와 분리되어 있음을 알 수 있다."[275]

위 인용문 중 먼저 iv)의 내용을 보자. 시간을 가진 모든 보통 물질은 그 외부에너지가 회전하여 형성한 기륜 공간의 회전하는 기륜력에 의해 그 내부의 전하들(질점들)이 기륜의 회전 방향과 반대 방향으로 회전하여 전류가 생기고 자기장이 형성되어 전자기력이 발생하므로 관측할 수 있다. 그리고 이처럼 물질 외부의 회전하는 기륜이 '돌면서' 내부의 질점(전하)들을 '돌리기' 때문에 물 그 자체(氣)의 내재적 속성을 "살아 움직여 '돌(리)며' 변화한다"라고 정의한다. 인용문 iv)는 바로 이것을 말하는 것이다. 그리고 이는 곧 모든 보통 물질은 그 내부형질로서 신기(神氣)가 있고 그 외부에너지가 회전하여 형성한 기륜 공간인 방기(傍氣)가 있다는 것을 의미한다.

요컨대 우주에 존재하는 모든 보통 물질은 내부형질의 공간(형질, 신기)과 외부에너지 공간(기륜, 방기)을 가지고 있다. 그러나 내부형질은 '관찰'할 수 없다. 하지만 물 그 자체(氣)의 내재적 속성을 아는 우리는 그 물질의 내부형질을 '통찰'할 수 있다. 따라서 우리는 있는 그대로의 세계인 물 그 자체를 인

274) 최한기, 『신기통(神氣通)』 권1, 體通, 「氣通而未嘗出入」, "神氣者, 諸竅肢體, 集統而生成者也. 雖須臾間, 停隔則眩亂, 飛越則昏倒, 離身則命絶, 及其質衰。血液枯渴。則神氣從而盡. 是知神氣, 終始主身, 未嘗出外也."

275) 최한기, 『운화측험(運化測驗)』, 권1, 「形質中運化」, "大小雖殊, 其於稟在外之運化, 各自成身內之運化, 物物皆然. 人身運化, 或當酷暑而寒縮, 或值嚴冬而煩熱, 是可見在內外運化."

식할 수 있다. 그러면 이제 이를 토대로 인용문 i), ii), iii)을 통해 신기가 어떻게 작용하고 있는지, 그 원리를 구체적으로 살펴보자.

앞서 살펴본 바와 같이, 신기라는 것은 보통 물질의 내부형질이어서 눈으로 관찰할 수 없는 영험한 '능력'이라고 했는데, 여기서 능력이라고 하는 것의 '력(力)'이 힘을 말한다는 것은 쉽게 알겠지만, '능(能)'이라는 것은 구체적으로 무엇을 말하는지 궁금할 것이다. 인용문 i)는 바로 이에 대하여 답하고 있다. 그것은 다른 것이 아니라 "밝음, 즉 분별하여 통하고 미루어 헤아려서 판단하는 것"이다. 이처럼 밝음이라고 하는 것이 바로 앎과 관련된 것이다. 우리가 흔히 "사리에 밝다"라고 말할 때의 그 밝음을 뜻하는 것이 바로 신(神)이고 능(能)이다. 물리학은 사물의 이치를 탐구하는 학문이므로 물리학을 잘하는 사람은 사리에 밝을 것이고, 이는 곧 자신의 내부형질인 신기의 능력을 잘 발휘하는 사람일 것이다.

여기서 신기의 능력이란 대상을 분별하여 통하는 '지각 능력'과 그 지각한 것을 미루어 헤아려서 판단하는 '추측 능력'을 말한다. 이 경우 서양 학문에서 강조하는 '이성'의 활동은 신기의 추측 능력에 해당한다. 여기서 '추측(推測)'이란 어떤 사실에 대한 앎을 미루어(推) 헤아려서 판단(測)하는 것을 말한다. 그런데 어떤 사실에 대한 앎을 미루어 헤아려서 판단하는 추측을 위해서는, 먼저 그 어떤 사실이 무엇인지를 알아야만 한다. 여기서 어떤 사실의 실체를 아는 것, 그것을 '지각(知覺)'이라고 한다.

그렇다면 어떤 사실의 참된 실체를 알게 되는 지각(앎)은 구체적으로 어떻게 얻을 수 있을까? 이에 대한 답을 제시하고 있는 것이, 바로 인용문 ii)이다. 지각(앎)은 신기의 경험으로부터 얻는다. 그러므로 보통 물질의 내부형질인 신기는 지각

(앎)의 터전이다. 그래서 인용문 ⅰ)의 나머지 내용과 ⅱ)의 마지막 문장의 내용은 신기의 경험이 많을수록 분별하여 통하는(인식하는) 앎(지각)도 많고, 그 앎을 미루어 헤아려서 판단하는 기량인 추측 능력도 향상된다고 말하는 것이다. 이처럼 실체 물리학적 앎을 얻는 과정으로서의 인식 활동은 보통 물질의 내부형질인 신기의 활동을 통해 이루어지는데, 실체 물리학적 인식 과정은 그 신기의 경험으로써 앎을 얻는 '신기의 지각'과 그 앎을 확장하고 활용하는 '신기의 추측'으로 이루어진다. 그래서 실체 물리학적 인식론에 관한 저서인 〈기측체의〉는 「신기통」과 「추측록」으로 구성되어 있다.

여기서 '신기통'은 사람의 내부형질인 신기가 대상에 대한 관찰 등의 외부적 '감각적 경험'을 통해 '분별'하고, 그 분별한 대상의 내부형질인 신기와 나의 내부형질인 신기가 내부적으로 '소통'하여 얻은 '신기의 경험'으로써 지각(앎)을 얻는 인식 과정이고, 추측록은 나의 신기의 경험으로써 얻은 앎(지각)을 기록해두었다가 필요한 상황에 당하여 그 앎의 형체를 기억하여 중추 신경 기관인 두뇌로 보내면 두뇌에서 그 앎의 기록을 미루어 헤아리고 판단하는 추측의 인식 과정이다.

그런데 지난 2,500년 동안 서구식 지적 패러다임에 따른 사유와 인식체계에서는 인간의 내부형질인 '신기의 지각 능력'을 발휘하는 인식 과정, 즉 물 그 자체로서 보통 물질의 내부형질인 신기가 경험으로써 앎을 얻는 과정이 없고, 외부적·감각적 경험과 신기의 추측 능력인 형체가 없는 무형의 이데아를 중시하는 플라톤의 이원론적 세계관에 따라, 경험주의, 합리주의, 종합주의 등을 이야기해왔다. 그러나 인간의 이성 활동에 의한 신기의 추측 능력으로는 앎을 얻을 수가 없다. 신기의 추측은 신기의 경험으로써 지각한 앎을 확장하고 활용하는 것이지, 앎을 얻는 것이 아니기 때문이다. 서구 과학적 패러다임에 따른 현상 물리학이 물질 그 자체가 가지고 있는 시간(질량, 입자성)이나 공간(에너지, 파동성)이 무엇인지 알지 못하는 이유가 바로 여기에 있다.

여기서 우리가 주지해야 할 것은 서구 인식론에서 말하는 경험주의는 대상을 외부적으로 관찰하는 등 무형(無形)의 "감각적 경험"을 통해 대상을 국소적으로 분별했을 뿐이고, 그렇게 '외부적 국소적으로 분별(分別)'한 대상의 신기와 나의 신기가 '내부적 비국소적으로 소통(疏通)'하여 대상을 안팎으로 경험할 것을 요구하는 실체 물리학적 인식론에서 말하는 4차원 시공간을 가진 유형(有形)의 내부형질인 "신기의 경험"과는 그 차원을 달리한다는 점이다.

한편 20세기 양자역학이 출현하면서 현상 물리학이 믿고 있었던 관찰에 대한 객관성에 큰 변화를 가져왔다. 양자 이론에서 물리적 현상의 상태는 확정적이지 않다. 예를 들어 특정 원자에 대해 객관적으로 진술하려면 우선 관찰자는 어떤 성질을 특정할 것인가를 결정하고 그에 맞는 실험을 설계해야 한다. 또 관찰 과정과는 별개로 입자의 행동을 이야기하는 것은 전적으로 불가능하다. 이러한 의존성은 그동안 완고하게 고집해 왔던 '관찰에 대한 객관성'에 의문이 제기됐다.

관찰의 객관성에 최초로 의문을 제기한 사람은 바로 에르빈 슈뢰딩거였다. 그가 "수학자들에게 익숙한 연속범위의 개념은 우리가 인식하는 실체를 뭉뚱그려 생각하는, 터무니없는 추론이다"라고 말한 것은 공간의 불연속성을 주장하는 것인 동시에 우리의 인식과 관련한 '관찰에 대한 객관성'에 대한 문제 제기이기도 하다. 왜냐하면 불변의 세계인 플라톤의 이상적 수학 세계를 구현하려는 사유와 인식체계에서 생각하는 연속이라는 개념이 우리가 인식하는 실체를 뭉뚱그려 생각하게 하기 때문이다. 아인슈타인도 서구 과학적 패러다임에서 말하는 '과학자란 어떤 사람인가?'에 관하여 다음과 같이 말했다.

> "우리는 자명종 시계를 연구하는 사람과 같다. 우리는 그 시계의 내부를 들여다볼 수 없고 밖에서 시계가 작동하는 것만 관찰할 수 있다. 관찰 결과로부터 시계의 내부는 이럴 것 같다고 설명하는 사람이다."

이 말은 서구 과학적 패러다임에 따른 현상 물리학이 말하는 과학의 본질을 잘 대변해주고 있다고 할 수 있다. 지금까지의 서구 과학은 예컨대 시간을 가진 보통 물질인 세슘원자 그 자체의 작동 원리를 설명하는 것이 아니라 세슘원자를 밖에서 관찰하여 그 관찰 결과 그 원자가 상대적으로 느리게 진동하여 주기가 길어지는 것을 보고 '시간'이 지연 또는 팽창한다고 해석하는 것이었다. 이러한 장님 코끼리 만지기식 인식을 할 수밖에 없는 현상 물리학의 지식체계에서는 시간이 무엇인지 모를 수밖에 없다.

한편 지금까지의 현상 물리학은 대상에 대한 관찰은 객관적이라고 생각했고, 따라서 과학은 객관적이라고 믿었다. 그러나 어떤 사물을 외부적으로 관찰하거나 관측한 것은 지극히 주관적일 수밖에 없다. 우주를 구성하고 있는 모든 국소적인 물질은 4차원 시공간을 이루고 있기 때문이다. 모든 물질은 1차원의 시간의 변천에 따라 변해가는 3차원 공간의 형체를 이루고 있으므로, 정지한 물질이란 없고 항상 살아 움직여 운동 변화하고 있어 시시각각으로 변화하고 있다. 관찰하고 측정하는 사람이 '어느 방향'에서 '어느 때' 그 대상을 보느냐에 따라 그 모습은 천차만별일 수밖에 없다. 따라서 '관측한 것 그 자체'는 불변의 '수학적 실재'는 될 수 있을지언정, 더는 살아 움직여 운동·변화하고 있는 실제 현실의 '물리적 실재'가 아니다.[276] 게다가 우리가 본다는 것은 대상 물체에서 반사되어 나오는 빛을 통해 보는 것이므로, 그 빛의 반사각에 따라서도 그 사물은 다르게 보일 것이며, 하이젠베르크의 현미경처럼 빛 알갱이인 광자가 관측대상 물체에 미치는 영향에 따라서도 달라진다. 게다가 무엇보다도 어떤 물체를 외부적으로 관찰한다는 것은 그 물질의 내부형질을 볼 수 없다는 근본적인 한계를 가지고 있다.

다른 한편, 인간이 이성적 활동으로써 두뇌에서 하는 해석과 추리 그 자체는 믿을 것이 못 된다. 머릿속에서 하는 추측은 자기 의사에 따라 하는 '의식 활동'으로써 지극히 주관적일 수밖에 없기 때문이다. 서구식 지적 패러다임에서 '증명이 필요 없는 누구에게나 자명하다는' 지식의 제1 원리가 필요해지게 된 이유가 바로 여기에 있다. 그러나 그 지식의 제1 원리는 '생각하는 인간 정신'이 만들어내는 형체가 없는 무형의 수학적 공리나 물리적 원리였다. 서구식 지적 패러다임에서는 이렇게 무형의 수학적 공리나 물리적 원리인 지식의 제1 원리를 정하고, 그것으로부터 출발하여 앎을 추구한다. 사정이 이러한데, 과연 서구 과학적 패러다임에서 있는 그대로의 세계에 대한 앎이나 앎의 객관성을 찾을 수 있겠는가?

진정한 앎이나 객관적인 앎은 서구식 지적 패러다임에서 완전히 무시해버린 있는 그대로의 세계인 '물 그 자체'로서의 사람의 내부형질인 신기의 경험으로써 얻은 지각에서 찾아야 한다. 왜냐하면 보통 물질의 내부형질인 신기는 모든 사람에 똑

276) 서구 인식론의 경험주의에서 존 로크(J. Locke)의 경험주의가 회의주의(skepticism)로 귀결되고, 데이비드 흄(D. Hume)이나 조지 버클리(G. Berkeley)의 자연주의적 경험주의가 딜레마에 빠지게 된 것은, 위와 같은 사실들과 함께, 근본적으로는 그들 역시 지난 2,500년 동안 지속되어 온 서구식 지적 패러다임에 따라 불변의 세계인 플라톤의 이상세계를 추구하는 사유와 인식체계에서 앎을 추구하고 있었기 때문이다.

같은 것이고, 우리가 알고자 하는 대상의 내부형질인 신기 역시 보통 물질인 우리와 똑같은 내부형질을 가지고 있기 때문이다. 여기에는 어떤 개인의 머릿속에서 하는 무형의 자기 의사나 의식이 개입될 여지가 전혀 없다. 이와 관련하여 최한기의 말을 직접 들어보자.

> "널리 가득한 생령들이 내부형질인 신기를 가지고 평생을 신기를 밑천으로 삼아 살아간다. (……) 비록 본원을 모르더라도 신기가 아는 것은 신기에서 나왔으므로 한 사람도 똑같지 않은 사람이 없다. 시공간을 이루는 물질들 사이에 오직 이 신기로써 아는 것이 큰 헤아림이고 큰 척도가 된다."[277]

한편 앞의 인용문 iii) 은 "그 질이 쇠퇴하고 혈액이 고갈되면 신기도 따라 다하고 만다"라고 말한다. 여기서 "그 질이 쇠퇴"한다고 말하는 것은 유형의 물리적 실체로서 4차원 시공간을 이루고 있는 신기인 내부형질이 열역학 제2 법칙에 따라 질량의 속성인 시간(時間, time)의 일부가 시점(時點, timing)만 가진 암흑물질로 변하여 그 물질의 외부로 빠져나간다는 뜻이다. 그런데 물질의 내부에서 기륜력의 방향과 반대 방향으로 흐르고 있는 것은 전하들(질점들)이다. 이 전하가 흐르지 않으면 혈액도 흐르지 않게 된다. 혈액이 흐르려면 어떤 힘(전자기력)이 있어야 할 것이고, 물질의 내부에서 전하가 흐르지 않는다면 그것은 곧 그 물질이 수명을 다한 것이다. 그래서 사람의 자연적 죽음을 맥박이 정지하는 때로 본다.

그런데 여기서 우리가 주지해야 할 것은 인용문의 "그 질이 쇠퇴하면 신기도 따라 다하고 만다"라는 문장을 통해서도 알

277) 최한기, 『명남루수록(明南樓隨錄)』, "彌滿生靈 稟神氣之運化 平生資賴神氣. … 雖不識本源 神氣所知 則出於神氣 無一人不同者. 宇宙間惟有此神知 爲大度量大衡鑑."

수 있듯이, 신기는 보통 물질의 내부형질로서 질량(시간, 입자성)과 에너지(공간, 파동성)로 이루어져서 유형의 물리적 실체를 이루고 있지만, 신기의 활동은 에너지(공간, 파동성)로서 한다는 점이다. 따라서 국소적인 보통 물질의 내부형질인 신기의 작용은, 암흑에너지로 이루어진 비국소적인 3차원 절대공간을 통로로 하여 우주의 모든 곳과 모든 국소적인 보통 물질의 내부형질인 신기와 통할 수 있다. 이처럼 신기의 작용은 그 보통 물질이 가진 시간(질량)을 자기 몸 안에 간직한 채, 시간과 무관하게 우주의 어디에라도 즉시 작용할 수 있다.

한편 우리는 신기의 능력이란 밝음의 힘이고, 그것은 곧 "분별해서 통하고(지각 능력) 그 통한 앎을 미루어 헤아려서 판단하는(추측 능력) 힘"을 말한다는 것을 알게 되었는데, 여기서 외부적 국소적으로 분별하고 내부적 비국소적으로 소통하는 신기의 경험으로써 앎을 얻는 것이 지각이다. 따라서 우리가 어떤 대상에 대한 앎을 얻기 위해서는 나의 신기가 대상의 내부형질인 신기와 '내부적 비국소적으로 소통'하기에 앞서, 그 대상의 외부를 관찰하는 감각적 경험을 통해 그 대상을 다른 물질과 '외부적 국소적으로 분별'할 수 있어야만 한다. 왜냐하면 사람을 포함한 모든 보통 물질은 비록 똑같은 내부형질로서의 신기를 가져서 그 신기가 비국소적인 3차원 절대공간을 통로로 하여 내부적으로 서로 통할 수 있지만(비국소적, non-local), 외부적으로는 국소적(local)이기 때문이다.

그러나 지금까지의 서구의 지적 패러다임에 따른 사유와 인식체계에서의 경험주의나 지금까지의 과학은 단지 대상의 외부를 관측하여 그것이 다른 사물들과 국소적으로 분별하는 것으로 그 대상을 경험하거나 객관적으로 인식했다고 착각했다. 그러나 대상의 외부나 그 드러난 현상을 관측하는 것만으로 그

대상을 안다는 것은 근본적으로 불가능하다. 불확정성의 원리(불가지성 원리)는 바로 이것을 말한다. 생각해 보라. 어떤 A라는 사람을 외부적으로 관찰하여 그의 모든 외적 요소를 정확하게 측정하고 특정 결과를 얻을 확률이 99.99994%라고 하더라도 그 관측량이나 그 관측량 사이의 관계를 기술한 방정식 형태의 수학적 물리법칙을 두고 이성을 활용하여 머릿속에서 이리저리 해석하고 추측한 것만으로 그 A라는 사람을 안다고 말할 수 있겠는가? 그렇지 않다. 우리는 최소한 그 A라는 사람과 대화를 하는 등 적어도 그 사람의 내부형질인 신기와 '내부적 비국소적인 소통'을 통해 나의 내부형질인 신기가 경험을 얻어야 비로소 그 사람을 안다고 말을 할 수 있을 것이다. 그렇지 않은가?

한편, 인식하려는 대상이 질점(시점) 하나만 가져서 점대칭 회전 운동하는 암흑물질인 경우, 그 외부 방기가 형성한 기륜공간만 있고 내부형질인 신기가 없으므로, 기륜력만 있고 전자기력이 발생하지 않아서 외부적으로 관측할 수는 없지만, 사람의 내부형질인 신기의 작용으로서 통할 수 있는 길이 3차원 절대공간을 통해 열려 있다. 왜냐하면 암흑에너지로 이루어진 비국소적인 3차원 절대공간은 보통 물질이든 암흑물질이든 4차원 시공간을 이루고 있는 우주의 모든 국소적인 물질들을 존재할 수 있게 하는 배경 공간이 되면서 보통 물질들의 내부형질에도 속속 침투되어 있기 때문이다.

그러므로 보통 물질인 나의 신기는 비국소적인 3차원 절대공간을 통해 모든 국소적인 보통 물질을 안팎으로 통할 수 있고, 우리가 알고자 하는 대상이 우주의 기본 단위 물질로서 신기가 없는 암흑물질이라면 나의 신기의 지각 활동으로서 그것의 외부를 통할 수 있다면 그것으로 충분하다. 왜냐하면 암흑물질의 경우에는 방기인 외부의 기륜 공간은 있지만, 내부형질인 신기가 없어서 내부에너지 공간이 없으므로 그 내부에 통할 수도 없고 통할 필요도 없기 때문이다.

따라서 결국 내가 살아서 '사리에 밝음의 힘'인 신기의 지각 능력과 추측 능력을 제대로 발휘할 수 있고, 앎의 대상이 우리 우주의 비국소적인 3차원 절대공간 안에 존재하는 것인 한, 그것이 일반물질이든 암흑물질이든 불문하고 모두 알 수 있는 것에 해당한다. 따라서 앎의 대상이 나의 신기의 통로가 되는 우주 그 자체를 이루고 있는 비국소적인 3차원 절대공간 안에 존재하는 것인 한, 상대적인 시공간을 가진 국소적인 물질들의 세계인 코스모스의 시작과 함께 그 끝도 규명할 수 있고, 암흑물질들만 존재하는 빅뱅 이전이나 코스모스의 종말 이후까지도 나의 신기의 능력을 제대로 발휘할 수 있다면 모두 알 수 있는 것에 해당한다. 내가 이 책을 통해 우주 만물의 운동 변화에 대해 안 것이 '말할 수 있는 것'인 물리적 이유가 바로 여기에 있다. 하지만 오늘날 유행하는 다중우주론이나 평행우주론처럼 우리 우주가 아닌 다른 우주를 말하는 것은 사람이 알 수 없는 것을 말하는 것이므로, 그런 이야기는 '말할 수 없는 것'을 말하는 것으로서 더 살펴볼 필요도 없이 이미 헛소리이다. 왜냐하면 우리 우주를 이루는 3차원 절대공간이 아닌 곳은 우리들의 앎을 주관하는 내부형질인 신기가 통할 수 없는 곳이기 때문이다.

한편 인간의 앎인 지각은 보통 물질에 내재한 유형의 물리적 실체로서의 내부형질인 신기가 직접 경험하여 물리적 형체를 이루어야 비로소 얻어지는 것이므로 '인간의 지각'은 모든 사람에게 똑같고 객관적임에 반해, 그 앎(지각)을 토대로 인간의 두뇌에서 이루어지는 앎의 확장으로서의 추측 그 자체는 무형의 의식 활동에 의한 것이므로 그 사람의 주관적 의사나 의지에 따라 얼마든지 변질할 수 있다. 인간의 이성 활동인 무형의 의식 활동으로부터 얻어진 지식은 지극히 개인적이고 주관적이다. 서구식 지적 패러다임에 따른 이성적 합리주의가 개인주의(individualism)로 치달을 수밖에 없는 이유도 바로 여기에 있다.

이상에서 살펴본 바와 같이, 펜로즈가 말하는 우주를 이루고 있는 세 가지 세계, 즉 플라톤의 이상적 수학 세계, 물리적 세계, 그리고 정신적 세계를 실체 물리학적으로 말하자면, 인간을 포함한 우주의 모든 물질의 운동 변화하는 세계가 '물리적 세계'이고, 인간을 비롯한 모든 '보통 물질'의 내부형질인 신기가 경험으로써 물리적 세계에 있는 물질들에 관한 앎을 얻는 신기통(神氣通)이 '정신적 세계'이며, 그 지각한 앎을 미루어 헤아리고 추리하여 그 앎을 확장하는 추측록(推測錄)이 '플라톤의 이상적 수학 세계'이다. 그리고 이것이 바로 실재와 정보를 포괄하는 개념의 본성으로서 앎의 본질이다.

그런데 서구식 지적 패러다임은 플라톤의 이원론적 세계관에 따라 인간의 육체와 분리된 '무형의 생각하는 존재로서 인간 정신'이 머릿속에서 추측하여 자명하다고 생각하는 수학적 공리나 사고실험으로 생각해낸 물리적 원리를 지식의 제1 원리로 삼는다. 따라서 여기서 얻은 지식에는 있는 그대로의 세계로서 자연 그 자체나 물 그 자체가 애당초 없다. 즉, 서구식 사유와 인식체계에는 4차원 시공간을 가진 유형의 물리적 실체인 신기가 직접 경험하여 얻는 지각(앎)으로서의 정신적 세계가 존재하지 않는다. 오늘날의 자연과학의 세계상, 즉 체험된 실제 세계에 관한 서술은 그 세계상을 구상한 사람이 거기에서 빠지는 대가를 치름으로써 비로소 만들어졌다. 자연과학의 세계상에 대한 설명을 고안했고 전체 과정에 참여한 관찰자는 그 세계상에서 더는 등장하지 않는다. 그래서 성실한 물리학자 에르빈 슈뢰딩거는 다음과 같이 말했다.

> "세계상 자체는 모든 각각의 개인에게 자기 정신의 구성물이요, 그 외에는 어떤 입증할 수 있는 존재도 가지지 않음에도 그 세계상에서 정신은 낯선 존재로 머문다. 정신은 그 세계상 안에 있을 자리가 없다. 어디에서도 만날 수 없다"[278)]

지금까지의 과학은 감각적 경험, 특히 사물의 겉으로 드러난 '현상을 관찰하는 것'을 전부라고 보아 과학은 객관을 탐구한다고 믿고 있다. 게다가 관측하지 않으면 실재하는 것이 아니라고 말한다. 하지만 그렇게 해서 탐구한 과학적 지식이라는 것이 이미 '감각적 경험'으로서의 대상에 관한 관찰에서 반쪽짜리이고(불확정성 원리, 불가지론), 객관을 탐구하는 과정이나 그 결과로서의 세계상에는 그 탐구하는 철학자나 과학자들의 존재가 빠져 있다. 왜 이렇게 되었을까?

그 이유는 명확하다. 플라톤의 이원론적 세계관에 따른 서구 과학적 패러다임에서의 사유와 인식체계에서는, 우주 만물의 운동 · 변화를 탐구하는 철학자나 과학자들 자신은 우주의 구성물로서 질량과 에너지로 이루어진 '물질'이 아니기 때문이다. 서구식 지적 패러다임에서 철학자나 과학자는 지식의 제1 원리인 수학적 공리나 물리적 원리를 만들어내는 사유를 본질로 하는 생각하는 존재이자 '존재하지 않는 존재'로서 우주밖에 존재하여 물질이나 힘 등 우주의 모든 것을 창조해내는 조물주이자 창조주의 지위에 있는 것이다. 현상 물리학자들이 만물의 근원인 수(數) 속에 자연의 이치가 반영되어 있고 자연은 수학적

278) 게르하르트 뵈르너(Gerhard Börner), 『경이로운 우주. 창조자 없는 창조? Schöpfung ohne Schöpfer?』, 우리말 번역본, p. 227.

구조로 되어 있다면서 수학적 물리법칙으로부터 모든 물질이 생성된다고 말하는 이유가 바로 여기에 있다.

‖ 47. 실재와 정보—뇌인지과학, 자유의지, 정보이론

사람을 포함하여 시간을 가져서 전자기력을 발생하고 관측 가능한 모든 보통 물질은 유형의 물리적 실체로서 내부형질인 신기를 가지며, 그 신기에는 사리에 밝음의 힘으로서 앎의 지각 능력과 그 앎을 확장하는 추측 능력이 있다. 이제 이 절에서는 실재와 정보를 포괄하는 앎에 대해서 좀 더 정밀한 고찰을 하려고 한다. 시간을 가져서 관측 가능한 보통 물질인 사람의 경우 내부형질인 신기의 경험에 의하지 않고는 그 어떤 앎도 얻을 수 없다. 인간의 내부형질인 신기도 경험이 있어야 앎을 지각(知覺)할 수 있고, 또 이러한 앎이 있어야 그 앎을 미루어 헤아려서 확장할 수 있는 추측(推測)이 가능하다.

그러나 서구 과학적 패러다임에 따른 현상 물리학적 사유와 인식체계에서는 유형의 물리적 실체로서 인간의 내부형질인 '신기의 경험'으로써 앎을 얻는 지각은 '물 그 자체'의 내재적 속성에 따른 것인 까닭에 서구 과학의 대상이 아니어서 무시되고, 오로지 신체의 감각 및 신경 기관에 의한 '감각적 경험'으로써 대상의 드러난 외부적 현상을 관측하여 그 관측량 사이의 관계를 대칭 형태의 방정식으로 표현한 다음, 중추 신경 기관인 머릿속에서 하는 무형의 의식 활동으로서 합리적·수리적으로 해석하여 과학이론을 만들어왔다. 따라서 서구 과학적 패러다임에는 있는 그대로의 세계인 자연 그 자체나 물 그 자체는 어디에도 없다.

사정이 이러하므로 서구 과학적 패러다임에 따른 현상 물리학의 이론들은 궁극적으로는 애초에 사고실험 등으로 머릿속에서 만들어낸 지식의 제1 원리인 물리적 원리(가설)로 환원될 뿐만 아니라 그 관측 대상인 '자연현상'으로 환원된다. 그런데 관찰할 수 있는 사물의 모양과 상태를 말하는 현상은 감각되는 '사물의 실재'가 겉모습과 같은지 다른지를 알려주지 않는다. 그래서 그리스 철학자들은 관찰된 '현상'과 그것을 설명하기 위해 고안한 지식의 제1 원리로부터 도출되는 '이론'을 구별했다. 여기서 우리가 주지해야 할 것은, 자연현상은 —사람의 내부형질인 신기가 경험하여 앎을 얻는 '지각(知覺)의 대상'이 아니라 — 단지 신체의 감각 및 신경 기관을 통하여 외부적으로 경험할 수 있는 '감각(感覺)의 대상'일 뿐이라는 점이다. 내가 앞에서 현상 물리학의 사물에 대한 인식은 장님 코끼리 만지기식이라고 말한 이유가 여기에 있다.

우리가 알고 싶고 추구하는 지식으로서의 앎(지각)의 대상은 있는 그대로의 세계이자 유형의 물리적 실체로서 자연 그 자체 또는 물 그 자체이지 단순한 자연현상이 아니다. 나는 앞에서 누군가가 무엇을 안다며 그 앎을 주장하는 말(인식언어)은 언제나 그것이 유형의 물리적 실체를 이루어야 한다면서 유형의 물리적 실체를 이루지 못한 말은 헛소리라고 했다. 그 이유는 보통 물질인 사람의 앎이란 대상에 대한 안팎의 경험, 즉 감각기관을 통한 '감각적 경험'을 통해서 외부적 국소적으로 분별한 대상의 내부형질인 신기와 나의 내부형질인 신기가 내부적 비국소적으로 소통하는 '신기의 경험'으로써 얻은 그 앎(지각)이 나의 내부형질인 신기에서 4차원 시공간의 형체를 이루고 있어야만 하기 때문이다. 여기서 잠시 이와 관련한 최한기의 말을 들어보자.

i) "형체를 가지고 있는 사람이 형체를 버리고 배움을 구하면 이는

형체를 가진 사람을 위한 학문이 되지 못한다. 그러한 학문은 배우거나 배우지 않거나 사람에게는 아무런 관계도 없으며, 은벽한 것을 찾고 기괴한 일을 행하는 것은 이것으로 말미암아 일어나는 것이다. 그러므로 형체를 씀에는 내부형질인 신기가 통하는 기계(器械: 눈·귀·코·입 등 9개의 구멍과 두 팔과 두 다리의 신체의 기관)를 근본으로 삼고, 학문을 함에는 형체를 근본으로 삼아야 한다."[279]

ii) "모든 공부는 연마하고 수련한 것이 내부형질 가운데서 형체를 이루어야 잘 미루어 쓸 수 있고 변통할 수 있다. 만일 형체를 이루었다 하더라도 아직 그것이 분명하지 못하여 구분하는 경계가 모호하다면, 미루어 쓰고 변통한다는 것이 온전하기 어렵다. 그런데 하물며 아직 형체도 이루지 못한 것이야 어떠하겠는가?"[280]

여기서 인용문 i)은 인간의 앎은 유형의 물리적 실체인 내부형질인 신기가 경험을 통해서 얻어질 수 있는 것이므로, 학문을 함에는 내부형질인 신기를 근본으로 삼아야 한다는 것이고, ii)는 그러한 학문을 통해서 얻은 앎은 내부형질인 신기에서 4차원 시공간의 형체를 이루어야 한다는 것이다. 보통 물질로서의 인간이 앎을 얻는 과정과 관련한 최한기의 앎의 형체 이론은 오늘날 뇌인지과학에서도 실험적으로 증명되고 있다. 우리나라의 뇌과학자 김대식은 〈지금 내 머릿속에선 무슨 일이 벌어지고 있을까〉라는 책에서 뇌 과학이 최근까지 이루어 낸 성과를 다음과 같이 말한다.

"뇌는 세상을 모른다. 우리 몸에서 유일하게 뇌 표면은 감각을 느끼지 못한다. 뇌수술할 때 마취하는 이유는 두개골을 자르기 위한 것이다. 그 안에 뇌는 손으로 만져도 감각이 없다. 따라서 뇌는 신체의 감각기관이 얻은 경험을 통하여 현실을 인지한다. 그런데 감각적 경험을 통해 얻은 정보는 패턴으로 처리되어 뇌에 전달된다. 뇌는 단지 그 패

---

279) 최한기, 『신기통(神氣通)』 序, "有形體者, 捨形體而求學, 則乃非形體之爲學也. 學與不學, 無關於形體, 索隱行怪, 由此而興. 故用以器械爲本, 學以形體爲本."

280) 최한기, 『기학(氣學)』 권2-85, "一切功夫, 琢磨鍊熟, 成形于中, 乃可善推用, 亦可善變通. 若成形未分明, 間格甚模糊, 所謂推用變通, 難得其盡, 況未成形乎."

턴을 해석함으로써 현실을 인지한다." 저자는 또 "문제는 뇌가 너무 많은 해석을 한다. 뇌 과학에서 우리가 생각하고 기억하는 대부분은 착시현상이다. 여기서 착시현상이란 감각기관의 정보에 뇌의 해석이 덧붙여진 것을 말한다. 사실 뇌의 해석 없이는 우리는 아무것도 볼 수 없다. 우리가 보는 것은 사실과 다르다. 다시 말해 우리 눈에 보이는 세상은 뇌의 다양한 해석을 통해 만들어진 결과물이다"라고 말하면서 "뇌의 정보처리시스템을 연구해온 과학자들이 10여 년 전부터 뇌의 언어를 이해하기 시작했는데, 뇌가 단어(예컨대 사과, 색깔 등)를 인지할 때 패턴이 생긴다는 사실을 발견했다"라고 이야기한다.

현대 뇌인지과학은 지난 2,500년 동안 지속되어 온 서구식 지적 패러다임의 이원론적 세계관인 심신이원론의 연속선상에 있는 뇌와 몸 이분법에 따라 '인간과 인간의 뇌를 동일시'한다(예컨대 뇌사설). 그러나 우리와 우리 뇌가 정말 같은 것이어서 인간 행동과 인지의 본질을 오직 뇌로만 설명할 수 있을까? 그렇지 않다. 뇌는 중추 신경 기관으로서 외부 감각을 받아 몸의 각 기관을 연결하고 외부 감각을 전달하는 등의 의식 활동을 할 뿐, 우리 몸의 내부 활동을 총괄적으로 주재(主宰)하는 것은 우리 몸의 내부형질인 신기이다.

여기서 우선 실체 물리학적 인식론에 따른 인식 과정을, 우리에게 익숙한 의식과 무의식(또는 잠재의식) 개념을 사용하여 머릿속에서 하는 의식 활동과 몸 전체의 내부형질이 하는 무의식 활동에 대입하여 이야기하자면 다음과 같다. ⅰ) 신체의 감각 및 신경 기관에 의해 대상을 관찰하는 등 감각적 경험을 통해 '외부적 국소적으로 분별'하고(의식 활동) ⅱ) 그 분별한 대상의 신기와 나의 신기가 서로 '내부적 비국소적으로 소통'하여, 나의 신기가 안팎의 경험을 통해 얻은 대상에 대한 앎이 4차원 시공간의 형체를 이루어 지각(知覺)한 것을 기록하여 저장해 두었다가, 필요한 상황을 당하여 내 몸의 내부 활동을 주재하는 나의 신기가 그 앎의 형체를 두뇌로 보내면(무의식 활동), iii) 뇌에서는 그 앎의 형체를 미루어 헤아리고 추측(推測)하여 앎을 확장하고 활용하게 된다(의식 활동).

그런데 서구 과학적 패러다임에 따른 사유와 인식체계에서는 신체가 전제되지 않는 관념의 세계, 즉 심신이원론에 따라 대상에 대한 감각적 경험과 선험적으로 주어진 시간과 공간의 형식만 있을 뿐, 몸의 내부형질(신기)이 경험으로써 얻는 앎의 지각(知覺) 활동인 위 ii)의 과정이 빠져 있다. 그래서 최한기 사상의 계승자 메를로-퐁티(M. Merleau-Ponty)는 서양 전통의 인식론을 부정하고 신체, 즉 몸이 지각한다고 주장했다. 그리고 최근의 인지과학에서는 지식의 창고라고도 불리는 무의식 또는 잠재의식이 많은 행동을 제어한다거나 우리 뇌가 하는 의식 활동의 기본값(default mode)은 무의식이라고 말한다.

그렇다면 어떻게 무의식이나 잠재의식이 의식으로 바뀌고 그것의 구분은 무엇일까? 이에 대해 뇌인지과학에서 아직 밝혀진 것이 없다. 그러나 실체 물리학에 따르면, 앎의 대상에 대한 외부적이고 국소적인 '감각적 경험'과 내부적이고 비국소적인 '신기의 경험'을 통해서 대상의 밖과 안을 두루 파악하여 내부형질인 신기에서 4차원 시공간의 형체를 이룬 앎을 기록 저장해 두었다가 필요한 상황에 당하여 몸의 내부 활동을 주재하는 신기가 합당한 앎의 형체를 기억(記憶)하여 두뇌로 보내면(무의식 활동), 인간의 뇌는 그 앎의 기록을 '기역(記繹)', 즉 그 앎의 형체를 풀어내 해석하고 추측한다(의식 활동)고 말한다.

한편 여기서 문제는 두뇌는 의식 활동을 담당하는 신체의 신경 기관이므로 신기가 보낸 앎의 형체를 해석할 때 자신의 의사나 의식에 따라 합리적으로 그럴듯하게 조작하거나 각색할 수 있다는 점이다. 서구의 지적 패러다임에 따른 사유와 인식

체계에서 나오는 철학이나 과학에서 흔히 말하는 이른바 자유의지(自由意志, free will)는 이를 두고 하는 말이다. 사유를 본질로 하는 무형의 의식을 지닌 '존재하지 않는 존재'로서 절대 자유를 가진 인간상을 제시하는 실존주의적 사고방식에 깊이 물들어 있는 현대인들은 마땅히 인간은 신이나 자연법칙의 굴레에서 벗어나 자기 의사대로 행동하고 결정할 수 있는 자유의지를 가져야 한다고 여기며, 그러한 자유의지를 가진 인간이야말로 인간답고 바람직한 인간상으로 여기고 있다.

그러나 이는 매우 그릇된 생각이다. 위와 같은 생각은 근본적으로 인간과 자연을 이원론적으로 보는 서구식 사유와 인식체계에서 비롯된 것인데, 자연법칙을 인간을 구속하는 굴레로 여겨서는 안 된다. 자연법칙이 곧 진리이고 진리에 따라 사는 사람이 바람직한 인간상이 되어야 한다. 왜냐하면 인간 자체가 있는 그대로의 세계인 자연 그 자체이고 우주를 구성하는 물그 자체이기 때문이다.

자유의지를 가진 사람은 어떤 사람인가? 실체 물리학의 관점에서 말하자면, 앞의 설명에서처럼 유형의 물리적 실체인 신기가 경험으로써 얻은 객관적인 앎(정보)의 형체를 두뇌로 보내면 두뇌에서의 의식 활동으로 해석할 때, 자신(주관적)의 이익을 위하여(개인주의) 제멋대로(自由; free) 자신의 의사나 의지(意志; will)에 따라 합리적으로(이성적 합리주의) 그럴듯하게 정당화하는 인간, 실존주의의 대가 장 폴 사르트르(J. P. Sartre)의 표현을 빌리자면 자기를 속이는 "자기기만 행위"를 거리낌 없이(양심의 가책 없이) 행할 수 있는 자를 일컫는 것이다.

사실, 중추 신경 기관인 뇌에서 이루어지고 있는 이성적 활동에 따른 인간의 의식 활동으로서 합리화한 말들은 믿을 것이 못 된다. 그래서 노벨 생리의학상 수상자인 신경 생물학자 로저 스페리(R. W. Sperry)는 "뇌는 현실을 있는 그대로 알아보는 기계가 아니고 나의 선택을 정당화하는 기계다"라고 했다.

그렇다면 이제 신기의 경험으로써 얻은 앎은 어디에 저장되는지 뇌인지과학에서 널리 알려진 대표적인 실제 사례를 통해 이를 검토해 보자.

> 심한 간질을 앓고 있던 H. M이라는 남자 환자는 발작을 치료하기 위하여 뇌 제거 수술을 받았다.[281] 수술 결과 간질 치료는 성공적이었지만 H. M의 기억에는 심한 부작용이 생겼다. H. M.은 I.Q 수준은 평균 이상이고 성격도 정상이며 일상적인 대화도 잘한다. 그러나 단 한 가지, 경험을 장기기억에 저장할 수가 없었다. 가령 그와 만나서 한참 동안 대화를 나누었다고 할지라도, 다시 만나면 그는 상대방을 전혀 기억하지 못했다.
>
> 하지만 수술받기 이전의 기억은 모두 정상이었다. 또한 약 20초 이내 지속되는 단기기억도 정상적이었다. H. M의 뇌수술은 해마를 손상한 것이었다. 뇌의 기타 구조물과 마찬가지로 해마는 뇌의 양쪽에 있다. 이 중 어느 쪽이건 한쪽의 해마만을 손상하면 기억력이 심하게 저하하지는 않는 것 같다. 그러나 H. M의 경우에는 양쪽 모두를 제거하였다. 실제로는 해마와 편도체를 포함한 양쪽 측두엽 부위가 절개되었다.

위 사례와 같이, 뇌신경과학에서 해마가 인간의 기억 기제에 있어서 중요한 역할을 하는 사실은 뇌수술 환자의 관찰을 통해서 알게 된 것이었다. 그런데 해마가 손상되었지만, H. M은 수술 이전의 사건에 대하여는 기억하고 있다. 단지 수술 후에 발생하는 새로운 일들을 기억하지 못할 뿐이다. 이것을 어떻게 물리적으로 설명할 수 있을까?

이에 대해 현재 뇌 과학에서는 다음과 같이 해석하고 있다.

---

281) 헨리 구스타프 몰레이슨(Henry Gustav Molaison; 1926~2008) : 뇌전증을 치료하기 위해 해마, 해마 방회와 편도체 제거 수술을 받은 미국의 기억 장애 환자 ; Marjorie A. England and Jenifer Wakely, "Color Atlas of the BRAIN & SPINAL CORD" Mosby Year Book,Inc, 1991.

첫째, 해마는 경험적 기억이 저장되는 장소는 아니지만, 해마는 새로운 기억을 저장하게 하는 데 결정적인 역할을 담당하고 있는 것으로 보인다. 해마는 감각기관을 통해 대뇌피질을 거쳐 들어온 정보를 부호화(encoding)하거나 돌이킬 때(retrieval)에만 직접 관여 한다고 본다. 둘째, 확실하지는 않지만, 경험적 기억은 아마도 대뇌피질 어디엔가 저장된다. 여기에는 경험적 기억이 대뇌피질 전체에 저장된다고 해석하는 견해도 있다.

그렇다면 실체 물리학은 위 H. M 사례를 어떻게 물리적으로 설명할 수 있을까? 우선 현대 뇌 과학의 첫 번째 해석은 실체 물리학에 부합하는 해석이라고 말할 수 있다. 그리고 실체 물리학에서는 신기의 경험으로써 형체를 이루어 얻은 앎은 몸의 내부형질인 신기에서 기록하여 저장한다고 말한다. 한편 위 사례에서 H, M은 뇌의 해마 절제 수술을 하였는바, 이는 곧 외부적인 감각적 경험이 내부형질인 신기의 경험으로 이어지는 과정에서 어떤 역할을 하는 해마가 제거되었다는 것이다. 그런데 사례의 결과와 같이 H. M은 수술 이전의 사건에 대하여는 기억하고 있다. 단지 수술 후에 발생하는 새로운 일들을 기억하지 못할 뿐이다. 왜 그럴까? 실체 물리학의 관점에서 사례의 실험 결과를 물리적으로 설명하면 다음과 같다.

H. M이 수술 이전의 사건을 기억할 수 있는 이유는, 신기가 경험하여 형체를 이루어 얻은 앎(정보)은 —신경 기관으로서 '뇌(대뇌피질)'가 아니라— 몸의 모든 의식적·무의식적 활동을 주재하는 유형의 물리적 실체로서 4차원 시공간을 이루고 있는 내부형질인 '신기'에서 형체를 이루어 기록 저장되기 때문이다. 그리고 사례에서 H. M이 만나서 대화를 나눈 상대방을 곧 다시 만나면 기억하지 못하는 이유는 신체의 감각 및 신경 기관에 의해 대상에 대한 외부적인 '감각적 경험'(이는 중추 신경 기관

인 두뇌의 의식 활동으로 연결된다)만 할 수 있었을 뿐, 그 감각적 경험이 내부형질인 '신기의 경험'으로 이어지는 과정에서 어떤 역할을 하는 두뇌의 해마가 제거되었으므로 내부형질인 신기가 경험을 얻을 수 없고, 따라서 대상에 대한 형체를 이룬 앎(정보)이 기록 저장될 수 없어서 신기에 저장된 기록이 없기 때문이라고 보아야 한다.

이러한 견지에서 최한기는 〈신기통〉에서 "비록 자주 눈에 비치는 사물이라도(감각적 경험) 신기에 통한 것이(신기의 경험) 없으면 비치고 나서 돌아서면 잊히게 된다."[282]라고 말하고 있다. 따라서 결국 이 사례의 결과는 신기가 경험하여 얻은 앎의 형체를 기록(記錄)하여 저장하는 것은 몸의 내부 활동을 총괄적으로 주재하는 내부형질인 신기가 하고, 중추 신경 기관인 뇌는 단지 신기가 기억(記憶)하여 보내준 앎의 형체(뇌 과학이 말하는 pattern)를 해석하는 '기역(記繹)'을 담당하고 있을 뿐이라는 실체 물리적 인식론에 대한 명백한 실험적 증거가 된다고 말할 수 있을 것이다.

그리고 H. M이 수술 후에도 I.Q 수준은 평균 이상이고, 성격도 정상이며, 일상적인 대화도 잘하는 이유는 신기의 경험으로서 얻을 수 있는 앎이나 그 앎의 형체의 기록, 저장, 그리고 기록을 불러내는 기억과는 무관한 뇌의 의식 활동은 정상이기 때문이다. 따라서 H. M은 흔히 말하는 머릿속에서 하는 인간의 이성적 능력은 정상적으로 발휘할 수 있는 것이다.

이상에서 살펴본 바와 같이, 오늘날 뇌 과학의 대표적 사례인 H. M의 사례가 보여 주는 결과는 실체 물리학에서 말하는 몸의 내부형질인 신기에서의 '지각 활동'과 신기의 주재 아래

282) 최한기, 『신기통(神氣通)』 권2, 目通, 「物色暎眸」, "雖頻數來照之物, 不有神氣之通, 則隨照旋忘."

두뇌에서 행해지는 '추측 활동'의 인식 과정 및 체계가 옳다는 경험적·실험적 증거로서 명백한 증험이 된다고 말할 수 있을 것이다. 나아가, 실체 물리학적 인식론은 최한기의 형체 그림 이론에서 살펴본 바와 같이, 오늘날 뇌신경과학이나 인지과학이 밝혀낸 사실, 즉 "감각적 경험을 통해 얻은 정보는 패턴(즉 일정한 형체)으로 처리되어 뇌에 전달되고, 뇌는 단지 그 패턴을 해석함으로써 현실을 인지한다"라는 사실과도 정확하게 부합한다.

한편, 보통 물질인 사람의 내부형질인 신기가 대상에 대한 안팎의 경험을 얻어 형체를 이루어 대상을 알게 되는 '지각'과 관련하여 우리가 주지해야 할 것은, 신기 그 자체는 보통 물질로서 유형의 물리적 실체인 내부형질인데, 그 신기가 경험해서 형성한 4차원 시공간의 형체를 이룬 앎(정보) 그 자체도 살아 움직여 운동 변화하는 유형의 물리적 실체이므로, 그 저장된 앎(정보)의 형체에는 자연법칙으로서 시간의 변천에 의한 열역학 제2 법칙인 엔트로피 증가법칙이 적용된다는 점이다. 따라서 사람을 포함한 모든 보통 물질의 내부형질인 신기가 경험하여 형성한 앎(정보)의 형체는 시간의 변천에 의한 열역학 제2 법칙에 따라 점차 흩어져 소실된다. 이 경우 유형의 물리적 실체인 그 앎(정보)의 득실(得失) 과정에서도 시간이 변천하므로 엔트로피가 증가하고 열이 발생하는바, 이러한 신기의 경험으로서 형성된 '앎의 활·동·운·화'를 일컬어 최한기는 "지각운화(知覺運化)"[283]라고 했다. 그러면 여기서 잠시 유형(有形, 3차원 공간) 유방(有方, 1차원 시간)의 4차원 시공간을 이루고 있는 앎과 관련한 최한기의 말을 직접 들어보자.

283) 최한기, 『운화측험(運化測驗)』 권 2, 「知覺運化」, "已往數千載, 創始者, 騶應者, 別個門戶者, 勝心豎熾者, 自許教學之傳說, 搜括已窮."

> "무릇 방향도 없고 형체도 없는 것을 말하는 것은 사람들이 알지 못하는 것을 가리켜 말하는 것이고, 방향도 있고 형체도 있다는 것은 사람들이 아는 바를 가리켜 말하는 것이다. (……) 방향도 없고 형체도 없는 지식으로 천지자연의 이치나 사람의 도리를 말하고자 하면, 방향도 없고 형체도 없는 물체를 들어서 방향도 없고 형체도 없는 것을 말할 수밖에 없어서 반드시 세력이 필요하게 되므로 도리어 '방향이 있고 형체도 있는 지식'을 해치게 된다."[284]

위 인용문은 특히 지금까지와 같이 서구식 지적 패러다임에서 나온 지식처럼 유형·유방의 물리적 실체가 아닌 머릿속에서 상상해낸 무형·무방의 지식이 통용되기 위해서는 그 지식의 옳고 그름이 아니라 세력을 얻어야 한다는 취지다. 그리고 그러한 지식 문명의 세상에서는 세력을 가진 지식 권력이 판치게 되어 도리어 유형·유방의 물리적 실체를 가진 올바른 앎을 해치게 된다고 말한다.

한편 앞서 언급했듯이, 보통 물질의 내부형질인 신기는 유형의 물리적 실체일 뿐 아니라 그 신기가 경험하여 얻은 앎 그 자체도 유형의 물리적 실체를 이루어야 하므로, 인용문에서 말하는 "방향(1차원 시간)도 있고 형체(3차원 공간)도 있는 지식"이란 앎 그 자체가 4차원 시공간을 이루고 있는 유형의 물리적 실체라는 것이고(앎의 형체 이론), 따라서 앎 그 자체는 시간의 변천에 의한 열역학 제2 법칙의 지배를 받는다. 오래된 앎이 시간의 흐름 속에서 잊히는 물리적 원인이 바로 여기에 있다.

이와 관련하여 1961년 아이비엠(IBM) 연구소의 롤프 란다우어(R. Landauer)는 정보 처리 과정에서도 반드시 열이 발생한다는 이른바 란다우어 이론을 밝힘으로써 열역학 제2 법칙인 엔트로피 증가가 정보의 소실에서도 일어난다는 사실을 밝혔다.

284) 최한기, 『기학(氣學)』 1-20, "凡所云無方無形, 指人所不知而言, 有方有形, 指人有所知而言. (……) 無方無形之知識言天道人道, 則勢必擧無方無形之物, 說盡無方無形之事, 反毁有方有形之知識."

메모리에서 1 비트(bit)의 정보를 지울 때 일정량의 엔트로피가 증가하고, 그에 따라 최소한 일정량만큼의 에너지(이를 'Landauer's Limit'라 한다)를 써야 하며, 그 에너지는 결국 열로 발생한다는 것이다. 이러한 주장은 곧 앎(정보) 그 자체가 4차원 시공간의 형체를 이루고 있으므로 그 앎에도 열역학 제2 법칙인 시간의 변천에 의한 엔트로피 증가법칙이 적용된다는 실체물리학의 관점에서 볼 때, 우주의 실재에 부합하는 타당한 것임을 우리는 알 수 있을 것이다.

그런데 최근에는 정보가 만물의 근본 요소라고 보는 사유와 인식이 물리학계에 세(勢)를 형성하고 있다. 양자 정보이론가들은 기존의 과학적 패러다임에서는 불변의 세계인 플라톤의 이상적 수학 세계를 구현하기 위한 사유와 인식에 따라 자연이 '수학'적 구조로 되어 있고, 이에 의해 '물질'이 출현하며, 다시 이러한 물질을 통해 '정보'가 떠오른다고 하는 초월적 시각에서 물리적 세계상을 구현해왔다고 말하면서, 그러나 무형의 이상적이고 초월적인 수학적 물리법칙을 우주의 본질로 보기보다는 물리적 실재인 '정보'가 먼저 존재하고 이 정보를 통해 수학적 물리법칙이 떠오르며 이에 따라 '물질'이 생성된다고 주장한다.

그렇다면 이러한 주장은 타당하고 정보가 우주의 근본 요소일까? 앞서 살펴본 것처럼 실재와 정보를 포괄하는 앎은 물론 4차원 시공간을 가진 물리적 실체이기는 하지만, 그것은 어디까지나 '보통 물질'의 내부형질인 신기가 대상을 안팎으로 경험하여 얻은 앎(정보)의 형체를 이루는 지각 활동과 관련된 것일 뿐이다. 정보는 펜로즈가 말하는 우주를 이루는 세 가지 세계 중 정신적 세계와 관련된 것인데, 우주의 근본 물질인 암흑물질이 두 개 이상 결합하여 형성된 '보통 물질의 내부형질'인 신기가 경험을 통해 얻는 것이 앎이고 정보이므로, 정보는 우주

의 근본 요소가 될 수 없다.[285)]

한편 볼츠만의 엔트로피 개념에 따라 엔트로피가 특정 물리계의 무질서한 정도를 나타내는 척도이고 이 경우 엔트로피는 불확실성의 확률을 나타내는 척도가 된다는 것이 현대정보이론이다. 이러한 정보이론은 곧 질서가 있는 물질계에서는 엔트로피가 낮고 불확실성이 낮기에 상태에 대한 예측이 가능하다는 의미가 되고, 불확실성이 낮기에 필요로 하는 정보의 양은 적게 된다고 본다. 이러한 현대정보이론의 토대를 만든 클라우드 섀넌(C. Shannon)의 정보 개념은 정보의 양만 말해 줄 뿐 정보가 무엇인지에 대해서는 아무것도 말해 주지 않는다. 그는 정보를 이미 수중에 있는 어떤 것이 아니고 필요로 하는 어떤 것으로 보았다. 그래서 섀넌은 정보를 불확실성으로만 부르려 했지만, 그러한 용례에는 엔트로피란 말을 쓴다는 폰 노이만(J. v. Neumann)의 제안을 받아들여 정보의 양을 '엔트로피'로 정의했다[286)].

그러나 이러한 섀넌의 엔트로피 정보 개념은 이후 새로운 논란을 가져 왔다. 물리학에서 정보를 음의 엔트로피인 네겐트로피(negentropy)로 이해하는 또 다른 전통이 있었기 때문이다. 예컨대 슈뢰딩거가 생명의 특징에서, 그리고 노버트 위너(Norbert Wiener)도 정보의 양을 음의 엔트로피로 생각했다. 한편 1949년 섀넌과 위버(W. Weaver)는 〈수학적 통신이론(The Mathematical Theory of Communication)〉에서 엔트로피가 정보량의 기댓값으로도 표현된다는 사실을 증명하면서, 정보의 양을 수학적으로 표

285) 앞의 Ⅱ40. 절에서 '블랙홀 정보 역설'과 관련하여 얘기했던 바와 같이, 최대 1개의 정보를 가질 수 있는 최소 보통 물질인 광자가 시간의 변천에 의한 열역학 제2법칙인 엔트로피 증가법칙에 따라 암흑물질로 변하여 소멸하면, 더는 우주에 정보는 존재하지 않는다. 정보 보존의 법칙은 질량-에너지 보존의 법칙과 달리 '시간을 가진 보통 물질'에서만 적용된다고 말한 이유가 바로 여기에 있다.

286) Denbigh, 1981; 113.

현하다가 정보라는 것이 바로 음(陰)의 엔트로피인 네겐트로피와 똑같은 수학적 표현을 지닌다는 사실을 발견하고, 객관적 사물 속에 들어 있다고 생각되는 '질서'라는 개념과 사물에 대한 '정보'라는 개념이 사실상 똑같은 개념일지도 모른다고 했다. 그렇다. 정보를 막연하게 질서와 무질서의 개념으로 생각한다면, 정보는 무질서로 표현되는 엔트로피(entropy)가 아니라 질서로 표현되는 네겐트로피(negentropy)라고 보아야 한다.

‖ 48. 실체 물리학적 세계상과 인간의 삶

사람을 비롯한 보통 물질의 내부형질인 신기의 능력은 대상을 외부적으로 분별하고 내부적으로 소통하여 지각(知覺)하고 그 지각한 앎을 미루어 헤아려서 판단하는 추측(推測)의 과정을 통해 발휘된다. 그런데 이러한 신기의 능력인 사리 밝음의 힘으로서의 지각 능력과 추측 능력은 사람을 포함한 모든 보통 물질이 가진 고유의 물리적 성질이다. 신기의 능력인 밝음의 힘은 시간을 가져서 전자기력을 발생하여 관측 가능한 보통 물질의 내부형질 그 자체의 속성에서 비롯되는 것이기 때문이다. 따라서 모든 보통 물질은 내부형질인 신기를 가져서 능동적·수동적 또는 적극적·소극적인 지각 능력과 추측 능력을 발휘할 수 있다.

인간만이 이성을 가졌다거나 인간이 만물 중에서 최고의 지각 능력이나 추측 능력을 지니고 있다고 말하는 것은 인간중심주의에 매몰된 사유와 인식체계에서나 생각할 수 있는 야만적인 자기기만일 뿐이다. 많은 동물은 인간의 능력을 뛰어넘는 능력을 지녔다. 어떤 인간도 동굴 전갈처럼 수백 분의 일의 온도변화를 감지할 수 없다. 인간은 개처럼 희미한 냄새를 추적할 수도 없다. 인간은 박쥐나 돌고래처럼 초음파를 들을 수도 없다. 인간과 달리 벌과 새는 자외선 영역을 볼 수 있다. 인간이 진화의 정점에 있다는 생각도 인본주의적인 착각이다. 한때 인간은 도구를 사용하는 유일한 종으로 생각되었다. 그러나 갈라파고스 새는 먹이를 먹기 위해 선인장을 이용한다. 최근에는 악어가 막대를 이용해서 먹이를 유인한다는 사실이 밝혀졌다.

상대방을 따라 행동함으로써 학습하는 능력 역시 많은 동물에게서도 발견되고 있다. 물론 이러한 생각 자체가 이미 인간 중심적인 사고의 발로이다. 그래서 동물학자 아이린 페퍼버그(I. Pepperberg)는 다음과 같이 이야기하고 있다.

> "동물과 인간의 차이에 관한 연구는 매우 중요하며 또 필요하다. 그러나 그 연구의 목적은 더는 인간의 우월함을 확인하기 위한 것이 아니라 그들에게서 무엇을 더 배울 수 있으며 이를 통해 우리의 지식과 기술을 어떻게 더 확장할 수 있을지가 되어야 할 것이다."[287]

매우 훌륭한 지적이라 말하지 않을 수 없다. 실체 물리학적 사유와 인식체계에 정확히 부합하는 말이다. 우주에 실재하는 시간을 가진 모든 보통 물질은 살아 움직여 운동 변화하면서 각자 자신의 삶을 이롭게 할 수 있도록 내부형질인 신기의 경험을 통한 지각 능력과 추측 능력을 발휘하며 살아가고 있는 존재들이다. 그래서 최한기는 말하기를 "모든 움직이는 물체는 모두 사는 곳과 익힌 바를 따라서 추측이 생겨난다. 구멍에서 생활하는 것들은 비가 올 것을 알고, 둥지에서 생활하는 것들은 바람이 불 것을 알며, 개는 늘 보는 사람을 향해 짖지 않고, 말은 항상 먹이를 주는 사람을 능히 안다."[288]고 했다.

> 최근 철학자 임종식은 그의 책 〈인간, 위대한 기적인가, 지상의 악마인가?〉(2015)에서, 한 무리의 코끼리가 뼈만 남은 가족의 시신을 에워싸고 한동안 뼈를 어루만지다가 상아만 풀숲에 감추는 장면이 카메라에 포착된 적이 있는 유명한 사례를 소개한다. 저자는 코끼리들이 인간이 상아를 가져가는 광경을 목격했고, 그 경험을 통해 상아를 감추지 않으면 인간이 가져갈 것이라고 유추한 것이라고 해석한다. 그리

287) What scientific idea is ready for retirement? Science and scepticism. Guardian. Sunday 12 January 2014.

288) 최한기, 『추측록(推測錄)』 권 1, 推測提綱, 「動作物推測」, "一切動作之物, 皆因所處所習, 而推測生焉. 穴居者知雨, 巢居者知風, 狗不吠常見人, 馬能識常飼者."

하여 그는 "이는 추론을 통한 행동으로, 비이성적인 범주를 넘어서는 것"이라며, 이성은 인간의 전유물이라는 주장을 뒤엎는다.

위 사례에서 보통 물질인 코끼리의 사유와 인식 상황을 실체 물리학적으로 설명하자면 이렇다. 코끼리들은 인간이 상아를 가져가는 광경을 관찰한 감각적 경험이 있고, 그런 인간의 행동을 내부형질인 신기의 경험으로써 얻은 앎의 형체를 그들의 신기에 기록하여 저장해 두었다. 그 후 뼈만 남은 가족의 시신을 보았다. 이러한 상황에 당하여 코끼리의 내부 활동을 주재하는 신기는 그 기록·저장된 앎의 형체를 꺼내어(기억) 중추 신경 기관인 뇌로 보냈고, 코끼리의 뇌에서는 그 앎의 형체를 미루어 그대로 두면 인간이 상아를 가져갈 것이라고 헤아리는 추측을 했다. 그래서 코끼리들은 상아를 풀숲에 감춘 것이다.

인간이 단지 보통 물질의 하나일 뿐이라고 사유하고 인식한다고 해서 인간의 존엄이 사라지는 것이 결코 아니다. 오히려 인간 그 자체가 우주 만물의 하나일 뿐인 사실을 인식할 수 있을 때 비로소 나의 신기와 대상의 신기가 서로 소통할 수 있는 능력을 발휘할 수 있게 되고, 대상으로서의 자연 또는 사물 그 자체를 더 잘 이해할 수 있게 되며, 그 대상이 가진 내재적 속성과 그 물리적 성질을 온전히 파악할 수 있어서, 인간은 인간의 삶에 유익하면서도 자연 그 자체 또는 물 그 자체의 있는 그대로의 속성을 해치지 않고 올바로 활용할 수 있는 방법을 터득할 수 있다.

한편 우주에 존재하는 모든 보통 물질들은 외부적으로 국소적(locality)이어서 서로 '분별'할 수 있지만, 내부적으로는 내부형질인 신기가 3차원 절대공간을 통로로 하여 서로 통할 수 있어서 비국소적(non-locality)으로 서로 '소통'할 수 있다. 앞에서 감각적 경험을 통해 '외부적 국소적으로 분별(分別)'한 대상의 내부형질인 신기와 인식 주체인 나의 신기가 '내부적 비국소적으로 소통(疏通)'하는 '신기의 경험'으로써 형체를 이루어 얻은 앎, 즉 실재와 정보를 포괄하는 앎의 인식 작용을 지각이라고 했던 실체 물리적 원인이 바로 여기에 있다.

그런데 어떤 보통 물질이 어떤 대상에 대한 실재와 정보를 포괄하는 앎을 형성하기 위해서는, 우선 두 물질의 내부형질인 신기가 내부적 비국소적으로 소통하여 얽혀야 한다. 이렇게 서로 다른 보통 물질들 사이에 내부형질인 신기가 3차원 절대공간을 통로로 하여 내부적 비국소적으로 얽힌 상태, 이것이 바로 얽힘(entanglement)이다. 한편 신기는 보통 물질의 내부형질로서 질량(시간, 입자성)과 에너지(공간, 파동성)로 이루어져서 유형의 물리적 실체를 이루고 있지만, 신기의 활동은 그 질량(시간)은 내부에 간직한 채 그 에너지로서 하므로, 신기의 작용은 그 보통 물질이 가진 시간(질량)과 무관하게 우주의 어디에라도 즉시 작용할 수 있다. 이 경우 시간을 가진 보통 물질의 내부형질인 신기의 얽힘은 두 보통 물질의 내부형질인 신기의 에너지 부분이 서로 얽혀 화합하는 것(翕)이다.[289] 여기서 말하는 화합할 흡(翕)은 글자 그대로 유형의 물리적 실체인 내부형질의 깃(羽)에 해당하는 에너지가 서로 얽혀 화합(和合)한다는 것이므로 두 물질이 합쳐져 하나가 되는 결합(結合)과는 구별된다.

한편, 앞의 ‖45. 절에서 살펴본 바와 같이, 아인슈타인과 그 동료인 EPR은 세계는 개별 존재들로 나누어질 수 있고 이 존재들은 간접적이든 직접적이든 접촉 없이는 다른 존재에 영향을 미칠 수 없으며 그 영향은 빛의 속도보다 더 빨리 전달될 수 없다는 '국소적 인과성'과 사물들은 관측과 관계없이 실재한다는 '관찰과 무관한 실재성'을 주장했다. 두 입자가 인과적으로 분리되었음에도 유령 같은 비인과적 소통으로서 비국소적 원격작용이 일어나 스핀이 정해지는 것처럼 보인다. 즉, 상호작용을 한 적이 있는 두 입자는 아무리 멀리 떨어져 있더라

289) 최한기의 『기학』 권 2-73.

도 '얽힘' 상태를 유지할 수 있었다. 이것은 불가사의였다.

그런데 이 경우 양자역학의 법칙들을 적용하면 한 입자를 측정하는 행위가 다른 입자에 영향을 미친다고 말해야 한다. 즉, 아주 먼 거리인데도 '유령 같은' 방법으로 힘이 미친다. 이 역설 때문에 아인슈타인은 우리가 관찰할 수 없는 세계(숨은 변수)가 양자역학적 현상의 바탕에 있는 것이 분명하다고 생각했다. 이와 같은 이른바 '숨은 변수 이론'이 제기되자, 과연 그 이론을 비판적으로 검증할 수 있는지가 중요한 문제로 부상했다.

그리고 1964년, 존 스튜어트 벨(J. S. Bell)은 두 입자로 이루어진 계에서 측정 결과로 등장하며 두 입자가 서로 얼마나 영향을 주고받는지를 말해 주는 '상관(correlation)'이라는 특정 함숫값을 정확히 알아내는 방법을 발명했다. 많은 사람이 양자역학의 경우 숨은 변수 이론이 가능하지 않다는 폰 노이만의 주장을 그대로 받아들였지만, 데이비드 봄의 숨은 변수 이론이 가능하다는 사실을 간파한 사람이 바로 벨이었다. 벨은 아인슈타인과 보어의 주장을 가려낼 수 있는 새로운 방법을 제시했다. 그는 숨은 변수를 도입하고, 아인슈타인이 중요시했던 국소적이고 분리 가능한 2개의 입자로 만들어진 시스템을 생각했다. 이런 시스템이 예측하는 결과와 양자역학이 예측하는 결과 사이에는 중요한 차이점이 있을 수 있다. 벨은 아인슈타인이 생각했던 운동량과 위치 대신에, 봄이 생각했던 스핀 시스템으로 이야기를 전개했다.

그는 2개의 스핀으로 된 시스템을 생각했다. 이 두 스핀은 서로 얽혀있다. 이는 수학적으로 전체의 스핀 값은 보존된다는 뜻이다. 총 스핀이 0인 시스템에서는 A를 측정한 값이 업(up)이면 B의 스핀 값은 다운(down)이 되어야 한다. 따라서 A의 스핀 값을 측정하면 B의 스핀 값은 자동으로 결정된다. 두 스핀이 양쪽으로 움직여 멀리 떨어진 상태에서 스핀 값을 측정한다고 하자. 당연히 A의 스핀이 업이 나올 확률은 50%이다. 마찬가지로 B가 업을 측정할 확률도 50%이다. 이 결과는 아인슈타인이 생각한 것이나 보어가 생각한 것이나 똑같다. 아인슈타인이 생각한 대로 A의 측정 결과가 B의 측정에 영향을 주지 않아도 50%의 결과가 나온다는 뜻이다. 보어의 양자역학으로도 결과는 50%이다.

그렇다면 두 생각의 차이를 구별할 방법은 무엇인가? 아인슈타인의 국소적 이론은 두 사람의 측정 결과에 대한 상관관계를 느슨하게 만든다. 이와 달리 보어의 양자역학적 방법은 두 측정 사이의 관계가 강하게 연결되어 있어서 스핀 하나를 측정해서 업이 나오면 그 즉시 다른 스핀은 바로 다운이 되어야 한다. 아인슈타인의 경우에는 이런 즉각적인 영향(유령 같은 비국소적 원격작용)이 나타나는 것은 국소적 인과성에 반하여 받아들일 수 없다.

이러한 사정 아래 '국소적 영향과 비국소적 영향을 구분하기 위해' 벨은 A와 B의 측정 결과에 대한 상관관계를 조사했다. A가 스핀을 z축 방향으로 측정하고, B는 임의의 축 방향으로 스핀을 측정한다. 다음에 배열을 바꾸어 같은 실험을 다시 한다. 이렇게 나온 상관관계를 국소적 영향과 비국소적 영향을 비교하는 것이다. 벨은 국소적 영향과 비국소적 영향이 나올 범위가 서로 다르다는 것을 찾아냈다. 이 결과를 벨-부등식이라고 부른다. 이 부등식은 숨은 변수라는 이론적 개념을 그 기반에 놓을 때 그 상관이 가질 수 있는 최댓값을 규정한다. 이 경우 '얽힌 상태'라는 특정 상황에서는 부등식이 규정한 최댓값보다 큰 상관이 일어나면 EPR의 국소성 주장은 틀린 것이다.

벨-부등식을 확인하는 실험은 실제로 광자의 편광을 이용해 이루어졌다. 짝지어져 얽힌 광자를 만들기가 쉽기 때문이다. 1982년에 알랭 아스페(A. Aspect)와 그 동료들은 칼슘 원자가 방출하는 빛 양자들을 관찰했다. 그들은 매번 서로 반대 방향으로 움직이는 광자들의 쌍을 두 광자가 매우 멀리 떨어졌을 때 관찰했다. 실험 결과는 광자들의 상관이 벨의 한곗값을 뛰어넘는다는 것을 보여 주었다. 즉, 두 광자는 멀리 떨어져 있어도 '비국소적으로 얽힌 상태'에 있었다.

자, 이제 이 실험 결과를 어떻게 해석해야 할까? 많은 물리학자가 오랜 시간 각고의 노력 끝에 얻은 위와 같은 결론은 물리학자들에게는 결코 수긍이 가지 않는 결과였다. 양자역학의 표준해석인 코펜하겐 해석에 따르면, 우리가 관측을 시도하여 입자가 '여기'에 있다는 사실을 확인하는 순간, 입자의 확률파동은 즉각 붕괴한다. 이 붕괴 현상은 우주 전역에 걸쳐서 동시에 나타나고, 입자의 위치가 알려지는 바로 그 순간에 다른 곳에서 입자가 발견될 확률은 0으로 사라진다. 따라서 이에 따르면 양자 얽힘 현상을 광자 A의 영향이 광자 B에 즉각적으로, 다시 말해 빛보다 빠르게 전달되는 현상이라고 말해야 한다. 그러나 지구에서 관측된 광자의 영향이 어떻게 빛이 200년 동안 달려야 하는 안드로메다은하까지 순간적으로 전달된단 말인가?

사정이 이러하다 보니, 물리학자들은 초광속 현상을 인정하려 하지 않으므로, 초광속 정보전달보다는 i) 두 입자 사이의 원초적인 연결고리로 보고, 두 광자 사이의 거리가 아무리 멀어져도 두 개의 광자가 하나의 실체를 이루고 있어서 하나의 광자를 관측했다는 것은 물리계의 한 부분을 관측한 것이고, 그 결과가 같은 물리계 내의 다른 부분에 즉각적으로 영향을 미친다거나 ii) 한 입자에 대한 관측이 다른 입자에 영향은 미치되 정보는 전달되지 않는다는, 즉 두 광자의 스핀은 서로 연관되어 있지만 이들 사이에 정보가 교환되지는 않는다고 해석하고 있다.

그러나 얽힘 현상은 이와 같은 또 다른 해석으로 땜질 처방할 수 있는 성질의 것이 아니다. 그렇다면 이를 어떻게 물리적으로 설명할 수 있을까? 벨의 정리와 실험 결과는 두 광자가 아무리 멀리 떨어져 있어도 '비국소적으로 얽혀있음'을 보여 준다. 그런데 두 입자 사이에 초광속 정보전달은 일어날 수 없다. 한편 벨의 정리와 실험 결과는 EPR의 주장인 국소적 인과성과 관찰과 무관한 실재성 둘 중 어느 하나를 포기할 것을 주문하고 있는데, EPR의 국소적 인과성 주장이 틀렸음이 분명해 보인다. 하지만 그렇다고 하여 벨의 정리와 실험 결과 확인된 비국소적 양자 얽힘이 숨은 변수가 필요 없고 양자역학이 완전하다는 것을 말하는 것은 결코 아니다.[290] 특히 초광속 정보전달은 있을 수 없다는 국소적 인과성은 보어를 비롯한 오늘날 모든 현상 물리학자들이 받아들이는 원리다.

그렇다면 벨의 정리와 실험 결과는 우리에게 어떤 가르침을 주고 있는 것일까? 우선 실재하는 우주가 아인슈타인의 상대성이론이 말하는 '국소적 우주'와는 다르다는 사실이 드러났다. 아인슈타인의 상대론적 우주에는 상대적인 시공간을 가진 국소적인 물질들이 운동·변화하는 배경 공간이 되는 비국소적인 3차원 절대공간이 없다. 물론 하나의 커다란 물질로서 우주라는 물 그 자체가 가진 절대시간도 없다. 시간과 공간의 개념을 혁명적으로 바꾸었던 아인슈타인이 "비국소적인 원격작용"이나 "유령 같은 비인과적 소통"이 일어날 수 없다고 말했던 이유는

290) H. Dieter Zeh, arXiv, 1402, 5498.—"EPR 역설을 논박한 존 스튜어트 벨은 코펜하겐 해석을 옹호하기는커녕, 오히려 숨은 변수 가설의 일종인 파일럿파 이론을 진지하게 고려하기도 했다."

바로 여기에 있다. 그러나 이러한 비판은 우주를 연속적인 4차원 시공간으로 보고 있는 상대론적 양자역학을 비롯한 20세기 현상 물리학 전체에 대한 것이다.

우리는 실재하는 우주는 불연속적인 3+(4+4)의 11차원 시공간 구조를 이루고 있고, 또 입자 그 자체(실재)에 대한 우리의 앎(정보)은 감각적 경험을 통해 대상(입자)을 '외부적 국소적으로 분별'하고, 그 분별한 대상의 신기와 우리의 신기가 '내부적 비국소적으로 소통'하여 우리의 신기가 경험을 통해 얻는 것임을 알게 되었다. 그리고 우리는 내부적 비국소적인 소통으로서의 신기의 얽힘은 보통 물질의 내부형질인 신기의 에너지 부분의 작용으로 이루어지므로 시간(질량)과 무관하다는 것을 안다. 따라서 벨의 정리와 실험 결과가 보여 주는 '비국소적 얽힘' 현상은 시간과는 무관하게 비국소적으로 얽힌 상태에 있는 것이다.

한편 '관찰과 무관한 실재성'은 국소적인 경우와 비국소적인 경우를 불문하고 모두 우주의 실재에 부합한다. 그 이유는 최소 보통 물질인 광자를 비롯한 우주의 모든 보통 물질들은 외부적으로는 국소적으로 실재하지만, 내부적으로는 3차원 절대공간을 통로로 해서 서로 통할 수 있어서 비국소적으로 실재할 수 있는데, 얽힘 현상은 비국소적으로 실재하는 것이기 때문이다. 여기서 비국소적으로 실재하는 신기의 얽힘의 경우, 코펜하겐 해석처럼 두 입자 중 어느 한 입자를 관측하면 다른 입자에 광속보다 빠르게 즉시 영향을 미치는 것이 아니다. 벨의 정리와 실험 결과 그대로, 관찰과 무관하게 비국소적으로 상호 연결되어 얽힌 상태로서 실재한다.

그리고 외부적 국소적 실재성도 관찰과 무관하다. 오늘날 많은 물리학자가 코펜하겐 해석에 매몰되어 관찰할 때 비로소 실재한다고 생각하고 있는데, 이는 옳지 않다. 왜냐하면 앞의 Ⅱ

43. 절과 Ⅱ44. 절에서 살펴보았듯이, 관측행위는 어디까지나 관찰과 무관한 실재에 대한 관찰행위일 뿐이고, 단지 그 관측 행위로 인하여 대상 물질의 회전하는 기류 공간이 방해를 받아 주위에 파동을 일으키지 못했을 뿐이다. 다시 말해 코펜하겐 해석이 말하는 것처럼 관찰하지 않으면 실재하지 않는 것이 아니라 관찰과 무관한 실재(물질)가 가진 파동을 일으키는 속성으로서의 파동성이 관찰로 인하여 방해를 받아 파동을 일으키지 못할 뿐이다. 이와 관련하여 물질의 이중슬릿 실험과 양자 얽힘 실험 등 실험물리학의 대가이자 양자 정보이론가 안톤 차일링거는 최근에 그렇다면 "아인슈타인 틀렸다는 말인가요?"라는 질문에 다음과 같이 말한다.

> "아직은 벨의 정리에 대한 실험의 결과를 '국소적 실재'로도 설명이 가능하게 만드는 몇 가지 기술적 빈틈이 존재한다. 예를 들어, 우리는 한 실험에서 모든 입자를 측정하지 않는다. 만약 모든 입자를 측정했을 때 그 입자 중 몇몇이 양자역학을 위반할 수도 있다. 물론 자연이 우리에게 양자역학을 만족시키는 입자들만을 교묘하게 측정하도록 만들었을 가능성은 매우 낮다. 어쨌든 우리가 그런 다른 입자들을 측정하게 된다면 국소적 실재는 살아남을 수 있다."[291]

결론적으로 우주는 연속적인 4차원 시공간이 아니라 불연속적인 3+(4+4)의 11차원 시공간 구조를 이루고 있으며, 우주에 존재하는 모든 보통 물질들은 외부적 국소적(local)으로는 서로 분별(分別)될 수 있는 실재들이지만(외부적 국소적 실재성), 내부적 비국소적(non local)으로 3차원 절대공간을 통로로 하여 서로 소통(疏通)하여 얽힐 수 있는 실재들(내부적 비국소적 실재성)이다. 따라서 보통 물질들의 내부형질인 신기가 소통하여 그 내부에너

---

291) 2019년 3월 19일, NewsPeppermint. Discover.「Anton Zeilinger Dangled From Windows, Teleported Photons, and Taught the Dalai Lama」.

지가 서로 얽히는 얽힘의 원리는 그것이 단지 미시세계의 양자의 경우에만 일어나는 것이 아니다. 다시 말하건대, 얽힘의 원리는 그 크기를 불문하고 '모든 보통 물질 사이'에 그대로 적용된다.

따라서 내부형질인 신기를 가지고 있는 보통 물질인 사람이 다른 보통 물질인 타인이나 사물의 내부형질인 신기와 내부적 비국소적으로 서로 얽히는 경우 역시 그대로 적용된다. 타인이나 사물의 내부형질인 신기가 나의 내부형질인 신기와 내부적 비국소적으로 소통하여 얽혀 형성한 앎이 형체를 이루어 나의 내부형질인 신기에 기록되어 있는 경우, 그 타인이나 사물이 아무리 멀리 떨어져 있더라도, 열역학 제2 법칙인 엔트로피 증가법칙에 따라 그 앎(정보)의 형체가 소실되지 않는 한, 내부적 비국소적으로 '얽힌 상태'를 유지할 수 있다.

가령 당신이 영국의 대영박물관을 방문 관람하면서 보고 듣는 등 신체의 기관(아홉 개의 구멍과 사지)을 활용하여 어떤 전시품에 대하여 외부적 국소적으로 분별하여 얻은 감각적 경험이 있고, 그 분별한 전시품의 내부형질인 신기와 당신의 신기가 내부적 비국소적으로 소통하여 얽혀 당신의 신기의 경험으로써 형체를 이루어 얻은 앎(정보)의 지각이 여러분의 내부형질인 신기에 기록되어 저장되어 있다면, 당신과 그 전시품의 내부형질인 신기가 3차원 절대공간을 통로로 하여 내부적 비국소적으로 서로 얽혀있으므로(얽힌 상태) 당신이 가진 정보를 확인함으로써 그 얽힌 대상 물질이 당신과 얼마나 멀리 떨어져 있는지와 상관없이 시간(질량)과는 무관하게 즉시 그 전시품에 관한 정보(앎)를 알 수 있다. 물론 이 경우 내부형질인 신기의 얽힘은 내부적 비국소적으로 얽히는 것이므로(내부적 비국소적 실재), 외부적 관찰과는 무관하고, 우리 인간으로서는 당신에게 물어서, 그 전시품이 언제 어디서 누구에 의해서 만들어졌고 어떻게 생겼는지 등 그 물질이 간직하고 있는 정보를 확인해야 할 것이다.

그리고 이러한 내부적 비국소적인 신기의 소통을 통한 얽힘의 원리는 보통 물질들인 사람과 사람 사이에도 그대로 적용된다. 예컨대 사람들 사이에 약속이나 계약 등이 가능한 실체 물리적 이유는 보통 물질인 사람들의 내부형질인 신기가 서로 소통하여 얽힐 수 있기(和合) 때문이다.[292] 따라서 사람들 사이의 약속이나 계약 내용상의 정보는 그들의 내부형질인 신기가 화합하여 얽힌 어느 한 사람의 정보를 확인함으로써 상대방의 정보, 즉 그 약속이나 계약 내용대로 할 행동(운동 · 변화)을 즉시 알 수 있다. 물론 사람들 사이의 약속이나 계약 등에 있어서 신기의 얽힘은 몸 내부에너지가 '내부적 비국소적'으로 얽히는 것이므로 그 겉으로 드러난 외부적 국소적인 실재로서 약속의 말이나 계약서 등에서 표현된 '문자나 문서'대로 얽히는 것이 아니고, 두 당사자 내면의 진심으로서 서로의 내부형질인 신기가 소통하고 화합하여 내부적 비국소적으로 얽히는 것(즉 관찰과는 무관하게 내부적 비국소적으로 실재)을 말한다.

사정이 이러하므로 실제 사회생활에서는 비진의(非眞意) 의사표시나 허위, 착오, 사기, 강박 등에 의한 의사 표시 등 진의와 표시의 불일치나 하자 있는 의사 표시 등 당사자 내면의 진심에 반하여 이루어진 계약으로 인하여 문제가 발생할 수도 있다. 게다가 서로의 내부형질인 신기가 소통하여 얽혀서 약속이나 계약 등에 따라 당사자에게 요구되는 일정한 행동들에 관한 정보가 형체를 이루어 서로의 내부형질인 신기에 기록하여

292) 흔히 '얽힘 상태'를 멀리 떨어져 있어도 마음이 통한다는 의미의 '이심전심(以心傳心) 상태'라고 표현하기도 하는데, 약속이나 계약 등으로 서로의 신기가 화합하여 얽힌 상태에 있는 두 보통 물질인 사람은 그 얽힌 약속이나 계약 내용대로의 행동을 할 것이고, 또 그렇게 할 것을 서로 기대할 것이다.

저장되어 있더라도, 그것을 꺼내어 쓸 때는 이성을 가진 인간의 머릿속에서 할 수 있는 의식 활동으로서 그 정보를 자기 의사나 자기 의도에 따라 변화된 사정에 꿰맞추는 등 자신의 이익을 위하여 자유의지(free will)로써 합리적으로 그럴듯하게 꾸며내 본래 화합했던 약속이나 계약과 다르게 해석하거나 정당화하는 일이 발생할 수도 있다.

그러나 위와 같은 일들은 유형의 물리적 실체 그 자체, 즉 자연 그 자체인 보통 물질로서의 인간의 내부형질인 신기가 서로 소통하여 얽힌 실재와 정보를 포괄하는 앎의 본질과는 별개의 문제이다. 다시 말해 위와 같은 사건들은 천인운화(天人運化)의 자연과학으로서 물리학의 문제가 아니라, 일신운화(一身運化)의 인문과학이나 통민운화(通民運化)에 해당하는 사회과학의 문제로서 인간의 개인적·사회적 윤리 도덕이나 법적인 문제에 해당하는 것이다. 물론 물리적인 실체 진실의 관점에서 보면, 이 모두가 하나의 보편원리인 기륜 원리로 수렴하는 것이지만 말이다.

결국 우주가 불연속적인 3+(4+4)의 11차원 시공간 구조를 이루고 있다는 사실과 사람을 포함한 모든 관측할 수 있는 보통 물질들이 내부적 비국소적으로 소통하고 화합하여 서로 얽힐 수 있는 신기의 얽힘이 우리에게 주는 가르침은, 우주에 존재하는 모든 보통 물질들은 외부적 국소적(local)으로는 서로 분별할 수 있는 실재들이지만(외부적 국소적 실재성), 내부적 비국소적(non local)으로는 비국소적인 3차원 절대공간을 통로로 하여 서로 소통하여 얽힐 수 있는 실재들(내부적 비국소적 실재성)이라는 것이다. 물론 이 경우 국소적인 모든 보통 물질이 내부적 비국소적으로 서로 연결되어 있지는 않고, 그러기 위해서는 먼저 서로의 내부형질인 신기의 소통을 통해 화합하여(和合) 내부적 비국소적으로 얽혀야 한다.

한편 이러한 실체 물리학적 사실들은 곧 내부형질인 신기를 가진 우리 인간을 비롯한 모든 관측 가능한 보통 물질들은 서로 그 내면의 숨결을 나누며 동시대를 함께 살아가고 있다는 것을 의미한다. 그러니까 지구라는 천체 위에 발을 딛고 태양의 품 안에서 온기를 느끼며 살아가고 있는 우리 인간은, 암흑물질들이 형성하고 있는 지구 중력장 안에서, 지구상의 모든 다른 사람들과 짐승들과 벌레들과 바이러스 같은 미생물들과 나무들과 풀들과 건물들과 땅과 물과 바람과 기타 모든 시간을 가진 관측할 수 있는 보통 물질들과 함께 호흡하고 함께 숨결을 나누며 같은 시대[293]를 살아가고 있는 존재들이다.

293) 우주라는 하나의 커다란 물질의 관점에서 모든 상대적인 시간을 총체적으로 파악한 절대시간을 말한다.

찾아보기

(ㅂ)

인류지식의 대혁명

2021년 8월 25일 초판인쇄
2021년 8월 30일 초판발행

저 자 최 태 군
발행인 유 성 열
발행처 청목출판사
서울특별시 영등포구 신길로 40길 20
전화 (02) 849-6157(代) · 2820 / 833-6091
FAX (02) 849-0817
등록 제318-1994-000090호

파본은 바꾸어 드립니다. 값 23,000원

http://www.chongmok.co.kr

이 책의 무단 전재 또는 복제 행위는 저작권법 136조 1항에 의거, 5년 이하의 징역 또는 5,000만원 이하의 벌금에 처하게 됩니다.

ISBN 978-89-5565-802-6(93400)